T0207092

Wilhelm Schneider

Mathematische Methoden der Strömungsmechanik

Vieweg

CIP-Kurztitelaufnahme der Deutschen Bibliothek

Schneider, Wilhelm
Mathematische Methoden der Strömungsmechanik.
– 1. Aufl. – Braunschweig: Vieweg, 1978.
  ISBN-13:978-3-528-03573-0   e-ISBN-13:978-3-322-83943-5
  DOI: 10.1007/978-3-322-83943-5

Dr. *Wilhelm Schneider* ist o. Professor für Gasdynamik und Thermodynamik
an der Technischen Universität Wien

Verlagsredaktion: *Alfred Schubert*

1978

Satz: Vieweg, Braunschweig

ISBN-13:978-3-528-03573-0

Vorwort

Strömungsmechanik wird überwiegend von Ingenieuren gelernt, angewandt und weiterentwickelt. Nur wenige Ingenieure bringen aber aus dem Mathematik-Unterricht an den Technischen Hochschulen, Technischen Universitäten oder Fachhochschulen jene mathematischen Kenntnisse und Fertigkeiten mit, die heute in der Strömungsmechanik und in anderen ingenieurwissenschaftlichen Grundlagenfächern (Mechanik fester Körper, Thermodynamik, Wärmeübertragung usw.) gebraucht werden. Vor allem mangelt es an der Fähigkeit, das in den mathematischen Grundvorlesungen erworbene Wissen zur Lösung konkreter Probleme anzuwenden.

Auch mit der bisher vorhandenen Literatur ist es nicht leicht, sich die gewünschten Kenntnisse und Erfahrungen, besonders im Umgang mit partiellen Differentialgleichungen, anzueignen. Mathematische Werke erschrecken den Ingenieur durch allzu viel theoretischen Ballast und vernachlässigen oft nicht nur die Anwendungen, sondern auch gerade jene Methoden, die zur Lösung praktischer Probleme besonders nützlich sind. Auf der anderen Seite betonen die Lehrbücher der Anwendungsgebiete, zum Beispiel der Strömungsmechanik, naturgemäß die physikalischen Theorien und ihre Ergebnisse mehr als die mathematischen Hilfsmittel.

Das vorliegende Buch soll diese Lücke schließen helfen. Es ist vor allem für Ingenieure gedacht, wendet sich aber auch an Physiker und andere Naturwissenschaftler, die mit partiellen Differentialgleichungen zu tun haben. Darüber hinaus dürfte das Buch für jene Mathematiker nützlich sein, die sich für naturwissenschaftliche Anwendungen der Mathematik interessieren.

Dem Zweck des Buches entsprechend liegt das Schwergewicht auf einer Darstellung der Methoden. Die mathematische Fundierung tritt dabei in den Hintergrund. Jede Methode wird in der Regel zunächst an einem typischen Anwendungsbeispiel vorgestellt. Erst nachdem der Leser auf diese Weise mit den Grundzügen einer Methode vertraut geworden ist, wird auf allgemeinere Überlegungen eingegangen. Bei Methoden, die in mehreren Schritten anzuwenden sind, wird auch eine übersichtliche Zusammenstellung des Rechenganges angegeben. Schließlich sollen Übungsaufgaben am Schluß der Kapitel dem Leser Gelegenheit geben, eigene Erfahrungen im Umgang mit den bereitgestellten Methoden zu machen.

Die Anwendungsbeispiele im Text stammen ebenso wie die Übungsaufgaben aus den verschiedensten Teilgebieten der Strömungsmechanik. Einige Kenntnisse aus der Strömungslehre, etwa in dem Umfang, wie sie in den Pflichtvorlesungen an deutschsprachigen Technischen Hochschulen üblicherweise vermittelt werden, sind daher für das Verständnis des Buches nützlich. Die Beispiele sind jedoch so ausführlich erläutert, daß man sicherlich auch bei fehlenden Kenntnissen aus der Strömungslehre die jeweilige Aufgabenstellung erkennen und die daran anknüpfende Lösungsmethode verfolgen kann.

Das Buch ist in fünf Teile gegliedert. Im Teil A werden einige Grundbegriffe dargelegt, deren Kenntnis bei der Beschreibung der Methoden in den Hauptteilen B bis E vorausgesetzt wird. Wegen ihrer großen praktischen Bedeutung bei gleichzeitiger Vernachlässigung in der Lehrbuchliteratur wird mit nichtlinearen Problemen und ihren Lösungsmöglichkeiten im Teil B begonnen. Es folgen die klassischen Störungsmethoden im Teil C, und die Verfahren, die speziell für lineare Probleme geeignet sind, im Teil D. Der Teil E schließlich enthält die etwas aufwendigeren Störungsmethoden, die beim Versagen der klassischen Störungsmethoden eingesetzt werden können.

Am Ende jedes Teiles werden Hinweise auf weiterführende Literatur gegeben, zusätzliche Literaturhinweise sind im Text zu finden. Wie bei Lehrbüchern üblich, sind die Literaturhinweise weder vollständig, noch wurde stets auf historische Prioritäten geachtet. Das Literaturverzeichnis am Schluß des Buches ist nach Autorennamen alphabetisch geordnet.

Der Umfang der einzelnen Kapitel entspricht nicht immer der Bedeutung der darin behandelten Methode. Die in den Mathematik-Lehrbüchern für Ingenieure und Physiker leicht zugänglichen Methoden, wie beispielsweise funktionentheoretische Methoden oder Integraltransformationen, werden hier verhältnismäßig kurz behandelt; die in diesen Lehrbüchern weniger beliebten Methoden, wie Störungsmethoden, Ähnlichkeitslösungen und Singularitätenverfahren, dafür ausführlicher. Über die Einsatzmöglichkeiten der verschiedenen Methoden zur Lösung eines gestellten Problems gibt ein Flußdiagramm am Schluß des Buches einen Anhaltspunkt.

Numerische Methoden mußten ausgeklammert werden. Sie stehen in Forschung und Entwicklung heute bereits gleichberechtigt neben den analytischen und experimentellen Hilfsmitteln und bedürfen einer eigenständigen Literatur. Doch werden spezielle numerische Verfahren, bei denen es sich im wesentlichen um die Auswertung analytischer Ansätze handelt, kurz gestreift. Als Beispiel sei die Singularitätenmethode für beliebige Profile genannt.

Ein Buch über mathematische Methoden, das nicht von einem Mathematiker, sondern von einem Ingenieur verfaßt wurde, ist gewiß einer besonderen Kritik ausgesetzt. Mathematiker werden finden, daß mit ihrer Wissenschaft zu leichtfertig umgegangen wurde, während manchem in der Praxis tätigen Ingenieur die Ausführungen immer noch zu „theoretisch" erscheinen mögen. Hier den richtigen Mittelweg zu wählen, war nicht leicht. Auch bei der Auswahl der Methoden kommt die persönliche Erfahrung und Meinung des Verfassers zum Ausdruck. Fachkundige Leser werden vielleicht die eine oder andere Methode, die ihnen wichtig erscheint, vermissen.

Das Buch ist aus Vorlesungen entstanden, die ich auf Anregung der Professoren A. Naumann und H. Zeller mehrere Male in Aachen und später auch in Wien gehalten habe. Bei der Ausarbeitung dieser Vorlesungen halfen mir Aufzeichnungen, die mir von Prof. J. Zierep über seine in Karlsruhe abgehaltene Lehrveranstaltung ähnlichen Titels freundlicherweise zur Verfügung gestellt worden waren.

Den Hörern meiner Vorlesungen sowie meinen Mitarbeitern Dipl.-Ing. H. Keck, Dipl.-Ing. K. Potsch, Dipl.-Ing. G. H. Schneider und Dr. W. Winkler verdanke ich die Beseitigung mancher Fehler und Ungenauigkeiten. Die Reinschrift des Manuskriptes wurde von Frau H. Kasper und Frau H. Rehfeld angefertigt, die Abbildungsvorlagen zeichnete Herr Dipl.-Ing. G. Huemer. Dem Vieweg-Verlag danke ich sowohl für die erfreuliche Zusammenarbeit als auch für das verständnisvolle Eingehen auf meinen Wunsch nach einer guten Ausstattung bei niedrigem Preis. Mein besonderer Dank gebührt Frau Dr. A. Frohn; sie hat nicht nur wesentliche Teile des Manuskriptes einer fruchtbaren Kritik vom Standpunkt des Mathematikers unterzogen, sondern auch in vielen Diskussionsstunden die Stoffauswahl und die Art der Darstellung maßgeblich beeinflußt.

Mein Lehrer Klaus Oswatitsch hat mir in eindrucksvoller Weise oft vor Augen geführt, daß man bei der Lösung physikalischer Probleme auch mit relativ einfachen mathematischen Hilfsmitteln wesentliche Fortschritte erzielen kann. Ihm widme ich in Dankbarkeit dieses Buch, in dem hoffentlich viele seiner Gedanken und Ideen ihren Niederschlag gefunden haben.

Wilhelm Schneider

Wien, im September 1977

Inhaltsverzeichnis

Teil A: Einige Grundbegriffe 1

1. Einleitung: Partielle Differentialgleichungen, Rand- und Anfangsbedingungen 1
2. Äquivalenz von Differentialgleichungs-Systemen und Einzel-Differentialgleichungen 2
3. Lineare, nichtlineare und quasilineare Differentialgleichungen 3
4. Rand- und Anfangswertprobleme 5
   4.1. Ein Randwertproblem: Ebene inkompressible Potentialströmung um einen Kreiszylinder 5
   4.2. Ein Anfangswertproblem: Ausgleich von kleinen Druckstörungen in einem gasgefüllten Rohr 6
   4.3. Ein Anfangs-Randwert-Problem: Das Kolbenproblem 9
   4.4. Ein Ausstrahlungsproblem: Instationäre Massenquelle 10
5. Charakteristiken 13
   5.1. Die Charakteristiken als Kurven unbestimmter äußerer Ableitungen 13
   5.2. Verträglichkeits- und Richtungsbedingungen 14
   5.3. Verallgemeinerungen 15
6. Elliptische, hyperbolische und parabolische Differentialgleichungen 16
7. Direkte und indirekte Methoden; inverse Probleme 18
Literaturhinweise zu Teil A 19

Teil B: Methoden zur exakten Lösung nichtlinearer partieller Differential-gleichungen 20

Einleitung 20
8. Partielle Differentialgleichung erster Ordnung 20
   8.1. Quasilineare Differentialgleichung erster Ordnung mit zwei Unabhängigen 21
   8.2. Quasilineare Differentialgleichung mit mehr als zwei Unabhängigen 23
9. Separation der Variablen bei nichtlinearen Problemen 23
10. Ähnlichkeitslösungen 26
    10.1. Einführendes Beispiel: Die plötzlich in Bewegung gesetzte Wand 26
    10.2. Überblick über die Methoden zur Gewinnung von Ähnlichkeitslösungen 29
    10.3. Ähnlichkeitslösungen der Grenzschicht-Gleichungen 31
    10.4. Zusammenfassung des Rechenganges 35
11. Weitere Lösungen spezieller Form 36
    11.1. Fortschreitende Wellen unveränderlicher Form 36
    11.2. Funktionsbeziehung zwischen abhängigen Variablen 38
12. Transformation auf lineare Differentialgleichungen 41
    12.1. Hodographentransformation 41
          12.1.1. Beispiel: Ebene Gasströmung 41
          12.1.2. Verallgemeinerung 43
          12.1.3. Superposition von Lösungen 43
          12.1.4. Faltungen, Grenzlinien, Verzweigungslinien 44
    12.2. Legendre-Potential und Legendre-Transformation 45

12.3. Molenbroek-Transformation 46
12.4. Tschaplygin-Transformation 48
12.5. Christianowitsch-Transformation, Rheograph 48
    12.5.1. Partikulärlösungen...................................... 50
    12.5.2. Inkompressible Vergleichsströmung 50
13. Methode der Parameter-Differentiation 52
    13.1. Einführungsbeispiel: Integration der Falkner-Skan-Gleichung der
        Grenzschichttheorie 52
    13.2. Allgemeine Darstellung der Methode 54
    13.3. Anwendung auf eine partielle Differentialgleichung 55
Literaturhinweise zu Teil B 58

Teil C: Störungsmethoden I

(Allgemeines Verfahren; reguläre Störungsprobleme) 59

Einleitung 59

14. Asymptotische Entwicklung nach einem Parameter 59
    14.1. Einführungsbeispiel: Linearisierung der Grundgleichung für kompressible
        Strömungen 59
    14.2. Begriff der Größenordnung 63
    14.3. Begriff der asymptotischen Reihe 65
    14.4. Unabhängige Variable als Entwicklungsparameter 66
    14.5. Zur Frage der Konvergenz 67
    14.6. Programmgesteuerte Fortsetzung von Reihen 68
    14.7. Gleichmäßige Gültigkeit 68
    14.8. Linearisierung und Teillinearisierung 69
    14.9. Anwendungsbeispiel: Sekundärströmung an einer rotierenden Kugel 69
    14.10. Zusammenfassung des Rechenganges 75
15. Entwicklung nach mehr als einem Parameter 77
    15.1. Vorbemerkungen 77
    15.2. Schwach kompressible Strömung um ein dünnes Profil: Vertauschbare
        Grenzübergänge 78
    15.3. Schallnahe Strömung um ein dünnes Profil: Nicht vertauschbare Grenzübergänge;
        Ähnlichkeitsgesetz 80
Literaturhinweise zu Teil C 84

Teil D: Lösungsmethoden für lineare partielle Differentialgleichungen 85

Einleitung 85

16. Wichtige Eigenschaften linearer Differentialgleichungen 85
17. Separation der Variablen bei linearen Problemen 86
    17.1. Einführungsbeispiel: Potentialströmung um ein elliptisches Profil 86
    17.2. Fortschreitende harmonische Wellen 89
        17.2.1. Dispersion; Phasen- und Gruppengeschwindigkeit 89
        17.2.2. Komplexe Wellenzahl; Dämpfung 92

17.2.3. Wellengleichungen höherer Ordnung 94
17.2.4. Wellengleichung im Raum 95
17.3. Stehende harmonische Wellen; Eigenwertprobleme; Resonanz 96
17.4. Entwicklung nach trigonometrischen Funktionen 98
17.4.1. Kanal- Anlaufströmung; Fourier-Reihe 98
17.4.2. Fourier-Integral 102
17.5. Entwicklungen nach Bessel- und Legendre-Funktionen 106
17.5.1. Beispiel: Wärmeübertragung im Kreisrohr 108
17.5.2. Verbesserung des Konvergenzverhaltens 110
17.6. Zusammenfassung des Rechenganges 111
18. Singularitätenmethode 113
18.1. Einführende Beispiele 114
18.2. Überblick über wichtige Singularitäten 125
18.2.1. Ebene und räumliche, inkompressible Potentialströmungen 125
18.2.2. Quellartige Singularitäten für Unter- und Überschallströmungen 126
18.2.3. Instationäre Quellen 127
18.2.4. Dipol- und wirbelartige Singularitäten 129
18.2.5. Bewegte Singularitäten 129
18.2.6. Bemerkungen zu Singularitäten für Strömungen mit Reibung 134
18.3. Gewinnung von neuen Singularitäten 135
18.3.1. Einführung von Polarkoordinaten 135
18.3.2. Verwendung der δ-Funktion 136
18.4. Ermittlung der Belegungsdichte aus den Randbedingungen 139
18.4.1. Quellbelegung für schlanke Körper 139
18.4.2. Wirbelbelegung für angestellte und gewölbte Platten 142
18.4.3. Beliebige (insbesondere: dicke) Profile und Körper 145
18.5. Besonderheiten bei hyperbolischen Differentialgleichungen 149
18.5.1. Berücksichtigung der Abhängigkeitsgebiete 149
18.5.2. Schwierigkeiten beim Differenzieren 151
18.6. Zusammenfassung des Rechenganges bei der Methode der Singularitätenbelegung 154
19. Anwendung der Funktionentheorie 155
19.1. Beschreibung von Strömungsfeldern mit analytischen Funktionen 156
19.1.1. Komplexes Geschwindigkeitspotential 156
19.1.2. Einfache Beispiele für komplexe Potentiale 157
19.1.3. Reibungsströmungen in Stokesscher Näherung 158
19.2. Rekapitulation wichtiger Sätze über analytische Funktionen 159
19.2.1. Cauchyscher Integralsatz 159
19.2.2. Cauchysche Integralformel 160
19.2.3. Laurentsche Reihe, Residuum 160
19.2.4. Residuensatz 161
19.2.5. Poissonsche Integralformeln 161
19.3. Anwendungsbeispiele 161
19.3.1. Vorbemerkung über die Wahl der Integrationswege 161
19.3.2. Blasiussche Formeln 162
19.3.3. Potentialströmungen um dünne Profile 163
19.3.4. Reibungsströmung im Inneren eines Kreiszylinders 165
19.4. Spiegelungsmethode und Kreistheorem 166
19.5. Konforme Abbildung 168

19.5.1. Allgemeines 168
19.5.2. Beispiele 168
19.5.3. Auffinden konformer Abbildungsfunktionen 171
Literaturhinweise zu Teil D 174

Teil E: Störungsmethoden II

(Singuläre Störungsprobleme) 175

Einleitung 175

20. Methode der Koordinatenstörung (Analytisches Charakteristikenverfahren) 175
    20.1. Das Versagen der klassischen Linearisierung bei Wellenausbreitungsvorgängen ... 175
    20.2. Konzept der Koordinatenstörung 179
    20.3. Durchrechnung am Beispiel der ebenen Wellenausbreitung 181
        20.3.1. Richtungs- und Verträglichkeitsbedingungen als Ausgangsgleichungen .. 181
        20.3.2. Asymptotische Entwicklung der Richtungs- und Verträglichkeits-
               bedingungen 182
        20.3.3. Lösungsschema 182
        20.3.4. Die ungestörten Koordinaten t_0, x_0 183
        20.3.5. Rand- und Anfangsbedingungen 184
        20.3.6. Die Zustandsstörungen erster Ordnung 185
        20.3.7. Die Koordinatenstörungen erster Ordnung 186
        20.3.8. Die Zustandsstörungen zweiter Ordnung 188
        20.3.9. Übergang zur physikalischen Ebene 188
    20.4. Faltungsgebiete und Verdichtungsstöße 189
    20.5. Zentrierte Expansionswellen 195
    20.6. Besonderheiten bei zentralsymmetrischen Problemen und Problemen mit mehr
         als zwei Unabhängigen 197
    20.7. Zusammenfassung des Rechenganges beim analytischen Charakteristikenverfahren 199
21. Angepaßte asymptotische Entwicklungen 201
    21.1. Einführungsbeispiel: Gedämpfte Schwingung einer kleinen Masse 201
    21.2. Äußere und innere Entwicklungen, primäre und sekundäre Entwicklungen 204
    21.3. Anpassungsvorschriften 204
        21.3.1. Überlappungsbereich und Zwischenentwicklung 204
        21.3.2. Asymptotische Anpassungsvorschrift nach Van Dyke 206
    21.4. Konstruktion gleichmäßig gültiger Lösungen 207
        21.4.1. Additive Zusammensetzung 208
        21.4.2. Multiplikative Zusammensetzung 209
        21.4.3. Versagen der Zusammensetzungsregeln 209
    21.5. Zusammenfassung des Rechenganges 210
    21.6. Anwendungsbeispiele 211
        21.6.1. Strömungen bei großen Reynoldsschen Zahlen; Grenzschichttheorie ... 211
        21.6.2. Strömungen bei kleinen Reynoldsschen Zahlen 216
    21.7. Alternative: Methode der gleichmäßig gültigen Differentialgleichungen 219
    21.8. Verschiedene Komplikationen 220
        21.8.1. Störparameter im Exponenten 220
        21.8.2. Mehr als 2 Schichten 221

21.8.3. Mehr als 1 Störparameter 223
21.8.4. Kombination mit anderen Methoden 224
21.8.5. Versagen der Methode der angepaßten asymptotischen Entwicklungen .. 224
22. Methode der mehrfachen Variablen und verwandte Methoden 228
22.1. Einführungsbeispiel: Schwach gedämpfte Schwingung 228
22.1.1. Reguläre Entwicklung; Säkularterm 228
22.1.2. Gleichmäßig gültige erste Näherung 230
22.1.3. Zweite Näherung; Frequenzverschiebung 231
22.2. Verallgemeinerungen und Zusammenfassung des Rechenganges 234
22.3. Anwendung auf partielle Differentialgleichungen: Langsame Kompression
      eines Gases in einem Zylinder 235
22.4. Mittelungsmethoden 240
22.4.1. Methode von Krylow und Bogoljubow 240
22.4.2. Variationsmethode von Whitham 243
Literaturhinweise zu Teil E 246
Flußdiagramm zur Lösung partieller Differentialgleichungen mit den behandelten Methoden   247

Literaturverzeichnis 248
Sachwortverzeichnis 257

Teil A
Einige Grundbegriffe

1. Einleitung: Partielle Differentialgleichungen, Rand- und Anfangsbedingungen

Bei den Grundgleichungen, die als Ausgangspunkt zur mathematischen Formulierung und eventuellen Lösung eines Strömungsproblems dienen, handelt es sich im allgemeinen um *partielle* Differentialgleichungen. Gewöhnliche Differentialgleichungen kommen nur in Sonderfällen vor.

Betrachten wir als ein Beispiel die ebene (zweidimensionale) Strömung einer inkompressiblen Flüssigkeit ohne innere Reibung. In einem kartesischen Koordinatensystem x, y lautet die Kontinuitätsbedingung für die Geschwindigkeitskomponenten u und v (in x- bzw. y-Richtung)

$$\frac{\partial u}{\partial x} + \frac{\partial v}{\partial y} = 0. \tag{1.1}$$

Die Strömung sei außerdem drehungsfrei (wirbelfrei), so daß die Geschwindigkeitskomponenten auch die Gleichung

$$\frac{\partial u}{\partial y} - \frac{\partial v}{\partial x} = 0 \tag{1.2}$$

erfüllen müssen. Kontinuitätsgleichung (1.1) und Gleichung der Drehungsfreiheit (1.2) bilden zusammen ein vollständiges System von partiellen Differentialgleichungen erster Ordnung für die beiden abhängigen Variablen u (x, y, t) und v (x, y, t); neben den Ortskoordinaten x, y tritt im allgemeinen auch die Zeit t als unabhängige Variable auf. Nur bei stationären Strömungen entfällt die Abhängigkeit von der Zeit.

Bei den meisten Aufgabenstellungen müssen die unbekannten Funktionen neben den Differentialgleichungen auch noch bestimmte *Rand- und Anfangsbedingungen* erfüllen. Als ein Beispiel sei ein fester Körper betrachtet, der sich aus der Ruhelage heraus in einer unendlich ausgedehnten Flüssigkeit bewegt. Zunächst ist unmittelbar einleuchtend, daß an der Körperoberfläche (Wand) die Normalkomponenten der Geschwindigkeiten von Flüssigkeit und Wand übereinstimmen müssen. Berücksichtigt man die Zähigkeit der Flüssigkeit, so kommt noch eine weitere Randbedingung an der Wand hinzu; von Sonderfällen (z.B. hochverdünnten Gasen) abgesehen, wird hierbei die sogenannte Haftbedingung verwendet, welche besagt, daß neben der Normalkomponente auch die Tangentialkomponente der Strömungsgeschwindigkeit relativ zur Wand verschwindet. Weiters ist zu fordern, daß die von dem bewegten Körper in der Flüssigkeit hervorgerufenen Störungen in unendlich großer Entfernung vom Körper verschwinden oder zumindest beschränkt bleiben. Schließlich ist noch eine sogenannte Anfangsbedingung zu beachten. Sie kann etwa aussagen, daß zu dem Zeitpunkt, zu dem der Körper in Bewegung gesetzt wurde, die gesamte Flüssigkeit in Ruhe war.

Bei gewöhnlichen Differentialgleichungen geht man häufig von der allgemeinen Lösung aus und paßt die freien Integrationskonstanten den speziellen Randbedingungen an. Bei partiellen Differentialgleichungen hingegen gelingt es nur in ganz seltenen Fällen, die allgemeine Lösung anzugeben. Man beschränkt sich deshalb in der Regel darauf, nur jene spezielle Lösung zu suchen, die allen Rand- und Anfangsbedingungen genügt.

2. Äquivalenz von Differentialgleichungs-Systemen und Einzel-Differentialgleichungen

Bei einer drehungsfreien Strömung kann man ein Geschwindigkeitspotential ϕ einführen derart, daß die Geschwindigkeitskomponenten durch Ableitungen des Potentials gegeben sind:

$$u = \frac{\partial \phi}{\partial x} \quad , \qquad v = \frac{\partial \phi}{\partial y} \tag{2.1}$$

Einsetzen in Gl. (1.2) des Kapitels 1 zeigt, daß durch diesen Ansatz die Gleichung der Drehungsfreiheit identisch erfüllt ist. Die Kontinuitätsgleichung jedoch liefert

$$\Delta \phi \equiv \frac{\partial^2 \phi}{\partial x^2} + \frac{\partial^2 \phi}{\partial y^2} = 0 \tag{2.2}$$

Diese partielle Differentialgleichung zweiter Ordnung ist unter dem Namen „Laplace-Gleichung" (oder „Potentialgleichung") für zwei unabhängige Variable bekannt. Sie ist dem System der beiden Grundgleichungen (1.1) und (1.2) des Kapitels 1 äquivalent. Der Differentialoperator Δ heißt Laplace-Operator.

In unserem einfachen Beispiel kann man auch so vorgehen, daß man anstelle der Gleichung der Drehungsfreiheit die Kontinuitätsgleichung identisch befriedigt. Das kann man mit Hilfe einer Stromfunktion ψ machen, die durch die Relationen

$$u = \frac{\partial \psi}{\partial y} \quad , \qquad v = -\frac{\partial \psi}{\partial x} \tag{2.3}$$

eingeführt wird. Durch Einsetzen in die Gleichung der Drehungsfreiheit erhält man wiederum eine Gleichung vom Typ der Laplace-Gleichung, und zwar

$$\psi_{xx} + \psi_{yy} = 0 \qquad \text{oder} \qquad \Delta \psi = 0 \quad , \tag{2.4}$$

wobei wir hier von der auch später noch oft verwendeten Schreibweise, die partiellen Ableitungen durch Indizes darzustellen, Gebrauch machen.

Schließlich kann man auch ohne Verwendung einer neuen Funktion das System aus Kontinuitätsgleichung und Gleichung der Drehungsfreiheit in eine einzige Differentialgleichung überführen, indem man eine der beiden abhängigen Variablen durch Differenzieren der Gleichung eliminiert. Auch hieraus ergibt sich eine Laplace-Gleichung.

Während man beim Einführen einer Potential- oder Stromfunktion die Randbedingungen einfach auf die neue abhängige Variable umschreiben kann, muß man beim Eliminieren von Variablen mittels Differenzieren darauf achten, daß keine Randbedingungen „verloren" gehen.

Ein Beispiel liefert die Grenzschichtströmung einer zähen, inkompressiblen Flüssigkeit an einer ebenen Platte. Kontinuitäts- und Bewegungsgleichung dieser Strömung lauten

$$\frac{\partial u}{\partial x} + \frac{\partial v}{\partial y} = 0 \quad , \qquad u \frac{\partial u}{\partial x} + v \frac{\partial u}{\partial y} = \nu \frac{\partial^2 u}{\partial y^2} \quad , \tag{2.5}$$

mit ν als (konstanter)kinematischer Zähigkeit. Die Geschwindigkeitskomponenten u und v müssen außerdem die Randbedingungen

$$\begin{array}{ll} u = v = 0 & \text{auf } y = 0 \\ u = U = \text{const} & \text{für } y \to \infty \end{array} \tag{2.6}$$

erfüllen; diese Relationen beschreiben das Haften der Flüssigkeit an der Plattenoberfläche und den Übergang der Grenzschichtströmung in die ungestörte Außenströmung.

Differenziert man nun die zweite Gleichung des Systems (2.5) nach y, so läßt sich v mit Hilfe der ersten Gleichung eliminieren. Man erhält die folgende partielle Differentialgleichung dritter Ordnung für u:

$$u \left(\frac{\partial u}{\partial y} \frac{\partial^2 u}{\partial x \partial y} - \frac{\partial u}{\partial x} \frac{\partial^2 u}{\partial y^2} \right) = \nu \left[\frac{\partial u}{\partial y} \frac{\partial^3 u}{\partial y^3} - \left(\frac{\partial^2 u}{\partial y^2} \right)^2 \right] \qquad . \tag{2.7}$$

Die Randbedingungen (2.6) enthalten jedoch nur zwei Bedingungen für u. Um auch die Randbedingung v = 0 auf y = 0 verwerten zu können, muß man die im Zuge des Eliminationsvorganges differenzierte Gleichung heranziehen. Schreibt man die zweite Gleichung von (2.5) für y = 0 an, so ergibt sich mittels (2.6) für u die Randbedingung

$$\frac{\partial^2 u}{\partial y^2} = 0 \qquad\qquad \text{auf} \qquad\qquad y = 0 \quad , \tag{2.8}$$

die zu den Bedingungen: u = 0 auf y = 0 und u = U für y → ∞, hinzukommt.

Wir entnehmen unseren Beispielen, daß man das System der Grundgleichungen der Strömungslehre in gewissen Fällen auf eine einzige, äquivalente Gleichung reduzieren kann. Von gewöhnlichen Differentialgleichungen ist man es gewohnt, daß sich *jedes* System in eine Einzel-Differentialgleichung überführen läßt. Es sei deshalb besonders betont, daß bei *partiellen* Differentialgleichungen die Verhältnisse anders sind. Zwar kann jede partielle Differentialgleichung zweiter oder höherer Ordnung in ein System von partiellen Differentialgleichungen erster Ordnung übergeführt werden. Das Umgekehrte ist jedoch *nicht* immer möglich. Nicht jedes System von partiellen Differentialgleichungen erster Ordnung ist einer einzigen partiellen Differentialgleichung höherer Ordnung äquivalent (Übungsaufgabe 1). Eine Reduktion auf eine einzige Gleichung wird nur durch eine spezielle Form der partiellen Differentialgleichungen (z. B. Drehungsfreiheit!) ermöglicht.

Übungsaufgaben

1. Man zeige, daß jedes System von zwei gewöhnlichen Differentialgleichungen erster Ordnung einer einzigen Differentialgleichung zweiter Ordnung äquivalent ist. Man diskutiere, warum dies bei partiellen Differentialgleichungen im allgemeinen nicht der Fall ist. (Hinweis: Eine der beiden abhängigen Variablen muß durch Differenzieren der beiden Gleichungen eliminiert werden.)

2. *Wirbeltransportgleichung.* Man leite für die Stromfunktion ψ die Wirbeltransportgleichung

$$\frac{\partial \psi}{\partial y} \frac{\partial \Delta \psi}{\partial x} - \frac{\partial \psi}{\partial x} \frac{\partial \Delta \psi}{\partial y} = \nu \, \Delta \Delta \psi$$

aus Kontinuitäts- und Bewegungsgleichungen der stationären, ebenen Strömung einer inkompressiblen Flüssigkeit mit konstanter kinematischer Zähigkeit ν her. (Bewegungsgleichung: $(\vec{v} \cdot \nabla) \vec{v} = - (1/\rho) \, \nabla p + \nu \, \Delta \vec{v}$.)

3. Lineare, nichtlineare und quasilineare Differentialgleichungen

Betrachten wir wieder die Laplace-Gleichung

$$\phi_{xx} + \phi_{yy} = 0 \quad . \tag{3.1}$$

Sie beschreibt die ebene, drehungsfreie Strömung eines inkompressiblen, reibungsfreien Mediums. Da die abhängige Variable ϕ und ihre Ableitung nur in linearen Ausdrücken auftreten, wird die Laplace-Gleichung zu den *linearen*, partiellen Differentialgleichungen gezählt. Demgegenüber wird die entsprechende Strömung eines kompressiblen Mediums durch die *nichtlineare* Gleichung

$$(\phi_x^2 - c^2) \, \phi_{xx} + 2 \phi_x \phi_y \phi_{xy} + (\phi_y^2 - c^2) \, \phi_{yy} = 0 \tag{3.2}$$

beschrieben, wobei die Schallgeschwindigkeit c mittels einer rein algebraischen Beziehung als Funktion von $(\phi_x^2 + \phi_y^2)$ dargestellt werden kann; vgl. Abschnitt 14.1, Gl. (14.3).

In allgemeiner Form schreibt man eine *lineare* partielle Differentialgleichung zweiter Ordnung mit zwei unabhängigen Variablen x, y als

$$a_{11}\,\phi_{xx} + 2\,a_{12}\,\phi_{xy} + a_{22}\,\phi_{yy} + a_{01}\,\phi_x + a_{02}\,\phi_y + a_{00}\,\phi = f \quad , \tag{3.3}$$

wobei die Koeffizienten a_{ik} (i, k = 0, 1, 2) ebenso wie f gegebene Funktionen von x und y sein müssen, also weder die Funktion ϕ selbst noch ihre Ableitungen enthalten dürfen. Eine partielle Differentialgleichung zweiter Ordnung, die sich bei zwei unabhängigen Variablen nicht auf diese Form bringen läßt, heißt *nichtlinear*.

Ein Sonderfall der nichtlinearen Differentialgleichung (zweiter Ordnung) ist die *quasilineare* Gleichung, bei welcher die Koeffizientenfunktionen a_{ik} und f neben x und y auch ϕ, ϕ_x und ϕ_y enthalten dürfen, aber frei von den höchsten Ableitungen ϕ_{xx}, ϕ_{xy} und ϕ_{yy} sein müssen. Die quasilineare Differentialgleichung ist also linear bezüglich der höchsten Ableitungen, aber nichtlinear bezüglich anderer Ableitungen oder der gesuchten Funktionen selbst. Die gasdynamische Grundgleichung (3.2) ist ein Beispiel für eine quasilineare partielle Differentialgleichung (zweiter Ordnung).

Wir haben uns in Gl. (3.3) der Einfachheit halber auf eine partielle Differentialgleichung zweiter Ordnung mit zwei unabhängigen Variablen beschränkt. Partielle Differentialgleichungen beliebiger Ordnung und mit mehr als zwei Unabhängigen werden ganz entsprechend eingeteilt. So stellt Gl. (2.7) von Kapitel 2 ein Beispiel für eine quasilineare partielle Differentialgleichung dritter Ordnung dar. Die Tabelle 3.1 gibt einige Beispiele für einfache lineare und nichtlineare, partielle Differentialgleichungen, die in der Strömungslehre wichtig sind. Von den nichtlinearen Gleichungen ist die

Tabelle 3.1. Einige einfache partielle Differentialgleichungen und ihr Vorkommen in der Strömungslehre

	Name	Gleichung	Vorkommen in der Strömungslehre
linear	Laplace-Gleichung (Potentialgleichung)	$\Delta\phi = 0$	reibungsfreie, inkompressible Strömungen; Sickerströmungen
	Wellengleichung, eindim. zwei- u. dreidim.	$\phi_{tt} - c_0^2\,\phi_{xx} = 0$ $\phi_{tt} - c_0^2\,\Delta\phi = 0$	Schallwellen; Überschallströmung; Schwerewellen in seichtem Wasser; Wellen in flüssigkeitsgefüllten elastischen Rohren
	Wärmeleitungsgleichung, (Diffusionsgleichung), eindim., zwei- u. dreidim.	$v_t - \nu v_{xx} = 0$ $v_t - \nu\Delta v = 0$	instationäre Schichtenströmungen mit Reibung
	Bipotentialgleichung	$\Delta\Delta\psi = 0$	schleichende Strömungen (kleine Reynoldssche Zahlen)
	Helmholtz-Gleichung (Klein-Gordon-Gleichung)	$\Delta\phi \overset{+}{(-)} k^2\,\phi = 0$	zeitlich harmonische Wellen
	Tricomi-Gleichung	$\phi_{uu} + u\,\phi_{vv} = 0$	ebene schallnahe Strömungen im Hodographen
nichtlinear	Burgers-Gleichung	$u_t + u u_x = \nu u_{xx}$	diffusive Wellen endlicher Amplitude, z. B. Wellenausbreitung in Gasen mit Reibung und Wärmeleitung; in flüssigkeitsgefüllten viscoelastischen Rohren; in Gasen mit thermodynamischer Relaxation
	Korteweg-de-Vries-Gleichung	$u_t + u u_x = -\lambda u_{xxx}$	dispersive Wellen endlicher Amplitude, z. B. Schwerewellen
	Schallnahe Gleichung	$\phi_x\phi_{xx} - \Delta\phi = 0$	Reibungsfreie schallnahe Strömungen bei kleinen Störungen

Symbole: Laplace-Operator $\Delta = \dfrac{\partial^2}{\partial x^2} + \dfrac{\partial^2}{\partial y^2}$ (für ebene Strömung); $\Delta = \dfrac{\partial^2}{\partial x^2} + \dfrac{\partial^2}{\partial y^2} + \dfrac{\partial^2}{\partial z^2}$ (für räumliche Strömung);

Konstanten: $c_0, \nu\,(>0)$, k, $\lambda\,(>0)$

Burgers-Gleichung vor allem deshalb bemerkenswert, weil sich jede Lösung v der linearen Wärmeleitungsgleichung mittels der *Hopfschen Transformation*

$$u = -2\nu \frac{\partial (\ln v)}{\partial x} \tag{3.4}$$

in eine Lösung u der Burgers-Gleichung überführen läßt. Damit steht der Burgers-Gleichung trotz
ihrer Nichtlinearität die gesamte Lösungsmannigfaltigkeit einer linearen Gleichung zur Verfügung.

Übungsaufgabe

Hopfsche Transformation. Man zeige, daß jede durch Gl. (3.4) gegebene Funktion u (t, x) eine Lösung der Burgers-
Gleichung ist, wenn v (t, x) eine Lösung der Wärmeleitungsgleichung darstellt. Gilt auch die Umkehrung des
Satzes?

Wer sich bei der Lösung der Aufgabe die Frage stellt, wie eine solche Transformation zu finden ist, der möge die
Originalarbeit von *Hopf* (1950) zu Rate ziehen. Ein anderer Weg wurde von *Cole* (1951) beschritten.

4. Rand- und Anfangswertprobleme

Je nach der Art der Vorgabe von Rand- und Anfangsbedingungen unterscheidet man verschiedene
Problemstellungen, die wir nun an Hand von typischen Beispielen besprechen werden.

4.1. Ein Randwertproblem: Ebene inkompressible Potentialströmung um einen Kreiszylinder

Betrachten wir die stationäre, ebene Strömung um einen Kreiszylinder (Bild 4.1). Die Strömung sei
reibungsfrei und inkompressibel. Wie wir im Kapitel 2 gesehen haben, genügt dann sowohl das Geschwindigkeitspotential ϕ als auch die Stromfunktion ψ der Laplace-Gleichung. Wir wollen hier
mit der Stromfunktion arbeiten, haben also die Gl. (2.4) des Kapitels 2 zu lösen. Es ist natürlich in
unserem Beispiel vorteilhaft, mit Polarkoordinaten r, Θ zu rechnen (vgl. Bild 4.1). Die Laplace-
Gleichung lautet in diesen Koordinaten

$$\psi_{rr} + \frac{1}{r}\psi_r + \frac{1}{r^2}\psi_{\Theta\Theta} = 0 \quad . \tag{4.1}$$

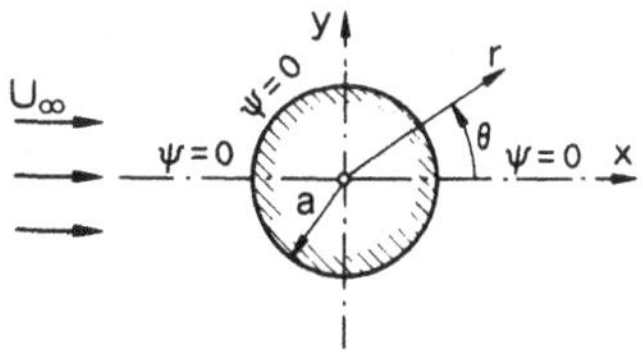

Bild 4.1
Zum Randwertproblem für die ebene Potentialströmung
um einen Kreiszylinder

Zu dieser partiellen Differentialgleichung zweiter Ordnung kommen nun zwei Randbedingungen
hinzu. Erstens müssen wir fordern, daß die kreisförmige Kontur des Zylinderquerschnittes eine
Stromlinie darstellt. Da auf Stromlinien ψ = const ist, kann man unter Weglassung einer freien
Konstanten diese erste Randbedingung als

$$\psi = 0 \qquad \text{für} \qquad r = a \tag{4.2}$$

formulieren. Zweitens müssen wir von der Lösung verlangen, daß sie in sehr großer Entfernung vom
Zylinder die ungestörte Strömung (u = U_∞, v = 0) beschreibt. Diese Forderung führt zu der zweiten
Randbedingung

$$\psi = U_\infty y = U_\infty r \sin \Theta \qquad \text{für} \quad r \to \infty. \tag{4.3}$$

Halten wir also fest, daß durch die Randbedingungen unseres Problems Funktionswerte für die gesuchte Größe auf dem Rand eines bestimmten Gebietes, nämlich auf dem Zylinder und im Unend-

lichen, vorgeschrieben werden. Wir haben hier ein Beispiel eines sogenannten *Randwertproblems* vor uns. Es ist dabei nicht notwendig, daß die Funktionswerte der gesuchten Größe selbst auf dem Rand vorgeschrieben werden; ebenso können Ableitungen der gesuchten Funktion (z. B. die Normalableitung) oder sogar Relationen zwischen der Funktion selbst und ihren Ableitungen in den Randbedingungen auftreten.

Die Lösung von Gl. (4.1) mit den Randbedingungen (4.2) und (4.3) ist allerdings noch nicht eindeutig, weil wir noch keine Aussage über die Zirkulation (Auftrieb!) gemacht haben. Man kann das Vorhandensein von Zirkulation ausschließen, indem man noch eine Symmetriebedingung bezüglich der x-Achse hinzunimmt.

Das derart gestellte Problem hat die eindeutige Lösung

$$\psi = U_\infty \left(1 - \frac{a^2}{r^2}\right) r \sin \Theta. \tag{4.4}$$

Eine Verifikation der Lösung durch Einsetzen in die Differentialgleichung und die Randbedingungen ist leicht möglich. Die Frage jedoch, wie man zu dieser Lösung kommt, werden wir erst später behandeln (Kapitel 17, Übungsaufgabe 2). Im Augenblick kommt es nur darauf an, an Hand der Lösung (4.4) festzustellen, daß im *ganzen* Strömungsfeld Störungen vorhanden sind, wenn auch eventuell nur sehr kleine Störungen der Parallelströmung. Auch ein noch so kleiner Zylinder macht sich also im ganzen, unendlich ausgedehnten Raum bemerkbar. Dementsprechend hängt die Lösung in jedem Punkt des Raumes von *allen* Randwerten ab, und eine kleine Änderung der Randwerte an einer beliebigen Stelle des Randes (beispielsweise das Anbringen einer „kleinen Beule" an der Zylinderoberfläche) macht sich im *ganzen* Strömungsfeld bemerkbar (wenn auch natürlich an verschiedenen Orten mit verschiedener Intensität). Allen diesen Eigenschaften werden wir immer wieder bei der Behandlung von Randwertproblemen begegnen.

Bevor wir uns anderen Aufgabenstellungen zuwenden, sei noch darauf hingewiesen, daß es auch Randwertprobleme gibt, bei welchen der Rand, auf dem die Werte der gesuchten Funktion oder ihrer Ableitungen vorgeschrieben sind, nicht von vornherein gegeben ist, sondern erst im Zuge der Lösung des Problems bestimmt werden muß. Derartigen *Randwertproblemen mit „freiem Rand"* begegnet man in der Strömungslehre unter anderem bei Oberflächenwellen, bei Freistrahlen, bei Gasblasen in Flüssigkeiten bzw. Tropfen in Gasen, aber auch bei Überschallströmungen um stumpfe Körper (bei denen der vor dem Körper liegende Verdichtungsstoß als freier Rand aufzufassen ist, vgl. Bild 4.2).

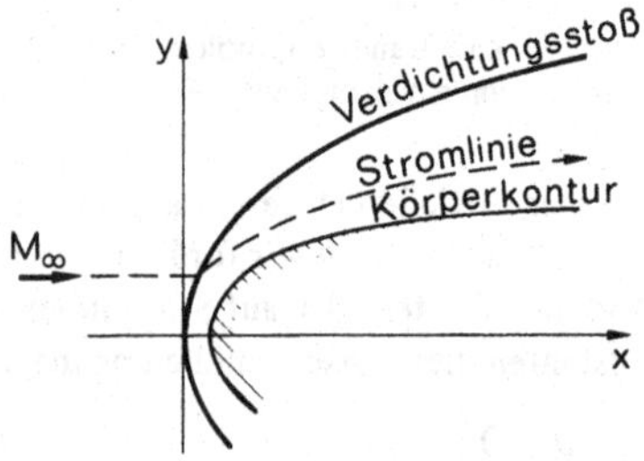

Bild 4.2
Überschallströmung um einen stumpfen Körper bei
hoher Anström-Machzahl ($M_\infty^2 \gg 1$)

4.2. Ein Anfangswertproblem: Ausgleich von kleinen Druckstörungen in einem gasgefüllten Rohr

Eine ganz anders geartete Aufgabenstellung als im vorigen Abschnitt ergibt sich aus dem folgenden Beispiel. Ein unendlich langes Rohr mit konstantem Querschnitt sei mit einem zunächst ruhenden Gas konstanter Temperatur gefüllt. Zur Zeit t = 0 sei eine bestimmte Druckverteilung im Rohr vorgegeben. Die zur selben Zeit einsetzende Ausgleichsströmung ist zu berechnen. Praktisch verwirklicht ist eine derartige Aufgabenstellung beispielsweise, wenn in einem Rohr, welches durch Mem-

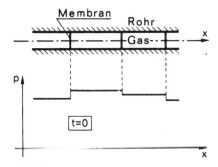

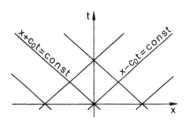

Bild 4.4
Rechtslaufende und linkslaufende Wellen
im Weg-Zeit-Diagramm

Bild 4.3
Ein Anfangswertproblem für eindimensionale,
instationäre Strömung

branen in einzelne Kammern mit unterschiedlichen Drücken unterteilt ist, die Membranen plötzlich entfernt werden (Bild 4.3).

Zur Vereinfachung des Problems machen wir die wesentliche Voraussetzung, daß die relativen Druckunterschiede im Rohr zur Zeit t = 0 sehr klein gegenüber den Absolutwerten des Druckes sind. Dadurch können wir bei der Ausgleichsströmung mit kleinen Störungen des Ruhezustandes rechnen. Mit den Methoden der Störungsrechnung, die wir im einzelnen noch kennenlernen werden, kann man dann die Grundgleichungen der Strömungslehre (z. B. die gasdynamische Gleichung für instationäre Strömungen) auf die lineare Wellengleichung

$$\phi_{tt} - c_0^2 \, \phi_{xx} = 0 \tag{4.5}$$

reduzieren. Dabei bedeutet c_0 die konstante Ruheschallgeschwindigkeit, und das Potential ϕ ist so definiert, daß die Strömungsgeschwindigkeit durch ϕ_x gegeben ist, während die Druckstörung (ebenso wie die Dichte-, Temperatur- und Schallgeschwindigkeitsstörung) proportional zu ϕ_t ist. Zur Zeit t = 0 sind dementsprechend die folgenden *Anfangswerte* vorgegeben:

$$\phi_x \, (x, 0) = 0 \quad ;$$
$$\phi_t \, (x, 0) = P \, (x) \quad . \tag{4.6}$$

Die Wellengleichung (4.5) ist eine der wenigen partiellen Differentialgleichungen, von denen die allgemeine Lösung — noch dazu in sehr einfacher Form — vorliegt. Durch die Koordinatentransformation

$$\xi = x + c_0 t \quad , \qquad \eta = x - c_0 t \tag{4.7}$$

geht nämlich Gl. (4.5) in die überaus einfache Gleichung

$$\phi_{\xi\eta} = 0 \tag{4.8}$$

über, aus welcher sich durch zweimalige Integration die *allgemeine Lösung der Wellengleichung* (bei *zwei* unabhängigen Variablen) zu

$$\phi = f(\xi) + g(\eta) = f(x + c_0 t) + g(x - c_0 t) \tag{4.9}$$

ergibt. Dabei sind f und g beliebige Funktionen, von denen lediglich vorausgesetzt werden muß, daß sie zweimal differenzierbar sind.

Zur physikalischen Interpretation der allgemeinen Lösung (4.9) gehen wir davon aus, daß der erste Summand der Lösung, das ist $f(\xi)$, seinen Wert nicht ändert, wenn ξ konstant bleibt, d.h. wenn man sich in einem Weg-Zeit-Diagramm (Bild 4.4) auf Geraden $x + c_0 t = $ const bewegt. In diesem Fall schreitet man mit zunehmender Zeit in Richtung kleiner werdender x (also im Weg-Zeit-Diagramm nach links) fort. Durch $\phi = f(x + c_0 t)$ werden daher „linkslaufende" Wellen unveränderlicher Gestalt beschrieben. Ganz entsprechend läßt sich $\phi = g(x - c_0 t)$ als „rechtslaufende" Welle deuten. Die allgemeine Lösung (4.9) der Wellengleichung (4.5) stellt sich somit dar als Superposition einer rechtslaufenden und einer linkslaufenden Welle unveränderlicher Gestalt. Beide Wellen schreiten mit der Ausbreitungsgeschwindigkeit c_0 fort.

Um die Anfangsbedingungen für die gesuchte Funktion ϕ zu erfüllen, sind die freien Funktionen f und g in geeigneter Weise zu bestimmen. Durch Einsetzen der allgemeinen Lösung (4.9) in die Anfangsbedingungen (4.6) folgt zunächst

$$f'(x) + g'(x) = 0 \quad ;$$
$$c_0 [f'(x) - g'(x)] = P(x) \quad , \qquad (4.10)$$

woraus sich durch Integration

$$f(x) = \frac{1}{2c_0} \int_{x_0}^{x} P(\overline{x}) \, d\overline{x} \quad ,$$

$$\qquad (4.11)$$

$$g(x) = -\frac{1}{2c_0} \int_{x_0}^{x} P(\overline{x}) \, d\overline{x} + const$$

mit konstantem x_0 ergibt. Damit kann die Lösung des gestellten Anfangswertproblems als

$$\phi = \frac{1}{2c_0} \int_{x-c_0 t}^{x+c_0 t} P(\overline{x}) \, d\overline{x} + const \qquad (4.12)$$

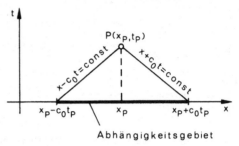

Bild 4.5

Abhängigkeitsgebiet des Punktes P auf der x-Achse

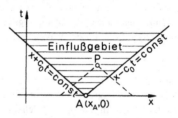

Bild 4.6. Einflußgebiet des Punktes A

geschrieben werden, wobei die additive Integrationskonstante für die physikalischen Größen: Geschwindigkeit, Druck usw. bedeutungslos ist, weil sie bei der Differentation des Potentials nach x oder t wegfällt.

Aus dem Ergebnis (4.12) lassen sich mehrere wichtige Schlüsse ziehen.

a) Die Lösung (d. h. der Strömungszustand) in einem Punkt $P(x_p, t_p)$ hängt nur ab von jenen auf der x-Achse vorgegebenen Anfangswerten, die innerhalb des Intervalls $x_p - c_0 t_p \leqq x \leqq x_p + c_0 t_p$ liegen. Die durch die Endpunkte $x_p - c_0 t_p$ und $x_p + c_0 t_p$ begrenzte Strecke der x-Achse nennt man deshalb das *Abhängigkeitsgebiet* des Punktes P auf der x-Achse (Bild 4.5).

b) Umgekehrt kann eine Änderung der Anfangswerte (eine „Störung") in einem Punkt $A(x_A, 0)$ den Strömungszustand nur innerhalb jenes Gebietes beeinflussen, welches durch die von A in Richtung steigender Zeit ausgehenden Geraden $x - c_0 t = x_A = const$ und $x + c_0 t = x_A = const$ begrenzt wird. Dieses im Bild 4.6 schraffiert dargestellte Gebiet wird das *Einflußgebiet* des Punktes A genannt. Die Geraden $x - c_0 t = const$ und $x + c_0 t = const$ nennt man die *Charakteristiken* oder *Machschen Linien* der Differentialgleichung (4.5).

Wie durch die gestrichelten Geraden in Bild 4.6 angedeutet wird, gilt für alle Punkte P des Einflußgebietes die Aussage, daß A im Abhängigkeitsgebiet von P auf der x-Achse liegt.

Das Auftreten von Einfluß- und Abhängigkeitsgebieten beim Anfangswertproblem der Wellengleichung steht im auffallenden Gegensatz zu den Verhältnissen beim Randwertproblem der Laplace-Gleichung, wo sich – wie wir bereits gesehen haben – eine Störung von jedem Punkt ausgehend im ganzen Raum bemerkbar macht.

c) Bei Vorgabe von Anfangswerten auf einer Strecke $\overline{AB}$ auf der x-Achse ist die Lösung in dem durch die Geraden $x - c_0 t = x_A = const$, $x + c_0 t = x_B = const$ und die Strecke $\overline{AB}$ begrenzten Gebiet eindeutig bestimmt. Dieses in Bild 4.7 schraffiert dargestellte Gebiet wird als das *Bestimmtheitsgebiet* der Strecke $\overline{AB}$ bezeichnet.

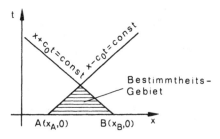

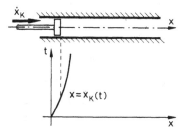

Bild 4.7
Bestimmtheitsgebiet der Strecke $\overline{AB}$

Bild 4.8. Kolbenproblem

d) Etwa vorhandene Unstetigkeiten in den Anfangswerten können sich nur längs der Ränder des zugehörigen Einflußgebietes bemerkbar machen. Daraus folgt aber zusammen mit der unter b) gemachten Aussage, daß sich derartige *Unstetigkeiten längs Charakteristiken ausbreiten*.

Es ist dabei wichtig zu betonen, daß es sich um infinitesimal kleine Störungen oder um sogenannte „schwache" Unstetigkeiten (Unstetigkeiten in den Ableitungen der Anfangswerte) handeln muß. „Starke" Unstetigkeiten, die uns in der Strömungsmechanik beispielsweise als Verdichtungsstöße begegnen, breiten sich im allgemeinen nicht längs Charakteristiken aus.

Wir wollen hier noch erwähnen, daß die Charakteristiken nur in unserem speziellen, einfachen Beispiel gerade Linien sind. Im allgemeinen sind die Charakteristiken gekrümmt. Dementsprechend werden Einflußgebiete und Bestimmtheitsgebiete im allgemeinen von gekrümmten Linien begrenzt. Genauer werden wir uns mit dem Charakteristikenbegriff erst im Kapitel 5 auseinandersetzen.

4.3. Ein Anfangs-Randwert-Problem: Das Kolbenproblem

Zum Studium neuer Effekte in der Strömungslehre (Relaxationseffekte, Strahlungseffekte u. a.) wird gerne das sogenannte Kolbenproblem herangezogen. In seiner einfachsten Form kann man es folgendermaßen formulieren.

In einem unendlich langen Rohr, welches mit einem idealen Gas gefüllt sei, befinde sich ein Kolben (Bild 4.8). Zur Zeit $t = 0$ sei das Gas in Ruhe, der Kolben in seiner Ausgangslage bei $x = 0$. Ebenfalls zur Zeit $t = 0$ möge der Kolben beginnen, sich mit der Geschwindigkeit $\dot{x}_K (t)$ zu bewegen. Dabei wollen wir voraussetzen, daß die Kolbengeschwindigkeit $\dot{x}_K$ sehr klein gegen die Ruheschallgeschwindigkeit c_0 im Gas ist, so daß wir wieder mit kleinen Störungen rechnen können.

Wir gehen demnach auch wieder von der linearen Wellengleichung (4.5) aus. Die Anfangsbedingung lautet jetzt, daß zur Zeit $t = 0$ alle Störungen (Druck, Geschwindigkeit des Gases usw.) verschwinden; dabei müssen jedoch die Gasteilchen, die direkt an der bereits mit der Bewegung beginnenden

Kolbenoberfläche, also bei x = 0, liegen, ausgenommen werden. Dies führt zur folgenden Formulierung der Anfangsbedingung:

$$\phi_t = \phi_x = 0 \qquad \text{für } t = 0 \quad , \qquad x > 0 \quad . \tag{4.13}$$

Während wir aber beim vorigen Beispiel lediglich die Anfangsbedingung zu beachten hatten, kommt hier noch eine Randbedingung hinzu; sie besagt, daß am Kolben die Geschwindigkeit des Gases, das ist ϕ_x, gleich der Kolbengeschwindigkeit $\dot{x}_K$ sein muß:

$$\phi_x = \dot{x}_K(t) \qquad \text{für } x = x_K(t) \quad , \qquad t > 0 \quad . \tag{4.14}$$

Für kleine Kolbengeschwindigkeit weicht die Kolbenbahn $x_K(t)$ nur wenig von der Ausgangslage des Kolbens, die wir bei x = 0 angenommen haben, ab. Die Randbedingung kann daher statt auf der tatsächlichen Kolbenbahn in erster Näherung an der Stelle x = 0 vorgeschrieben werden (vgl. die Entwicklung der Randbedingungen bei der Linearisierung der gasdynamischen Gleichung, Abschnitt 14.1); man erhält

$$\phi_x = \dot{x}_K(t) \qquad \text{für } x = 0 \quad , \qquad t > 0 \quad . \tag{4.15}$$

Es ist somit die Aufgabe gestellt, das *gemischte Anfangs-Randwert-Problem* zu lösen, welches aus der Differentialgleichung (4.5), der Anfangsbedingung (4.13) und der Randbedingung (4.15) besteht.

Wir gehen wieder von der allgemeinen Lösung (4.9) der Differentialgleichung aus. Für die beiden unbekannten Funktionen f und g liefert die Anfangsbedingung (4.13) die Relation

$$f'(x) \equiv g'(x) \equiv 0 \qquad \text{für } x > 0 \quad . \tag{4.16}$$

Hiermit folgt aus der Randbedingung (4.15):

$$g'(-c_0 t) = \dot{x}_K(t) \qquad \text{für } t > 0 \quad , \tag{4.17}$$

woraus sich nach Integration und Einführen einer neuen Variablen $\tau = -c_0 t$ die Funktion g zu

$$g(\tau) = -c_0 x_K(-\tau/c_0) + \text{const} \qquad \text{für } \tau < 0 \tag{4.18}$$

ergibt. Damit kann die Lösung für das Potential nach Gl. (4.9) schließlich folgendermaßen geschrieben werden, wobei wir die additive Integrationskonstante weglassen:

$$\phi = -c_0 x_K(t^*) \quad , \qquad t^* = t - \frac{x}{c_0} \quad . \tag{4.19}$$

Das Potential zur Zeit t in einem Punkt x ist demnach gegeben durch die Lage des Kolbens zur „retardierten" Zeit t^*; dabei unterscheidet sich die „retardierte" Zeit t^* von der „wirklichen" Zeit t um jenen Zeitbetrag, den die Schallwelle benötigt, um vom Kolben zum betrachteten Punkt x zu gelangen. Das Ergebnis (4.19) zeigt außerdem, daß beim vorliegenden Kolbenproblem nur die rechtslaufenden (in positiver x-Richtung laufenden) Wellen eine Rolle spielen, während die linkslaufenden Wellen verschwinden. Man spricht in einem solchen Fall von einer (rechtslaufenden) „*Einzelwelle*" oder „*einfachen*" Welle. Auf ein dem Kolbenproblem nahe verwandtes Anfangs-Randwert-Problem stößt man bei der stationären Überschallströmung um ein dünnes Profil (vgl. Übungsaufgabe 3).

4.4. Ein Ausstrahlungsproblem: Instationäre Massenquelle

Wir wenden uns nun einer weiteren, in der Strömungslehre ebenfalls sehr wichtigen Art der Aufgabenstellung zu, nämlich den Ausstrahlungsproblemen. Ein typisches Beispiel liefert uns eine punktförmige Massenquelle, deren Intensität (Quellstärke) sich zeitlich ändert. Unter der Voraussetzung

kleiner Störungen des Ruhezustandes kann man als Ausgangsgleichung die linearisierte Wellengleichung heranziehen; sie lautet für räumliche Strömungen

$$\phi_{tt} - c_0^2 \, \Delta\phi = 0 \tag{4.20}$$

mit Δ als Laplace-Operator.

Wir wollen nun weiterhin annehmen, daß die Quelltätigkeit in alle Richtungen des Raumes gleich
stark sei, so daß die durch die Quelle erzeugte Strömung kugelsymmetrisch ist, also nur vom Abstand
r des Aufpunktes von der Quelle und natürlich von der Zeit t abhängt. Man schreibt deshalb den
Laplace-Operator in Kugelkoordinaten, streicht die Ableitungen nach den beiden Winkelkoordinaten,
und erhält aus Gl. (4.20) nach einer kleinen Umformung die Gleichung

$$(r\phi)_{tt} - c_0^2 \, (r\phi)_{rr} = 0 \quad . \tag{4.21}$$

Diese Gleichung ist nichts anderes als die uns bereits wohlvertraute eindimensionale Wellengleichung,
allerdings nicht für das Potential ϕ selbst, sondern für das Produkt aus Radius und Potential, $r\phi$.
Somit können wir auch die allgemeine Lösung (4.9) übernehmen, müssen aber in Gl. (4.9) ϕ durch
$r\phi$ ersetzen. Als allgemeine Lösung für eine Kugelwelle erhalten wir

$$\phi = \frac{1}{r} \left[f(r + c_0 t) + g(r - c_0 t) \right] \quad , \tag{4.22}$$

wobei die Funktionen f und g zweimal differenzierbar sein müssen.

Als Anfangsbedingung nehmen wir wie beim Kolbenproblem an, daß zur Zeit t = 0 außerhalb des
Quellpunktes Druckstörung ϕ_t und Geschwindigkeitsstörung ϕ_r verschwinden. Da additive Konstanten beim Potential überflüssig sind, können wir auch das Verschwinden von ϕ_t und ϕ anstelle
von ϕ_t und ϕ_r fordern, wodurch die Rechnungen ein wenig erleichtert werden. (Das Verschwinden
von ϕ und ϕ_r bei t = 0 zu fordern, wäre nicht hinreichend, da ja bei konstantem t die Bedingung
$\phi_r = 0$ direkt aus $\phi = 0$ folgt, die beiden Bedingungen also nicht unabhängig voneinander sind.)
Dies gibt die Anfangsbedingung

$$\phi = \phi_t = 0 \qquad \text{für } t = 0 \quad , \qquad r > 0 \quad . \tag{4.23}$$

Anders als beim Kolbenproblem kann man aber jetzt bei r = 0 keine Randbedingung vorschreiben.
Denn die allgemeine Lösung (4.22) zeigt deutlich, daß die Geschwindigkeitsstörungen ebenso wie
die Druckstörungen im Zentrum der Kugelwelle unendlich groß werden. Die Randbedingung wird
deshalb durch eine *Ausstrahlungsbedingung* ersetzt, zu der man folgendermaßen kommen kann.

Wir denken uns den Quellpunkt mit einer kugelförmigen Kontrollfläche, die den kleinen Radius r_1
haben möge, umgeben. Das durch die Kugelfläche pro Zeiteinheit hindurchströmende Gasvolumen
ist durch das Flächenintegral

$$\oiint_{r = r_1} \phi_r \, df$$

bestimmt, wobei das Integral über die ganze Kugelfläche zu erstrecken ist. Wir führen nun den Grenzübergang $r_1 \to 0$ aus und erhalten auf diese Weise die aus der Quelle pro Zeiteinheit ausströmende
Menge, die als Quellstärke bezeichnet wird. Gibt man die Quellstärke Q(t) vor, so lautet die Ausstrahlungsbedingung

$$\lim_{r_1 \to 0} \oiint_{r = r_1} \phi_r \, df = Q(t) \quad . \tag{4.24}$$

Beachten wir noch, daß in unserem speziellen Beispiel einer Kugelwelle ϕ_r auf einer Kugelfläche $r = r_1$ überall denselben Wert hat, so kann die Integration in Gl. (4.24) leicht ausgeführt werden. Die Ausstrahlungsbedingung vereinfacht sich dann zu

$$\lim_{r_1 \to 0} 4 \pi r_1^2 \phi_r (t, r_1) = Q(t) \quad . \tag{4.25}$$

Das gestellte Ausstrahlungsproblem besteht nun aus der Differentialgleichung (4.21), deren allgemeine Lösung wir bereits durch Gl. (4.22) kennen, aus der Anfangsbedingung (4.23) und schließlich aus der Ausstrahlungsbedingung (4.25). Die Lösung ist schnell zu bestimmen. Aus der Anfangsbedingung (4.23) folgt $f(r) \equiv 0$ für alle $r > 0$. Die Ausstrahlungsbedingung liefert hiermit

$$\lim_{r_1 \to 0} 4 \pi r_1^2 \left[\frac{1}{r_1} g'(r_1 - c_0 t) - \frac{1}{r_1^2} g(r_1 - c_0 t) \right] = Q(t) \quad . \tag{4.26}$$

Nach Ausführung des Grenzüberganges und einer Variablensubstitution folgt

$$g(\tau) = - \frac{1}{4 \pi} Q \left(- \frac{\tau}{c_0} \right) \quad . \tag{4.27}$$

Setzt man dies in die allgemeine Lösung (4.22) ein, so ergibt sich schließlich das Potential einer instationären, kugelsymmetrischen Massenquelle zu

$$\phi = - \frac{1}{4 \pi r} Q(t^*) \quad , \qquad\qquad t^* = t - \frac{r}{c_0} \quad . \tag{4.28}$$

Auch hier tritt wieder die retardierte Zeit t^* in Erscheinung.
Für $t^* < 0$ ist $\phi \equiv 0$.

Übungsaufgaben

1. *Allgemeine Lösung der Laplace-Gleichung.* Transformiert man die Laplace-Gleichung $\phi_{xx} + \phi_{yy} = 0$ auf die komplexen Variablen $\xi = x + iy$, $\eta = x - iy$, so läßt sich die allgemeine Lösung leicht angeben. Wie lautet sie und warum ist sie für die Berechnung der Strömung um feste Körper nur von geringem Wert?

2. *Ausgleich von Druck- und Geschwindigkeitsstörungen im Rohr.* Wie lautet die Lösung des Anfangswertproblems für die Strömung in einem gasgefüllten unendlich langen Rohr, wenn zur Zeit $t = 0$ kleine Druck- *und* Geschwindigkeitsstörungen vorgegeben sind?

3. *Stationäre Überschallströmung.* Die stationäre, reibungsfreie Überschallströmung um ein dünnes Profil (vgl. Bild 14.1) wird durch die Differentialgleichung (14.12) beschrieben (mit $M_\infty > 1$).
   Als Randbedingung ist Gl. (14.14) zu verwenden. Hinzu kommt die Erfahrungstatsache, daß sich kleine Störungen in einer Überschallströmung nicht stromaufwärts ausbreiten können; daraus folgt eine Anfangsbedingung. Man formuliere dieses Anfangs-Randwert-Problem und bestimme seine Lösung im ganzen Strömungsfeld (also auch stromab vom Profil). Welche Analogie besteht zum Kolbenproblem? Warum erfordert die eindeutige Bestimmung der Lösung stromab vom Profil Überlegungen, die beim Kolbenproblem nicht anzustellen sind?

4. *Zylinderwelle.* Wie lautet die Ausstrahlungsbedingung für eine Zylinderwelle? (Bei einer Zylinderwelle ist der Strömungszustand nur eine Funktion der Zeit und des Abstandes des betrachteten Punktes von einer gegebenen Geraden.).

5. *Druckausgleich im geschlossenen Rohr; Spiegelungsmethode.* Man bestimme die Ausgleichsströmung in einem beidseitig geschlossenen, gasgefüllten Rohr, wenn zur Zeit $t = 0$ kleine Druckstörungen des ruhenden Gases vorgegeben sind. (Hinweis: Das vorliegende Anfangs-Randwert-Problem läßt sich auf ein reines Anfangswertproblem zurückführen, indem man durch fortgesetzte Spiegelung der gegebenen Anfangswerte die ganze Rohrachse derart periodisch mit Anfangswerten belegt, daß die Randbedingungen aus Symmetriegründen erfüllt sind.)

6. *Randwertproblem für Geschwindigkeitspotential.* In Abschnitt 4.1 wurde die inkompressible Potentialströmung um einen Kreiszylinder durch ein Randwertproblem für die Stromfunktion beschrieben. Wie lautet das entsprechende Randwertproblem für das Geschwindigkeitspotential?

5. Charakteristiken

5.1. Die Charakteristiken als Kurven unbestimmter äußerer Ableitungen

Beim Anfangswertproblem der Wellengleichung (Abschnitt 4.2) haben wir bereits von den Charakteristiken einer partiellen Differentialgleichung gesprochen und dabei darauf hingewiesen, daß sich schwache Unstetigkeiten längs der Charakteristiken ausbreiten. Da schwache Unstetigkeiten in den Anfangswerten beliebig vorgegeben werden können, folgt aus der erwähnten Eigenschaft der Charakteristiken, daß es unmöglich ist, allein mit Hilfe der Differentialgleichungen vom Strömungszustand auf einer Charakteristik auf die Zustände in der Nähe dieser Charakteristik zu schließen. Mathematisch kommt dies dadurch zum Ausdruck, daß die aus der Charakteristik hinausführenden Ableitungen (die sogenannten „äußeren" Ableitungen) der Zustandsgrößen unbestimmt sind.

Wir wollen diesen Sachverhalt nun wieder am Beispiel der linearen Wellengleichung

$$\phi_{tt} - c_0^2 \phi_{xx} = 0 \qquad (5.1)$$

genauer studieren. Es sei in Erinnerung gerufen, daß die Konstante c_0 die Ruheschallgeschwindigkeit und ϕ das Potential bedeutet.

Zur Untersuchung von Charakteristiken einer Differentialgleichung zweiter oder höherer Ordnung ist es im allgemeinen empfehlenswert, die Differentialgleichung in ein *System* von Differentialgleichungen *erster* Ordnung überzuführen. In unserem Beispiel kann man zu diesem Zweck die Strömungsgeschwindigkeit u und die auf die Ruhedichte bezogene Dichtestörung ρ' einführen, denn es gilt $\phi_x = u$ und $\phi_t = - c_0^2 \rho'$. (Natürlich könnte man statt mit der Dichtestörung auch mit der Druckstörung oder — weniger anschaulich — auch mit ϕ_t selbst als der zweiten abhängigen Variablen arbeiten.) Aus $\phi_{xt} = \phi_{tx}$ und Gl. (5.1) erhalten wir das Gleichungssystem

$$\begin{aligned} u_t + c_0^2 \rho_x' &= 0 \quad, \\ u_x + \rho_t' &= 0 \quad. \end{aligned} \qquad (5.2)$$

Zur physikalischen Bedeutung dieses Gleichungssystems sei erwähnt, daß es sich bei der ersten Gleichung um die linearisierte Form der Eulerschen Bewegungsgleichung handelt, wobei die Dichtestörung mit Hilfe der Isentropiebeziehung durch die Druckstörung zu ersetzen ist, während man in der zweiten Gleichung leicht die Kontinuitätsgleichung für kleine Störungen erkennt.

Nehmen wir nun an, die Lösung (also u und ρ') sei zur Zeit $t = t_0$ = const, also auf einer zur x-Achse parallelen Geraden im Zeit-Weg-Diagramm (Bild 5.1), bereits bekannt, und versuchen wir, aus diesen Angaben die Unbekannten u und ρ' in der nahen Umgebung dieser Geraden, d. i. zur Zeit $t = t_0 + dt$ zu bestimmen. Zunächst können wir die Differentialbeziehungen

$$\begin{aligned} u(x, t_0 + dt) &= u(x, t_0) + u_t(x, t_0) \, dt, \\ \rho'(x, t_0 + dt) &= \rho'(x, t_0) + \rho_t'(x, t_0) \, dt \end{aligned} \qquad (5.3)$$

anschreiben, aus denen sich erkennen läßt, daß man neben den gegebenen Größen $u(x, t_0)$ und $\rho'(x, t_0)$ auch noch die aus der Geraden $t = t_0$ hinausführenden Ableitungen — die *äußeren* Ableitungen — benötigt. Mit $u(x, t_0)$ und $\rho'(x, t_0)$ sind allerdings nur die Ableitungen *auf* der Geraden (die *inneren* Ableitungen), nämlich $u_x(x, t_0)$ und $\rho_x'(x, t_0)$, unmittelbar bekannt. Es steht aber auch noch das Differentialgleichungssystem selbst zur Verfügung. Aus Gl. (5.2) können u_t und ρ_t' leicht bestimmt werden, wenn u_x und ρ_x' gegeben sind. Damit sind die aus der Geraden $t = t_0$ hinausführenden Ableitungen bekannt, und von dem auf dieser Geraden gegebenen Strömungszustand kann mittels Gl. (5.3) auf den Strömungszustand auf einer benachbarten Geraden geschlossen werden.

Es erhebt sich nun die Frage, ob man die soeben dargelegten Rechnungen nicht nur für die Geraden t = const, sondern auch für jede andere Kurve erfolgreich durchführen kann. Nach den zu Beginn des

Kapitels angestellten Überlegungen sollte dies für Charakteristiken nicht möglich sein. Wir *definieren* daher nunmehr die *Charakteristiken* eines Differentialgleichungssystems als jene Kurven, für welche man aus der Lösung *auf* der Kurve auch unter Zuhilfenahme des Differentialgleichungssystems *nicht* auf die äußeren Ableitungen für sämtliche abhängigen Variablen (hier: u, ρ') schließen kann.

Die in Frage stehende Kurvenschar sei durch eine Gleichung der Form $\xi(x, t) = $ const dargestellt (Bild 5.1). Punkte auf diesen Kurven seien durch einen Parameter η (z. B. die Bogenlänge) bestimmt. Die äußere Ableitung ist somit $\frac{\partial}{\partial \xi}$, die innere Ableitung ist $\frac{\partial}{\partial \eta}$.

Wir drücken jetzt im Differentialgleichungssystem (5.2) die Ableitungen nach x und t durch Ableitungen nach ξ und η aus (so als ob wir neue Koordinaten ξ, η einführen würden) und ordnen die einzelnen Terme derart, daß die äußeren Ableitungen auf der linken Gleichungsseite, die inneren Ableitungen auf der rechten Seite zu stehen kommen:

$$\xi_t\, u_\xi + c_0^2\, \xi_x\, \rho'_\xi = -\eta_t\, u_\eta - c_0^2\, \eta_x\, \rho'_\eta \quad ,$$
$$\xi_x\, u_\xi + \xi_t\, \rho'_\xi = -\eta_x\, u_\eta - \eta_t\, \rho'_\eta \quad .$$

(5.4)

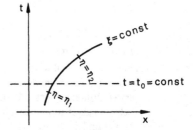

Bild 5.1
Zur Erläuterung des Charakteristiken-Begriffs

Bei gegebenen inneren Ableitungen u_η und ρ'_η können wir die Gl. (5.4) als ein inhomogenes *algebraisches* Gleichungssystem für die gesuchten äußeren Ableitungen u_ξ und ρ'_ξ auffassen. Es hat eine eindeutige Lösung dann und nur dann, wenn die Koeffizientendeterminante nicht verschwindet; es hat also umgekehrt *keine* eindeutige Lösung, wenn

$$\begin{vmatrix} \xi_t & c_0^2\, \xi_x \\ \xi_x & \xi_t \end{vmatrix} = 0 \quad .$$

(5.5)

Wir ziehen daraus den Schluß: Für Kurven $\xi(x, t) = $ const, auf denen die Bedingung (5.5) gilt, lassen sich bei Vorgabe von u und ρ' auf dieser Kurve die aus der Kurve hinausführenden Ableitungen von u und ρ' nicht eindeutig bestimmen. Die Kurven $\xi(x, t) = $ const sind dann die gesuchten *Charakteristiken* des Systems (5.2) bzw. der äquivalenten Gl. (5.1).

5.2. Verträglichkeits- und Richtungsbedingungen

Was nun die Lösbarkeit des algebraischen Gleichungssystems (5.4) für u_ξ und ρ'_ξ betrifft, so haben wir unter der Annahme, daß die Bedingung (5.5) bereits erfüllt ist (also auf Charakteristiken!) nur noch zwei Alternativen: Entweder das algebraische Gleichungssystem (5.4) hat keine Lösung, d. h., es gibt keine Lösung des Differentialgleichungssystem (5.2), welche die vorgegebenen Werte von u und ρ' auf der Charakteristik annimmt und dort stetige Ableitungen u_ξ und ρ'_ξ besitzt. Oder das algebraische Gleichungssystem hat unendlich viele Lösungen; dies ist dann der Fall, wenn neben der Determinante von Gl. (5.5) auch noch die beiden folgenden Determinanten verschwinden:

$$\begin{vmatrix} \xi_t & -\eta_t\, u_\eta - c_0^2\, \eta_x\, \rho'_\eta \\ \xi_x & -\eta_x\, u_\eta - \eta_t\, \rho'_\eta \end{vmatrix} = 0 \quad ,$$

(5.6a)

$$\begin{vmatrix} -\eta_t\, u_\eta - c_0^2\, \eta_x\, \rho'_\eta & c_0^2\, \xi_x \\ -\eta_x\, u_\eta - \eta_t\, \rho'_\eta & \xi_t \end{vmatrix} = 0 \quad .$$

(5.6b)

Da jeweils eine dieser beiden letzten Bedingungen aus der anderen Bedingung und Gl. (5.5) folgt, kann man entweder (5.6a) oder (5.6b) weglassen. Wir stellen aber fest, daß stetig differenzierbare Lösungen des Differentialgleichungssystems (5.2) auf einer Charakteristik einer „Verträglichkeitsbedingung" (5.6a) – oder (5.6b) – genügen müssen.

Um die Charakteristiken für unser Beispiel tatsächlich zu ermitteln, lösen wir die Determinante der Gl. (5.5) auf und finden

$$\frac{\xi_t}{\xi_x} = \pm c_0 \qquad\qquad\qquad (5.7a)$$

oder

$$\left(\frac{dx}{dt}\right)_{\xi = const} = \mp c_0 \quad . \qquad\qquad\qquad (5.7b)$$

Durch diese Gleichung wird die Richtung der Charakteristiken festgelegt. Man nennt deshalb die Bedingung (5.5), die ja der Gl. (5.7b) zugrunde liegt, die *Richtungsbedingung* für die Charakteristiken.

Als Lösung ergibt sich für die Charakteristiken die Gleichung

$$\xi = x \pm c_0 t = const. \qquad\qquad\qquad (5.8)$$

Wie zu erwarten war, handelt es sich bei den Linien $\xi = const$ genau um jene mit Schallgeschwindigkeit fortschreitenden Wellenfronten (Machschen Linien), die wir im Abschnitt 4.2 schon kennengelernt und dort auch bereits als Charakteristiken bezeichnet hatten.

Nicht immer sind jedoch die Charakteristiken als Wellenfronten zu deuten. Beispielsweise treten bei anisentropen Strömungen drei Scharen von Charakteristiken auf, nämlich zusätzlich zu den Machschen Linien noch die Teilchenbahnen oder Stromlinien, die physikalisch keineswegs als Wellenfronten aufgefaßt werden (vgl. Übungsaufgabe 3). Umgekehrt sind Wellenausbreitungsvorgänge oft, aber nicht immer an die Existenz reeller Charakteristiken geknüpft. So werden Schwerewellen im tiefen Wasser durch die Laplace-Gleichung, die ja keine reellen Charakteristiken besitzt, beschrieben. Der „Wellencharakter" der Strömung rührt in diesem Fall von den Randbedingungen an der Wasseroberfläche her (vgl. Abschnitt 17.2.1).

5.3. Verallgemeinerungen

Wir haben im Vorstehenden den Begriff der Charakteristiken in einem speziellen Beispiel aus der Strömungslehre eingeführt und an Hand eben dieses Beispiels die Richtungs- und Verträglichkeitsbedingungen studiert. Ganz entsprechend läßt sich der allgemeine Fall bei nur zwei unabhängigen Variablen behandeln. Das Ergebnis ist die folgende Regel (vgl. *Courant* und *Hilbert* 1968, S. 304):

Gegeben sei ein System von n partiellen Differentialgleichungen erster Ordnung für n gesuchte Funktionen $\phi_1, \phi_2, \ldots, \phi_n$ bei zwei Unabhängigen x und y in der Form

$$F_\nu(x, y, \phi_1, \ldots, \phi_n, \phi_{1x}, \ldots, \phi_{nx}, \phi_{1y}, \ldots, \phi_{ny}) = 0 \quad ; \qquad (\nu = 1, 2, \ldots, n). \quad (5.9)$$

Die Charakteristiken dieses Systems sind zu bestimmen durch Integration der Richtungsbedingung

$$\begin{vmatrix} a_{11} \ldots a_{1n} \\ \vdots \qquad \vdots \\ a_{n1} \ldots a_{nn} \end{vmatrix} = 0 \qquad\qquad\qquad (5.10a)$$

mit

$$a_{\nu k} = \frac{\partial F_\nu}{\partial \phi_{kx}} dy - \frac{\partial F_\nu}{\partial \phi_{ky}} dx \quad ; \qquad (\nu, k = 1, 2, \ldots, n) \quad . \qquad (5.10b)$$

Es ist wichtig, sich vor Augen zu halten, daß bei nichtlinearen Differentialgleichungssystemen die Charakteristikenrichtungen — und damit auch die Gestalt und Lage der Charakteristiken selbst — von der jeweiligen speziellen Lösung des Gleichungssystems abhängen. Man kann dies unmittelbar aus den Gl. (5.10a) und (5.10b) erkennen; die Übungsaufgaben 2 und 3 geben hierzu Beispiele aus der Strömungslehre. Nur bei linearen Differentialgleichungssystemen ergeben sich die a_{ik} aus Gl. (5.10b) stets als unabhängig von ϕ und seinen Ableitungen; damit sind bei linearen Systemen die Charakteristiken in der x, y-Ebene von vornherein festgelegt, und zwar unabhängig davon, welche Lösung sich etwa aus den Randbedingungen des speziellen Problems ergibt.

Wesentlich komplizierter werden die Verhältnisse bei mehr als zwei unabhängigen Variablen. So hat man beispielsweise bei räumlichen stationären Strömungen drei Unabhängige, nämlich x, y, z in einem kartesischen Koordinatensystem; bei instationären räumlichen Strömungen kommt sogar als vierte Unabhängige noch die Zeit hinzu. Bei mehr als zwei Unabhängigen sind die Charakteristiken keine Kurven mehr, sondern Flächen (bei drei Unabhängigen) oder sogar Hyperflächen (bei mehr als drei Unabhängigen). Der Normalenvektor der charakteristischen Flächen ist durch eine Richtungsbedingung festgelegt, die Fläche selbst ist aber erst eindeutig bestimmt, wenn man zusätzliche „willkürliche" Angaben macht. In der Regel gibt man zu diesem Zweck eine Grundkurve vor, durch welche die charakteristische Fläche gehen soll. Bezüglich der umfangreichen Theorie der charakteristischen Flächen muß auf die einschlägigen Lehrbücher (*Courant* und *Hilbert* 1968, *Sauer* 1958) verwiesen werden.

Übungsaufgaben

1. *Vereinfachung der Verträglichkeitsbedingung.* Man reduziere die Verträglichkeitsbedingung (5.6a) oder (5.6b) unter Beachtung der Richtungsbedingung (5.7a) auf die einfache Form $u_\eta \pm c_0\, \rho'_\eta = 0$.

2. *Drehungsfreie Überschallströmung.* Die ebene, drehungsfreie Überschallströmung eines Gases wird durch Gl. (3.2) von Kapitel 3, mit $\phi_x^2 + \phi_y^2 > c^2$, beschrieben. Man bestimme die Richtung der Charakteristiken und zeige, daß die Stromlinien von den Charakteristiken unter dem Machschen Winkel $\alpha = \arcsin (1/M)$ mit $M = W/c = \sqrt{\phi_x^2 + \phi_y^2}/c$ geschnitten werden. Weiters sind die Verträglichkeitsbedingungen anzugeben. Durch welchen Zusatzterm (nur in den Verträglichkeitsbedingungen!) unterscheidet sich die achsensymmetrische Strömung von der ebenen Strömung?
   Hinweis: Es ist vorteilhaft, den Geschwindigkeitsbetrag W und den Neigungswinkel ϑ, mit $\tan \vartheta = v/u$, einzuführen.

3. *Drehungsbehaftete (anisentrope) Überschallströmung.* Bei drehungsbehafteter Überschallströmung muß man auf die Einführung eines Potentials verzichten. Zur Bestimmung der Charakteristiken ziehe man das Gleichungssystem heran, welches aus Kontinuitätsbedingung, Eulerschen Bewegungsgleichungen und Energiegleichung besteht:

$$(\rho u)_x + (\rho v)_y = 0 \quad ;$$
$$u u_x + v u_y + \rho^{-1} p_x = 0 \quad ;$$
$$u v_x + v v_y + \rho^{-1} p_y = 0 \quad ;$$
$$u p_x + v p_y - c^2 (u \rho_x + v \rho_y) = 0 \quad .$$

(*Hinweis:* Es ist vorteilhaft, mittels der Energiegleichung die Ableitungen der Dichte aus der Kontinuitätsgleichung zu eliminieren.) Welche physikalischen Größen können auf den Machschen Linien unstetig sein, welche auf den Stromlinien?

6. Elliptische, hyperbolische und parabolische Differentialgleichungen

Besondere Bedeutung in der Strömungslehre haben partielle Differentialgleichungen zweiter Ordnung. Von den speziellen Gleichungen (vgl. Tabelle 3.1) gehören hierzu u. a. die Laplace-Gleichung, die Wellengleichung, die Wärmeleitungsgleichung, die Tricomi-Gleichung und die Burgers-Gleichung.

Aber auch die gasdynamische Grundgleichung (3.2) selbst ist eine (nichtlineare) Gleichung zweiter Ordnung.

Beschränken wir uns zunächst auf zwei unabhängige Variable, und betrachten wir als ein Beispiel die Gleichung

$$(1 - M_\infty^2)\, \phi_{xx} + \phi_{yy} = 0 \quad . \tag{6.1}$$

Diese „linearisierte" Gleichung für das Geschwindigkeitspotential ϕ ($u = \phi_x$, $v = \phi_y$) beschreibt näherungsweise die stationäre Strömung eines kompressiblen Mediums (Gases) um ein dünnes Flügelprofil (vgl. Abschnitt 14.1). M_∞ bedeutet die konstante Machzahl der ungestörten Strömung (Anström-Machzahl).

Die mathematischen Eigenschaften der Gl. (6.1) hängen nun − ebenso wie die physikalischen Eigenschaften der entsprechenden Strömung − ganz wesentlich davon ab, ob M_∞ größer oder kleiner als 1 ist. Für $M_\infty > 1$ (Überschall-Anströmung) ist Gl. (6.1), abgesehen von den Bezeichnungen, mit der Wellengleichung identisch; ersetzt man nämlich y durch t und $(1 - M_\infty^2)$ durch $- c_0^2$, so geht Gl. (6.1) in Gl. (5.1) über. Die linearisierte Gleichung für das Geschwindigkeitspotential bei Überschallanströmung hat daher zwei Scharen von Charakteristiken, und zwar die Geraden

$$x \pm y\,\sqrt{M_\infty^2 - 1} = \text{const} \quad . \tag{6.2}$$

Anders liegen die Verhältnisse im Fall $M_\infty < 1$ (Unterschall-Anströmung). Gl. (6.1) ist in diesem Fall mit der Laplace-Gleichung verwandt und kann sogar durch eine einfache Koordinatenstreckung (z. B. $x = \sqrt{1 - M_\infty^2}\ \tilde{x}$, $y = \tilde{y}$) in diese übergeführt werden. Es existieren keine reellen Charakteristiken, was man auch leicht an Gl. (6.2) erkennen kann, wenn man dort $M_\infty < 1$ setzt. Im Grenzfall $M_\infty = 1$ schließlich, für den die linearisierte Gleichung für das Geschwindigkeitspotential allerdings nicht mehr gültig ist, fallen die beiden Charakteristikenscharen nach Gl. (6.2) zu einer einzigen Schar zusammen. Je nachdem, ob die Anström-Machzahl M_∞ größer als 1, gleich 1 oder kleiner als 1 ist, weist Gl. (6.1) demnach zwei, eine oder keine Schar reeller Charakteristiken auf. Man nennt die Gleichung im ersten Fall *hyperbolisch*, im zweiten Fall *parabolisch*, und im dritten Fall *elliptisch*.

Bedenkt man, welche Rolle die Charakteristiken bei der Abgrenzung von Einfluß- und Abhängigkeitsgebieten spielen (vgl. Kapitel 4), so wird sofort klar, daß hyperbolische, parabolische und elliptische Gleichungen hinsichtlich der Ausbreitung von Störungen grundsätzliche Unterschiede zeigen. Während sich im Falle einer Gleichung vom hyperbolischen oder parabolischen Typus eine Störung nur in einem begrenzten Gebiet ausbreitet, macht sich im Fall einer elliptischen Gleichung eine Störung im ganzen Raum bemerkbar. Dementsprechend gibt es auch Unterschiede, was die Vorgabe von Rand- und Anfangsbedingungen betrifft. Bei elliptischen Gleichungen sind Randwertprobleme die korrekte Form der Aufgabenstellung, bei hyperbolischen und parabolischen Gleichungen kommen Anfangswertprobleme sowie gemischte Anfangs-Randwert-Probleme und Ausstrahlungsprobleme in Frage.

Es gibt auch Gleichungen, bei denen es vom jeweils betrachteten Punkt abhängt, ob sie elliptisch, hyperbolisch oder parabolisch sind. Ein Beispiel ist die *Tricomi-Gleichung*

$$\phi_{xx} + x\,\phi_{yy} = 0 \quad . \tag{6.3}$$

Im Gebiet $x < 0$ gibt es in jedem Punkt zwei voneinander verschiedene Richtungen der Charakteristiken, auf $x = 0$ (y-Achse) jedoch nur eine einzige. Im Gebiet $x > 0$ existieren gar keine reellen Charakteristiken (vgl. Übungsaufgabe 1). Die Gl. (6.3) ist dementsprechend hyperbolisch für $x < 0$, parabolisch für $x = 0$, und elliptisch für $x > 0$. Man sagt auch oft, die Gleichung sei vom „gemischten" Typ.

Betrachten wir nun noch die quasilineare (also nichtlineare!) Differentialgleichung zweiter Ordnung

$$a\,\phi_{xx} + 2\,b\,\phi_{xy} + c\,\phi_{yy} + F = 0 \quad ; \tag{6.4}$$

hierbei sollen a, b, c und F Funktionen von x, y und den ersten Ableitungen ϕ_x, ϕ_y sein, jedoch nicht Funktionen von der gesuchten Funktion ϕ selbst. Durch die Substitution $u = \phi_x$, $v = \phi_y$ kann man Gl. (6.4) in ein System von zwei Differentialgleichungen erster Ordnung überführen. Die Bestimmung der Charakteristikenrichtungen führt dann auf die folgende Typeneinteilung (vgl. Übungsaufgabe 2):

$$ac - b^2 > 0 \qquad \text{elliptisch,}$$
$$ac - b^2 = 0 \qquad \text{parabolisch,}$$
$$ac - b^2 < 0 \qquad \text{hyperbolisch.}$$

Nur die Koeffizienten der zweiten (höchsten) Ableitungen haben also Einfluß darauf, ob die Differentialgleichung (6.4) in einem bestimmten Punkt elliptisch, parabolisch oder hyperbolisch ist. Wie schon die Charakteristiken, so kann auch der Typus einer nichtlinearen Differentialgleichung in einem bestimmten Punkt von der speziellen Lösung abhängen.

Auch bei mehr als zwei unabhängigen Variablen und bei Differentialgleichungen höherer als zweiter Ordnung (bzw. entsprechenden Differentialgleichungssystemen) werden Typeneinteilungen vorgenommen. Den vielfältigen Möglichkeiten für die Existenz und das Zusammenfallen von Charakteristiken-Richtungen entsprechend, kommt man dabei aber nicht mehr mit den drei Klassen elliptisch, parabolisch und hyperbolisch aus. Wir müssen uns hier mit einem Hinweis auf die Darstellung von *Courant* und *Hilbert* (1968), S. 135–146, begnügen.

Übungsaufgaben

1. *Tricomi-Gleichung.* Man zeige, daß die Charakteristiken der Tricomi-Gleichung (6.1) Neilsche Parabeln sind, deren Spitzen auf der y-Achse liegen. Dies führt zur Abgrenzung der elliptischen, hyperbolischen und parabolischen Gebiete.

2. *Quasilineare Differentialgleichung zweiter Ordnung.* Man bestimme die Richtungen der Charakteristiken für die Differentialgleichung (6.2) und diskutiere an Hand des Ergebnisses die Typeneinteilung.

3. *Stationäre Gasströmung.* Welcher Bedingung muß die lokale Machzahl M = W/c genügen, damit die Grundgleichung für die stationäre Strömung eines kompressiblen Mediums (Gl. 3.2) im jeweiligen Punkt elliptisch (hyperbolisch bzw. parabolisch) ist?

4. *Wärmeleitungsgleichung.* Welchem Gleichungstypus gehört die Wärmeleitungsgleichung $v_t - \nu\, v_{xx} = 0$ an?

7. Direkte und indirekte Methoden; inverse Probleme

Bevor wir uns nun in den folgenden Kapiteln den einzelnen Lösungsverfahren zuwenden, sei noch erwähnt, daß man in Hinblick auf die Anwendung einer Methode oft zwischen *direkten* und *indirekten Methoden* unterscheidet. Eine direkte Methode zeichnet sich dadurch aus, daß sie es ermöglicht, die Grundgleichungen mit genau jenen Rand- und Anfangsbedingungen zu lösen, welche der „normalen" physikalischen Problemstellung entsprechen. Eine direkte Methode ist also eigentlich das, was man gerne immer zur Verfügung hätte. Bei den indirekten Methoden ist die Vorgangsweise anders: Ausgehend von den Differentialgleichungen eines Strömungsvorganges werden Lösungen gesucht, die eine bestimmte, a priori postulierte Eigenschaft haben. Anschließend erst wird untersucht, welche Rand- und Anfangsbedingungen zu solchen Lösungen führen und welche physikalische Interpretation der gefundenen Lösung gegeben werden kann. Man charakterisiert deshalb oft die indirekten Methoden treffend, wenn auch überspitzt, durch Anleitungen von der folgenden Art: „Finde eine Lösung und suche anschließend ein passendes physikalisches Problem!"

Zu den indirekten Methoden zählen insbesondere auch jene, bei denen die physikalische Problemstellung von vornherein „umgekehrt" wird. Ein typisches Beispiel hierfür ist die Überschallströmung um einen stumpfen Körper bei hohen Anström- bzw. Flug-Machzahlen (Bild 4.2). Das physikalische Problem besteht zunächst darin, zu einem vorgegebenen Körper das Strömungsfeld einschließlich der vor dem Körper liegenden Stoßwelle (Kopfwelle) zu berechnen. Dieses Problem auf direktem Weg zu lösen, ist wegen der unbekannten Lage der Kopfwelle, auf welcher Randbedingungen zu erfüllen sind, außerordentlich schwierig. Wesentlich einfacher ist es, das sogenannte *inverse Problem* zu lösen: Zu einer vorgegebenen Kopfwelle soll das Strömungsfeld einschließlich der Form des Körpers, der die Kopfwelle erzeugt, bestimmt werden. In der praktischen Anwendung wird man dann die Kopfwellenform so lange iterativ variieren, bis die gewünschte Körperform mit ausreichender Genauigkeit erreicht ist.

Auf ein anderes Beispiel für ein inverses Problem stößt man in der Tragflügeltheorie, wenn man eine bestimmte Auftriebsverteilung vorgibt und nach der Form des Flügels fragt, mit dem sich diese Auftriebsverteilung erzeugen läßt.

Es gibt aber auch zahlreiche indirekte Probleme, bei denen es sich nicht einfach um eine Umkehrung der praktisch vorkommenden Aufgabenstellungen handelt. Nichtsdestoweniger kann die Lösung solcher Probleme wetvolle Einsichten in das Verhalten von Strömungen geben. Hierzu gehört beispielsweise die Frage nach solchen reibungsbehafteten (und drehungsbehafteten) Strömungen, deren Stromlinien mit denen einer drehungsfreien Strömung zusammenfallen. Dieses und andere interessante Beispiele findet man in einem Übersichtsartikel von *P. F. Neményi* (1951).

Literaturhinweise zu Teil A

Zur Vertiefung der Grundbegriffe sind die klassischen Werke von *Courant* und *Hilbert* (1968) sowie von *Sauer* (1958) zu empfehlen.

Teil B

Methoden zur exakten Lösung nichtlinearer partieller Differentialgleichungen

Einleitung

Die Erhaltungssätze (Kontinuitätsgleichung, Bewegungsgleichung, Energiegleichung), die am Beginn fast jeder theoretischen Behandlung von Strömungsproblemen stehen, sind nichtlinear. Nur in sehr speziellen, wenn auch wichtigen Sonderfällen reduzieren sie sich auf lineare Differentialgleichungen.

Der herausragenden Bedeutung der nichtlinearen partiellen Differentialgleichungen in der Strömungslehre stehen aber leider keine entsprechend umfangreichen Lösungsmethoden gegenüber. Während uns die Mathematik bei linearen partiellen Differentialgleichungen eine gut ausgearbeitete Theorie bereits seit langem bereitstellt, ist man bei nichtlinearen Problemen noch damit beschäftigt, die Vielfalt möglicher Lösungen (und damit mögliche Strömungsformen) an Hand einfacher Beispiele, wie der Korteweg-de Vries-Gleichung, verstehen zu lernen (vgl. z. B. *Ames*, 1967a).

Eine wesentliche und oft entscheidende Erschwerung bei der Lösung nichtlinearer Differentialgleichungen ergibt sich daraus, daß die Superposition (Überlagerung) von bereits bekannten Lösungen im allgemeinen nicht zu neuen Lösungen führt. Damit entfällt ein wirkungsvolles Verfahren, mit dessen Hilfe man bei linearen partiellen Differentialgleichungen die Randbedingungen erfüllen kann. Dementsprechend erweist sich die Erfüllung der Randbedingungen oft als ein großes Hindernis bei der Lösung nichtlinearer partieller Differentialgleichungen.

Der wesentliche Schritt bei der Lösung einer nichtlinearen partiellen Differentialgleichung besteht sehr oft darin, das gestellte Problem zu vereinfachen, indem man es entweder in ein lineares Problem überführt (Transformationsmethoden, Störungsmethoden) oder die partielle Differentialgleichung auf eine gewöhnliche Differentialgleichung reduziert (Separationsmethoden, Ähnlichkeitslösungen, Lösungen spezieller Form). Die Vereinfachungen können entweder exakt sein oder – wie bei den Störungsmethoden – auf einer (rationalen und systematischen) Approximation der ursprünglichen Gleichungen beruhen. Wir werden uns in den folgenden Kapiteln mit den genannten Methoden beschäftigen. Nicht behandelt werden empirische Näherungsmethoden, wie etwa die parabolische Methode für schallnahe Strömungen, sowie rein numerische Methoden und Methoden, die trotz gewisser analytischer Ansätze in der Durchführung im wesentlichen auf eine numerische Behandlung hinauslaufen; zur letzten Gruppe gehören beispielsweise Integralverfahren und Variationsmethoden (mit Ausnahme der Whithamschen Mittelungsmethode, die unter den Störungsmethoden zu finden ist).

8. Partielle Differentialgleichung erster Ordnung

Wenn wir es mit einer einzigen partiellen Differentialgleichung erster Ordnung zu tun haben – was leider in der Strömungslehre nicht sehr häufig der Fall ist – so können wir auch im nichtlinearen Fall auf eine allgemeine Theorie zurückgreifen. Aufbauend auf dieser Theorie läßt sich die Differentialgleichung fast rezeptmäßig lösen. Für partielle Differentialgleichungen höherer als erster Ordnung und für Systeme von partiellen Differentialgleichungen erster Ordnung gibt es eine allgemeine Theorie nicht.

8.1. Quasilineare Differentialgleichung erster Ordnung mit zwei Unabhängigen

Unter den nichtlinearen Differentialgleichungen haben für die Strömungslehre die quasilinearen Differentialgleichungen besondere Bedeutung. Wir wollen uns zunächst auf zwei unabhängige Variable x und y beschränken. Die abhängige Variable (die „gesuchte Funktion") sei $u(x, y)$. Dann gilt der folgende Satz (vgl. *Courant* und *Hilbert* 1968, S. 23–25 und S. 51 f.):

Die quasilineare, partielle Differentialgleichung erster Ordnung

$$P u_x + Q u_y = R \quad , \tag{8.1}$$

bei welcher P, Q und R gegebene Funktionen von x, y und u sind, hat die *allgemeine Lösung*

$$F(f, g) = 0 \quad , \tag{8.2}$$

wobei F eine willkürliche (hinreichend differenzierbare) Funktion bedeutet, während $f(x, y, u) = \text{const}$ und $g(x, y, u) = \text{const}$ zwei voneinander unabhängige Lösungen des „charakteristischen" (oder „Lagrangeschen") Differentialgleichungssystems

$$dx : dy : du = P : Q : R \tag{8.3}$$

darstellen.

Zur Erläuterung sei folgendes bemerkt. Die als Proportion geschriebene Gl. (8.3) ist als System von drei *gewöhnlichen* Differentialgleichungen erster Ordnung zu deuten, nämlich

$$\frac{dx}{dy} = \frac{P}{Q} \quad , \qquad \frac{dx}{du} = \frac{P}{R} \quad , \qquad \frac{dy}{du} = \frac{Q}{R} \quad . \tag{8.4}$$

Dabei sind jedoch nur zwei Differentialgleichungen unabhängig voneinander, denn die dritte Differentialgleichung folgt jeweils aus den beiden anderen.

Durch den angegebenen Satz wird die Lösung einer partiellen Differentialgleichung auf die Lösung eines Systems von gewöhnlichen Differentialgleichungen zurückgeführt. Daß dies möglich ist, hängt mit der Existenz von Charakteristiken der partiellen Differentialgleichung erster Ordnung zusammen. Auch bei partiellen Differentialgleichungen zweiter Ordnung und bei Systemen von Differentialgleichungen erster Ordnung hatten wir ja durch Einführen der Charakteristiken (s. Kapitel 5) Differentialgleichungen erhalten, die nur noch innere Ableitungen, also Ableitungen nach einer einzigen Unabhängigen, aufwiesen („Verträglichkeitsbedingungen"). Wir wollen aber hier auf den Charakteristikenbegriff bei Einzeldifferentialgleichungen erster Ordnung nicht weiter eingehen, sondern uns gleich einem einfachen Anwendungsbeispiel zuwenden.

Beschleunigungslose Strömung. Eine eindimensionale instationäre Strömung eines kompressiblen Mediums (Gases) möge unter Druckausgleich stattfinden, d. h. der Druck $p = p(t)$ sei nur eine Funktion der Zeit, in jedem Zeitpunkt also unabhängig vom Ort. Als Folge davon entfällt der Druckterm in der Bewegungsgleichung, die unter Vernachlässigung von Reibung als

$$\frac{\partial u}{\partial t} + u \frac{\partial u}{\partial x} = 0 \tag{8.5}$$

zu schreiben ist. Da wir hier im Gegensatz zu früheren Beispielen auf die Annahme kleiner Störungen verzichtet haben, müssen wir jetzt eine nichtlineare Differentialgleichung lösen. Wegen des Fortfalls des Druckterms enthält die Gl. (8.5) aber nur eine einzige Unbekannte, nämlich die Strömungsgeschwindigkeit u. Wir haben also eine einzelne Differentialgleichung erster Ordnung vor uns, die unabhängig von den anderen Grundgleichungen zu lösen ist.

Wir wenden nun den oben angegebenen Satz an. Das charakteristische Differentialgleichungssystem zu Gl. (8.5) lautet:

$$dt : dx : du = 1 : u : 0 \quad . \tag{8.6}$$

Auflösung der Proportionen liefert beispielsweise die beiden voneinander unabhängigen, gewöhnlichen Differentialgleichungen

$$\frac{du}{dt} = 0 \quad , \tag{8.7a}$$

$$\frac{dx}{dt} = u \quad . \tag{8.7b}$$

Diese Hilfsgleichungen haben die Lösungen

$$u = const \quad , \tag{8.8a}$$

$$x = u\,t + const \quad , \tag{8.8b}$$

die wir in der Form $f(t, x, u) = const$ und $g(t, x, u) = const$ schreiben müssen, woraus sich die gesuchten Funktionen zu

$$f = u \quad , \qquad g = x - u\,t \tag{8.9}$$

ergeben. Gemäß Gl. (8.2) folgt daraus sofort, daß die partielle Differentialgleichung (8.5) die allgemeine Lösung

$$F(u, x - u\,t) = 0 \tag{8.10}$$

hat, wobei F wieder eine willkürliche Funktion bedeutet.

In gewissen Fällen kann F nach dem ersten Argument aufgelöst werden, woraus sich die Darstellung

$$u = \bar{F}(x - u\,t) \tag{8.11}$$

mit $\bar{F}$ als willkürlicher Funktion ergibt. In dieser Form kann die allgemeine Lösung sehr leicht zur Lösung des Anfangswertproblems verwendet werden. Als Anfangswerte seien die Geschwindigkeitswerte $u_0(x)$ zur Zeit $t = 0$ vorgeschrieben:

$$u(x, 0) = u_0(x) \quad . \tag{8.12}$$

Einsetzen dieser Anfangsbedingung in die allgemeine Lösung (8.11) liefert sofort $\bar{F} = u_0$, so daß die Lösung des Anfangswertproblems

$$u = u_0(x - u\,t) \tag{8.13}$$

lautet. Dies ist allerdings nur ein implizites Ergebnis für u.

Zur Bestimmung von $u = u(x, t)$ muß die Gl. (8.13) nach u aufgelöst werden, was im allgemeinen nur numerisch für jedes Wertepaar x, t möglich sein wird.

Die physikalische Deutung der allgemeinen Lösung (8.10) ist sehr einfach. Sie besagt nichts anderes, als daß die Geschwindigkeit u für jedes einzelne Teilchen konstant bleibt; denn in diesem Fall gilt für jedes Teilchen, daß $x - u\,t = x_0 = const$, wobei x_0 den Ort des Teilchens zur Zeit $t = 0$ bedeutet. Zu dieser Aussage kann man auch direkt von der Differentialgleichung (8.5) kommen, wenn man bedenkt, daß der Differentialoperator $\frac{\partial}{\partial t} + u \frac{\partial}{\partial x}$ die teilchenfeste („substantielle") Ableitung nach der Zeit bedeutet. Man nennt eine solche Strömung mit konstanter Teilchengeschwindigkeit eine beschleunigungslose Strömung. Sie läßt sich mit guter Näherung in einem Zylinder realisieren, in welchem sich ein Kolben langsam (im Vergleich zur Schallgeschwindigkeit) bewegt.

Bisher wurde lediglich die Bewegungsgleichung verwendet. Weitere Aussagen über beschleunigungslose Strömungen folgen aus Kontinuitäts- und Energiegleichung. Dazu ist es aber vorteilhaft, von der Eulerschen Darstellungsweise (zeitliche Änderung des Strömungszustandes bei festem Ort) auf die Lagrangesche Darstellungsweise (zeitliche Änderung des Strömungszustandes in einem mit dem Teilchen mitbewegten Koordinatensystem) überzugehen. Die Durchrechnung sei dem Leser als Übungsaufgabe (s. u.) überlassen. Vgl. auch Kap. 22.3.

8.2. Quasilineare Differentialgleichung mit mehr als zwei Unabhängigen.

Wir hatten die Anzahl der unabhängigen Variablen zunächst auf zwei beschränkt. Die Verallgemeinerung auf mehrere Unabhängige ist jedoch einfach. Man kann in vollständiger Analogie zu den Verhältnissen bei zwei Unabhängigen den folgenden Satz formulieren:

Die quasilineare, partielle Differentialgleichung erster Ordnung

$$\sum_{i=1}^{n} a_i \frac{\partial u}{\partial x_i} = b \quad , \tag{8.14}$$

wobei $a_i = a_i(x_1, \ldots, x_n, u)$ und $b = b(x_1, \ldots, x_n, u)$, hat die allgemeine Lösung

$$F(f_1, f_2, \ldots, f_n) = 0 \tag{8.15}$$

mit F als willkürlicher (hinreichend differenzierbarer) Funktion und

$$f_i(x_1, \ldots, x_n, u) = const \qquad (i = 1, 2, \ldots, n)$$

als unabhängigen Lösungen des charakteristischen Differentialgleichungssystems

$$dx_1 : dx_2 : \ldots : dx_n : du = a_1 : a_2 : \ldots : a_n : b \quad . \tag{8.16}$$

Übungsaufgabe

Beschleunigungslose Strömung in Lagrangescher Darstellung. Zur vollständigen Beschreibung der eindimensionalen beschleunigungslosen Strömung in einem Rohr konstanten Querschnitts ist die Bewegungsgleichung (8.5) durch die Kontinuitätsgleichung

$$\frac{\partial \rho}{\partial t} + \frac{\partial(\rho u)}{\partial x} = 0$$

und die Energiegleichung

$$\frac{\partial s}{\partial t} + u \frac{\partial s}{\partial x} = 0$$

zu ergänzen. (Dichte ρ, spezifische Entropie $s = s(p, \rho)$.) Man transformiere das Gleichungssystem von den Eulerschen Variablen t, x auf Lagrangesche Variable t, a als Unabhängige, wobei mit a die x-Koordinate des Teilchens zur Zeit $t = 0$ bezeichnet sei. (Hinweis: Die Erhaltung der Masse eines Teilchens liefert unmittelbar $\rho dx = \rho_0 da$ als Differentialbeziehung zwischen den Koordinaten x und a, mit ρ_0 als Dichte zur Zeit $t = 0$.) Für $u(t, a)$ und $\rho(t, a)$ ergeben sich einfache Lösungen. Man vergleiche auch mit Gl. (8.10) oder Gl. (8.11).

9. Separation der Variablen bei nichtlinearen Problemen

Die Methode der Separation (Trennung) der Variablen ist zur Lösung vor linearen partiellen Differentialgleichungen weit verbreitet und bekannt (s. Kapitel 17), sie kann aber auch bei gewissen nichtlinearen Problemen mit Erfolg eingesetzt werden. Insbesondere im Zusammenhang mit Ähnlichkeitstransformationen, die wir im nächsten Kapitel kennenlernen werden, erweist sich die Methode der Variablenseparation als sehr leistungsfähig.

Bei der Anwendung der Methode der Variablenseparation liegt der wesentliche Unterschied zwischen linearen und nichtlinearen Problemen darin, daß man bei linearen Differentialgleichungen durch Superposition von Separationslösungen grundsätzlich jede gewünschte Randbedingung erfüllen kann; bei nichtlinearen Differentialgleichungen ist dies nicht möglich.

In der Praxis wird man deshalb bei nichtlinearen partiellen Differentialgleichungen meist so vorgehen, daß man zuerst ohne Rücksicht auf die Randbedingungen untersucht, welche Lösungen bzw. Lösungsformen der vorgegebenen Differentialgleichung sich durch Separation der Variablen überhaupt darstellen lassen. Anschließend wird man dann untersuchen, welche physikalisch sinnvollen Randbedingungen (oder Anfangsbedingungen) durch diese Lösungen erfüllt werden können. Das folgende Beispiel einer exakten Lösung der Navier-Stokes-Gleichungen soll diese Vorgangsweise demonstrieren.

Staupunktströmung. Definiert man eine Stromfunktion ψ für ebene inkompressible Strömung durch $u = \psi_y$, $v = -\psi_x$, so kann man das System aus Navier-Stokes-Gleichungen und Kontinuitätsgleichung in die äquivalente Wirbeltransportgleichung

$$\frac{\partial \psi}{\partial y} \frac{\partial \Delta \psi}{\partial x} - \frac{\partial \psi}{\partial x} \frac{\partial \Delta \psi}{\partial y} = \nu \Delta \Delta \psi \tag{9.1}$$

überführen (s. Kapitel 2, Übungsaufgabe 2). Die kinematische Zähigkeit ν wurde hierbei als konstant angenommen. Gl. (9.1) ist eine nichtlineare partielle Differentialgleichung vierter Ordnung. Die Randbedingungen wollen wir noch offen lassen.

Wir machen nun für die Stromfunktion den *Separationsansatz*

$$\psi = f(x)\, g(y) \quad . \tag{9.2}$$

Ein solcher Produktansatz stellt die häufigste Form des Separationsansatzes dar, doch haben gerade für nichtlineare Differentialgleichungen auch Ansätze, bei denen die unbekannte Funktion als Summe $f(x) + g(y)$ dargestellt wird, eine gewisse Bedeutung. Siehe z. B. *Courant* und *Hilbert* (1968), S. 15.

Mit dem Ansatz (9.2) ergibt sich aus Gl. (9.1) die Gleichung

$$(ff'' - f'f')\, gg' + ff'(g'g'' - gg''') = \nu (f''''g + 2 f'g'' + fg'''') \quad , \tag{9.3}$$

wobei Striche bei f und g Ableitungen nach dem jeweiligen Argument x oder y bedeuten. Eine Separation der Variablen liegt auf der Hand, wenn die Gleichung die Form $F_1(x) G_1(y) = F_2(x) G_2(y)$ hat; denn dann kann $F_1(x)/F_2(x) = G_2(y)/G_1(y)$ geschrieben werden und jede der beiden Gleichungsseiten muß konstant (also unabhängig von x bzw. y) sein. Das bedeutet, Gl. (9.3) ist separierbar, wenn entweder $f'' \equiv 0$ (woraus folgt, daß auch $f''' \equiv 0$, $f'''' \equiv 0$ usw.) oder $g'' \equiv 0$ ($g''' \equiv 0$, $g'''' \equiv 0$ usw.). Die beiden Möglichkeiten sind gleichwertig, da die Alternative nur auf eine Vertauschung der Variablen x und y hinausläuft. Wir entscheiden uns für $f'' \equiv 0$, woraus sich

$$f = C_1 x + C_2 \tag{9.4}$$

ergibt. Da durch die Konstante C_2 lediglich eine Parallelverschiebung des Koordinatensystems bewirkt wird, kann man ohne Einschränkung der Allgemeinheit $C_2 = 0$ setzen. Dann läßt sich aber die Konstante C_1 in die Funktion g hineinziehen, vgl. Gl. (9.2), so daß wir ebenfalls ohne Einschränkung der Allgemeinheit $C_1 = 1$ setzen können. Damit wird $f(x) = x$ und die Stromfunktion stellt sich dar als

$$\psi = xg(y) \quad . \tag{9.5}$$

Für die Funktion $g(y)$ verbleibt von Gl. (9.3) die gewöhnliche Differentialgleichung

$$\nu g'''' + gg''' - g'g'' = 0 \quad , \tag{9.6}$$

die wegen $gg''' = (gg'')' - g'g''$ und $2g'g'' = (g'^2)'$ einmal integriert werden kann mit dem Ergebnis

$$\nu g''' + gg'' - g'^2 + C = 0 \quad . \tag{9.7}$$

Hierin ist C eine Integrationskonstante. Diese nichtlineare, gewöhnliche Differentialgleichung dritter Ordnung kann mit einem der gängigen Verfahren numerisch gelöst werden. Dazu sind allerdings Randbedingungen erforderlich, und wir dürfen jetzt die Beantwortung der Frage, welche Randbedingungen auf Grund des Separationsansatzes überhaupt erfüllt werden können, nicht länger aufschieben.

Falls wir eine feste Wand in Betracht ziehen, so müssen wir auf ihr die Haftbedingung $\psi_x = \psi_y = 0$ erfüllen. Ein Blick auf Gl. (9.5) zeigt, daß diese Bedingung auf $y = 0$ erfüllt ist, wenn der Funktion g die Randbedingungen

$$g(0) = g'(0) = 0 \tag{9.8}$$

auferlegt werden. Auf $x = 0$ hingegen könnte die Haftbedingung nicht erfüllt werden, weil $g(y)$ natürlich nicht identisch verschwinden darf. Wir fassen deshalb die Ebene $y = 0$ als feste Wand auf und betrachten die Strömung oberhalb dieser Wand $(y > 0)$.

In sehr großer Entfernung von der Wand $(y \to \infty)$ ist Reibung vernachlässigbar, die Strömung kann daher (muß aber nicht!) im Unendlichen als drehungsfrei angenommen werden. Die Bedingung der Drehungsfreiheit, rot $\mathbf{v} = 0$ oder $v_x - u_y = 0$, schreibt sich für die Stromfunktion als

$$y \to \infty: \qquad \Delta\psi = 0 \quad . \tag{9.9}$$

Hieraus folgt mit Gl. (9.5) eine weitere Randbedingung für $g(y)$, und zwar

$$g''(\infty) = 0 \quad . \tag{9.10}$$

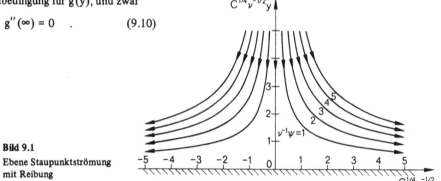

Bild 9.1
Ebene Staupunktströmung
mit Reibung

Mit den Gln. (9.8) und (9.10) stehen jetzt drei Randbedingungen für die numerische Integration der Gl. (9.7), also einer Differentialgleichung dritter Ordnung, zur Verfügung. Die Gleichung selbst enthält allerdings noch die Konstante C als freien Parameter, durch den die Geschwindigkeit in einer bestimmten Entfernung von der Wand festgelegt wird.

Bild 9.1 zeigt als ein Ergebnis der Rechnung die Stromlinien $\psi = $ const in einer dimensionslosen Darstellung[1]. Offensichtlich kann die gefundene Lösung gedeutet werden als die Strömung einer Flüssigkeit gegen eine ebene Wand. Es handelt sich um die „ebene Staupunktströmung" unter Berücksichtigung von innerer Reibung. In entsprechender Weise kann auch die „achsensymmetrische Staupunktströmung" behandelt werden.

---

[1] Die numerischen Ergebnisse wurden aus *Schlichting* (1965), Tabelle 5.1, entnommen.

Übungsaufgabe

Rotierende Scheibe. Man bestimme die Strömung, die in einer im Unendlichen ruhenden Flüssigkeit durch eine rotierende, unendlich große ebene Scheibe erzeugt wird, wenn die Winkelgeschwindigkeit konstant ist und die Drehachse senkrecht zur Scheibenebene steht.

(*Hinweis:* Als Ausgangsgleichungen können die Navier-Stokes-Gleichungen und die Kontinuitätsgleichung in Zylinderkoordinaten herangezogen und für achsensymmetrische Strömung vereinfacht werden. Da man es hier nicht mit einer einzelnen Differentialgleichung, sondern mit einem Differentialgleichungssystem zu tun hat, müssen Separationsansätze für alle abhängigen Größen – Geschwindigkeitskomponenten und Druck – gemacht werden.)

10. Ähnlichkeitslösungen

10.1. Einführendes Beispiel: Die plötzlich in Bewegung gesetzte Wand

Wir wollen nun eine Klasse von speziellen Lösungen, die für die Strömungslehre außerordentlich wichtig sind, kennenlernen und betrachten hierzu ein klassisches Problem (*Stokes, Rayleigh*): Welche Strömung entsteht in einer an eine ebene Wand angrenzenden Flüssigkeit, wenn die unendlich große Wand aus der Ruhelage heraus plötzlich beginnt, sich mit der konstanten Geschwindigkeit U in ihrer eigenen Ebene zu bewegen?

Wir werden den Vorgang in einem kartesischen Koordinatensystem x, y beschreiben, wobei wir die x-Achse in die Wand und in Richtung der Wandgeschwindigkeit U legen, während die y-Achse senkrecht auf die Wand stehen möge (vgl. Bild 17.3). Bei der vorliegenden Strömung handelt es sich um eine reine Schichtenströmung, bei welcher die Geschwindigkeitskomponente normal zur Wand identisch verschwindet. Mit u als Tangentialgeschwindigkeit können wir die Bewegungsgleichung eines Flüssigkeitsteilchens schreiben als

$$\frac{\partial u}{\partial t} = \frac{1}{\rho} \frac{\partial \tau}{\partial y} \quad , \qquad (10.1)$$

wobei t die Zeit, ρ die als konstant vorausgesetzte Dichte[1]) und τ die durch innere Reibung in der Flüssigkeit hervorgerufene Schubspannung bedeuten. Die linke Gleichungsseite stellt die lokale Beschleunigung eines Flüssigkeitsteilchens dar, auf der rechten Seite erkennen wir die auf die Masseneinheit wirkende Reibungskraft.

Für eine Newtonsche Flüssigkeit gilt

$$\tau = \mu \frac{\partial u}{\partial y} \quad , \qquad (10.2)$$

wobei die dynamische Zähigkeit μ nicht von u abhängen darf. Oft kann man sogar die Zähigkeit als konstant ansehen, womit sich dann die Bewegungsgleichung als

$$\frac{\partial u}{\partial t} = \nu \frac{\partial^2 u}{\partial y^2} \qquad (10.3)$$

mit $\nu = \mu/\rho$ als kinematischer Zähigkeit schreiben läßt. An Hand dieser linearen partiellen Differentialgleichung, die man natürlich auch direkt aus den Navier-Stokes-Gleichungen hätte gewinnen können, wollen wir zunächst die Ähnlichkeitslösungen vorstellen, weil die Rechnungen hierfür besonders einfach und übersichtlich werden. Das verwandte *nichtlineare* Problem, welches sich aus Gl. (10.1) für eine nicht-Newtonsche Flüssigkeit ergibt, ist als Übungsaufgabe 3 am Ende dieses Abschnittes zu finden.

---

[1]) Bezüglich einer Verallgemeinerung auf kompressible Medien sei auf *Becker* (1960) verwiesen.

Die Wand beginne zur Zeit t = 0 mit ihrer Bewegung. Dann ist zur Zeit t = 0 die gesamte Flüssigkeit in Ruhe, ausgenommen die Teilchen, die sich unmittelbar an der Wand (y = 0) befinden. Somit haben wir die Anfangsbedingung

$$u = 0 \qquad \text{für } t = 0 \quad , \qquad y > 0 \quad . \qquad (10.4)$$

Zu allen Zeiten t > 0 haben wir die Haftbedingung an der Wand und eine Abklingbedingung für die Störungen in unendlich großem Abstand von der Wand zu erfüllen:

$$u = U \qquad \text{für } y = 0 \quad , \qquad t > 0 \quad ; \qquad (10.5a)$$
$$u = 0 \qquad \text{für } y \to \infty \quad , \qquad t > 0 \quad . \qquad (10.5b)$$

Die gesuchte Lösung für u hängt offensichtlich ab von den unabhängigen Variablen t, y und den Parametern U und ν. Wir wollen nun versuchen, durch Dimensionsbetrachtungen die Anzahl der Variablen und Parameter zu reduzieren. Dabei ist zu beachten, daß das Problem zwar eine charakteristische Geschwindigkeit, nämlich U, enthält, aber keine charakteristische Zeit und keine charakteristische Länge aufweist. Wir beziehen daher u auf U und lassen t und y zunächst unverändert. Wegen der Linearität von Gl. (10.3) gilt für u/U dieselbe Differentialgleichung wie für u. Auch die Anfangsbedingung (10.4) und die Randbedingung (10.5b) bleiben gleich, während die Randbedingung (10.5a) in u/U = 1 (für y = 0, t > 0) übergeht.

Die Lösung für die dimensionslose Größe u/U kann somit nur von den unabhängigen Variablen t, y und dem Parameter ν abhängen: u/U = F (t, y, ν). Aus den drei Größen t, y und ν mit den physikalischen Dimensionen Zeit, Länge und (Länge)^2/Zeit läßt sich aber nur eine einzige unabhängige dimensionslose Größe bilden, beispielsweise $y/\sqrt{\nu t}$; denn alle anderen dimensionslosen Potenzprodukte, die man aus t, y und ν bilden kann, lassen sich als Potenz von $y/\sqrt{\nu t}$ schreiben. Folglich muß die gesuchte Geschwindigkeitsverteilung in dimensionsloser Form als

$$u/U = f(\eta) \qquad (10.6)$$

mit

$$\eta = y/\sqrt{\nu t} \qquad \text{darstellbar sein.} \qquad (10.7)$$

Für Leser, die mit den Methoden der Dimensionsanalyse wenig vertraut sind, seien hierzu einige Bemerkungen angefügt.

Jede physikalische Größe hat eine *physikalische Dimension,* die sich durch bestimmte Grunddimensionen (Länge, Zeit, Masse, . . .) ausdrücken läßt. Beispielsweise hat die Strömungsgeschwindigkeit die Dimension Länge dividiert durch Zeit, symbolisch geschrieben als [L/T] oder [LT^{-1}].

Wir sehen es als selbstverständlich an, daß Gleichungen, die einen physikalischen Zustand oder Prozeß beschreiben, in ihrer Form unabhängig von den gewählten Maßeinheiten sind. Auf Grund dieser Eigenschaft sagt man, die Gleichungen seien *dimensionshomogen.* Das bedeutet insbesondere, daß alle Summanden in einer Gleichung dieselbe Dimension haben müssen.

Die *Dimensionsanalyse* einer physikalischen Beziehung baut auf dem folgenden Theorem auf (Π-Theorem, Theorem von Buckingham; vgl. z. B. *Langhaar* 1951, *Zierep* 1972, *Görtler* 1975, *Isaacson* und *Isaacson* 1975):

Jede dimensionshomogene Gleichung für irgendwelche Größen läßt sich auf eine Beziehung zwischen dimensionslosen Potenzprodukten dieser Größen reduzieren.

Wenn wir nun zu unserem Beispiel der plötzlich in Bewegung gesetzten Wand zurückkehren, so haben wir insgesamt vier wesentliche Größen, nämlich u/U, y, t und ν. Die erste Größe ist bereits dimensionslos, aus den anderen Größen versuchen wir dimensionslose Potenzprodukte der Form

$$y^{\alpha} t^{\beta} \nu^{\gamma} = \Pi$$

zu bilden. Die Exponenten α, β und γ müssen somit die Dimensionsgleichung

$$L^{\alpha + 2\gamma} T^{\beta - \gamma} = 1$$

erfüllen. Aus der Forderung nach dem Verschwinden der Exponenten von L und T ergibt sich ein – hier überaus einfaches – homogenes algebraisches Gleichungssystem mit der einparametrigen Lösungsmannigfaltigkeit

$$\beta = \gamma = -\alpha/2 \quad .$$

Wir wählen $\alpha = 1$ und erhalten

$$\Pi = y/\sqrt{\nu t} \quad .$$

Ein vollständiger Satz (Fundamentalsystem) von dimensionslosen Potenzprodukten besteht somit aus $\Pi_1 = u/U$ und $\Pi_2 = y/\sqrt{\nu t}$. Aus dem Π-Theorem folgt Gl. (10.6).

Als Schlußfolgerung aus der Dimensionsanalyse haben wir in Gl. (10.6) eine wesentliche Aussage über die Form der gesuchten Lösung gewonnen. Über die Funktion $f(\eta)$ vermag die Dimensionsanalyse allerdings nichts auszusagen. Um $f(\eta)$ zu bestimmen, müssen wir die Differentialgleichung (10.3) samt den Anfangs- und Randbedingungen (10.4) und (10.5) heranziehen. Zu diesem Zweck fassen wir Gl. (10.6) als Lösungsansatz auf und führen eine Koordinatentransformation derart durch, daß wir vom Koordinatensystem (t, y) auf das Koordinatensystem (t*, η) mit t* = t und η nach Gl. (10.7) übergehen. Dabei ist zu beachten, daß bei Ableitungen nach t die Variable y konstant zu halten ist, während Ableitungen nach t* bei konstantem η auszuführen sind.

Nach der Kettenregel für partielle Differentiation erhält man dann beispielsweise

$$\frac{\partial u}{\partial t} = \frac{\partial u}{\partial t^*} \frac{\partial t^*}{\partial t} + \frac{\partial u}{\partial \eta} \frac{\partial \eta}{\partial t} = -\frac{U}{2} \frac{\eta}{t^*} f'(\eta) \quad , \tag{10.8}$$

wobei Ableitungen nach η durch Striche angedeutet sind. Beim Einsetzen in die partielle Differentialgleichung (10.3) fällt t* heraus und es bleibt die *gewöhnliche* Differentialgleichung

$$f'' + \frac{1}{2} \eta f' = 0 \quad . \tag{10.9}$$

Wir müssen nun noch die Rand- und Anfangsbedingungen beachten. Dabei scheinen sich Schwierigkeiten zu ergeben, weil wir insgesamt *drei* solche Bedingungen, nämlich die Gl. (10.4), (10.5a) und (10.5b) erfüllen müssen, aber mit Gl. (10.9) nur eine gewöhnliche Differentialgleichung *zweiter* Ordnung vor uns haben. Führt man aber die Variablensubstitutionen gemäß Gln. (10.6) und (10.7) tatsächlich aus, so geht die Anfangsbedingung (10.4) in

$$f(\infty) = 0 \tag{10.10}$$

über und die Randbedingungen (10.5a) und (10.5b) führen zu

$$f(0) = 1 \quad , \tag{10.11a}$$
$$f(\infty) = 0 \quad . \tag{10.11b}$$

Die Gln. (10.10) und (10.11b) sind identisch: Anfangsbedingung und eine der beiden Randbedingungen für u(t, y) liefern also ein und dieselbe Randbedingung für $f(\eta)$. Diesem glücklichen Umstand, der uns auf Grund der vorausgegangenen Dimensionsanalyse aber nicht überrascht, verdanken wir es, daß unser Lösungsverfahren nicht an „zu vielen" Rand- und Anfangsbedingungen scheitert.

Durch Einführen der neuen Variablen η gemäß Gl. (10.7) zusammen mit dem Ansatz (10.6) ist es uns also gelungen, eine partielle Differentialgleichung auf eine gewöhnliche Differentialgleichung zu reduzieren. Das bedeutet natürlich eine sehr große Vereinfachung. In unserem speziellen Fall läßt sich sogar eine geschlossene Lösung der Differentialgleichung (10.9) mit den Randbedingungen (10.11a, b) leicht finden. Sie lautet

$$u/U = 1 - \mathrm{erf}(\eta/2) \quad . \tag{10.12}$$

Dabei bedeutet erf(x) die durch

$$\text{erf}(x) = \frac{2}{\sqrt{\pi}} \int\limits_{0}^{x} e^{-x^2}\, dx$$

definierte Fehlerfunktion, die ausführlich tabelliert ist (z. B. *Abramowitz* und *Stegun* 1965).
Das Ergebnis von Gl. (10.12) ist im linken Teil des Bildes 10.1 graphisch dargestellt. Kehrt man zu
den ursprünglichen Variablen zurück, so ergibt sich

$$u/U = 1 - \text{erf}\left(\frac{y}{2\sqrt{\nu t}}\right) \quad . \tag{10.13}$$

Zu verschiedenen Zeiten $t = t_1, 2\,t_1, 3\,t_1, \ldots$ ergeben sich damit die im rechten Teil des Bildes 10.1
dargestellten Geschwindigkeitsprofile. Ein Vergleich der beiden Bildhälften zeigt, daß die Geschwindigkeitsprofile zu verschiedenen Zeiten durch eine einfache Maßstabsänderung der y-Achse ineinander übergeführt oder zur Deckung gebracht werden können. In diesem Sinne sind die Geschwindigkeitsprofile zueinander „ähnlich". Man nennt daher derartige Lösungen *Ähnlichkeitslösungen*.

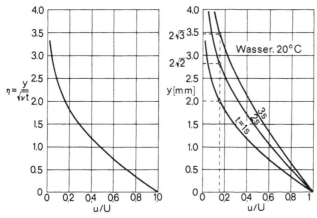

Bild 10.1. Geschwindigkeitsverteilung an einer plötzlich in ihrer eigenen Ebene in Bewegung versetzten Wand
Linkes Bild: Ähnlichkeitsdarstellung
Rechtes Bild: Geschwindigkeitsprofile zu verschiedenen Zeiten für Wasser

10.2. Überblick über die Methoden zur Gewinnung von Ähnlichkeitslösungen

Wie wir an dem soeben behandelten Beispiel sehen, zeichnet sich eine Ähnlichkeitslösung dadurch
aus, daß die Anzahl der unabhängigen Variablen gegenüber dem ursprünglichen Problem reduziert
wurde. In den Anwendungen kommt am häufigsten eine Reduktion von zwei unabhängigen Variablen
auf eine einzige vor, so daß die ursprünglichen, partiellen Differentialgleichungen in gewöhnliche
Differentialgleichungen übergeführt werden. Das bedeutet einen zweifachen Gewinn:

Erstens sind gewöhnliche Differentialgleichungen einfacher zu lösen als partielle Differentialgleichungen; dies gilt nicht nur für analytische Lösungen, die natürlich nur in relativ seltenen Sonderfällen möglich sind, sondern im allgemeinen auch für die numerische Integration. (Allerdings
kann die numerische Lösung eines 2-Punkt-Randwertproblems einer gewöhnlichen Differentialgleichung auch ebenso aufwendig sein wie die numerische Behandlung des entsprechenden Anfangs-
Randwert-Problems einer partiellen Differentialgleichung.)

Zweitens führen Ähnlichkeitslösungen zu einem besseren Verständnis der Vorgänge, einerseits wegen der Übersichtlichkeit der Ergebnisse und andererseits, weil sie oft das asymptotische Verhalten der Lösungen in Gebieten beschreiben, in welchen die Strömung bereits unabhängig von gewissen speziellen Anfangs- oder Randbedingungen geworden ist.

Während in früherer Zeit vor allem der erste Punkt im Vordergrund stand, weil die numerische Lösung von partiellen Differentialgleichungen ohne die Hilfe von Computern ein außerordentlich mühsames Unterfangen war, gewinnt heutzutage der zweite Gesichtspunkt zunehmend an Interesse (vgl. *Barenblatt* und *Zel'dovich* 1972).

Selbstverständlich läßt sich nicht jedes Strömungsproblem auf eine Ähnlichkeitslösung zurückführen. Typisch für Probleme, die eine Ähnlichkeitslösung haben, ist das Fehlen einer charakteristischen Länge (z. B. Körperlänge) oder einer charakteristischen Zeit (z. B. Anlaufzeit); Probleme, bei denen sämtliche Rand- und Anfangsbedingungen durch endliche, nicht verschwindende Werte charakterisiert werden, lassen im allgemeinen Ähnlichkeitslösungen nicht zu. Ferner zeigt die Erfahrung, daß mit großer Wahrscheinlichkeit Ähnlichkeitslösungen nicht möglich sind, wenn die Rand- und Anfangsbedingungen Funktionen enthalten, die weder Potenz- noch Exponentialfunktionen sind.

Die Art der Rand- und Anfangsbedingungen spielt also für den Erfolg oder Mißerfolg bei der Suche nach Ähnlichkeitslösungen eine entscheidende Rolle. Man kann dementsprechend die zwei folgenden Problemstellungen unterscheiden.

Ein *sachgemäß* gestelltes Rand- oder Anfangswertproblem: Es hat genau eine, eindeutige Lösung. Die Frage ist, ob die Lösung als Ähnlichkeitslösung aufgefaßt und gefunden werden kann.

Ein *unvollständiges* Rand- oder Anfangswertproblem: Es sind keine oder jedenfalls nicht alle (für ein sachgemäßes Problem erforderlichen) Rand- und Anfangsbedingungen vorgegeben. Die Frage ist dann, ob es Ähnlichkeitslösungen gibt, und wenn ja, welche und für welche Rand- bzw. Anfangsbedingungen. Man kann die Aufgabe auch noch wesentlich anspruchsvoller stellen und nach der *Gesamtheit* der Ähnlichkeitslösungen fragen, die ein vorgegebenes System von partiellen Differentialgleichungen überhaupt erlaubt (*Müller* und *Matschat* 1962).

Unabhängig davon, welche Art der Aufgabenstellung vorliegt, ist es für die praktische Durchführung der Rechnung natürlich außerordentlich wichtig zu wissen, wie man Ähnlichkeitslösungen einigermaßen systematisch und rezeptmäßig finden kann. Während man vor einigen Jahrzehnten noch stark auf intuitives Probieren angewiesen war, stehen heute mehrere gut entwickelte Methoden zur Verfügung.

A. G. Hansen (1964) nennt die folgenden:

1. Gruppentheoretische Methode;
2. Dimensionsanalytische Methode;
3. Methode der Separation der Variablen;
4. Methode der freien Variablen.

Jede dieser Methoden hat gewisse Vor- und Nachteile, die je nach der Art des Problems mehr oder weniger hervortreten. Welcher Methode der Vorzug gegeben wird, hängt zum Teil auch von der Erfahrung und Vorbildung des Bearbeiters ab.

Die eleganteste und — wenn man sie einmal beherrscht — einfachste (am meisten „rezeptmäßige") Methode ist die *gruppentheoretische Methode*. Die Aneignung der notwendigen Grundlagen erfordert für den Nicht-Mathematiker aber einigen Zeitaufwand. Diese Methode wird deshalb in diesem Buch nicht behandelt. Interessierte Leser mögen die Bücher von *Hansen* (1964) und *Birkhoff* (1960) oder den Übersichtsartikel von *Müller* und *Matschat* (1962) zu Rate ziehen.

Die *dimensionsanalytische Methode* haben wir bereits im Einführungsbeispiel kennengelernt und angewandt. Sie ist zwar nicht so allgemein wie die anderen Methoden, hat aber vor allem gegenüber der gruppentheoretischen Methode für uns den Vorzug, daß sie mit dem üblichen mathematischen Rüstzeug des Ingenieurs unmittelbar zu verstehen ist. Dazu kommt als weiterer Vorteil dieser Methode, daß sie Aussagen über die Existenz und Form von Ähnlichkeitslösungen auch dann zu liefern vermag, wenn die vollständige mathematische Beschreibung eines Problems gar nicht gelingt. Als ein sehr einfaches, aber nichtsdestoweniger wichtiges Beispiel hierzu werden wir in der Übungsaufgabe 1 den turbulenten Freistrahl behandeln.

Eine dritte Methode zur Gewinnung von Ähnlichkeitslösungen ergibt sich aus einer Verallgemeinerung der klassischen *Separation der Variablen*, die wir im Kapitel 9 bereits behandelt haben. Eine Verallgemeinerung wird dabei insofern vorgenommen, als noch vor der eigentlichen Separation der Variablen eine Transformation der unabhängigen Variablen ausgeführt wird. Einen ähnlichen Weg geht man auch bei der *Methode der freien Variablen*, die ihren Namen daraus herleitet, daß man eine neue Variable einführt, die in zunächst noch unbestimmter Form von den unabhängigen Variablen abhängt. Diese freie Variable wird erst im Zuge der Rechnung unter Berücksichtigung der Rand- und Anfangsbedingungen festgelegt. Beide Methoden haben den Nachteil, daß die Rand- und Anfangsbedingungen, von denen der Erfolg bei der Suche nach Ähnlichkeitslösungen ja entscheidend abhängt, erst sehr spät in die Rechnung eingehen.

Wir wollen deshalb im folgenden in Anlehnung an *Hansen* (1967) eine modifizierte Methode der freien Variablen behandeln. Die Modifikation vermeidet den genannten Nachteil der ursprünglichen Methoden, über die man sich ausführlicher im Buch von *Hansen* (1964) informieren kann. Die modifizierte Freie-Variablen-Methode soll zunächst wieder an einem Beispiel vorgestellt werden. Anschließend wird der allgemeine Rechengang angegeben.

10.3. Ähnlichkeitslösungen der Grenzschicht-Gleichungen

Der Einfluß der inneren Reibung auf die Strömung entlang einer Wand (Körperoberfläche) wird durch die Reynoldssche Zahl charakterisiert. Für große Reynoldssche Zahlen machen sich Reibungseffekte nur in einer an die Wand angrenzenden, dünnen Schicht bemerkbar, vgl. Bild 10.2. In dieser „Grenzschicht" wird eine ebene, inkompressible Strömung durch die folgende partielle Differentialgleichung für die Stromfunktion ψ ($\psi_x = -v$, $\psi_y = u$) beschrieben (s. Kap. 21, Gl. (21.60)):

$$\psi_y \psi_{xy} - \psi_x \psi_{yy} = UU' + \nu \psi_{yyy} \quad . \tag{10.14}$$

Die kinematische Zähigkeit ν sei konstant. $U = U(x)$ ist die gegebene Geschwindigkeit der Außenströmung (Potentialströmung) in Wandnähe, $U'(x)$ die erste Ableitung von U.

Die Haftbedingung an der Wand und die Bedingung, daß das Geschwindigkeitsprofil der Grenzschicht asymptotisch in die Geschwindigkeit der Außenströmung übergehen muß, liefern die Randbedingungen

$$\psi_x = 0 \quad , \qquad \psi_y = 0 \qquad \text{für } y = 0 \quad ; \tag{10.15}$$
$$\psi_y = U(x) \qquad \text{für } y \to \infty \quad .$$

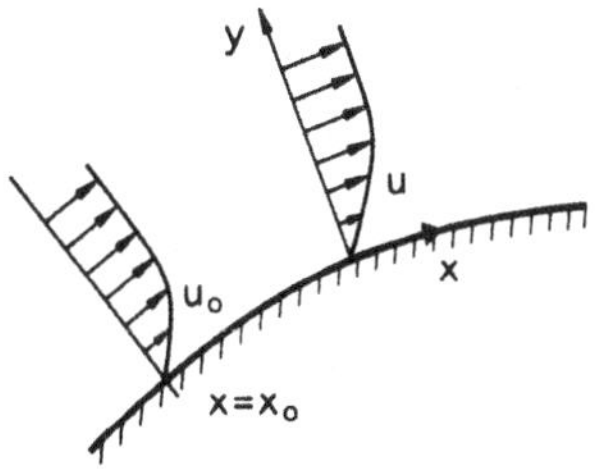

Bild 10.2
Grenzschichtströmung an
einer Wand

Auf die etwaige Vorgabe einer Anfangsbedingung und die damit verbundene Problematik können wir erst später eingehen.

Wir wollen nun in systematischer Weise Ähnlichkeitslösungen suchen und dazu in drei Schritten vorgehen.

Erster Schritt: Transformationsansatz. Es werden neue Koordinaten (unabhängige Variable) ξ und η eingeführt. Die Transformation $\xi = \xi(x, y)$ und $\eta = \eta(x, y)$ soll so beschaffen sein, daß auf den Rändern, wo Randbedingungen vorgeschrieben sind, eine neue Variable, sagen wir η, konstant bleibt, während die andere Variable, ξ, sich entlang dieser Ränder ändert.

In unserem Beispiel sind Randbedingungen für $y = 0$ und $y \to \infty$ vorgeschrieben. Für $y = 0$ und $y \to \infty$ sollen sich daher konstante η-Werte, aber veränderliche ξ-Werte ergeben. Wir wählen dementsprechend

$$\begin{aligned} \xi &= x \quad, \\ \eta &= y\,g(x) \quad, \end{aligned} \qquad (10.16)$$

wobei wir die Funktion $g(x)$ noch unbestimmt lassen. Die neue Variable η stellt also jene „freie Variable" dar, dem die Methode ihren Namen verdankt. Gemäß Gl. (10.16) gilt $\eta = 0$ auf $y = 0$, und $\eta \to \infty$ für $y \to \infty$.

Selbstverständlich hätten wir statt der Transformation (10.16) auch eine andere Wahl treffen können, z. B. $\xi = x$, $\eta = \arctan xy$. In der Regel führen aber nur Produktansätze zum Ziel; nach *Hansen* (1967) liegen Transformationen vom Typ der Gl. (10.16) allen bisher bekannten Ähnlichkeitslösungen zugrunde. Im übrigen sei jetzt schon vermerkt, daß es mit Rücksicht auf den sofort folgenden Ansatz für die Unbekannte ψ keinen Unterschied ausmacht, ob man $\eta = y g(x)$ oder vielleicht $\eta = y^n g(x)$ oder sogar $\eta = G(y)\,g(x)$ setzt. Der gewählte Transformationsansatz (10.16) ist im Vergleich zu anderen gleichwertigen Ansätzen lediglich besonders einfach und übersichtlich.

Eine Warnung dürfte jedoch angebracht sein: Falls es mit einer derart gewählten Transformation nicht gelingt, Ähnlichkeitslösungen zu finden, darf daraus *nicht* geschlossen werden, daß es überhaupt keine Ähnlichkeitslösungen für das untersuchte Problem gibt.

Zweiter Schritt: Produktansatz. Für die abhängige Variable ψ wird nun ein Produktansatz bezüglich der neuen Unabhängigen ξ und η gemacht:

$$\psi = R(\xi)\,f(\eta) \quad . \qquad (10.17)$$

Dabei muß es möglich sein, die Funktion $R(\xi)$ so zu wählen, daß die Randbedingungen für ψ erfüllt sind. Wäre dies nicht möglich, müßte man zum ersten Rechenschritt zurückkehren und den Lösungsversuch mit einem anderen Transformationsansatz wiederholen.

In unserem Beispiel gehen die Randbedingungen (10.15) mit den Ansätzen (10.16) und (10.17) über in

$$\begin{aligned} R'(\xi)\,f(0) &= 0 \quad; \\ R(\xi)\,g(\xi)\,f'(0) &= 0 \quad; \\ R(\xi)\,g(\xi)\,f'(\infty) &= U(\xi) \quad. \end{aligned} \qquad (10.18)$$

Diese Bedingungen sind erfüllt, wenn

$$f(0) = 0 \quad; \qquad f'(0) = 0 \quad; \qquad f'(\infty) = 1 \qquad (10.19)$$

und

$$R(\xi) = U(\xi)/g(\xi) \quad, \qquad (10.20)$$

so daß der Produktansatz (10.17) als

$$\psi = \frac{U(\xi)}{g(\xi)}\, f(\eta) \qquad \text{zu schreiben ist.} \tag{10.21}$$

Damit sind die Randbedingungen erledigt und wir wenden uns dem letzten Teil des Lösungsweges zu.

Dritter Schritt: Einsetzen in Differentialgleichung. Trägt man den Produktansatz in seiner neueren Form (10.21) und den Transformationsansatz (10.16) in die Ausgangsdifferentialgleichung (10.14) ein, so findet man nach einigen Zwischenrechnungen

$$f''' + \underbrace{\frac{U'g - Ug'}{\nu g^3}}\, ff'' + \underbrace{\frac{U'}{\nu g^2}}\,(1 - f'^2) = 0 \qquad . \tag{10.22}$$

In dieser Gleichung treten nur noch gewöhnliche Ableitungen auf, es handelt sich dabei jedoch sowohl um Ableitungen nach ξ als auch um solche nach η. Es ist nun der Zeitpunkt gekommen, wo wir uns daran erinnern müssen, daß es der Zweck unserer Umformungen ist, zu einer *gewöhnlichen* Differentialgleichung zu kommen. Betrachten wir unter diesem Gesichtspunkt die Gl. (10.22), so sehen wir, daß sie sich tatsächlich auf eine gewöhnliche Differentialgleichung (mit nur einer unabhängigen Variablen!) reduziert, wenn die unterstrichenen Koeffizienten konstant – also unabhängig von ξ – sind. Wir setzen daher

$$\frac{U'g - Ug'}{\nu g^3} = \alpha = \text{const} \qquad ,$$

$$\frac{U'}{\nu g^2} = \beta = \text{const} \qquad , \tag{10.23}$$

und fragen, ob es Funktionen $U(\xi)$ und $g(\xi)$ gibt derart, daß diese Bedingungen erfüllt sind.

Für $\beta \neq 0$ hat das Gleichungssystem (10.23) die Lösungen

$$g = (U'/\nu\beta)^{1/2} \tag{10.24}$$

und

$$U = C_1 (\xi + C_2)^{\beta/(2\alpha - \beta)} \qquad \text{falls } 2\alpha - \beta \neq 0 \quad , \tag{10.25a}$$

bzw.

$$U = e^{C_1(\xi + C_2)} \qquad \text{falls } 2\alpha - \beta = 0 \quad , \tag{10.25b}$$

mit C_1 und C_2 als beliebigen Konstanten. Der Sonderfall $\beta = 0$ führt zu

$$U = C_1 = \text{const} \qquad , \tag{10.26}$$

$$g = [C_1/2\alpha\nu(\xi + C_2)]^{1/2} \qquad . \tag{10.27}$$

Die Konstanten C_2 bedeuten offenbar lediglich eine Parallelverschiebung des Koordinatensystems in ξ- bzw. x-Richtung; sie können daher ohne Einschränkung der Allgemeinheit weggelassen werden. Setzt man noch für U' in Gl. (10.24) gemäß Gl. (10.25a) bzw. (10.25b) ein, so kommt man schließlich zu folgendem Ergebnis:

Unter der Voraussetzung, daß die Geschwindigkeit der Außenströmung die Form einer Potenzfunktion $U = Cx^m$ oder einer Exponentialfunktion $U = e^{Cx}$ hat, führt die Ähnlichkeitstransformation (10.16) mit

$$g(x) = \left[\frac{C}{(2\alpha - \beta)\nu}\, x^{m-1}\right]^{1/2} \qquad (\text{für } U = Cx^m) \tag{10.28a}$$

bzw.

$$g(x) = \left[\frac{C}{\beta\nu} e^{Cx} \right]^{1/2} \qquad \text{(für } U = e^{Cx}) \qquad (10.28b)$$

zusammen mit dem Produktansatz (10.21) auf die gewöhnliche Differentialgleichung

$$f''' + \alpha\, ff'' + \beta(1 - f'^2) = 0 \qquad (10.29)$$

mit den Randbedingungen

$$f(0) = f'(0) = 0 \quad , \qquad f'(\infty) = 1 \quad . \qquad (10.30)$$

Die Konstanten α und β, die nicht gleichzeitig verschwinden dürfen, müssen hierbei die Relationen

$$m\,\alpha = \frac{m+1}{2}\,\beta \qquad \text{(für } U = Cx^m) \qquad (10.31a)$$

bzw.

$$\alpha = \frac{1}{2}\,\beta \qquad \text{(für } U = e^{Cx}) \qquad (10.31b)$$

erfüllen.

Durch eine einzige Gleichung, nämlich (10.31a) oder (10.31b), sind natürlich nicht beide Konstanten α und β eindeutig bestimmt. In allen Fällen, in denen $\alpha \neq 0$ ist, kann α ohne Einschränkung der Allgemeingültigkeit zu $\alpha = 1$ festgelegt werden, weil es nur auf das Verhältnis β/α ankommt. Entsprechend kann im Fall $\alpha = 0$ die Konstante β zu $\beta = 1$ gewählt werden.

Die nichtlineare Differentialgleichung (10.29), die unter dem Namen *Falkner-Skan-Gleichung* bekannt ist, kann im allgemeinen nur numerisch integriert werden (*Falkner* und *Skan* 1931, *Hartree* 1937). Dabei macht die Erfüllung der Randbedingungen (10.30) gewisse Schwierigkeiten, auf die wir noch bei der Methode der Parameterdifferentiation (Abschnitt 7.1) zurückkommen werden.

Setzen wir wie üblich $\alpha = 1$, so existiert eine Lösung mit überall positiver Strömungsgeschwindigkeit $u/U = f'(\eta) > 0$ für $\beta^* \leq \beta \leq 2$, wobei $\beta^* = -0,198838\ldots$ jenen Wert von β bedeutet, bei welchem $f''(0) = 0$ wird, d. h. Ablösung der Strömung eintritt. Für positive β ($0 \leq \beta \leq 2$) ist dies die einzige Lösung (*Iglisch* 1954). Für negative β im Bereich $\beta^* < \beta < 0$ gibt es jedoch noch eine zweite Lösung, bei welcher in einem wandnahen Gebiet negative Strömungsgeschwindigkeiten ($f' < 0$, „Rückströmung") auftreten (*Stewartson* 1954). In neuerer Zeit wurden Lösungen der Falkner-Skan-Gleichung auch für $\beta < \beta^*$ gefunden, allerdings nur in dem relativ kleinen Bereich $-2 \leq \beta \leq -1$ (*Libby* und *Liu* 1967).

Zur physikalischen Deutung der Ähnlichkeitslösungen der Grenzschichtgleichungen ist zu bemerken, daß die Geschwindigkeitsverteilung $U = Cx^m$ der Potentialströmung in der Nähe des Staupunktes eines keilförmigen Körpers entspricht, der parallel zur Symmetrieebene angeströmt wird. Der Sonderfall $m = 0$ stellt die längsangeströmte ebene Platte dar, die entsprechende Ähnlichkeitslösung wurde bereits von *H. Blasius* (1908) gefunden. Ein anderer wichtiger Wert ist $m = 1$; er beschreibt die ebene Staupunktströmung. Die Falkner-Skan-Gleichung (10.29) geht in diesem Fall, abgesehen von unwesentlichen Unterschieden in den Konstanten, in die uns schon bekannte Gl. (9.7) über. Die klassische Separationslösung zeigt sich hier deutlich als Sonderfall der Ähnlichkeitslösung. Für andere Werte von m im Bereich $0 \leq m \leq 1$ gilt, daß der zugehörige Keilwinkel durch $\pi \beta/\alpha$ gemäß Gl. (10.31a) gegeben ist.

Interessant ist auch der Fall $m = -1$ ($\alpha = 0$, $\beta = 1$), der als Strömung in einem konvergenten Kanal mit ebenen Wänden gedeutet werden kann. Die Falkner-Skan-Gleichung kann in diesem Sonderfall sogar geschlossen gelöst werden mit dem Ergebnis (vgl. z. B. *Schlichting* 1965, S. 143):

$$f' \equiv \frac{u}{U} = 3\tanh^2\left(\frac{\eta}{\sqrt{2}} + \text{Ar tanh}\,\sqrt{\frac{2}{3}}\right) - 2 \quad . \qquad (10.32)$$

Abschließend müssen wir noch darauf zurückkommen, daß wir etwaige Anfangsbedingungen bisher vollkommen übergangen haben. In der Grenzschichttheorie wird zusätzlich zu den Randbedingungen ein „Anfangsprofil" für die Geschwindigkeit vorgegeben. Eine derartige Anfangsbedingung kann im Rahmen der Ähnlichkeitslösungen offensichtlich nicht für beliebige Anfangsprofile erfüllt werden, sondern es lassen sich nur gewisse spezielle Anfangsprofile vorschreiben. Für die Keilströmungen mit $0 < m \leq 1$ sind diese Anfangsprofile aber physikalisch durchaus sinnvoll, denn es folgt hierfür aus den Gln. (10.16), (10.21) und (10.28a)

$$u/U \equiv 0 \qquad \text{für } x = 0 \quad , \qquad y > 0 \quad . \qquad\qquad (10.33)$$

Entsprechendes gilt für die Plattengrenzschicht ($m = 0$), für welche sich das Anfangsprofil

$$u/U \equiv 1 \qquad \text{für } x = 0 \quad , \qquad y > 0 \qquad\qquad (10.34)$$

ergibt.

Aber auch dann, wenn sich das korrekte Anfangsprofil nicht erfassen läßt, kann eine Ähnlichkeitslösung der Grenzschichtgleichungen physikalisch sinnvoll sein. Wie nämlich das Auftreten der (später weggelassenen) Konstanten C_2 in den Gln. (10.25) und (10.27) zeigt, wird eine Anfangsbedingung von der Grenzschichtströmung nach hinreichend großer Lauflänge „vergessen"; denn für $\xi \gg C_2$ spielt der Wert von C_2, der den Ort des Anfangsprofils festlegt, keine Rolle mehr.

Wir haben uns im Vorstehenden auf den Fall der ebenen Strömung, also mit nur zwei unabhängigen Variablen, beschränkt. Bezüglich der Ähnlichkeitslösungen für räumliche Grenzschichtströmungen (drei unabhängige Variable) sei auf eine Arbeit von *Th. Geis* (1956) verwiesen.

10.4. Zusammenfassung des Rechenganges

Von den verschiedenen Methoden zum Auffinden von Ähnlichkeitslösungen haben wir in unseren Beispielen die dimensionsanalytische Methode und eine modifizierte Methode der freien Variablen kennengelernt. Die erste Methode führt — wenn überhaupt — meistens rascher und übersichtlicher zum Ziel; es dürfte deshalb empfehlenswert sein, einen ersten Lösungsversuch möglichst mit dieser Methode zu unternehmen. Stellen sich hierbei Schwierigkeiten ein, sollte man einen zweiten Versuch mit der Methode der freien Variablen machen. Wir geben nun eine Zusammenstellung der wesentlichen Rechenschritte in den beiden Methoden:

Dimensionsanalytische Methode

1. Aufstellen einer Liste aller Variablen und Parameter, von denen die Lösung der partiellen Differentialgleichung (oder des partiellen Differentialgleichungssystems) unter den gegebenen Rand- und Anfangsbedingungen abhängt.
2. Aufstellen eines vollständigen Satzes von dimensionslosen Potenzprodukten aus den Variablen und Parametern.
3. Darstellung der gesuchten Lösung in dimensionsloser Form.
4. Zeigt sich hierbei, daß die Anzahl der dimensionslosen unabhängigen Variablen kleiner ist als die Anzahl der ursprünglichen (dimensionsbehafteten) unabhängigen Variablen, so transformiert man die Ausgangsgleichungen einschließlich der Rand- und Anfangsbedingungen auf die neuen, dimensionslosen Variablen.

Methode der freien Variablen (bei zwei unabhängigen Veränderlichen)

1. *Transformationsansatz:* Man setze eine Koordinatentransformation mit einer unbestimmten Funktion derart an, daß die neue unabhängige Variable η auf den Rändern, wo Rand- bzw. Anfangsbedingungen vorgeschrieben sind, konstant bleibt, während die andere unabhängige Variable ξ

sich entlang dieser Ränder ändert. In der Regel eignet sich eine Transformation von der Form des Gleichungssystems (10.16).

2. *Produktansatz:* Man setze die n abhängigen Variablen in der Form $R_i(\xi)\,f_i(\eta)$ $(i = 1, 2, \ldots, n)$ an, wobei die Funktionen $R_i(\xi)$ so zu wählen sind, daß die ursprünglichen Rand- bzw. Anfangsbedingungen zu konstanten Randwerten für die Funktionen $f_i(\eta)$ führen.

3. *Einsetzen in Differentialgleichungen:* Man trage Transformations- und Produktansätze in die partiellen Differentialgleichungen ein und bestimme die freie Funktion des Transformationsansatzes derart, daß gewöhnliche Differentialgleichungen für $f_i(\eta)$ entstehen.

Bei mehr als zwei unabhängigen Veränderlichen ist die Vorgangsweise analog, hat aber noch relativ wenig Anwendung gefunden. Es sei daher hier lediglich auf die einschlägige Literatur, z. B. *Hansen* (1964), verwiesen.

Übungsaufgaben

1. *Turbulenter Freistrahl.* Beim Ausströmen eines Gases (oder einer Flüssigkeit) aus einer Düse in dasselbe Medium entsteht ein Freistrahl, der meistens kurz nach dem Austritt bereits turbulent wird. In Entfernungen, die sehr groß im Vergleich zum Düsendurchmesser sind, können die Form und die Abmessungen der Düse den Strahl nicht mehr beeinflussen. Damit entfallen aber gerade jene Parameter, welche die Dimension einer Länge haben. Man schließe daraus durch Dimensionsanalyse, daß die zeitlich gemittelte Strömungsgeschwindigkeit, bezogen auf ihren Maximalwert im jeweiligen Strahlquerschnitt, auf Strahlen durch den Mittelpunkt der Austrittsöffnung konstant ist.

2. *Kegelige Überschallströmung.* Bei der reinen Überschallströmung um einen kegeligen Körper mit beliebigem (nicht notwendigerweise kreisförmigem) Querschnitt hat die Länge des Kegels auf die Strömung vor der Hinterkante keinen Einfluß, weil sich die von der Hinterkante ausgehenden Störungen nicht stromaufwärts ausbreiten können. Auf welche Ähnlichkeitseigenschaften des Strömungsfeldes kann man daraus durch Dimensionsanalyse schließen? Warum nennt man ein derartiges Strömungsfeld „kegelig"? Welche geometrische Form muß der von der Kegelspitze ausgehende Verdichtungsstoß haben?

3. *Die plötzlich in Bewegung versetzte Wand in einer nicht-Newtonschen Flüssigkeit.* Für eine nicht-Newtonsche Flüssigkeit, die sich gemäß dem Ostwald-de Waele-Modell verhält, gilt für die Schubspannung das Potenzgesetz $\tau = m\,u_y\,|u_y|^{n-1}$. Bei Beschränkung auf den Fall $n < 1$ (pseudoplastische Flüssigkeit) untersuche man mittels der Freien-Variablen-Methode, für welche Bewegungsgesetze $U = U(t)$ einer in ihrer eigenen Ebene plötzlich in Bewegung gesetzten Wand Ähnlichkeitslösungen möglich sind[1]).

4. *Grenzschichtströmungen nicht-Newtonscher Flüssigkeiten.* Man verallgemeinere die Betrachtungen des Abschnittes 4.3 auf nicht-Newtonsche Flüssigkeiten, die dem Potenzgesetz nach Ostwald-de Waele genügen (*Brinkmann* 1967).

11. Weitere Lösungen spezieller Form

Ähnlichkeitslösungen zeichnen sich durch eine spezielle, aber allen diesen Lösungen gemeinsame Form (Gestalt) aus. Dasselbe gilt für Lösungen, die sich durch Separation der Variablen darstellen lassen. Im folgenden befassen wir uns mit zwei weiteren Typen von Lösungen, die man ebenfalls dadurch zu gewinnen sucht, daß man an den Ausgangspunkt der Rechnungen eine Annahme über die Form der Lösung stellt.

11.1. Fortschreitende Wellen unveränderlicher Form

Betrachten wir die Strömung einer inkompressiblen Flüssigkeit in einem Kanal, dessen Boden gegenüber der Horizontalebene geneigt ist (Bild 11.1). Der Querschnitt des Kanals sei der Einfachheit

---

[1]) Der Fall $n < 1$ wurde zuerst von *Bird*, s. *Bird* u. a. (1960), S. 126, behandelt; geschlossene Lösungen für konstante Geschwindigkeit und beliebige Werte von n wurden von *Rott* (1971) angegeben. Im Fall $n > 1$ (dilatante Flüssigkeit) ist die Formulierung der Randbedingung im Unendlichen jedoch problematisch, vgl. *Teipel* (1974).

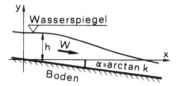

Bild 11.1
Strömung in einem Kanal
mit Gefälle

halber als rechteckig mit der konstanten Breite b angenommen. Auch die Neigung $k = \tan\alpha$ des
Kanalbodens sei konstant und außerdem sehr klein gegen eins. Hingegen hängt die Höhe h des
Wasserspiegels gegenüber dem Boden ebenso von der Ortskoordinate x und von der Zeit t ab wie
die Strömungsgeschwindigkeit W, die jedoch innerhalb eines jeden Querschnittes näherungsweise
als konstant angesehen wird (eindimensionale Strömung oder Fadenströmung).

Da die Querschnittsfläche durch $bh(x, t)$ gegeben ist, lautet die Kontinuitätsbedingung

$$\frac{\partial h}{\partial t} + \frac{\partial(hW)}{\partial x} = 0 \quad . \tag{11.1}$$

Die Bewegungsgleichung kann als

$$\frac{\partial W}{\partial t} + W\frac{\partial W}{\partial x} = g\left(k - \frac{\partial h}{\partial x} - k_R\right) \tag{11.2}$$

geschrieben werden. Auf der linken Gleichungsseite ist die Beschleunigung eines Flüssigkeitsteilchens
zu erkennen; ihr steht auf der rechten Gleichungsseite die Schwerkraft und die Wirkung der Reibungskraft an den Kanalwänden gegenüber. Dabei bedeutet k_R einen dimensionslosen Reibungsbeiwert
(„Reibungsneigung"), für dessen Abhängigkeit von W, b und h meistens auf empirische Formeln
zurückgegriffen wird.

Wir stellen nun die Frage, ob das System der nichtlinearen partiellen Differentialgleichungen (11.1)
und (11.2) Lösungen hat, welche sich in der Form

$$h(x, t) = h(\xi) \quad , \qquad W(x, t) = W(\xi) \tag{11.3}$$

darstellen lassen, wobei ξ die Bedeutung

$$\xi = x - Ut \qquad (U = const) \tag{11.4}$$

hat. Durch diesen Ansatz wird eine Welle beschrieben, die mit der konstanten Geschwindigkeit U
stromabwärts fortschreitet, ohne dabei ihre Form (Gestalt) zu ändern. Denn sowohl die Flüssigkeitshöhe h als auch die Strömungsgeschwindigkeit W bleiben unverändert für einen Beobachter,
der seinen Standpunkt dem Bewegungsgesetz $x = Ut + const$ entsprechend verändert.

Trägt man nun den Ansatz (11.3) in die partiellen Differentialgleichungen (11.1) und (11.2) ein und
kennzeichnet man Ableitungen nach ξ durch $'$, so erhält man das *gewöhnliche* Differentialgleichungssystem

$$(W - U)h' + hW' = 0 \quad ; \tag{11.5a}$$

$$(W - U)W' + g(h' + k_R - k) = 0 \quad . \tag{11.5b}$$

Gl. (11.5a) läßt sich sofort integrieren mit dem Ergebnis

$$(W - U)h = C = const \quad . \tag{11.6}$$

Hiermit kann man W in Gl. (11.5b) eliminieren und kommt auf diese Weise zu einer Differentialgleichung für die Flüssigkeitshöhe h:

$$(g - C^2/h^3)h' + g(k_R - k) = 0 \quad . \tag{11.7}$$

Löst man diese Gleichung nach der inversen Ableitung $1/h' = d\xi/dh$ auf, so kann man integrieren und erhält

$$\xi = \int_{h^*}^{h} \frac{1 - C^2/gh^3}{k - k_R}\, dh \quad . \qquad (h^* = \text{const.}) \qquad (11.8)$$

Damit hat man zwar nicht für $h = h(\xi)$, aber doch für die inverse Funktion $\xi = \xi(h)$ eine explizite Darstellung gefunden. Man beachte, daß der Reibungsbeiwert k_R unter anderem eine Funktion von W ist, so daß über Gl. (11.6) auch die Fortpflanzungsgeschwindigkeit U als Parameter in Gl. (11.8) in Erscheinung tritt.

Je nach den Werten von C und U ergibt sich aus Gl. (11.8) eine Vielfalt verschiedener Lösungen. Unter ihnen ist jene Lösung von besonderem physikalischem Interesse, für welche sich die Flüssigkeitshöhe h sehr weit stromab ($\xi \to +\infty$) einem konstanten Wert h_0 asymptotisch nähert, während sie sehr weit stromauf ($\xi \to -\infty$) einem größeren Wert h_1 zustrebt (Bild 11.2). Derartige Wellen können als „Flutwellen" gedeutet werden. Sie spielen in der Hydraulik eine wichtige Rolle.

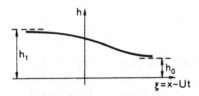

Bild 11.2

Fortschreitende Welle unveränderlicher Form
(Flutwelle)

Gl. (11.8) zeigt, daß diese Lösungsform nur möglich ist, wenn $k - k_R \to 0$ sowohl für $h \to h_0$ als auch für $h \to h_1$. Diese Bedingungen liefern zwei algebraische Bestimmungsgleichung für die bisher noch freien Parameter U und C. Hieraus läßt sich schließen, daß die Relation $U > W$ gilt, d. h., die Ausbreitungsgeschwindigkeit der Welle ist stets größer als die Strömungsgeschwindigkeit im Kanal. Wer sich für weitere Details oder für praktische Anwendungen interessiert, sei auf Stokers Buch über Wasserwellen verwiesen (*Stoker* 1957).

Wir ziehen aus dem Beispiel den Schluß, daß die Suche nach Lösungen von der Form $f(x, t) = f(x - Ut)$ mitunter zu physikalisch interessanten Ergebnissen führt; sie sind als fortschreitende Wellen unveränderlicher Form zu deuten.

11.2. Funktionsbeziehung zwischen abhängigen Variablen

Die ebene Grenzschichtströmung eines Gases unter Berücksichtigung der Kompressibilität liefert ein schönes Beispiel, an dem man eine weitere Methode zum Auffinden von speziellen Lösungen studieren kann.

Als Ausgangsgleichungen verwenden wir die Bewegungsgleichung

$$\rho \left(u \frac{\partial u}{\partial x} + v \frac{\partial u}{\partial y} \right) = -\frac{dp}{dx} + \frac{\partial}{\partial y} \left(\mu \frac{\partial u}{\partial y} \right) \qquad (11.9)$$

und die Energiegleichung

$$\rho \left(u \frac{\partial h}{\partial x} + v \frac{\partial h}{\partial y} \right) = u \frac{dp}{dx} + \frac{\partial}{\partial y} \left(\frac{\mu}{Pr} \frac{\partial h}{\partial y} \right) + \mu \left(\frac{\partial u}{\partial y} \right)^2 \quad . \qquad (11.10)$$

Dabei bedeuten (vgl. Bild 10.2): x die Bogenlänge an der Körperoberfläche, y den Abstand von der Körperoberfläche, u und v die Geschwindigkeitskomponenten in Tangential- bzw. Normalrichtung,

$p(x)$ den vorgegebenen Druck, ρ die Dichte, h die spezifische Enthalpie, μ die dynamische Zähigkeit und Pr die Prandtl-Zahl. Das Gleichungssystem wäre zu vervollständigen durch die Kontinuitätsgleichung, die kalorische Zustandsgleichung $h = h(p, \rho)$ des Gases und durch Gleichungen, welche die Abhängigkeit der Zähigkeit und eventuell auch der Prandtl-Zahl vom thermodynamischen Zustand beschreiben; doch werden im folgenden nur die beiden Gln. (11.9) und (11.10) benötigt. Es sei aber angemerkt, daß wir uns nicht etwa auf ideale Gase beschränken.

Während man bei inkompressiblen Grenzschichten mit Kontinuitäts- und Bewegungsgleichung auskommt, sind diese Gleichungen bei kompressibler Strömung über die veränderliche Dichte mit der Energiegleichung gekoppelt.

Alle abhängigen Variablen (u, v, ρ, h) sind natürlich gesuchte Funktionen der Ortskoordinaten x und y. Wir stellen nun aber die Frage, ob für unser Gleichungssystem Lösungen existieren, welche so beschaffen sind, daß sich eine der abhängigen Variablen als Funktion einer anderen abhängigen Variablen darstellen läßt. Wir wählen versuchsweise die Variablen u und h und machen dementsprechend den Ansatz

$$h = h(u) \quad . \tag{11.11}$$

Trägt man diesen Ansatz in die Energiegleichung (11.10) ein, so ergibt sich

$$\rho \left(u \frac{\partial u}{\partial x} + v \frac{\partial u}{\partial y} \right) \frac{dh}{du} = u \frac{dp}{dx} + \frac{dh}{du} \frac{\partial}{\partial y} \left(\frac{\mu}{Pr} \frac{\partial u}{\partial y} \right) + \left(1 + \frac{1}{Pr} \frac{d^2 h}{du^2} \right) \mu \left(\frac{\partial u}{\partial y} \right)^2 \quad . \tag{11.12}$$

Mit Hilfe der Bewegungsgleichung (11.9) können ρ und v eliminiert werden. Man erhält

$$\mu \left(\frac{\partial u}{\partial y} \right)^2 \left(\frac{1}{Pr} \frac{d^2 h}{du^2} + 1 \right) + \frac{dp}{dx} \left(\frac{dh}{du} + u \right) + \left[\frac{\partial}{\partial y} \left(\frac{\mu}{Pr} \frac{\partial u}{\partial y} \right) - \frac{\partial}{\partial y} \left(\mu \frac{\partial u}{\partial y} \right) \right] \frac{dh}{du} = 0 \quad . \tag{11.13}$$

Damit der Ansatz (11.11) bestätigt wird, muß sich Gl. (11.13) auf eine gewöhnliche Differentialgleichung für h(u) reduzieren lassen. Diese Reduktion gelingt tatsächlich unter der Voraussetzung, daß Pr = 1 (ein brauchbarer Näherungswert für viele Gase!); denn in diesem Fall verschwindet der Ausdruck in der eckigen Klammer und es bleibt

$$\mu \left(\frac{\partial u}{\partial y} \right)^2 \frac{d}{du} \left(\frac{dh}{du} + u \right) + \frac{dp}{dx} \left(\frac{dh}{du} + u \right) = 0 \quad . \tag{11.14}$$

Nun sind zwei Fälle zu unterscheiden. Im allgemeinen Fall einer Grenzschicht mit Druckgradient ist $dp/dx \neq 0$. Diesen Fall wollen wir hier betrachten. Den Sonderfall $dp/dx = 0$, dem die Grenzschicht an einer längsangeströmten Platte entspricht, werden wir als Übungsaufgabe zur Diskussion stellen. Gl. (11.14) ist erfüllt, wenn h der gewöhnlichen Differentialgleichung

$$\frac{dh}{du} + u = 0 \tag{11.15}$$

genügt; ihre allgemeine Lösung lautet

$$h = -\frac{u^2}{2} + C \tag{11.16}$$

mit C als einer Integrationskonstanten.

Damit dürfen wir uns aber noch nicht zufrieden geben, sondern müssen noch die Frage untersuchen, ob auch die Randbedingungen — und gegebenenfalls: welche Randbedingungen — erfüllt werden können. Für den asymptotischen Übergang der Grenzschichtströmung in die reibungsfreie Außenströmung nahe der Wand (Index a) ist zu fordern, daß

$$h = h_a(x) \qquad \text{für } u \to u_a(x) \quad . \tag{11.17}$$

Dabei sind h_a (Enthalpie der Außenströmung an der Wand) und u_a (Geschwindigkeit der Außenströmung an der Wand) für die Grenzschichtrechnung als gegebene Funktionen von x anzusehen. Aus der Bedingung (11.17) folgt mit Gl. (11.16)

$$C = h_a(x) + \frac{1}{2} u_a^2(x) \quad . \tag{11.18}$$

Die allgemeine Lösung (11.16) ist also imstande, die Randbedingung (11.17) zu erfüllen, falls die Summe der beiden Ausdrücke auf der rechten Seite von (11.18) eine Konstante ergibt. Dies ist für reibungsfreie Strömungen ohne Energiezufuhr tatsächlich der Fall; $h + u^2/2$ stellt dann die zumindest auf Stromlinien konstante Ruheenthalpie dar.

Damit haben wir über die einzige freie Konstante in der Lösung (11.16) verfügt, müssen aber noch eine Randbedingung an der Wand in die Lösung einbeziehen. Eine beliebige Wandtemperatur T_W können wir offenbar nicht mehr vorgeben, denn dadurch würde die Enthalpie des Gases an der Wand vorgeschrieben werden, während andererseits gemäß Gl. (11.16) die Enthalpie an der Wand (d.h. für u = 0) den Wert C annehmen muß. Doch zeigt Gl. (11.16) daß

$$\frac{dh}{du} = 0 \qquad \text{für } u = 0 \quad , \tag{11.19}$$

woraus mit endlichem $\frac{\partial u}{\partial y}$ wegen $\frac{\partial h}{\partial y} = \frac{dh}{du}\frac{\partial u}{\partial y}$ auch

$$\frac{\partial h}{\partial y} = 0 \qquad \text{auf } y = 0 \tag{11.20}$$

folgt. Da der Druck p in der Grenzschicht nicht von y abhängt, verschwindet mit der Normalableitung der Enthalpie, $\partial h/\partial y$, auch die Normalableitung der Temperatur, $\partial T/\partial y$, an der Wand. Damit verschwindet aber an der Wand auch der Energiefluß durch Wärmeleitung und man erkennt in Gl. (11.20) die Bedingung dafür, daß kein Wärmeübergang an die Wand stattfindet („Wärmeisolierte Wand" oder „Thermometerproblem").

Wir kommen also zu dem Schluß, daß sich mit dem Ansatz (11.11) kompressible Grenzschichtströmungen mit Druckgradient beschreiben lassen, sofern es sich um den Fall ohne Wärmeübergang handelt und die Prandtl-Zahl den Wert 1 hat. Der mit dem Ansatz erzielte Gewinn ist beträchtlich: Nicht nur wurde die Anzahl der Unbekannten um eins reduziert und dadurch die Integration der verbleibenden Gleichungen (Kontinuitäts- und Bewegungsgleichung) beträchtlich vereinfacht, sondern die gefundene Beziehung (11.16) zwischen Enthalpie und Geschwindigkeit führt unmittelbar zu wichtigen Schlüssen. Dazu gehört insbesondere die Aussage, daß die Temperatur einer wärmeisolierten Wand in einem Gasstrom mit Pr = 1 gleich der Ruhetemperatur des Gases ist.

Der Ansatz (11.11) wurde von *L. Crocco* (1932) und *A. Busemann* (1935) in die Grenzschichttheorie eingeführt. Als ein anderes Beispiel zu dieser Methode sei erwähnt, daß *Pai* (1962) mit einem Ansatz, der die Dichte als Funktion der Geschwindigkeit darstellt, Wellenausbreitungsprobleme in der Magnetogasdynamik untersucht hat.

Zusammenfassend können wir feststellen, daß sich mit einem Ansatz, der eine Funktionsbeziehung zwischen abhängigen Variablen postuliert, manchmal physikalisch sinnvolle, spezielle Lösungen finden lassen.

Übungsaufgaben

1. *Solitärwelle und* cn-*Wellen.* Für Wasserwellen mit kleiner (aber endlicher) Amplitude in seichtem Wasser wurde von *Korteweg* und *de Vries* (1895) die Gleichung

$$\eta_t + \eta\,\eta_x + \eta_{xxx} = 0$$

hergeleitet, wobei $\eta(x, t)$ proportional zur Auslenkung der Wasseroberfläche ist. In neuerer Zeit wurden auch magnetohydrodynamische Wellen und Wellen in Plasmen mit der Korteweg-de Vries-Gleichung behandelt. Die grundsätzliche Bedeutung dieser Gleichung liegt darin, daß sie Wellen beschreibt, bei denen sich nichtlineare (konvektive) Effekte und Dispersionseffekte (Abhängigkeit der Phasengeschwindigkeit von der Frequenz) die Waage halten, während Dissipationseffekte (Reibung, Wärmeleitung u. ä.) keine Rolle spielen. Welche strengen Lösungen der Korteweg-de Vries-Gleichung ergeben sich aus einem Ansatz für fortschreitende Wellen unveränderlicher Form? Welche Form muß eine *nicht*-periodische Welle haben, damit sie ihre Form beibehält, während sie mit konstanter Geschwindigkeit weiterwandert?

Anmerkung: Die Lösungen lassen sich auf die Jacobische elliptische Funktion cn (cosinus amplitudinis) zurückführen (vgl. z. B. *Korn* und *Korn* 1968); die Wellen werden deshalb in englischer Sprache als „cnoidal waves" bezeichnet. Die cn-Funktion ist periodisch, mit Ausnahme eines Sonderfalles, in welchem sie sich durch eine Hyperbelfunktion ausdrücken läßt (vgl. *Abramowitz* und *Stegun* 1965). Die entsprechende nicht-periodische Welle heißt „Solitärwelle" oder „Einzelwelle".

2. *Transversalwellen in zähen Flüssigkeiten.* Können in einer nicht-Newtonschen Flüssigkeit, die dem Potenzgesetz nach Ostwald-de Waele genügt, durch eine in ihrer eigenen Ebene bewegten Wand fortschreitende Transversalwellen unveränderlicher Form erzeugt werden? (Bezüglich der Grundgleichungen s. Aufgabe 3 des Kapitels 10). Man diskutiere auch den Sonderfall der Newtonschen Flüssigkeit.

3. *Kompressible Plattengrenzschicht mit Wärmeübergang.* Welcher Zusammenhang zwischen Enthalpie und Strömungsgeschwindigkeit in Tangentialrichtung besteht für die kompressible Grenzschicht an einer längsangeströmten ebenen Platte, wenn Pr = 1 ist? Welcher Bedingung muß die Wandtemperatur genügen, damit Wärme von der Wand auf das Gas bzw. vom Gas auf die Wand übergeht? Welcher physikalische Effekt ist die Ursache dafür, daß Wärme vom Gas auf die Wand übergehen kann, obwohl die Wandtemperatur höher als die (statische) Temperatur des strömenden Gases ist?

12. Transformation auf lineare Differentialgleichungen

Wir erwähnten schon früher, daß lineare Differentialgleichungen gegenüber den nichtlinearen Differentialgleichungen einige Vorzüge aufweisen, die eine Lösung im allgemeinen beträchtlich erleichtern. Es liegt daher nahe, nach Methoden zu suchen, mit denen nichtlineare partielle Differentialgleichungen in entsprechende lineare Gleichungen übergeführt werden können. Dieses Ziel läßt sich in gewissen Fällen durch geeignete Transformationen der unabhängigen und abhängigen Variablen erreichen. Wir wollen in diesem Abschnitt einige solche „Linearisierungs-Transformationen" besprechen.

Auf die Frage, wie man die aus den Transformationen entstandenen linearen Differentialgleichungen zu lösen versuchen kann, werden wir nur am Rande eingehen. Methoden zur Lösung linearer Probleme werden ja in späteren Kapiteln behandelt. Allerdings wurden gerade im Zusammenhang mit der Hodographentransformation und verwandten Transformationen spezielle Methoden entwickelt, die zum Teil über den Rahmen dieses Buches hinausgehen. Hierzu muß auf die Literaturangaben verwiesen werden.

12.1. Hodographentransformation

12.1.1. Beispiel: Ebene Gasströmung

Die ebene, stationäre Strömung eines kompressiblen Mediums (Gases) wird unter der Voraussetzung von Reibungs- und Drehungsfreiheit durch das folgende Gleichungssystem für die Geschwindigkeitskomponenten u und v in x- bzw. y-Richtung beschrieben:

$$(c^2 - u^2) \frac{\partial u}{\partial x} - uv \left(\frac{\partial u}{\partial y} + \frac{\partial v}{\partial x} \right) + (c^2 - v^2) \frac{\partial v}{\partial y} = 0 \quad ; \qquad (12.1a)$$

$$\frac{\partial u}{\partial y} - \frac{\partial v}{\partial x} = 0 \quad . \qquad (12.1b)$$

Gl. (12.1a) stellt die sogenannte gasdynamische Gleichung dar, Gl. (12.1b) drückt die Drehungsfreiheit (Wirbelfreiheit) aus. Dabei ist die Schallgeschwindigkeit c eine gegebene Funktion des Betrages der Strömungsgeschwindigkeit. Beispielsweise gilt für ein ideales Gas mit konstanten spezifischen Wärmen (c_p, c_v) die Beziehung

$$c^2 = c_0^2 - \frac{\kappa - 1}{2}(u^2 + v^2) \tag{12.2}$$

mit c_0 als der konstanten Ruheschallgeschwindigkeit und $\kappa = c_p/c_v =$ const.

Die Gln. (12.1a) und (12.1b) stellen ein System von zwei partiellen Differentialgleichungen erster Ordnung für die beiden Unbekannten u und v dar. Die Gl. (12.1a) ist quasilinear (also nichtlinear!), die Gl. (12.1b) hingegen ist linear. Darüber hinaus ist noch bemerkenswert, daß in den Koeffizienten vor den Ableitungen u_x, u_y, ... die Koordinaten x und y nicht explizit auftreten, wohl aber die abhängigen Variablen u und v. Dieser Umstand läßt eine Vertauschung der unabhängigen mit den abhängigen Variablen als vorteilhaft erscheinen.

Wir wollen also die Lösung statt in der funktionalen Form $u = u(x, y)$, $v = v(x, y)$ in der inversen funktionalen Form $x = x(u, v)$, $y = y(u, v)$ suchen und müssen zu diesem Zweck das Gleichungssystem (12.1) entsprechend transformieren. Dazu ist es erforderlich, die Ableitungen u_x, u_y, ... durch die inversen Ableitungen x_u, y_u, ... auszudrücken. Die benötigten Formeln kann man mathematischen Nachschlagewerken entnehmen oder auch schnell selbst herleiten.

Man schreibt beispielsweise $u = u(x(u, v), y(u, v))$ und differenziert diese Relation partiell nach u und v:

$$1 = u_x x_u + u_y y_u \quad ;$$
$$0 = u_x x_v + u_y y_v \quad .$$

Durch Anwendung der Kramerschen Regel zur Auflösung dieses linearen algebraischen Gleichungssystems für u_x und u_y (und eines analog hergeleiteten Gleichungssystems für v_x und v_y) findet man die Transformationsformeln

$$u_x = y_v/D \quad , \qquad u_y = -x_v/D \quad ,$$
$$v_x = -y_u/D \quad , \qquad v_y = x_u/D \quad , \tag{12.3}$$

wobei D die Funktionaldeterminante

$$D = \frac{\partial(x, y)}{\partial(u, v)} = \begin{vmatrix} x_u & x_v \\ y_u & y_v \end{vmatrix} = x_u y_v - x_v y_u \tag{12.4}$$

bedeutet. Eine wichtige Voraussetzung hierzu ist allerdings, daß $D \neq 0$.

Setzt man nun in das Differentialgleichungssystem (12.1) entsprechend Gl. (12.3) ein, so kürzt sich die Funktionaldeterminante heraus und es bleibt

$$(c^2 - u^2)\frac{\partial y}{\partial v} + uv\left(\frac{\partial x}{\partial v} + \frac{\partial y}{\partial u}\right) + (c^2 - v^2)\frac{\partial x}{\partial u} = 0 \quad ; \tag{12.5a}$$

$$\frac{\partial x}{\partial v} - \frac{\partial y}{\partial u} = 0 \quad . \tag{12.5b}$$

Dies ist ein *lineares* partielles Differentialgleichungssystem für $x(u, v)$ und $y(u, v)$. Wir haben damit das Ziel, uns von der Nichtlinearität der Ausgangsgleichungen zu befreien, erreicht. Der entscheidende Schritt war dabei die Einführung der Geschwindigkeitskomponenten u und v als neue unabhängige Variable. Anschaulich kann man die Vorgangsweise so interpretieren, daß man die Strömung statt in der „physikalischen Ebene" x, y nunmehr in der *Geschwindigkeitsebene (Hodographenebene)* u, v

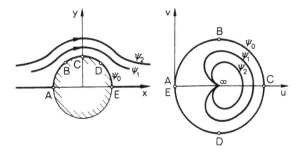

Bild 12.1

Stromlinien der ebenen Strömung um einen Körper in der physikalischen Ebene (x, y) und in der Hodographenebene (u, v) (schematisch)

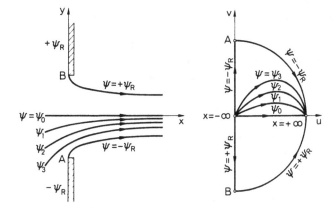

Bild 12.2

Schematische Darstellung eines Ausströmvorganges in der physikalischen Ebene (x, y) und in der Hodographenebene (u, v)

darstellt. Die durchgeführte Transformation, die auf der Vertauschung der unabhängigen mit den abhängigen Variablen beruht, wird deshalb *Hodographentransformation* genannt. Die Bilder 12.1 und 12.2 zeigen schematisch zwei typische Beispiele für die Darstellung von Strömungen im Hodographen.

12.1.2. Verallgemeinerung

Wir haben uns in dem behandelten Beispiel auf zwei unabhängige Variable beschränkt. Die Verallgemeinerung auf mehr als zwei Unabhängige ist so offensichtlich, daß wir sofort die wichtige Aussage festhalten können:

> Ein System von *quasilinearen* partiellen Differentialgleichungen erster Ordnung für n abhängige Größen u, v, ... und n unabhängige Größen x, y, ... läßt sich durch Vertauschen der unabhängigen und abhängigen Variablen auf ein System von linearen partiellen Differentialgleichungen transformieren, wenn die Koeffizientenfunktionen des ursprünglichen Systems die Größen x, y, ... *nicht explizit* enthalten.

Bei Anwendungen in der Strömungslehre sind es nicht nur die Geschwindigkeitskomponenten, die als neue Unabhängige in Frage kommen. So kann man sich etwa bei Strömungen mit Transportvorgängen von den Nichtlinearitäten zufolge der Temperaturabhängigkeit der Transportgrößen befreien, indem man die Temperatur als unabhängige Variable einführt (*Ragaller* u. a. 1971).

12.1.3. Superposition von Lösungen

Ein wesentlicher Vorteil der Hodographentransformation besteht darin, daß die Linearität des neuen Gleichungssystems die Superposition (Überlagerung) von Lösungen erlaubt. Kennt man beispielsweise bereits zwei Lösungspaare $x_1(u, v)$, $y_1(u, v)$ und $x_2(u, v)$, $y_2(u, v)$, so kann man daraus neue Lösungen $x(u, v)$, $y(u, v)$ in folgender Weise gewinnen:

$$x = C_1 x_1 + C_2 x_2 \quad ,$$
$$y = C_1 y_1 + C_2 y_2 \quad , \tag{12.6}$$

mit C_1 und C_2 als beliebigen Konstanten. Beispielsweise kann man im Hodographen die Lösungen für die kompressible Quellströmung und den Potentialwirbel einfach überlagern, um daraus die interessante Lösung der „Wirbelquelle" zu gewinnen (s. Übungsaufgabe 3).

12.1.4. Faltungen, Grenzlinien, Verzweigungslinien

Dem Vorteil der Linearität stehen allerdings schwerwiegende Nachteile der Hodographentransformation gegenüber. Die Randbedingungen müssen aus der physikalischen Ebene in die Hodographenebene übertragen werden und bereiten dadurch beträchtliche Schwierigkeiten, insbesondere dann, wenn es sich um die Umströmung fester Körper handelt. Um nämlich das Bild der Körperkontur in der Hodographenebene zu bestimmen, müßte die gesuchte Lösung bereits bekannt sein.

Weiters ergeben sich Schwierigkeiten dadurch, daß die Voraussetzung $D \neq 0$ oft nicht in der ganzen Hodographenebene erfüllt ist. Nehmen wir an, es gäbe in der Hodographenebene eine Kurve, auf welcher $D(u, v) \equiv x_u y_v - x_v y_u = 0$ ist. Sicherlich werden x_u, x_v, y_u und y_v im allgemeinen nicht gleichzeitig auf einer Kurve verschwinden, denn $x_u(u, v) = 0$ und $x_v(u, v) = 0$ stellen selbst wieder Kurven dar, die sich nur in einzelnen Punkten schneiden werden. Entsprechendes gilt für die anderen Ableitungen. Wir können also annehmen, daß eine der Ableitungen, sagen wir y_v, auf der durch $D(u, v) = 0$ gegebenen Kurve von null verschieden ist. Aus Gl. (12.3) folgt dann, daß $u_x = \infty$ für $D = 0$.

Denkt man sich $u = u(x, y)$ als Fläche in einem x, y, u-Koordinatensystem dargestellt (Bild 12.3), so zeigt unsere Überlegung, daß das Verschwinden der Funktionaldeterminante D längs einer Kurve gleichbedeutend ist mit dem Auftreten vertikaler Tangentialebenen in den Punkten dieser Kurve. Ein Vorzeichenwechsel von D führt somit, wie in Bild 12.3 schematisch dargestellt, zu einer *Faltung* der Fläche $u = u(x, y)$.

Im Gebiet der Faltung ist die x, y-Ebene (mindestens) zweifach überdeckt: Einem Punkt $(\bar{x}, \bar{y})$ in der physikalischen Ebene entsprechen (mindestens) zwei Geschwindigkeitswerte u_1 und u_2. Das Faltungsgebiet wird in der physikalischen Ebene durch die *Grenzlinie* einseitig begrenzt. Sie stellt das Bild der Kurve $D = 0$ in der physikalischen Ebene dar. Bei einer Faltung wie in Bild 12.3 existiert auf einer Seite der Grenzlinie keine reelle Lösung, doch gibt es auch Faltungen von der in Bild 12.4 dargestellten Form, mit reellen Lösungen zu beiden Seiten des zwischen zwei Grenzlinien liegenden dreifach überdeckten Gebietes.

Das Auftreten von Grenzlinien im Strömungsfeld erfordert eine physikalische Interpretation. Eine überall stetige Strömung ist in diesem Fall sicher nicht möglich, wie schon allein aus dem Auftreten unendlich großer Beschleunigungen ($u_x = \infty$ etc.) hervorgeht. Die Strömung muß daher entweder an der Grenzlinie „enden"; von dieser Interpretation macht man beim bekannten Beispiel der kompressiblen Quellströmung, aber auch bei der Wirbelquelle Gebrauch (vgl. Übungsaufgabe 3). Oder man deutet Grenzlinien und Faltungen als Anzeichen für das Auftreten von Verdichtungsstößen, also von sprunghaften Änderungen der Zustandsgrößen. Hierfür ist es wichtig zu wissen, daß Grenzlinien in einer reinen Unterschallströmung nicht vorkommen können; den Beweis findet man z. B. bei *Bers* (1958) oder *Schiffer* (1960).

Daß die Lage der Verdichtungsstöße nicht mit der Lage der Grenzlinien übereinstimmt, ist wohl offensichtlich. Aber auch der naheliegende Versuch, einen Verdichtungsstoß in eine Faltung derart „einzupassen", daß die Lösung zu beiden Seiten des Stoßes physikalisch sinnvoll wird, führt im

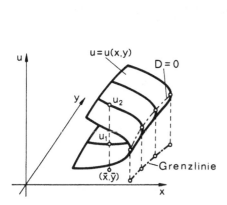

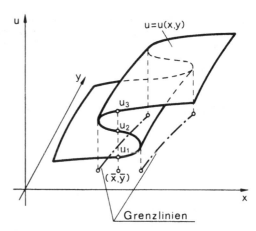

Bild 12.3
Faltung mit zweifacher Überdeckung der physikalischen Ebene (x, y)

Bild 12.4
Faltung mit dreifacher Überdeckung der physikalischen Ebene (x, y)

allgemeinen nicht zum Ziel. Denn hinter gekrümmten Verdichtungsstößen ist die Strömung nicht mehr isentrop und drehungsfrei, so daß die den Ausgangsgleichungen zugrunde liegenden Voraussetzungen verletzt sind. Nur für den Fall, daß es sich um einen schwachen Verdichtungsstoß handelt, für welchen die Entropiezunahme vernachlässigbar klein ist, läßt sich tatsächlich die Stoßlage aus der Faltung ermitteln. Geeignete Methoden hierzu werden wir im Kapitel 20 über das analytische Charakteristikenverfahren kennenlernen.

Wir haben uns bisher mit dem Verschwinden der Funktionaldeterminante $D = \partial(x, y)/\partial(u, v)$ befaßt und dabei gesehen, wie sehr das Auftreten einer Grenzlinie die physikalische Deutung von Lösungen der Hodographengleichungen erschwert. Natürlich wird man sich auch die Frage stellen, welche Auswirkungen ein eventuelles Verschwinden der inversen Funktionaldeterminante $D^{-1} = \partial(u, v)/\partial(x, y)$ hat. In diesem Fall ist nicht die physikalische Ebene, sondern die Hodographenebene zweifach (oder mehrfach) überdeckt. D. h., es gibt zwei (oder mehr als zwei) Punkte (x, y) mit ein und derselben Geschwindigkeit. Die Kurven im Hodographen, auf denen $D^{-1} = 0$ ist, werden *Verzweigungslinien* genannt. Was die Übertragung (Rücktransformation) von Lösungen aus der Hodographenebene in die physikalische Ebene angeht, so machen Verzweigungslinien — sehr zum Unterschied von Grenzlinien — keine besonderen Schwierigkeiten, das Verschwinden von D^{-1} ist also durchaus „erlaubt". Doch kann die mehrfache Überdeckung der Hodographenebene dazu führen, daß Lösungen, die in der physikalischen Ebene existieren, in der Hodographentheorie „übersehen" werden.

Die Betrachtungen dieses Abschnittes sind nicht auf die Hodographentransformation beschränkt, sondern gelten sinngemäß auch für die mit der Hodographentransformation verwandten Transformationen, denen wir uns nun zuwenden wollen.

12.2. Legendre-Potential und Legendre-Transformation

Bei drehungsfreier Strömung existiert bekanntlich ein Geschwindigkeitspotential ϕ, das durch die Differentialbeziehungen

$$\phi_x = u \quad , \qquad \phi_y = v \tag{12.7}$$

gegeben ist. Die physikalischen Koordinaten x und y werden hierbei als unabhängige Variable aufgefaßt. Arbeitet man jedoch mit den Geschwindigkeitskomponenten u und v als Unabhängigen, so
kann in Analogie zu Gl. (12.7) das „Legendre-Potential" χ durch die Relationen

$$\chi_u = x \quad , \qquad \chi_v = y \tag{12.8}$$

eingeführt werden.

Aus den vollständigen Differentialen $d\phi = u\,dx + v\,dy$ und $d\chi = x\,du + y\,dv$ folgt zunächst

$$d\phi + d\chi = d(ux) + d(vy) \quad .$$

Hieraus ergibt sich durch Integration

$$\chi = ux + vy - \phi \quad , \tag{12.9}$$

wobei die unwichtige Integrationskonstante weggelassen wurde. Gl. (12.9) stellt eine Beziehung
zwischen dem Geschwindigkeitspotential ϕ und dem Legendre-Potential χ dar und wird als Legendre-
Transformation bezeichnet.

Fassen wir nun wieder das Gleichungssystem (12.5) für die Koordinaten $x(u, v)$ und $y(u, v)$ ins
Auge. Durch Einführen des Legendre-Potentials gemäß Gl. (12.8) wird die Gl. (12.5b), welche die
Drehungsfreiheit der Strömung ausdrückt, identisch befriedigt, während die transformierte gasdynamische Gl. (12.5a) in die folgende lineare partielle Differentialgleichung zweiter Ordnung für
das Legendre-Potential übergeht:

$$(c^2 - u^2)\,\chi_{vv} + 2\,uv\chi_{uv} + (c^2 - v^2)\,\chi_{uu} = 0 \quad . \tag{12.10}$$

Manchmal ist es vorteilhaft, statt der Geschwindigkeitskomponenten u und v den Geschwindigkeitsbetrag W und den Strömungswinkel ϑ (Winkel zwischen Geschwindigkeitsvektor und x-Achse)
als unabhängige Variable zu benutzen. Es ist $u = W\cos\vartheta$ und $v = W\sin\vartheta$, womit sich zeigt, daß
man W und ϑ als Polarkoordinaten in der Hodographenebene (u, v-Ebene) auffassen kann (Bild 12.5).
Durch Transformation von u, v auf W, ϑ als unabhängige Variable geht Gl. (12.10) nach einigen
Zwischenrechnungen (s. Übungsaufgabe 2) über in

$$c^2 W^2 \chi_{WW} + (c^2 - W^2)(W\chi_W + \chi_{\vartheta\vartheta}) = 0 \quad . \tag{12.11}$$

Bild 12.5
Geschwindigkeitsbetrag W und Strömungswinkel ϑ als
Polarkoordinaten in der Hodographenebene (u, v)

Die Verwendung des Legendre-Potentials in der Hodographenebene entspricht der Verwendung des
Potentials in der physikalischen Ebene. Dem Vorteil, daß man es nur mit einer einzigen Unbekannten
zu tun hat, steht als Nachteil die Beschränkung auf drehungsfreie Strömung gegenüber.

12.3. Molenbroek-Transformation

Nicht nur für die physikalischen Koordinaten x, y und das Legendre-Potential χ kann man in der
Hodographenebene zu linearen Gleichungen kommen; auch das „gewöhnliche" Potential ϕ und die
„gewöhnliche" Stromfunktion ψ sind als abhängige Variable in einer Hodographentheorie geeignet.
Die Transformation, die vom Gleichungssystem (12.1) in der physikalischen Ebene zu einem entsprechenden Gleichungssystem für $\phi(W, \vartheta)$ und $\psi(W, \vartheta)$ in der Hodographenebene führt, wird
nach *Molenbroek* (1890) benannt.

Ausgehend von der Gleichung für Drehungsfreiheit, Gl. (12.1b), führen wir zunächst ϕ und ψ als neue *unabhängige* Variable ein, um dann anschließend durch Übergang zu den inversen Ableitungen die gewünschte Darstellung mit ϕ und ψ als *abhängigen* Variablen in einfacher Weise finden zu können. Aus Gl. (12.1b) folgt

$$u_\phi \, \phi_y + u_\psi \, \psi_y = v_\phi \, \phi_x + v_\psi \, \psi_x \quad . \tag{12.12}$$

Für das Potential ϕ und die Stromfunktion ψ gelten bei kompressibler Strömung die bekannten Gleichungen

$$\begin{aligned}
u &= W \cos \vartheta = \phi_x = \rho^{-1} \, \psi_y \quad ; \\
v &= W \sin \vartheta = \phi_y = - \rho^{-1} \, \psi_x \quad .
\end{aligned} \tag{12.13}$$

Dies in Gl. (12.12) eingesetzt, liefert

$$\rho \, W_\psi = W \, \vartheta_\phi \quad . \tag{12.14}$$

Beim Übergang von W_ψ und ϑ_ϕ zu den inversen Ableitungen ϕ_ϑ und ψ_W mit Transformationsformeln analog zu Gl. (12.3) fällt wiederum die Funktionaldeterminante heraus und es bleibt schließlich

$$\rho \, \phi_\vartheta = W \, \psi_W \quad . \tag{12.15}$$

Da in einer isentropen Strömung die Dichte ρ (ebenso wie die Schallgeschwindigkeit) als Funktion des Geschwindigkeitsbetrages W gegeben ist, $\rho = \rho(W)$, handelt es sich bei Gl. (12.15) – wie erwünscht – um eine lineare Gleichung.

In gleicher Weise kann man bei der Transformation der gasdynamischen Gleichung (12.1a) vorgehen. Man erhält hieraus eine zweite lineare Gleichung, die zusammen mit Gl. (12.15) das folgende System bildet:

$$\begin{aligned}
\rho \, W \phi_W + (1 - M^2) \, \psi_\vartheta &= 0 \quad ; \\
\rho \, \phi_\vartheta - W \psi_W &= 0 \quad .
\end{aligned} \tag{12.16}$$

Ebenso wie ρ ist auch die Machzahl $M = W/c$ eine gegebene Funktion von W.

Während man bei einer Anwendung der ursprünglichen Hodographentransformation die physikalischen Koordinaten x, y im Zuge der Lösung direkt als Funktion der Geschwindigkeitskomponenten erhält, und auch die Verwendung des Legendre-Potentials lediglich Differentiationen gemäß Gl. (12.8) zur Bestimmung von x und y erfordert, ist nach einer Molenbroek-Transformation die Rücktransformation in die physikalische Ebene nicht ganz so einfach. Nehmen wir an, wir hätten eine Lösung $\phi(W, \vartheta)$, $\psi(W, \vartheta)$ des linearen Differentialgleichungssystems (12.16) gefunden. Dann müssen zwischen den totalen Differentialen $d\phi$, $d\psi$ einerseits und dx, dy andererseits die Beziehungen

$$\begin{aligned}
d\phi &= \phi_x \, dx + \phi_y \, dy \\
d\psi &= \psi_x \, dx + \psi_y \, dy
\end{aligned} \quad ,$$

gelten. Dieses Gleichungssystem kann man nach dx und dy auflösen und für die Ableitungen von ϕ und ψ gemäß Gl. (12.13) einsetzen. Das Ergebnis schreibt man am übersichtlichsten in komplexer Form:

$$dx + i \, dy = e^{i\vartheta} \left(\frac{d\phi}{W} + i \, \frac{d\psi}{\rho W} \right) \quad . \tag{12.17}$$

Durch Integration dieser Differentialbeziehung sind die physikalischen Koordinaten $x = x(W, \vartheta)$ und $y = y(W, \vartheta)$ zu bestimmen. Dieser zusätzliche Schritt auf dem Weg zu einer vollständigen Lösung ist auch bei den nun folgenden Transformationen erforderlich.

12.4. Tschaplygin-Transformation

Für den wichtigen Spezialfall der Strömung eines idealen Gases konstanter spezifischer Wärmen ist eine nach *Tschaplygin* (1904) benannte Transformation sehr nützlich. Sie besteht einfach darin, daß statt des Geschwindigkeitsbetrages W die neue unabhängige Variable

$$\tau = (W/W_{max})^2 \tag{12.18}$$

eingeführt wird, wobei W_{max} den Betrag der Maximalgeschwindigkeit bedeutet, also jener Geschwindigkeit, die sich bei isentroper Expansion ins Vakuum einstellt.

Wenn wir nun in das Gleichungssystem (12.16) einsetzen wollen, so haben wir für die Dichte ρ, bezogen auf die Ruhedichte ρ_0, bei der isentropen Strömung eines idealen Gases konstanter spezifischer Wärmen die aus der Gasdynamik bekannte Beziehung

$$\rho/\rho_0 = (1 - \tau)^{\frac{1}{\kappa - 1}} \quad . \tag{12.19}$$

Weiters ist natürlich $M = W/c$, wobei für die Schallgeschwindigkeit c bereits die Gl. (12.2) zur Verfügung steht. Damit folgt aus Gl. (12.16) nach einigen Zwischenrechnungen das neue System

$$\phi_\vartheta = A(\tau)\,\psi_\tau \quad , \qquad\qquad \psi_\vartheta = B(\tau)\,\phi_\tau \quad , \tag{12.20}$$

wobei die Koeffizientenfunktionen nach *Schiffer* (1960) durch die Ausdrücke

$$A(\tau) = \frac{2\tau}{\rho_0}(1 - \tau)^{-\frac{1}{\kappa - 1}} \quad , \qquad\qquad B(\tau) = \frac{2\tau\rho_0(\kappa - 1)}{(\kappa + 1)\tau - (\kappa - 1)}(1 - \tau)^{\frac{\kappa}{\kappa - 1}} \tag{12.21}$$

gegeben sind. Im Einklang mit den physikalischen Gegebenheiten ist $\kappa > 1$ vorausgesetzt worden.

Man kann schließlich im System (12.20) noch das Potential ϕ eliminieren, um eine einzige Gleichung für die Stromfunktion zu erhalten:

$$\frac{\partial^2 \psi}{\partial \vartheta^2} = B(\tau)\frac{\partial}{\partial \tau}\left[A(\tau)\frac{\partial \psi}{\partial \tau}\right] \quad . \tag{12.22}$$

Versucht man nun Partikulärlösungen dieser Gleichung durch Separation der Variablen zu gewinnen, so zeigt sich der Vorteil, der in der Verwendung der Tschaplyginschen Variablen τ liegt. Der Ansatz

$$\psi(\tau, \vartheta) = \tau^\nu F_\nu(\tau)\sin(2\nu\vartheta + \alpha_\nu) \qquad (\nu, \alpha_\nu = \text{const.}) \tag{12.23}$$

führt auf eine hypergeometrische Differentialgleichung für die Funktion $F_\nu(\tau)$. Ihre Lösungen, die hypergeometrischen Funktionen, sind seit langem eingehend untersucht und tabelliert (*Abramowitz* und *Stegun* 1965).

12.5. Christianowitsch-Transformation, Rheograph

Die Molenbroek-Gleichungen (12.16) lassen sich für reine Unterschallströmungen (überall $M < 1$) oder reine Überschallströmungen (überall $M > 1$) durch eine geeignete Verzerrung der Radialkoordinate W im Hodographen auf eine symmetrische Form bringen. Wir beschränken die folgenden Betrachtungen auf den Fall $M < 1$, weil für $M > 1$ meist anderen Lösungsmethoden der Vorzug gegeben wird.

Führt man versuchsweise eine neue unabhängige Variable q = q(W) ein, so geht das System (12.16) über in

$$\phi_q + \frac{1 - M^2}{\rho \, W \, q'(W)} \, \psi_\vartheta = 0 \quad ,$$

$$\phi_\vartheta - \frac{W \, q'(W)}{\rho} \, \psi_q = 0 \quad .$$
(12.24)

Man kann nun fordern, daß die Koeffizienten von ψ_ϑ und ψ_q sich nur durch das Vorzeichen unterscheiden, dem Betrag nach jedoch gleich sein sollen. Diese Forderung ist erfüllt, wenn

$$[q'(W)]^2 = (1 - M^2)/W^2 \quad ,$$
(12.25)

so daß die neue Variable q als

$$q = \int\limits_{W_1}^{W} \sqrt{1 - M^2} \, \frac{dW}{W}$$
(12.26)

zu wählen ist. Dabei bedeutet W_1 eine konstante Bezugsgeschwindigkeit; als solche kommt beispielsweise die kritische Geschwindigkeit c^* oder die Anströmgeschwindigkeit in Betracht.
Führt man noch die Koeffizientenfunktion

$$K = \rho^{-1} \sqrt{1 - M^2}$$
(12.27)

ein, so erhält man aus dem System (12.24) das folgende System von *Beltramigleichungen* für $\phi(q, \vartheta)$ und $\psi(q, \vartheta)$:

$$\phi_q + K(q) \, \psi_\vartheta = 0 \quad ,$$
$$\phi_\vartheta - K(q) \, \psi_q = 0 \quad .$$
(12.28)

Die Transformation (12.26), die das Gleichungssystem (12.16) in das Gleichungssystem (12.28) überführt, wurde von *Christianowitsch* (1940)[1]) angegeben. Eine verwandte Transformation, bei der in Gl. (12.26) der Ausdruck $\sqrt{1 - M^2}$ durch das Dichteverhältnis ρ/ρ_0 zu ersetzen ist, wurde schon von Tschaplygin verwendet, doch führt diese Tschaplyginsche Transformation nicht zur symmetrischen Form des Gleichungssystems (12.28).
Aus (12.28) folgt sofort

$$\phi_q/\phi_\vartheta = -\psi_\vartheta/\psi_q$$

d. h. Potentiallinien ϕ = const und Stromlinien ψ = const sind in der q, ϑ-Ebene zueinander orthogonal. Somit ist das Netz der Potential- und Stromlinien in der q, ϑ-Ebene durch die gleiche Orthogonalitätseigenschaft ausgezeichnet wie in der physikalischen (x, y) Ebene, in welcher ja Potential- und Stromfunktion dem Gleichungssystem (12.13) genügen.
Die Orthogonalität zwischen Potential- und Stromlinien bleibt erhalten, wenn man die q, ϑ-Ebene konform abbildet auf eine neue Ebene, die wir s, t-Ebene nennen wollen.[2]) In komplexer Darstellungsweise kann man etwa schreiben

$$s + i t = f(q - i \vartheta) \quad ,$$
(12.29)

---

[1]) Vgl. auch *Christianowitsch* und *Jurjew* (1947). Ein Überblick über beide Arbeiten ist im Buch von *Kotschin*, *Kibel* und *Rose* (1955) leicht zugänglich.

[2]) Bzgl. der hier benötigten Begriffe und Sätze aus der Funktionentheorie sei auf Kapitel 19 verwiesen.

wobei f eine beliebige analytische Funktion des komplexen Argumentes $q - i\vartheta$ sei. Zwischen s, t einerseits und $q, - \vartheta$ andererseits müssen demnach die Cauchy-Riemannschen Differentialgleichungen

$$q_s + \vartheta_t = 0 \quad , \qquad q_t - \vartheta_s = 0 \tag{12.30}$$

gelten. Interessiert man sich noch für die Relationen, die zwischen ϕ und ψ in der neuen s, t-Ebene gelten, so findet man mit den Systemen (12.28) und (12.30)

$$\phi_s = \phi_q\, q_s + \phi_\vartheta\, \vartheta_s = K\, \psi_\vartheta\, \vartheta_t + K\, \psi_q\, q_t = K\, \psi_t \quad .$$

Nach einer analogen Rechnung für ϕ_t kommt man zu dem Gleichungssystem

$$\phi_s - K\, \psi_t = 0 \quad , \qquad \phi_t + K\, \psi_s = 0 \quad . \tag{12.31}$$

Ebenso wie in der q, ϑ-Ebene genügen also Potential ϕ und Stromfunktion ψ auch in der s, t-Ebene einem System von Beltrami-Gleichungen. Anders als das System (12.28) reicht jedoch das System (12.31) zu einer vollständigen Beschreibung der Strömung nicht aus, sondern muß durch das Cauchy-Riemannsche Gleichungssystem (12.30) für die Variablen q und ϑ ergänzt werden. Darüber hinaus müssen natürlich zu einer in der q, ϑ-Ebene oder s, t-Ebene gefundenen Lösung noch die Ortskoordinaten x, y bestimmt werden, wozu sich in beiden Fällen die Gl. (12.17) eignet.

In Anlehnung an den Begriff des Hodographen kann man für die Darstellung einer Strömung in der s, t-Ebene die Bezeichnung *Rheograph* wählen (*Sobieczky* 1971). Da $\vartheta = s$, $q = t$ eine einfache Partikulärlösung von (12.30) darstellt, läßt sich die vorher behandelte Darstellung in der q, ϑ-Ebene als ein spezieller Rheograph auffassen, den man wegen des linearen Zusammenhanges zwischen ϑ, q und s, t als linearen Rheographen bezeichnen kann. Nun wird man sich natürlich fragen, ob es sich überhaupt lohnt, die q, ϑ-Ebene auf die s, t-Ebene konform abzubilden und mit s, t als neuen unabhängigen Variablen zu arbeiten, wenn doch die Differentialgleichungen schon mit q, ϑ als Unabhängigen die gewünschte Linearitätseigenschaft aufweisen. Der (allgemeine) Rheograph hat aber auch wesentliche Vorzüge, die vor allem darin begründet sind, daß man die Wahl der konformen Abbildung, also der analytischen Funktion f in Gl. (12.29), noch offen hat. Diese Freiheit kann man unter anderem auf die beiden folgenden Arten ausnützen.

12.5.1. Partikulärlösungen

Man kann einfache Lösungen des Cauchy-Riemannschen Gleichungssystems (12.30) oder — was dasselbe bedeutet — einfache analytische Funktionen f in Gl. (12.29) betrachten, um möglichst einfache Funktionen K (s, t) für das Beltramische Gleichungssystem (12.31) zu erhalten. Gelingt es dann, das System (12.31) zu lösen, so hat man auf diesem Wege spezielle exakte Lösungen gewonnen, die sich zu weiteren Lösungen superponieren lassen. Dieses Verfahren wurde von *Sobieczky* (1971) zur Berechnung schallnaher Strömungen erfolgreich angewandt.

12.5.2. Inkompressible Vergleichsströmung

Im Grenzfall sehr kleiner Machzahlen, $M \to 0$, verschwinden bekanntlich die Kompressibilitätseffekte und die Strömung verläuft so, als ob das strömende Medium konstante Dichte hätte. Nun zeigt aber Gl. (12.27), daß

$$K = \rho_i^{-1} \qquad \text{für } M \to 0 \tag{12.32}$$

wird, wobei der Index i darauf hinweisen möge, daß es sich um den Grenzfall der inkompressiblen Strömung handelt. Damit geht aber in diesem Grenzfall das Gleichungssystem (12.31) genau in jenes System über, dem das Potential ϕ und die Stromfunktion ψ in der physikalischen Ebene, also mit x und y als unabhängigen Veränderlichen, genügen müssen; vgl. z. B. Gl. (12.13). Wir können daher

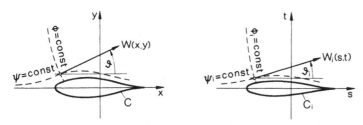

Bild 12.6. Kompressible Strömung in der physikalischen Ebene (x, y) und inkompressible Vergleichsströmung in der Rheographenebene (s, t) (*Gretler* 1971)

s und t als Ortskoordinaten einer inkompressiblen Vergleichsströmung deuten (Bild 12.6). Auch die Variable q erfährt auf diese Weise eine anschauliche Deutung; denn aus Gl. (12.26) folgt

$$q = \ln(W_i/W_1) \qquad \text{für } M \to 0 \quad , \qquad\qquad (12.33)$$

womit sich q als Logarithmus des (mit der Referenzgeschwindigkeit W_1 dimensionslos gemachten) Geschwindigkeitsbetrages der inkompressiblen Vergleichsströmung auffassen läßt. Hiermit geht aber schließlich auch das Gleichungssystem (12.30) genau in jenes System Cauchy-Riemannscher Differentialgleichungen über, dem der Logarithmus des Geschwindigkeitsbetrages und der Strömungswinkel in einer inkompressiblen Strömung genügen; dies bestätigt die Richtigkeit der eingangs gemachten Aussage, daß der Grenzübergang $M \to 0$ zur inkompressiblen Strömung führt.

Unter diesen Gesichtspunkten bietet uns der Rheograph eine Möglichkeit, aus einer bekannten inkompressiblen Strömung, sagen wir um ein bestimmtes Profil C_i, auf eine entsprechende kompressible Strömung um ein mehr oder weniger verzerrtes Profil C zu schließen (Bild 12.6). Dazu ist allerdings erforderlich, das lineare Gleichungssystem (12.31) zu lösen und die physikalischen Koordinaten x, y aus Gl. (12.17) durch Integration zu bestimmen; doch ist diese Aufgabe beträchtlich einfacher als die Lösung des ursprünglichen, nichtlinearen Problems in der physikalischen Ebene.

Inkompressible Vergleichsströmungen wurden schon von *Christianowitsch* (1940) zur näherungsweisen Berechnung von kompressiblen Gasströmungen herangezogen. Das Verfahren wurde in neuerer Zeit von *Gretler* unter Verwendung von Störungsmethoden beträchtlich ausgebaut und vervollkommnet (vgl. *Gretler* 1971).

Übungsaufgaben

1. *Versagen der Hodographentransformation für achsensymmetrische Strömung.* Warum läßt sich die gasdynamische Gleichung für achsensymmetrische Strömung durch eine Hodographentransformation nicht in eine lineare Gleichung überführen?

2. *Polarkoordinaten im Hodographen.* Man leite Gl. (12.11) aus Gl. (12.10) her.

3. *Wirbelquelle.* Aus dem Ansatz $\chi_1 = f(\vartheta)$ ergibt sich das Legendre-Potential eines Potentialwirbels, aus $\chi_2 = g(W)$ dasjenige der kompressiblen Quellströmung. Man superponiere die beiden Lösungen zur Wirbelquelle. Wo liegt die Grenzlinie? (*Hinweis:* Man beachte bei der Integration der Differentialgleichung für g, daß für die Dichteänderung in isentroper Strömung die Beziehung $d\rho/\rho = - M^2 \, dW/W$ gilt.)

4. *Tschaplyginsche Gleichung.* Man leite aus dem Gleichungssystem (12.16) durch Elimination von ϕ und Spezialisierung auf ein ideales Gas konstanter spezifischer Wärme die oft nach Tschaplygin benannte Gleichung

$$W^2 \psi_{WW} + (1 + M^2) \, W \, \psi_W + (1 - M^2) \, \psi_{\vartheta\vartheta} = 0$$

her.

5. *Ringlebsche Lösung (Kantenumströmung).* Zu welcher Lösung der Tschaplyginschen Gleichung (Aufgabe 4) kommt man durch einen Separationsansatz für ψ (W, ϑ)? Man diskutiere diese von *Ringleb* (1940) gefundene Lösung im Hodographen und in der physikalischen Ebene, insbesondere im Hinblick auf das Auftreten von Überschallgebieten und Grenzlinien.

6. *Tricomische Gleichung (schallnahe Strömung).* Unter der Voraussetzung, daß die Strömungsgeschwindigkeit nur wenig von einer Parallelströmung mit der kritischen Schallgeschwindigkeit c^* (= const) abweicht, kann die gasdynamische Gleichung zu

$$(\kappa + 1)\left(\frac{u}{c^*} - 1\right)\frac{\partial}{\partial x}\left(\frac{u}{c^*} - 1\right) - \frac{\partial}{\partial y}\left(\frac{v}{c^*}\right) = 0$$

vereinfacht werden (schallnahe Strömung). Man leite hieraus die Tricomische Gleichung für das Legendre-Potential her.

7. *Schallnahe Unterschallströmung im Rheographen.* Weil die Störungen als klein angenommen werden, kann in Aufgabe 6 u durch den Geschwindigkeitsbetrag W und v/c^* durch den Strömungswinkel ϑ ersetzt werden. Weiters unterscheidet sich ρ nur wenig von der kritischen Dichte ρ^* und für die Machzahl gilt die Entwicklung $1 - M^2 = (\kappa + 1)(1 - W/c^*) + \dots$ Man leite hieraus ein Gleichungssystem für q (x, y) und ϑ (x, y) her und zeige, daß die Ortskoordinaten x (s, t) und y (s, t) im Rheographen den Beltramischen Gleichungen genügen, falls $W < c^*$. Welche wesentliche Vereinfachung folgt hieraus für die Berechnung der schallnahen Unterschallströmung im Vergleich zur allgemeinen Unterschallströmung? Man zeige ferner, daß man durch Elimination von y (s, t) zu einer Gleichung kommt, die sich nur durch einen konstanten Faktor von der Laplace-Gleichung für Achsensymmetrie unterscheidet. Sie fügt sich in die „verallgemeinerte achsialsymmetrische Potentialtheorie" von *Weinstein* (1953) ein und ist einer Anwendung der Integraltransformationen von *Behrbohm* (1956) zugänglich.

13. Methode der Parameter-Differentiation

Wir wenden uns nun einer verhältnismäßig jungen Methode zur Lösung nichtlinearer Differentialgleichungen zu. Um den Rechengang besser verfolgen zu können, wird die Methode zuerst an Hand einer gewöhnlichen Differentialgleichung vorgestellt. Anschließend werden wir die allgemeine Vorgangsweise darlegen und schließlich Anwendungen auf partielle Differentialgleichungen besprechen.

13.1. Einführungsbeispiel: Integration der Falkner-Skan-Gleichung der Grenzschicht-Theorie

Für Strömungen an Keilen lassen sich die partiellen Differentialgleichungen der Grenzschichttheorie auf die gewöhnliche Differentialgleichung

$$f''' + ff'' + \beta(1 - f'^2) = 0 \tag{13.1a}$$

mit den Randbedingungen

$$f(0) = f'(0) = 0 \quad, \qquad f'(\infty) = 1 \tag{13.1b}$$

reduzieren (vgl. Gln. (10.29) und (10.30)). Dabei bedeutet f eine reduzierte Stromfunktion, die von der „Ähnlichkeitsvariablen" η abhängt und die Konstante β als Parameter enthält. Man sollte also eigentlich $f = f(\eta; \beta)$ schreiben. Der Einfachheit halber lassen wir jedoch β weg und schreiben $f = f(\eta)$. Mit f', f'' usw. werden die Ableitungen von f nach η bezeichnet.

Die nach *Falkner* und *Skan* benannte Differentialgleichung (13.1a) ist nichtlinear. Eine auf analytischem Weg gefundene Lösung ist nicht bekannt. Aber auch zu seiner numerischen Integration erfordert das Randwertproblem (13.1a), (13.1b) einigen Aufwand, weil Randbedingungen nicht nur an der Stelle $\eta = 0$ sondern auch für $\eta \to \infty$ zu erfüllen sind.

Üblicherweise geht man so vor, daß man an der Stelle $\eta = 0$ mit der numerischen Integration beginnt, wobei zusätzlich zu den gegebenen Randwerten f(0) = 0 und f'(0) = 0 ein Schätzwert für

$f''(0)$ angenommen wird. Man integriert dann bis zu großen Werten von η, vergleicht $f'(\eta)$ mit dem geforderten Wert $f'(\infty) = 1$ und korrigiert dementsprechend den Wert $f''(0)$. Diese Vorgangsweise wird so lange iterativ wiederholt, bis die gewünschte Genauigkeit erreicht ist.

Diesem naheliegenden, aber aufwendigen Verfahren wird nun die Methode der Parameter-Differentiation gegenübergestellt, die auf analytischem Weg das gestellte Problem derart vereinfacht, daß zur numerischen Integration ein Iterationsprozeß nicht mehr erforderlich ist.

Wesentlicher Ausgangspunkt ist hierfür, daß die gesuchte Lösung von dem Parameter β abhängt. Dieser Parameter ist proportional zum Öffnungswinkel des umströmten Keiles und kann im allgemeinen nicht als klein angesehen werden. Ein wichtiger Spezialfall ist aber die längsangeströmte ebene Platte, für welche $\beta = 0$ ist, so daß sich die Gl. (13.1a) auf die Blasiussche Differentialgleichung

$$f_0''' + f_0 f_0'' = 0 \tag{13.2a}$$

reduziert. Der Index 0 soll darauf hinweisen, daß es sich um die Funktion f für $\beta = 0$ handelt. Die Randbedingungen bleiben unverändert:

$$f_0(0) = f_0'(0) = 0 \quad , \qquad f_0'(\infty) = 1 \quad . \tag{13.2b}$$

Das Randwertproblem (13.2a), (13.2b) gehört zu den ältesten Problemen der Grenzschicht-Theorie. Zwar gibt es auch hierfür keine analytische Lösung, doch numerische Integrationen wurden vielfach durchgeführt. Die Ergebnisse liegen in Tabellenform vor[1]. Man kann also davon ausgehen, daß die Lösung des Randwertproblems (13.1a), (13.1b) *für den Sonderfall* $\beta = 0$ bekannt ist.

Der wesentliche Schritt bei der Methode der Parameter-Differentiation besteht nun darin, daß man — wie es schon der Name der Methode andeutet — die Ausgangsgleichungen (13.1a) und (13.1b) nach dem Parameter β differenziert. Setzt man

$$\frac{\partial f}{\partial \beta} = g(\eta) \quad , \tag{13.3}$$

wobei auch bei $g(\eta)$ wie schon bei $f(\eta)$ die Abhängigkeit vom Parameter β nicht ausdrücklich angeschrieben wird, so erhält man

$$g''' + f g'' - 2\beta f' g' + f'' g = f'^2 - 1 \tag{13.4a}$$

und

$$g(0) = g'(0) = 0 \quad , \qquad g'(\infty) = 0 \quad . \tag{13.4b}$$

Striche bedeuten wieder Ableitungen nach η.

Gl. (13.4a) kann als eine *lineare* Differentialgleichung für die Funktion $g(\eta)$ aufgefaßt werden, wobei die Funktion f in den Koeffizienten dieser Differentialgleichung auftritt. Hat man eine formale Lösung der linearen Differentialgleichung (13.4a) mit den Randbedingungen (13.4b) gefunden — diese formale Lösung enthält natürlich noch die gesuchte Funktion f —, so findet man $f(\eta)$ durch Integration von Gl. (13.3) mit der Anfangsbedingung

$$f = f_0(\eta) \qquad \text{für } \beta = 0 \quad . \tag{13.5}$$

Diese Integration ist numerisch auszuführen und erfordert keine Iteration.

Nach wie vor hat man aber Randbedingungen für $\eta = 0$ und $\eta \to \infty$ zu erfüllen, jetzt allerdings für die Funktion $g(\eta)$ anstelle der Funktion $f(\eta)$; vgl. Gln. (13.4b) und (13.1b). Auf den ersten Blick

---

[1] Siehe z. B. *Schlichting* (1965), S. 119, Tabelle 7,1.

scheint für eine numerische Integration nicht viel gewonnen zu sein. Die Linearität der Differentialgleichung (13.4a) erlaubt es jedoch, durch Superposition von Lösungen die Randbedingungen für $g(\eta)$ *ohne Iteration* zu erfüllen. Dazu kann man etwa folgendermaßen vorgehen. Mit C als einer noch unbestimmten Konstanten setzt man

$$g = g_h + C g_i \quad , \tag{13.6}$$

wobei g_h eine Lösung des homogenen Teils der Differentialgleichung (13.4a), g_i jedoch eine Lösung der vollständigen (inhomogenen) Gl. (13.4a) sein soll. Für die Funktionen g_h und g_i gelten also die Differentialgleichungen

$$g_h''' + f g_h'' - 2\beta f' g_h' + f'' g_h = 0 \quad ; \tag{13.7a}$$

$$g_i''' + f g_i'' - 2\beta f' g_i' + f'' g_i = f'^2 - 1 \quad . \tag{13.8a}$$

Ferner legen wir fest, daß g_h und g_i den folgenden Anfangsbedingungen bei $\eta = 0$ genügen sollen:

$$g_h(0) = g_h'(0) = g_h''(0) = 0 \quad ; \tag{13.7b}$$

$$g_i(0) = g_i'(0) = 0 \quad , \qquad g_i''(0) = 1 \quad . \tag{13.8b}$$

Durch diese Wahl der Anfangswerte für g_h und g_i werden die Randbedingungen $g(0) = 0$ und $g'(0) = 0$ für jeden beliebigen Wert von C erfüllt. Man kann daher C so bestimmen, daß auch die noch ausständige Randbedingung $g'(\infty) = 0$ erfüllt wird. Mit Gl. (13.6) ergibt sich

$$C = - g_h'(\infty) / g_i'(\infty) \quad . \tag{13.9}$$

Das ursprüngliche Zweipunkt-Randwertproblem für die Funktion $f(\eta)$ wurde somit in ein Anfangswertproblem für die Hilfsfunktion $g(\eta)$ übergeführt. Die numerische Integration erfordert keine Iteration mehr: Ausgehend von der bekannten Blasiusschen Lösung $f_0(\eta)$ für $\beta = 0$ wird die Differentialgleichung (13.3) numerisch integriert, wobei vor jedem einzelnen Integrationsschritt die rechte Seite der Gl. (13.3) durch Integration der Gln. (13.7a) und (13.8a) mit den Anfangsbedingungen (13.7b) und (13.8b) zur Verfügung gestellt wird.

Der hier dargelegte Weg zur Lösung der Falkner-Skan-Gleichung wurde von *Rubbert* und *Landahl* (1967a) eingeschlagen. In späteren Arbeiten anderer Verfasser wurde die Methode der Parameter-Differentiation auch auf kompliziertere Grenzschicht-Probleme angewendet. Grenzschichten mit Absaugen oder Ausblasen (*Tan* und *Di Biano* 1972; s. auch Übungsaufgabe 1), kompressible Grenzschichten (*Narayana* und *Ramamoorthy* 1972), natürliche Konvektion (*Na* und *Habib* 1974) sowie Grenzschichten in der Magnetohydrodynamik und Grenzschichten in mikropolaren (nicht-Newtonschen) Flüssigkeiten (*Nath* 1973) sind hier zu nennen.

13.2. Allgemeine Darstellung der Methode

Rubbert und *Landahl* (1967a, b) haben die Methode der Parameter-Differentiation in der folgenden Form dargestellt: Gesucht sei eine Funktion f, die der nichtlinearen Differentialgleichung

$$D(f) = 0 \tag{13.10}$$

mit geeigneten Randbedingungen genügt; dabei bedeutet D einen nichtlinearen, gewöhnlichen oder partiellen Differentialoperator. Im vorangestellten Beispiel ist $D(f)$ durch die linke Seite von Gl. (13.1a) gegeben. Die Lösung möge von einem Parameter λ abhängen, der algebraisch in der Differentialgleichung oder in den Randbedingungen auftritt. (Parameter β im Einführungsbeispiel.) Weiters sei vorausgesetzt, daß die Lösung für einen gewissen Wert λ_0 des Parameters bereits bekannt ist:

$$f(x; \lambda_0) = f_0(x) \quad . \tag{13.11}$$

Dabei steht x für alle unabhängigen Variablen.

Differentiation von Gl. (13.10) nach dem Parameter λ ergibt eine *lineare* Differentialgleichung

$$L(g) = 0 \qquad\qquad (13.12)$$

für die Hilfsfunktion g, die durch

$$\frac{\partial f}{\partial \lambda} = g \qquad\qquad (13.13)$$

eingeführt wird. Weiters erhält man aus den Randbedingungen für f durch Differentiation nach λ lineare Randbedingungen für g. Man vergleiche hierzu die Differentialgleichung (13.4a) sowie die Randbedingungen (13.4b).

Der lineare Differentialoperator L hat im allgemeinen variable Koeffizienten, die auch die noch unbekannte Funktion f bzw. deren Ableitungen enthalten. Gelingt es, die lineare Gl. (13.12) zu lösen, so wird die erhaltene Lösung g (die natürlich ebenfalls noch die Funktion f bzw. deren Ableitungen enthält) in Gl. (13.13) eingesetzt. Gl. (13.13) wird damit zu einer *gewöhnlichen* Differentialgleichung *erster* Ordnung für f(x; λ), wobei in dieser Differentialgleichung λ als Variable und x als Parameter aufzufassen sind.

Eine Integration von Gl. (13.13) liefert dann die gesuchte Lösung f. Als Anfangsbedingung für diese Integration, die in der Regel nur numerisch ausführbar ist, dient Gl. (13.11). Für jeden Integrationsschritt wird die rechte Seite von Gl. (13.13) durch Lösung von Gl. (13.12) bereitgestellt, wobei die Koeffizienten von Gl. (13.12) durch die vom vorangegangenen Schritt bereits bekannten Funktionswerte von f gegeben sind.

Der wesentliche *Vorteil* der Methode besteht darin, daß die Nichtlinearität in eine gewöhnliche Differentialgleichung erster Ordnung verlegt wird, wo man relativ leicht mit ihr fertig werden kann. Die größte *Schwierigkeit* bei der Anwendung dieser Methode besteht im allgemeinen darin, daß die erhaltene lineare (gewöhnliche oder partielle) Differentialgleichung für die Hilfsfunktion g variable Koeffizienten hat. Diese Schwierigkeit tritt jedoch nicht auf bei Problemen, in denen nur die Randbedingungen nichtlinear sind, während es sich bei der Differentialgleichung selbst um eine lineare Gleichung mit konstanten Koeffizienten handelt.

Die Methode der Parameter-Differentiation ist keineswegs auf die Anwendung bei Differentialgleichungen beschränkt. Ein Beispiel für die erfolgreiche Anwendung auf eine Integro-Differentialgleichung wird uns als Übungsaufgabe 2 beschäftigen. Auch zur Lösung von algebraischen Gleichungen (*Nørstrud* 1973) und zur Berechnung von bestimmten Integralen (vgl. z. B. *Bronstein* und *Semendjajew* 1969, S. 334) leistet die Methode der Parameter-Differentiation wertvolle Dienste.

13.3. Anwendung auf eine partielle Differentialgleichung

Stellt man für kleine Störungen einer Parallelströmung das Geschwindigkeitspotential ϕ in erster Näherung durch

$$\phi = U_\infty(x + \varphi + \ldots) \qquad\qquad (13.14)$$

dar, so muß für *schallnahe* Strömung (Anström-Machzahl M_∞ nahe beim Wert 1) das Störpotential φ der nichtlinearen partiellen Differentialgleichung

$$[M_\infty^2 - 1 + (\kappa + 1)\,\varphi_x]\,\varphi_{xx} - \varphi_{yy} = 0 \qquad\qquad (13.15)$$

mit den Randbedingungen

$$\varphi_y(x, 0+) = \epsilon\, h'(x) \quad , \qquad\qquad (13.16)$$

$$\varphi = 0 \qquad\qquad \text{für } x^2 + y^2 \to \infty \qquad \text{(stromauf)} \qquad (13.17)$$

genügen (vgl. Abschn. 15.3). Dabei bedeutet κ das konstante Verhältnis der spezifischen Wärmen und ϵ das Dickenverhältnis des umströmten Profils, dessen Kontur durch $y = \epsilon\, h(x)$ gegeben ist.

Wir wenden nun die Methode der Parameter-Differentiation an, indem wir die Ausgangsgleichungen nach dem Parameter ϵ differenzieren. Mit

$$\frac{\partial\varphi(x, y; \epsilon)}{\partial\epsilon} = g(x, y; \epsilon) \tag{13.18}$$

folgt aus den Gln. (13.15), (13.16) und (13.17):

$$[M_\infty^2 - 1 + (\kappa + 1)\, \varphi_x]\, g_{xx} + (\kappa + 1)\, \varphi_{xx}\, g_x - g_{yy} = 0 \quad ; \tag{13.19}$$

$$g_y(x, 0+; \epsilon) = h'(x) \quad ; \tag{13.20}$$

$$g = 0 \qquad \text{für } x^2 + y^2 \to \infty \qquad \text{(stromauf)} \quad . \tag{13.21}$$

Gl. (13.19) stellt eine *lineare* Differentialgleichung für die Funktion g dar. Hat man Gl. (13.19) mit den Randbedingungen (13.20) und (13.21) gelöst, so findet man die eigentlich gesuchte Funktion φ durch Integration von Gl. (13.18).

Hierzu benötigt man allerdings als Rand- bzw. Anfangsbedingung eine Kenntnis der Funktion φ für irgendeinen Wert des Parameters ϵ. In unserem Beispiel ist für $\epsilon = 0$ eine triviale Lösung der nichtlinearen Gl. (13.15) mit den Randbedingungen (13.16) und (13.17) bekannt: Es handelt sich um die ungestörte Parallelströmung $\varphi = 0$. Als Anfangsbedingung für die Integration von Gl. (13.18) kann man daher

$$\varphi(x, y; 0) \equiv 0 \tag{13.22}$$

verwenden.

Die erfolgreiche Anwendung der Methode der Parameter-Differentiation auf das Problem der schallnahen Strömung erfordert also die Lösung von zwei Differentialgleichungen, nämlich Gl. (13.18) und Gl. (13.19). Die Integration von Gl. (13.18) (einer gewöhnlichen Differentialgleichung erster Ordnung!) ist unproblematisch und kann zumindest numerisch mit einem der bekannten Verfahren ausgeführt werden. Eine kleine Schwierigkeit ergibt sich in dem speziellen Beispiel lediglich daraus, daß $\partial\varphi/\partial\epsilon \to \infty$ für $\epsilon \to 0$. Für den ersten Integrationsschritt muß man daher entweder ein iteratives Verfahren anwenden (*Rubbert* und *Landahl*, 1967b) oder das Ergebnis einer asymptotischen Entwicklung für $\epsilon \to 0$ zu Hilfe nehmen.

Bei der Lösung der partiellen Differentialgleichung (13.19) stößt man jedoch auf einige Schwierigkeiten. Zwar hat Gl. (13.19) gegenüber der Ausgangsgleichung (13.15) den großen Vorteil, linear zu sein; diese Vereinfachung ist das gewünschte Ergebnis der Parameter-Differentiation. Doch die Koeffizienten der linearen Gl. (13.19) sind variabel und machen dadurch das Auffinden von Grundlösungen, die man zur Erfüllung der Randbedingungen überlagern könnte, recht schwierig. Näherungslösungen wurden von *Rubbert* und *Landahl* (1967b) angegeben.

Um die Methode der Parameterdifferentiation anwenden zu können, ist es nicht unbedingt erforderlich, daß die Ausgangsgleichungen einen Parameter enthalten. Falls kein geeigneter echter Parameter vorhanden ist, kann man auch einen *künstlichen Parameter* einführen. Das folgende Beispiel möge zur Erläuterung dienen.

Nehmen wir an, wir würden eine Lösung von Gl. (13.15), also der schallnahen Gleichung für *ebene* Strömung bereits kennen. Nun möchten wir eine Lösung der entsprechenden Gleichung für *achsensymmetrische* Strömung finden. Führt man Zylinderkoordinaten mit x als Axialkoordinate und y als Radialkoordinate ein, so lautet die schallnahe Gleichung für Achsensymmetrie (siehe z. B. *Zierep* 1976, S. 315):

$$[M_\infty^2 - 1 + (\kappa + 1)\, \varphi_x]\, \varphi_{xx} - \varphi_{yy} - \frac{1}{y}\, \varphi_y = 0 \quad . \tag{13.23}$$

Diese Gleichung unterscheidet sich von Gl. (13.15) nur durch den Zusatzterm $(1/y)\,\varphi_y$. Man kann daher die für ebene und achsensymmetrische Strömung gültige Darstellung

$$[M_\infty^2 - 1 + (\kappa + 1)\,\varphi_x]\,\varphi_{xx} - \varphi_{yy} - \frac{\sigma}{y}\,\varphi_y = 0 \tag{13.24}$$

wählen, wobei für ebene Strömung $\sigma = 0$ und für achsensymmetrische Strömung $\sigma = 1$ zu setzen ist. Zu beachten ist allerdings, daß für achsensymmetrische Strömung die Randbedingung (13.16) abgeändert werden muß, weil φ_y auf der Achse ($y = 0$) singulär wird. Auf die Frage der Randbedingung wollen wir aber hier nicht weiter eingehen.

Faßt man nun σ als einen künstlichen Parameter auf, der alle Werte von 0 bis 1 durchlaufen kann, so läßt sich die Methode der Parameter-Differentiation anwenden. Mit

$$\frac{\partial \varphi}{\partial \sigma} = g \tag{13.25}$$

folgt durch Differenzieren von Gl. (13.24) nach σ die lineare Differentialgleichung

$$[M_\infty^2 - 1 + (\kappa + 1)\,\varphi_x]\,g_{xx} + (\kappa + 1)\,\varphi_{xx}\,g_x - g_{yy} - \frac{\sigma}{y}\,g_y = \frac{1}{y}\,\varphi_y \quad . \tag{13.26}$$

Mit einer formalen Lösung für g aus Gl. (13.26) ist Gl. (13.25) von $\sigma = 0$ bis $\sigma = 1$ zu integrieren, wobei die Anfangswerte von φ bei $\sigma = 0$ aus der als bekannt vorausgesetzten ebenen Strömung stammen. Die Werte von φ bei $\sigma = 1$ stellen die gesuchte achsensymmetrische Lösung dar.

Die Hauptschwierigkeit liegt natürlich wieder in der Lösung der linearen partiellen Differentialgleichung mit variablen Koeffizienten, Gl. (13.26). Anwendungen sind noch nicht bekannt geworden. Die erstaunlichen Erfolge, die bereits mit asymptotischen Entwicklungen nach Potenzen des „Dimensionsparameters" σ erzielt wurden (*Garabedian* 1956, *Nadir* 1971), obwohl der Wert $\sigma = 1$ natürlich gar nicht mehr als klein anzusehen ist, scheinen jedoch Anstrengungen in dieser Richtung zu rechtfertigen.

Übungsaufgaben

1. *Grenzschichten mit Absaugen oder Ausblasen.* Für „ähnliche" Grenzschichten mit Absaugen oder Ausblasen von Flüssigkeit an der Keiloberfläche ist die für die Falkner-Skan-Gleichung sonst übliche Randbedingung $f(0) = 0$ durch $f(0) = K$ zu ersetzen, wobei die Konstante K positiv (für Absaugen) oder negativ (für Ausblasen) sein kann. Man wende die Methode der Parameter-Differentiation an, wobei als Differentiations-Parameter zuerst K, dann β verwendet werden soll, und diskutiere die Möglichkeiten für eine numerische Integration ohne Iteration (*Tan* und *Di Biano* 1972).

2. *Eine Integro-Differentialgleichung aus der Strahlungsgasdynamik.* Die Temperaturverteilung T (x) in der strahlenden Gasschicht, die sich vor einem mit sehr großer Geschwindigkeit fliegenden stumpfen Körper (Raumfahrzeug, Meteor) ausbildet, wird näherungsweise durch die folgende nichtlineare Integro-Differentialgleichung beschrieben (*Jischke* und *Baron* 1969):

$$Bo\,\frac{dT}{dx} = -2\,\tau\,T^4 + \tau^2 \int_0^1 E_1\,(\tau\,|x - \xi|)\,T^4\,(\xi)\,d\xi \quad .$$

Es bedeuten: Bo die Boltzmann-Zahl (charakterisiert das Verhältnis von konvektivem Energiefluß zu Strahlungsenergiefluß), τ die optische Dicke der Gasschicht (= Produkt aus Absorptionskoeffizient und geometrischer Schichtdicke), $E_1 (x) = \int_x^\infty t^{-1}\,e^{-t}\,dt$ das erste Exponentialintegral[1]). Die Randbedingung lautet $T(0) = 1$.

Man wende die Methode der Parameter-Differentiation mit τ als Parameter an, integriere die entstehenden linearen Gleichungen formal und diskutiere die numerische Berechnung der Integrale.

---

[1]) Vgl. z. B. *Abramowitz* und *Stegun* (1965), S. 228.

Literaturhinweise zu Teil B

Einen allgemeinen Überblick über die Methoden, die zur Lösung nichtlinearer partieller Differentialgleichungen zur Verfügung stehen, gibt das zweibändige Werk von *Ames* (1965, 1972). Als weiterführende und vertiefende Literatur zu den einzelnen Kapiteln sind die folgenden Bücher bzw. Übersichtsartikel zu nennen.

Kapitel 8: *Courant* und *Hilbert* 1968, *Kampke* 1965, *Sauer* 1958;

Kapitel 10: *Birkhoff* 1960, *Bluman* und *Cole* 1974, *Hansen* 1964, *Hansen* 1967, *Levine* 1972, *Müller* und *Matschat* 1962, *Sedov* 1959;

Kapitel 11: *Ames* 1967b;

Kapitel 12: *Bers* 1958, *Ferrari* und *Tricomi* 1968, *Gretler* 1971, *Guderley* 1957, *Kotschin* u. a. 1955, *Lighthill* 1953a, *Manwell* 1971, *Oswatitsch* 1977, *Schiffer* 1960;

Kapitel 13: *Rubbert* und *Landahl* 1967a, 1967b.

Teil C

Störungsmethoden I
(Allgemeines Verfahren; reguläre Störungsprobleme)

Einleitung

Es kommt häufig vor, daß eine der dimensionslosen Größen, von denen ein physikalisches Problem abhängt, sehr klein oder sehr groß ist. Diesen Umstand kann man in der Regel ausnützen, um die Gleichungen, die das physikalische Problem beschreiben, beträchtlich zu vereinfachen. In vielen Fällen kommt man dadurch sogar von nichtlinearen zu linearen Gleichungen. Wir wollen nun Methoden kennenlernen, mit deren Hilfe man in systematischer Weise eine solche „Entwicklung" nach einer kleinen Größe vornehmen kann. Dabei werden wir uns im allgemeinen damit begnügen, die vereinfachten (in der Regel: linearen) Gleichungen herzuleiten; Methoden zu ihrer Lösung werden wir erst später behandeln.

14. Asymptotische Entwicklung nach einem Parameter

14.1. Einführungsbeispiel: Linearisierung der Grundgleichung für kompressible Strömungen

Kompressible Strömung um ein Profil. Um die typische Vorgangsweise mit Störungsmethoden kennenzulernen, wenden wir uns zunächst einem speziellen, aber wichtigen Beispiel zu. Wir betrachten die stationäre Strömung eines Gases um einen zylindrischen Körper (ebene Strömung, Bild 14.1), wobei wir davon ausgehen, daß Reibung, Wärmeleitung und andere Transportvorgänge unwesentlich seien. Sehr weit vor dem Körper sei die Strömung parallel und der Geschwindigkeitsbetrag gleich dem konstanten Wert U_∞. Indem wir $U_\infty = 1$ setzen, beziehen wir alle Geschwindigkeiten (sowohl die Strömungsgeschwindigkeit als auch die Schallgeschwindigkeit) auf die Anströmgeschwindigkeit.

Falls keine oder lediglich sehr schwache Verdichtungsstöße auftreten, bleibt die Strömung drehungsfrei. Dies erlaubt es uns wiederum, ein Geschwindigkeitspotential ϕ einzuführen derart, daß die Ableitungen des Potentials nach den kartesischen Koordinaten x und y die Geschwindigkeitskomponenten in x- und y-Richtung liefern:

$$\phi_x = u \quad , \qquad \phi_y = v \quad . \tag{14.1}$$

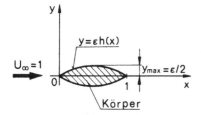

Bild 14.1
Ebene Strömung um ein dünnes Profil

Die Grundgleichung der Gasdynamik läßt sich für das Geschwindigkeitspotential in der Form

$$(c^2 - \phi_x^2)\,\phi_{xx} - 2\,\phi_x\phi_y\phi_{xy} + (c^2 - \phi_y^2)\,\phi_{yy} = 0 \tag{14.2}$$

schreiben, wobei die (lokale!) Schallgeschwindigkeit c mittels des Energiesatzes auf den Geschwindigkeitsbetrag ($\phi_x^2 + \phi_y^2$) zurückzuführen ist:

$$c^2 = M_\infty^{-2} + \frac{\kappa - 1}{2}(1 - \phi_x^2 - \phi_y^2) \quad .$$
(14.3)

Diese Beziehung gilt für ein ideales Gas mit κ als Verhältnis der konstanten spezifischen Wärmen c_p und c_v. Mit M_∞ wird die Machzahl der Anströmung bezeichnet. Wegen $U_\infty = 1$ ist M_∞^{-1} gleich der Schallgeschwindigkeit im ungestörten Zustand des Gases sehr weit vor dem Körper.

Um den umströmten Körper festzulegen, nehmen wir an, die Kontur des zylindrischen Körpers im Querschnitt, das sogenannte „Profil", sei durch eine Gleichung der Form

$$y = \epsilon\, h(x)$$
(14.4)

gegeben. Dabei möge ϵ einen dimensionslosen Parameter bedeuten, welcher das Verhältnis der Dicke zur Länge des Profils charakterisiert. Indem wir die Gleichung des Profils in dieser Weise mit dem Dickenparameter als Faktor schreiben, schaffen wir die Möglichkeit, Profile von derselben geometrischen Form, aber mit unterschiedlicher Dicke miteinander zu vergleichen (*affine* Profile).

Um die Rechnungen nicht mit hier unnötigen Details zu belasten, wollen wir annehmen, daß das Profil *und auch die Strömung um das Profil* symmetrisch zur x-Achse seien. Hierdurch schließen wir (auftriebserzeugende) Zirkulation um das Profil aus. Wir können uns dann auf die Profiloberseite ($h \geqq 0$) beschränken; die Ergebnisse für die Unterseite unterscheiden sich von denjenigen für die Oberseite nur durch das Vorzeichen bei $h(x)$.

Schließlich nehmen wir noch an, daß die Länge des Profils gleich 1 sei. Das bedeutet nichts anderes, als daß wir alle Längen (einschließlich der Koordinaten x und y) auf die Körperlänge beziehen und dementsprechend als dimensionslos ansehen.

Zur Erläuterung sei eine spezielle Profilgleichung in der durch Gl. (14.4) postulierten Form angeschrieben:

$$y = 2\epsilon(x - x^2) \quad ; \qquad (0 \leqq x \leqq 1) \quad .$$
(14.5)

Diese Gleichung beschreibt ein symmetrisches Parabelbogen-Profil mit der auf die Länge bezogenen Dicke (dem „Dickenverhältnis") $\epsilon = 2\, y_{max}/1$, vgl. Bild 14.1.

An Randbedingungen haben wir zunächst einmal die Anströmbedingung

$$\phi_x = 1 \quad , \qquad\qquad \phi_y = 0 \qquad \text{für } x^2 + y^2 \to \infty \qquad \text{(stromauf)} \quad , \quad$$
(14.6a)

die man unter Weglassung einer unwesentlichen Konstanten auch als

$$\phi = x \qquad \text{für } x^2 + y^2 \to \infty \qquad\qquad \text{(stromauf)}$$
(14.6b)

schreiben kann. Hinzu kommt die Bedingung der tangentialen Strömung an der Körperoberfläche. Sie lautet (Bild 14.2)

$$\frac{v}{u} = \tan\vartheta = \epsilon\,\frac{dh}{dx} \qquad\qquad \text{auf } y = \epsilon\, h(x) \qquad (14.7)$$

oder in einer für das folgende zweckmäßigeren Form:

$$\phi_y(x, \epsilon\, h(x)) = \epsilon\, h'(x)\,\phi_x(x, \epsilon\, h(x)) \quad .$$
(14.8)

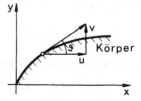

Bild 14.2
Zur Aufstellung der Randbedingungen

Wir haben damit das Problem vollständig formuliert[1]). Gesucht ist ein Geschwindigkeitspotential ϕ, welches der nichtlinearen partiellen Differentialgleichung (14.2) mit den Randbedingungen (14.6b) und (14.8) genügt. Für eine bestimmte, durch h (x) vorgegebene Profilform hängt die gesuchte Lösung nicht nur von den Koordinaten x und y sondern auch von dem Parameter ϵ ab:

$$\phi = \phi (x, y, \epsilon).$$

Dünnes Profil. Wir treffen nun eine für die folgenden Betrachtungen entscheidende Voraussetzung. Es möge sich bei dem umströmten Profil um ein *dünnes Profil* handeln, d. h. der Dickenparameter ϵ soll sehr klein gegen eins sein:

$$\epsilon \ll 1 \qquad . \qquad (14.9)$$

Dünne Profile spielen nicht nur in den Anwendungen (Flugtechnik, Strömungsmaschinen) eine wichtige Rolle, sondern haben für theoretische Untersuchungen den wichtigen Vorzug, daß man im Grenzfall infinitesimal dünner Profile die Strömung bereits kennt: Für $\epsilon \to 0$ geht die Strömung um das Profil in die ungestörte Parallelströmung über. Daraus wird man schließen, daß für nicht verschwindende, aber sehr kleine Werte von ϵ die Strömung nur geringfügig von der Parallelströmung abweicht („kleine Störungen"). Wenngleich dieser Schluß physikalisch so einleuchtend ist, daß man ihn nicht in Zweifel ziehen wird, sollte man sich doch darüber im klaren sein, daß er auf einer Annahme beruht, nämlich der Annahme, daß die Strömung in *stetiger* Weise vom Parameter ϵ (oder allgemeiner formuliert: von den Randbedingungen) abhängt[2]).

Entwicklung der Differentialgleichung nach Potenzen des Dickenparameters. Geht man also davon aus, daß sich die Strömung für $\epsilon \ll 1$ nur wenig von der ungestörten Parallelströmung ($\phi_x = 1$, $\phi_y = 0$, $\phi = x$) unterscheidet, so kann man versuchen, die Abhängigkeit der gesuchten Funktion ϕ vom Parameter ϵ durch eine Potenzreihe zu beschreiben:

$$\phi (x, y; \epsilon) = x + \epsilon \varphi_1 (x, y) + \epsilon^2 \varphi_2 (x, y) + \ldots \qquad . \qquad (14.10)$$

Man kontrolliert leicht, daß sich für $\epsilon = 0$ tatsächlich die ungestörte Parallelströmung ergibt. Die Größen φ_1 und φ_2 heißen Störpotentiale erster und zweiter Ordnung. Der kleine Parameter ϵ wird *Störparameter* oder *Entwicklungsparameter* genannt.

Obwohl der Ansatz (14.10) natürlich naheliegend ist, so ist es doch a priori keineswegs sicher, daß man damit wirklich zum Erfolg kommt. Wenn die Lösung, die ja noch unbekannt ist, beispielsweise die Form $\phi = (1 + \sqrt{\epsilon}) \, f(x, y)$ hätte, könnte sie nicht durch eine Potenzreihe mit ganzzahligen Exponenten dargestellt werden. Derartige Komplikationen treten im vorliegenden Beispiel aber nicht auf.

Setzt man nun die Potenzreihe (14.10) in die Ausgangsgleichung (14.2) ein, wobei für die Schallgeschwindigkeit Gl. (14.3) herangezogen wird, so findet man:

$$\begin{aligned}
&[1 - M_\infty^2 - \epsilon M_\infty^2 (\kappa + 1) \, \varphi_{1x} + \ldots] \, (\epsilon \varphi_{1xx} + \epsilon^2 \varphi_{2xx} + \ldots) - \\
&- 2 M_\infty^2 (1 + \ldots) \, (\epsilon^2 \varphi_{1y} \varphi_{1xy} + \ldots) + \\
&+ [1 - \epsilon M_\infty^2 (\kappa - 1) \, \varphi_{1x} + \ldots] \, (\epsilon \varphi_{1yy} + \epsilon^2 \varphi_{2yy} + \ldots) = 0 \qquad .
\end{aligned} \qquad (14.11)$$

Diese Gleichung soll für kleine, ansonsten aber *beliebige* Werte von ϵ richtig sein. Daher müssen die Ausdrücke, die ϵ linear enthalten, für sich allein genommen verschwinden, ebenso die in ϵ quadratischen Ausdrücke usw.

---

[1]) Falls man auch eventuell auftretende Verdichtungsstöße – die allerdings voraussetzungsgemäß schwach sein müssen – durch die Rechnung erfassen will, müssen die Randbedingungen noch durch geeignete Stoßrelationen ergänzt werden.

[2]) Man vergleiche hierzu etwa die Ausführungen von *Birkhoff* (1960) über Hypothesen der theoretischen Strömungslehre.

Dieses Ordnen nach gleichen Potenzen von ϵ liefert

$$\text{für } \epsilon^1: \quad (1 - M_\infty^2) \varphi_{1xx} + \varphi_{1yy} = 0 \quad ; \tag{14.12}$$

$$\text{für } \epsilon^2: \quad (1 - M_\infty^2) \varphi_{2xx} + \varphi_{2yy} = \tag{14.13}$$
$$= M_\infty^2 [(\kappa + 1) \varphi_{1x} \varphi_{1xx} + 2 \varphi_{1y} \varphi_{1xy} + (\kappa - 1) \varphi_{1x} \varphi_{1yy}] \quad .$$

Die Gl. (14.12) für das Störpotential erster Ordnung ist eine *lineare* Differentialgleichung, die sogar konstante Koeffizienten aufweist. Je nach dem Wert von M_∞ läßt sich die Gleichung durch eine einfache lineare Koordinatentransformation in die Laplace-Gleichung (falls $M_\infty < 1$, Unterschallströmung) oder in die Wellengleichung (falls $M_\infty > 1$, Überschallströmung) überführen.

Auch die Gl. (14.13) für das Störpotential zweiter Ordnung ist linear mit konstanten Koeffizienten, im Gegensatz zu Gl. (14.12) jedoch inhomogen. Dabei ist auffallend, daß die rechte Seite der Gleichung für φ_2 die Größe φ_1 enthält. Die Lösung der Gleichung für φ_2 kann also erst in Angriff genommen werden, wenn die Gleichung für φ_1 bereits gelöst worden ist. Entsprechendes gilt, wie man sich leicht überzeugt, auch für die Gleichungen für φ_3, φ_4 usw. Ausgehend von der nichtlinearen Differentialgleichung (14.2) erhalten wir also durch die Entwicklung der gesuchten Funktion ϕ nach Potenzen des Störparameters ϵ eine Folge von linearen Differentialgleichungen, die schrittweise zu lösen sind.

Entwicklung der Randbedingungen. Wir müssen uns nun noch mit den Randbedingungen auseinandersetzen. Entsprechend dem Ansatz (14.10) dürfen die Störpotentiale $\varphi_1, \varphi_2, \ldots$ nicht vom Parameter ϵ abhängen. Andererseits kommt aber ϵ auch in der Randbedingung (14.8) vor. Man muß daher in konsequenter Weise die Randbedingungen ebenso nach ϵ entwickeln wie die Differentialgleichung.

Wenn man den Reihenansatz (14.10) in die Randbedingung (14.8) einträgt, stellt sich zunächst dem Ordnen nach Potenzen von ϵ als Hindernis entgegen, daß der Störparameter ϵ nicht nur in den Koeffizienten der unbekannten Funktionen, sondern auch in einem der beiden Argumente dieser Funktionen vorkommt. Mit $\epsilon \ll 1$ ist das Argument $\epsilon h(x)$ jedoch stets klein. Man entwickelt daher die unbekannten Funktionen ϕ_y und ϕ_x in eine Taylorsche Reihe an der Stelle $y = 0+$. Dabei bedeutet das Pluszeichen, daß wir uns dem Wert null von der Seite positiver y-Werte – also von der Profiloberseite her – nähern (rechtsseitiger Grenzwert). Dies ist deshalb wichtig, weil die Funktion ϕ_y auf $y = 0$ unstetig ist. Es wird

$$\phi_y(x, \epsilon h) = \phi_y(x, 0+) + \epsilon h \phi_{yy}(x, 0+) + \ldots =$$
$$= \epsilon \varphi_{1y}(x, 0+) + \epsilon^2 \varphi_{2y}(x, 0+) + \ldots + \epsilon^2 h \varphi_{1yy}(x, 0+) + \ldots \quad .$$

In entsprechender Weise entwickelt man $\phi_x(x, \epsilon h)$. Einsetzen in die Randbedingung (14.8) und Ordnen nach gleichen Potenzen von ϵ liefert nunmehr sofort

$$\text{für } \epsilon^1: \quad \varphi_{1y}(x, 0+) = h'(x) \quad ; \tag{14.14}$$

$$\text{für } \epsilon^2: \quad \varphi_{2y}(x, 0+) = h'(x) \varphi_{1x}(x, 0+) - h(x) \varphi_{1yy}(x, 0+) \quad . \tag{14.15}$$

Gl. (14.14) stellt eine Randbedingung für φ_1 dar, Gl. (14.15) ist als Randbedingung für φ_2 bei bereits bekanntem φ_1 aufzufassen. Diese Randbedingungen lassen sich sehr anschaulich interpretieren: Vergleicht man die Gln. (14.14) und (14.15) mit der ursprünglichen Randbedingung (14.8), so erkennt man, daß die Randbedingungen für die Störpotentiale auf der Symmetrieebene $y = 0$ zu erfüllen sind, während die Randbedingung für das Potential ϕ auf der Körperoberfläche vorgeschrieben worden war. Durch die Entwicklung wurde die Randbedingung sozusagen von der Körperoberfläche auf die (nahegelegene) Symmetrieebene projiziert.

Die zugrunde gelegte Entwicklung von ϕ_y und ϕ_x in eine Taylorsche Reihe setzt allerdings entsprechende Differenzierbarkeits-Eigenschaften der gesuchten Lösung für $y \to 0$ voraus. Ist diese

Voraussetzung nicht erfüllt, wie beispielsweise bei achsensymmetrischen Strömungen, so muß von einer „Projektion" der Randbedingungen abgesehen werden. Man vergleiche hierzu beispielsweise Gln. (18.113) und (18.114).

Noch ausständig ist die Entwicklung der Randbedingungen im Unendlichen. Gl. (14.6b) liefert mit Gl. (14.10) sofort die Bedingungen

$$\varphi_1 = 0 \quad , \qquad \varphi_2 = 0 \qquad \text{für } x^2 + y^2 \to \infty \qquad \text{(stromauf)} \quad . \quad (14.16)$$

Zusammenfassung. Aus der nichtlinearen gasdynamischen Gl. (14.2) für das Geschwindigkeitspotential ϕ und den zugehörigen Randbedingungen (14.6b) und (14.8) haben wir durch Entwicklung nach Potenzen des kleinen Dickenverhältnisses ϵ die linearen Gln. (14.12) und (14.13) für die Störpotentiale φ_1 und φ_2 zusammen mit den Randbedingungen (14.14), (14.15) und (14.16) erhalten. Das Ergebnis des Linearisierungsprozesses ist ein mathematisches Problem, das wesentlich einfacher zu lösen ist als das ursprüngliche Problem.

14.2. Begriff der Größenordnung

Wir haben uns im Einführungsbeispiel einer sehr einfachen symbolischen Schreibweise bedient: Von der Reihenentwicklung wurden einige wenige Glieder explizit angeschrieben, das Vorhandensein weiterer Glieder wurde lediglich durch Pünktchen angedeutet; vgl. z. B. Gl. (14.10). Der größeren Klarheit wegen ersetzt man die Pünktchen oft durch *Ordnungssymbole* (Landausche Symbole), mit deren Bedeutung wir uns nun befassen wollen.

Es sei $f(\epsilon)$ eine Funktion von ϵ und — eventuell — von irgendwelchen Variablen x, y, ..., die wir jedoch zunächst nicht weiter beachten und daher auch nicht anschreiben werden. Ferner sei $\delta(\epsilon)$ eine *Vergleichsfunktion*, mit der wir für den Fall, daß $\epsilon \to 0$ geht, die uns interessierende Funktion f vergleichen wollen. Man sagt, f sei von der Größenordnung δ und schreibt

$$f(\epsilon) = O[\delta(\epsilon)] \qquad \text{für } \epsilon \to 0 \quad , \qquad \text{wenn } \lim_{\epsilon \to 0} \left| \frac{f(\epsilon)}{\delta(\epsilon)} \right| = K \quad . \quad (14.17)$$

Dabei ist K eine (endliche!) Konstante. D. h., der Quotient f/δ muß beim Grenzübergang $\epsilon \to 0$ beschränkt bleiben, damit $f = O(\delta)$.

Nach der in der Mathematik üblichen Definition darf die Konstante K in Gl. (14.17) auch den Wert null annehmen. Die Funktion $f(\epsilon) = O[\delta(\epsilon)]$ dürfte also mit $\epsilon \to 0$ beispielsweise auch stärker gegen null gehen als die Vergleichsfunktion $\delta(\epsilon)$. In den Anwendungen schließt man diesen Fall aber nach Möglichkeit aus, um mit dem Ordnungssymbol O eine genauere Aussage über das asymptotische Verhalten von $f(\epsilon)$ machen zu können. Wir vereinbaren deshalb, daß in der Definition (14.17) $K \neq 0$ sein soll. Die Relation $f(\epsilon) = O[\delta(\epsilon)]$ impliziert damit: Wenn $\delta(\epsilon)$ für $\epsilon \to 0$ gegen eine von null verschiedene Konstante geht, muß auch $f(\epsilon)$ einer von null verschiedenen Konstanten zustreben; wenn $\delta(\epsilon)$ für $\epsilon \to 0$ gegen null oder unendlich geht, muß $f(\epsilon)$ gleich stark gegen null bzw. unendlich gehen.

Als ein einfaches Beispiel für die Verwendung des Ordnungssymbols O sei

$$\sin \epsilon = O(\epsilon)$$

angeführt. Die Konstante K ist in diesem Fall gleich 1, denn es gilt $\lim_{\epsilon \to 0} (\sin \epsilon)/\epsilon = 1$.

Neben dem Ordnungssymbol O wird auch das Ordnungssymbol o verwendet. Es ist definiert durch

$$f(\epsilon) = o[\delta(\epsilon)] \qquad \text{für } \epsilon \to 0 \quad , \qquad \text{wenn } \lim_{\epsilon \to 0} \left| \frac{f(\epsilon)}{\delta(\epsilon)} \right| = 0 \quad . \quad (14.18)$$

Durch diese Definition für o wird gerade jene Größenordnungsrelation erfaßt, die bei der Definition von O durch Übereinkunft ausgeschlossen wurde. Man liest f = o(ϵ) als „f gleich Klein-O von ϵ" zur Unterscheidung von „f gleich Groß-O von ϵ" im Fall f = O(ϵ). Ein Beispiel ist

$$\sin \epsilon = o(1) \quad ,$$

aber auch

$$\sin \epsilon = o(\sqrt{\epsilon}) \quad .$$

Man sieht schon an diesem Beispiel, daß man mit dem Symbol O (in der vereinbarten, eingeschränkten Bedeutung) wesentlich mehr aussagt als mit dem Symbol o. Man sollte deshalb nach Möglichkeit das Symbol O verwenden und vom Symbol o nur dann Gebrauch machen, wenn man über das asymptotische Verhalten der betrachteten Funktion zu wenig weiß.

Es ist wichtig, darauf hinzuweisen, daß der mathematische Größenordnungs-Begriff seiner Definition nach nicht mit den physikalisch-anschaulichen Vorstellungen über Größenordnungen übereinstimmt. Der zahlenmäßige Wert der Konstanten K in Gl. (14.17) kann grundsätzlich beliebig groß sein, ohne daß sich dadurch an der Aussage über die Größenordnung etwas ändert. Beispielsweise ist sin(1000 ϵ) ebenso O(ϵ) wie 10^{-3} sin ϵ.

Vom Standpunkt der Anwendungen her gesehen hat diese Feststellung allerdings nur formale Bedeutung. Sehr große Zahlenfaktoren treten in physikalisch sinnvollen Störproblemen kaum auf, es sei denn in der Form eines zweiten Entwicklungsparameters. In einem solchen Fall muß natürlich der Einfluß des zweiten Parameters auf die Reihenentwicklung gesondert untersucht werden.

So haben wir etwa bei der Linearisierung der gasdynamischen Gleichung stillschweigend die Tatsache übergangen, daß neben dem Dickenverhältnis ϵ noch die Anström-Machzahl M_∞ als Parameter auftritt. Betrachtet man die Gln. (14.12) und (14.13) unter dem Gesichtspunkt, daß φ_1 = O(1) und φ_2 = O(1) sein soll, so wird klar, daß für $M_\infty \to 1$ und $M_\infty \to \infty$ Schwierigkeiten zu erwarten sind.

Zur Illustration sind in Bild 14.3 Ergebnisse für ein keilförmiges Profil (mit ϵ als Keilwinkel) dargestellt. Im Bereich mittlerer Machzahlen (sagen wir M_∞ zwischen 1,3 und 3) entsprechen die Zahlenwerte für φ_{1x} und φ_{2x} tatsächlich dem, was man sich physikalisch unter „Größenordnung 1" vorzustellen gewohnt ist. Für M_∞-Werte nahe bei 1 und für sehr große Werte von M_∞ machen sich

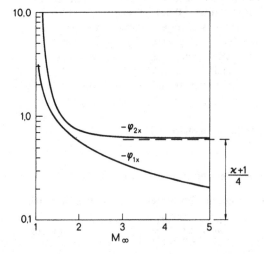

Bild 14.3
Die Störgrößen φ_{1x} und φ_{2x} in der asymptotischen Entwicklung für die Geschwindigkeit an einem Keil (Keilwinkel ϵ, κ = 1,4)

aber Zahlenfaktoren bemerkbar, die wesentlich größer bzw. wesentlich kleiner als 1 sind. Dies deutet darauf hin, daß wir in den Grenzfällen $M_\infty \to 1$ und $M_\infty \to \infty$ zusätzlich zu ϵ noch einen zweiten Entwicklungsparameter einführen müssen, nämlich $M_\infty^2 - 1$ im ersten und $1/M_\infty$ im zweiten Fall[1]). Mit derartigen *gleichzeitigen* Entwicklungen nach *zwei* kleinen Störparametern werden wir uns im Kapitel 15 noch ausführlicher befassen.

14.3. Begriff der asymptotischen Reihe

Zur Linearisierung der gasdynamischen Gleichung haben wir das Geschwindigkeitspotential $\phi(x, y; \epsilon)$ in eine Reihe nach dem Störparameter ϵ entwickelt. Die Reihe soll die Funktion $\phi(x, y; \epsilon)$ annähern unter der Voraussetzung, daß der Störparameter sehr klein ist. Mit anderen Worten, die Reihe soll das asymptotische Verhalten der Funktion $\phi(x, y; \epsilon)$ für $\epsilon \to 0$ beschreiben.

Die Reihe braucht nicht notwendigerweise eine Potenzreihe wie in Gl. (14.10) zu sein und kann es in vielen Fällen auch gar nicht sein. Eine Funktion $f(x; \epsilon)$, wobei x stellvertretend für die unabhängigen Variablen (Koordinaten) steht, stellt sich bei einer sog. Poincaré-Entwicklung nach dem Parameter ϵ in der allgemeinen Form

$$f(x; \epsilon) = c_0(x)\, \delta_0(\epsilon) + c_1(x)\, \delta_1(\epsilon) + c_2(x)\, \delta_2(\epsilon) + \dots \qquad \text{(für } \epsilon \to 0) \qquad (14.19)$$

dar[2]). Dabei bedeutet $\delta_0(\epsilon), \delta_1(\epsilon), \delta_2(\epsilon), \dots$ eine Folge von Vergleichsfunktionen, deren Größenordnung mit steigendem Index abnimmt:

$$\delta_{j+1} = o(\delta_j) \qquad \text{für } \epsilon \to 0 \qquad (j = 0, 1, 2, \dots) \quad . \qquad (14.20)$$

Beispielsweise gilt für die Entwicklung in eine

$$\text{Potenzreihe:} \quad \delta_0 = 1 \quad , \quad \delta_1 = \epsilon \quad , \quad \delta_2 = \epsilon^2, \dots \delta_n = \epsilon^n \quad . \qquad (14.21)$$

Man beachte, daß die Koeffizientenfunktionen $c_0(x), c_1(x), \dots$ nicht vom Störparameter ϵ abhängen!

In der Regel wird die Reihe nach endlich vielen Gliedern abgebrochen. Damit eine solche Reihe tatsächlich das asymptotische Verhalten der Funktion f für kleine ϵ beschreibt, muß die Differenz zwischen dem Funktionswert von f und dem Wert der Reihe, also der „Fehler" (bei konvergenten Reihen auch „Restglied" genannt), klein gegen das letzte Reihenglied sein. Unter Verwendung des Ordnungssymbols o fordert man daher, daß

$$f(x; \epsilon) = \sum_{j=0}^{n} c_j \delta_j(\epsilon) + o(\delta_n) \qquad \text{für } \epsilon \to 0 \quad , \qquad (14.22)$$

und nennt eine Reihe, die dieser Bedingung für alle n genügt, eine *asymptotische Reihe* oder eine *asymptotische Entwicklung* der Funktion $f(x; \epsilon)$ nach ϵ.

Falls man die Größenordnung des Fehlers, der in Gl. (14.22) durch den Ausdruck $o(\delta_n)$ repräsentiert wird, kennt, wird man es vorziehen, die asymptotische Entwicklung in der Form

$$f(x; \epsilon) = \sum_{j=0}^{n} c_j \delta_j(\epsilon) + O(\delta_{n+1}) \qquad \text{für } \epsilon \to 0 \qquad (14.23)$$

anzuschreiben, wobei die Bedingung (14.20) für j = n erfüllt sein muß.

---

[1]) Im Fall $M_\infty \to \infty$ muß aber in der Regel die Gl. (14.2) durch andere Ausgangsgleichungen ersetzt werden, weil wegen der starken, gekrümmten Verdichtungsstöße die Voraussetzung der Drehungsfreiheit verletzt ist.

[2]) In mathematischen Werken wird bei derartigen Entwicklungen meistens das Zeichen ~ (asymptotisch gleich) verwendet. Wir behalten in diesem Buch das in der technischen und naturwissenschaftlichen Literatur gebräuchlichere Gleichheitszeichen bei.

Ein einfaches Beispiel für eine asymptotische Entwicklung ist die Potenzreihe

$$\sin \epsilon = \epsilon - \frac{\epsilon^3}{3!} + \frac{\epsilon^5}{5!} + O(\epsilon^7) \qquad \text{für } \epsilon \to 0 \quad . \tag{14.24}$$

Als ein Beispiel für eine asymptotische Entwicklung, die keine reine Potenzreihe ist, sei die Stirlingsche Formel für die Fakultät einer großen Zahl N = 1/ϵ genannt:

$$\ln(N!) = \underbrace{N \ln N - N} + \underbrace{\frac{1}{2} \ln N + \ln \sqrt{2\pi}} + O(N^{-1}) \qquad \text{für } N \to \infty \quad . \tag{14.25}$$

Hier begegnet uns zum ersten Mal der *Logarithmus eines Entwicklungsparameters*, nämlich $\ln N = - \ln \epsilon$. Das Auftreten solcher logarithmischer Terme beinhaltet eine ganz eigenartige Problematik. Betrachten wir beispielsweise die beiden ersten Summanden auf der rechten Seite von Gl. (14.25). Einerseits wächst $\ln N$ über alle Grenzen, obgleich nur langsam, wenn $N \to \infty$ geht: das bedeutet, daß der zweite Summand als klein gegen den ersten Summanden anzusehen ist: $N = o(N \ln N)$ für $N \to \infty$. Dies kommt auch in der Reihenfolge der einzelnen Terme in Gl. (14.25) zum Ausdruck. Andererseits besteht aber zwischen den beiden betrachteten Ausdrücken eine Kopplung der folgenden Art: Wenn man statt des Parameters N einen neuen Parameter $\bar{N}$ einführt, der sich nur um einen konstanten Faktor der Größenordnung 1 von N unterscheidet, sagen wir $N = 2 \bar{N}$, so kann man die Summe der ersten zwei Ausdrücke von Gl. (14.25) wahlweise als

$$2 \bar{N} \ln(2 \bar{N}) - 2 \bar{N}$$

oder

$$2 \bar{N} \ln \bar{N} - 2 \bar{N} (1 - \ln 2)$$

schreiben. Die Konstante wandert also vom Term der Ordnung $O(N \ln N)$ in den Term der Ordnung $O(N)$. Trotz der unterschiedlichen Größenordnung muß daher bei einer asymptotischen Entwicklung ein Ausdruck, der den Logarithmus des Entwicklungsparameters enthält, stets mit dem entsprechenden logarithmusfreien Ausdruck zu einem einzigen Reihenglied zusammengefaßt werden. Dies wurde in Gl. (14.25) durch Unterstreichen zusammengehörender Ausdrücke angedeutet. Bei der schrittweisen Berechnung der Reihenglieder einer asymptotischen Entwicklung muß diese Kopplung beachtet werden.

14.4. Unabhängige Variable als Entwicklungsparameter

Nicht nur eine dimensionslose Kennzahl, sondern auch eine unabhängige Variable kann die Rolle des Entwicklungs- oder Störparameters in einer asymptotischen Reihe von der Form der Gl. (14.22) übernehmen. Oft handelt es sich dabei um eine Koordinate (Raum- oder Zeitkoordinate), nach der entwickelt werden soll; man spricht in diesem Fall von einer *Koordinatenentwicklung*.

Koordinatenentwicklungen werden in der Mathematik häufig zur Integration von gewöhnlichen Differentialgleichungen eingesetzt (*Bronstein* und *Semendjajew*, 1969, S. 383.). Man gewinnt dadurch Näherungslösungen, die in einer gewissen Umgebung des Anfangswertes die exakte Lösung approximieren. Natürlich können ganz analog auch partielle Differentialgleichungen behandelt werden.

In der Strömungslehre geht es bei Koordinatenentwicklungen meistens darum, das Verhalten der Strömung in der Nähe irgendeines ausgezeichneten Punktes (z. B. Körperspitze, Staupunkt, Ecke in der Körperkontur u. ä.) zu studieren. Auch der unendlich ferne Punkt kann als ein solch ausgezeichneter Punkt angesehen werden: Man untersucht dann beispielsweise das asymptotische Verhalten der Strömung für sehr große Entfernung von einem umströmten Körper oder für sehr große Zeit nach dem Auftreten einer Störung der Strömung.

Beispiele für Koordinatenentwicklungen werden wir in den Übungsaufgaben 3 und 4 kennenlernen. Hier sei nur noch betont, daß man auch bei Koordinatenentwicklungen mit Potenzreihen nicht immer zum Ziel kommt. Betreffs der Bedeutung allgemeiner Reihenentwicklungen (z. B. Vergleichsfunktionen mit gebrochenen Exponenten und logarithmische Vergleichsfunktionen) in der Strömungslehre sei auf eine Arbeit von *Oswatitsch* (1962a) verwiesen.

14.5. Zur Frage der Konvergenz

Läßt man die Anzahl der Glieder einer asymptotischen Reihe gegen unendlich gehen, indem man die Reihe „ohne Ende" fortsetzt, so erhält man *eine unendliche asymptotische Reihe*. Sie kann für einen gewissen Bereich von ϵ-Werten *konvergieren* (einem endlichen Wert zustreben) und für andere Werte des Entwicklungsparameters *divergieren*, oder sie kann für alle (von null verschiedenen) Werte von ϵ divergieren.

Unter den Reihenentwicklungen für spezielle Funktionen findet man hierzu zahlreiche Beispiele. Während die Potenzreihe (14.24) für alle endlichen Werte von ϵ konvergiert, konvergiet die Potenzreihe

$$(1 - \epsilon)^{-1} = 1 + \epsilon + \epsilon^2 + \epsilon^3 + \ldots \tag{14.26}$$

nur für $|\epsilon| < 1$. Die asymptotische Reihe

$$I_0 \left(\frac{1}{\epsilon} \right) = \left(\frac{\epsilon}{2\pi} \right)^{1/2} e^{1/\epsilon} \left(1 + \frac{1}{8} \epsilon + \frac{1 \cdot 9}{8^2 \cdot 2!} \epsilon^2 + \frac{1 \cdot 9 \cdot 25}{8^3 \cdot 3!} \epsilon^3 + \ldots \right) \tag{14.27a}$$

für die modifizierte Bessel-Funktion I_0 *divergiert* sogar für *alle* (positiven) Werte von ϵ. Nichtsdestoweniger ist diese asymptotische Reihe von großem praktischem Wert. Denn schon mit wenigen Gliedern der Reihe (14.27a) lassen sich die Funktionswerte von I_0 für große Argumente recht genau berechnen, während hingegen die Anwendung der stets konvergenten Reihe

$$I_0 (\epsilon) = 1 + \frac{\epsilon^2/4}{(1!)^2} + \frac{(\epsilon^2/4)^2}{(2!)^2} + \frac{(\epsilon^2/4)^3}{(3!)^2} + \ldots \tag{14.27b}$$

die Mitnahme sehr vieler Glieder erfordern würde, um für große Argumente eine ausreichende Genauigkeit zu erzielen (vgl. Übungsaufgabe 5). Man sieht schon an diesem Beispiel, daß die Feststellung, eine Reihe sei konvergent oder divergent, noch nichts über die Nützlichkeit der Reihe aussagt.

Wenn man Strömungsprobleme mit der Methode der asymptotischen Entwicklung zu lösen versucht, ist die Sachlage, was die Konvergenzfrage betrifft, noch kritischer. Über das Konvergenzverhalten der eventuell gefundenen Reihe läßt sich fast nie eine Aussage machen. Man darf aber dieser Problematik keine allzu große Bedeutung beimessen. In der Regel kann man ja nur einige wenige Reihenglieder der gesuchten Lösung bestimmen, weil mit jedem zusätzlichen Glied der Arbeitsaufwand sehr schnell anwächst. Die Zahl n (Anzahl der Glieder minus 1) in Gl. (14.22) ist meistens 1, oft auch 2, seltener 3 und überschreitet 4 kaum. Die Frage nach der Konvergenz der Reihe ist deshalb bei Problemen von der Art, wie sie uns in der theoretischen Strömungslehre begegnen, meistens überhaupt nicht relevant. Von Ausnahmen, auf die wir gleich noch zu sprechen kommen werden, abgesehen, ist nicht das Verhalten der Reihe für n → ∞ bei endlichem ϵ von Interesse, sondern *das Verhalten der Reihe für ϵ → 0 bei endlichem n*. Der Wert der *asymptotischen* Entwicklung liegt dann darin, daß man den Parameter ϵ nur hinreichend klein zu machen braucht, um die gesuchte Funktion mit jeder gewünschten Genauigkeit anzunähern. Der Unterschied zu anderen (nichtasymptotischen) Reihenentwicklungen, wie beispielsweise den Fourier-Reihen, ist offensichtlich; vgl. auch die Abschnitte 17.4 und 17.5.

14.6. Programmgesteuerte Fortsetzung von Reihen

In neuerer Zeit ist es in einzelnen Fällen bereits gelungen, sehr viele Glieder einer asymptotischen Entwicklung mittels Computer zu ermitteln. Ausgehend von einigen ersten Reihengliedern, die auf konventionellem Weg „von Hand" berechnet werden, setzt man die asymptotische Entwicklung programmgesteuert for. Auf diese Weise wurden von *Van Dyke* (1970) 24 Glieder einer Entwicklung nach kleinen Reynolds-Zahlen für die Strömung um eine Kugel gefunden, allerdings unter Zugrundelegung der Oseenschen Näherungsgleichung (s. Gl. (21.80)). *Van Tuyl* benutzte bis zu 11 Reihenglieder zur Berechnung der Überschallströmung um stumpfe Körper (1971) und bis zu 25 Reihenglieder zur Berechnung von Düsenströmungen (1973), wobei er sich zur programmgesteuerten Ermittlung der Reihenglieder auf Algorithmen stützte, die von *Leavitt* (1966) entwickelt worden waren. Auch die Entwicklung für kleine Machzahlen zur Berechnung der Unterschallströmung um einen Kreiszylinder wurde bereits mittels Computer behandelt (*Hoffmann* 1974).

Mit der Möglichkeit, sehr viele − grundsätzlich sogar beliebig viele − Reihenglieder zu berechnen, kann man auf die Voraussetzung, daß der Entwicklungsparameter sehr klein sein muß, verzichten; andererseits bekommt die Konvergenz der asymptotischen Reihe große Bedeutung. Davon zeugen auch die Versuche, durch geeignete Transformationen oder durch Verwendung von sog. Padé-Brüchen die Konvergenzeigenschaften der Reihen zu verbessern (*Van Dyke* 1970, *Schwartz* 1974, *Cabannes* 1976).

Einen Überblick über programmgesteuerte Reihenfortsetzung gibt *Van Dyke* (1975b).

14.7. Gleichmäßige Gültigkeit

Wie wir schon durch die Schreibweise $f(x; \epsilon)$ andeuteten, hängen die Funktionen, die wir in asymptotische Reihen entwickeln, im allgemeinen nicht nur vom Entwicklungsparameter ϵ ab, sondern enthalten auch noch eine oder mehrere unabhängige Variable. In der Strömungslehre handelt es sich bei den unabhängigen Variablen meistens um Raum- und Zeitkoordinaten.

Die asymptotische Entwicklung führt man in der Regel mit dem Ziel durch, die Gleichungen derart zu vereinfachen, daß man eine Lösung des Problems finden kann. Dabei will man natürlich möglichst eine Lösung haben, die für alle in Frage kommenden Werte der unabhängigen Variablen (also „im ganzen Feld" und „zu allen Zeiten") brauchbar ist. Im Hinblick darauf führt man den Begriff der gleichmäßigen Gültigkeit einer asymptotischen Entwicklung folgendermaßen ein:

> Eine asymptotische Entwicklung (Reihe) nach einem Parameter ϵ ist *gleichmäßig gültig*, wenn für alle physikalisch sinnvollen Werte der unabhängigen Variablen x, ... der Fehler von gleicher Größenordnung ist.

Ein Beispiel für eine gleichmäßig gültige Entwicklung ist (x reell):

$$\sin\left(\frac{1 + 2x^2}{1 + x^2}\, \epsilon\right) = \frac{1 + 2x^2}{1 + x^2}\, \epsilon + O(\epsilon^3) \qquad \text{(für } \epsilon \to 0) \quad . \qquad (14.28a)$$

Hingegen ist

$$\sin\left(\frac{1 + 2x^2}{1 - x^2}\, \epsilon\right) = \frac{1 + 2x^2}{1 - x^2}\, \epsilon + O(\epsilon^3) \qquad \text{(für } \epsilon \to 0, \text{ aber nicht } x \to \pm 1) \qquad (14.28b)$$

ein Beispiel für eine nicht gleichmäßig gültige Entwicklung.

Probleme, die bei der Entwicklung nach einem kleinen Störparameter *nicht* zu einer gleichmäßig gültigen asymptotischen Reihe führen, nennt man oft *singuläre Störprobleme*. Die Abgrenzung gegen die *regulären Störprobleme* ist aber insofern nicht ganz scharf, als es Probleme gibt, deren Entwicklung bei Verwendung üblicher oder naheliegender Koordinaten bzw. Variablen nicht gleichmäßig gültig ist, während man für dasselbe Problem durch Einführen von geeigneten neuen Unabhängigen oder Abhängigen eine gleichmäßig gültige Lösung erhalten kann. Die Wahl der Variablen spielt also bei den Störungsmethoden eine Rolle, die weit über den Rahmen von Überlegungen betreffend Zweckmäßigkeit, Arbeitserleichterung usw. hinausgeht (*Oswatitsch* 1969). Ein wichtiges Beispiel hierzu ist das analytische Charakteristikenverfahren (Kapitel 20).

14.8. Linearisierung und Teillinearisierung

Im Einführungsbeispiel haben wir durch asymptotische Entwicklung der nichtlinearen Gleichung für das Geschwindigkeitspotential ϕ ein System von Gleichungen für die Störpotentiale $\varphi_1, \varphi_2, \ldots$ erhalten, die *sämtliche* linear waren (Linearisierung). Dies ist aber nicht immer so. Es gibt Fälle, in denen die Gleichungen für das *erste* Reihenglied *nichtlinear* bleiben; erst die Gleichungen für das zweite und alle weiteren Reihenglieder werden (in jedem Fall!) linear. Es handelt sich also um eine Teillinearisierung. Die entsprechenden Verfahren werden mitunter als „halblineare" Verfahren bezeichnet.

Als ein Beispiel betrachten wir die kompressible Strömung um ein symmetrisches Profil, dessen Symmetrieachse mit der Anströmrichtung einen kleinen Winkel α einschließt („angestelltes" Profil, Bild 14.4). Die relative Dicke des Profils sei jetzt aber *nicht* als klein angenommen.

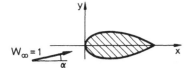

Bild 14.4

Symmetrisches Profil, unter kleinem Anstellwinkel angeströmt

Für das Geschwindigkeitspotential ϕ gilt wieder Gl. (14.2). Auch die Randbedingung an der Körperoberfläche, Gl. (14.8), bleibt unverändert, wenn wir – wie in Bild 14.4 angedeutet – die x-Achse in die Symmetrieachse des Profils legen. (Allerdings ist die Strömung jetzt nicht mehr symmetrisch, so daß wir Ober- *und* Unterseite des Profils betrachten müssen.) Nicht mehr verwenden können wir jetzt jedoch die Anströmbedingung (14.6a). Sie ist zu ersetzen durch die Bedingung

$$\phi_x = \cos\alpha \quad , \qquad \phi_y = \sin\alpha \qquad \text{für } x^2 + y^2 \to \infty \quad \text{(stromauf)} \quad , \qquad (14.29)$$

wobei der Geschwindigkeitsbetrag der Anströmung gleich 1 gesetzt wurde.

Das Geschwindigkeitspotential entwickeln wir nun in eine asymptotische Reihe nach dem Anstellwinkel α:

$$\phi(x, y; \alpha) = \phi_0(x, y) + \alpha\phi_1(x, y) + \ldots \qquad \text{(für } \alpha \to 0) \quad . \qquad (14.30)$$

Ohne auf die Einzelheiten der Rechnung, die dem Leser als Übungsaufgabe 7 überlassen bleibt, hier eingehen zu müssen, kann man bereits erkennen, daß $\phi_0(x, y)$ nichts anderes darstellt als das Potential der Strömung um das nicht-angestellte Profil ($\alpha = 0$). Für ein dickes Profil muß also ϕ_0 die *nichtlineare* Gleichung (14.2) mit den entsprechenden Randbedingungen erfüllen. Für ϕ_1 hingegen erhält man durch Eintragen der Reihe (14.30) in die Differentialgleichung (14.2) nach Entwicklung der nichtlinearen Ausdrücke eine *lineare* Differentialgleichung. Entsprechendes gilt für alle folgenden Glieder der Reihe (14.30).

14.9. Anwendungsbeispiel: Sekundärströmung an einer rotierenden Kugel

Schon bei der Linearisierung der Gl. (14.2) zu Beginn dieses Abschnittes wurde darauf hingewiesen, daß man nicht immer mit einer Entwicklung nach ganzzahligen Potenzen des Störparameters ϵ

(Potenzreihe) auskommt. Inzwischen haben wir die allgemeine Form einer asymptotischen Reihe, in der Vergleichsfunktionen $\delta_j (\epsilon)$ an die Stelle der Potenzen von ϵ treten, kennengelernt, und können uns nun der naheliegenden Frage zuwenden, wie sich die Folge der Vergleichsfunktionen $\delta_0, \delta_1, \delta_2, \ldots$ in systematischer Weise bestimmen läßt. Dazu wollen wir wiederum ein Beispiel behandeln. Dieses Beispiel wird darüber hinaus noch zeigen, daß das *zweite* Reihenglied in der asymptotischen Entwicklung (die „zweite Ordnung" oder „zweite Näherung") manchmal aus der üblichen Rolle eines „Korrekturfaktors" gegenüber der ersten Näherung hinauswächst und wichtige Eigenschaften der Strömung beschreibt, die von der *ersten* Näherung nicht einmal qualitativ erfaßt werden.

Aufgabenstellung

Betrachtet sei eine Kugel (Radius a), die sich in einer zähen, inkompressiblen Flüssigkeit befindet. Die Kugel rotiere mit der konstanten Winkelgeschwindigkeit ω um eine Symmetrieachse. Da die Flüssigkeit an der Kugeloberfläche haftet, wird die Flüssigkeit in Bewegung gesetzt („mitgerissen"). Diese Strömung ist zu bestimmen.

Wir gehen aus von der Kontinuitätsgleichung

$$\nabla \cdot \vec{v} = 0 \tag{14.31a}$$

und der Navier-Stokes-Gleichung

$$(\vec{v} \cdot \nabla) \vec{v} + \frac{1}{\rho} \nabla p = \nu \Delta \vec{v} \quad . \tag{14.31b}$$

Dabei bedeutet $\vec{v}$ den Vektor der Strömungsgeschwindigkeit, p den Druck, ρ die konstante Dichte, ν die ebenfalls als konstant angenommene kinematische Zähigkeit der Flüssigkeit, und ∇ den Nabla-operator.

Um zu einem dimensionslosen Parameter zu kommen, nach dem wir eventuell entwickeln können, führen wir dimensionslose Größen und „dimensionslose" Differentialoperatoren ein. Wir setzen daher zunächst $\vec{v}' = \vec{v}/a\,\omega$, $p' = (p - p_\infty)/\rho\,(a\,\omega)^2$, $\nabla' = a\,\nabla$ und $\Delta' = a^2\,\Delta$, lassen jedoch im folgenden der einfacheren Schreibweise wegen die Striche bei den dimensionslosen Größen und Operatoren weg. Wir beziehen also alle Längen auf den Kugelradius a, die Strömungsgeschwindigkeit auf a ω (das ist die Umfangsgeschwindigkeit am „Äquator" der Kugel), und die Druck*störung* gegenüber dem Druck p_∞ im Unendlichen auf $\rho\,(a\,\omega)^2$.

Das aus Kontinuitäts- und Navier-Stokes-Gleichung bestehende Gleichungssystem geht dann über in

$$\nabla \cdot \vec{v} = 0 \quad ; \tag{14.32a}$$

$$(\vec{v} \cdot \nabla) \vec{v} + \nabla p = \frac{1}{Re} \Delta \vec{v} \quad , \tag{14.32b}$$

wobei die Reynoldssche Zahl durch

$$Re = \frac{a^2\,\omega}{\nu} \tag{14.33}$$

gegeben ist.

Als Randbedingungen schreiben wir einerseits Verschwinden der Geschwindigkeits- und Druck-störungen im Unendlichen vor und fordern andererseits gleiche Geschwindigkeit von Flüssigkeit und Kugel an der Kugeloberfläche. Diese Bedingungen lassen sich am einfachsten in Kugelkoordinaten r, Θ, φ formulieren, mit r als Abstand vom Kugelmittelpunkt, Θ als Winkel zwischen Ortsvektor und Drehachse („geographische Breite") und φ als Azimutalwinkel („geographische Länge").

Die (dimensionslosen!) Geschwindigkeitskomponenten in Kugelkoordinaten bezeichnen wir mit $v_{(r)}, v_{(\Theta)}, v_{(\varphi)}$; also $\vec{v} = (v_{(r)}, v_{(\Theta)}, v_{(\varphi)})$. Dann können wir die Randbedingungen als

$$\vec{v} = 0 \quad , \qquad\qquad p = 0 \qquad \text{für } r \to \infty \quad ; \tag{14.34a}$$

$$v_{(r)} = v_{(\Theta)} = 0 \quad , \qquad v_{(\varphi)} = \sin\Theta \qquad \text{auf } r = 1 \tag{14.34b}$$

schreiben.

Wie man aus dem Gleichungssystem (14.32a, b) mit den Randbedingungen (14.34a, b) ersieht, hängt die Lösung des gestellten Problems nur von einem einzigen Parameter, nämlich Re, ab. Je kleiner der Kugelradius, je kleiner die Winkelgeschwindigkeiten und je größer die Zähigkeit, umso kleiner wird gemäß Gl. (14.33) die Reynoldsche Zahl. Für sehr kleine Reynoldsche Zahlen, Re $\ll$ 1, dominieren also die Zähigkeitseffekte, und es ist dieser Grenzfall, für den wir uns nun eine Lösung mit der Methode der asymptotischen Entwicklung verschaffen wollen.

Asymptotische Reihen

Wie schon einleitend erwähnt, wollen wir hier nicht einen (vielleicht naheliegenden) Ansatz für die asymptotische Entwicklung machen, sondern ziehen es vor, mit zunächst unbestimmten Vergleichsfunktionen zu arbeiten. Dementsprechend setzen wir für Re $\to$ 0:

$$\vec{v} = \delta_0^{(v)}(\text{Re})\,\vec{v}_0 + \delta_1^{(v)}(\text{Re})\,\vec{v}_1 + o(\delta_1^{(v)}) \quad , \tag{14.35a}$$

$$p = \delta_0^{(p)}(\text{Re})\,p_0 + \delta_1^{(p)}(\text{Re})\,p_1 + o(\delta_1^{(p)}) \quad , \tag{14.35b}$$

wobei die Größen $\vec{v}_0, \vec{v}_1, p_0$ und p_1 reine Ortsfunktionen (also unabhängig von Re) sind.

Ein Blick auf die Randbedingungen (14.34) zeigt, daß für die Strömungsgeschwindigkeit die Größenordnung $\vec{v} = O(1)$ zu erwarten ist. Dieser Beziehung tragen wir dadurch Rechnung, daß wir

$$\delta_0^{(v)}(\text{Re}) \equiv 1 \tag{14.36}$$

setzen. Die übrigen Vergleichsfunktionen lassen wir aber noch offen und verlangen lediglich, daß $\delta_1^{(v)} = o(\delta_0^{(v)})$ und $\delta_1^{(p)} = o(\delta_0^{(p)})$.

Setzt man die Reihen (14.35a) und (14.35b) in Kontinuitätsgleichung (14.32a) und Navier-Stokes-Gleichung (14.32b) ein, so erhält man

$$\nabla \cdot \vec{v}_0 + \delta_1^{(v)}\,\nabla \cdot \vec{v}_1 + o(\delta_1^{(v)}) = 0 \tag{14.37a}$$

und

$$\Delta\vec{v}_0 + \delta_1^{(v)}\,\Delta\vec{v}_1 + o(\delta_1^{(v)}) - \text{Re}\,[(\vec{v}_0 \cdot \nabla)\,\vec{v}_0 + \delta_1^{(v)}\,(\vec{v}_0 \cdot \nabla)\,\vec{v}_1 +$$
$$+ \delta_1^{(v)}\,(\vec{v}_1 \cdot \nabla)\,\vec{v}_0 + o(\delta_1^{(v)}) + \delta_0^{(p)}\,\nabla p_0 + \delta_1^{(p)}\,\nabla p_1 + o(\delta_1^{(p)})] = 0 \quad . \tag{14.37b}$$

Glieder erster Ordnung

Die linken Gleichungsseiten werden wieder, wie früher schon erläutert, in Ausdrücke gleicher Größenordnung, die jeder für sich verschwinden müssen, zerlegt. Für den Ausdruck der Größenordnung 1 folgt aus Gl. (14.37a) sofort

$$\nabla \cdot \vec{v}_0 = 0 \quad . \tag{14.38a}$$

Dies ist eine erste skalare Gleichung für die unbekannten Geschwindigkeitskomponenten $v_{0(r)}$, $v_{0(\Theta)}, v_{0(\varphi)}$. Drei weitere skalare Gleichungen ergeben sich aus der Vektorgleichung (14.37b). Insgesamt ist also mit vier skalaren Gleichungen zu rechnen. Man muß daher die Vergleichsfunktion $\delta_0^{(p)}$

so festlegen, daß neben $\vec{v}_0$ (mit seinen drei unbekannten Komponenten) auch die vierte Unbekannte p_0 in der Gleichung der ersten Näherung auftritt. Aus dieser Forderung folgt

$$\delta_0^{(p)} = 1/\text{Re} \tag{14.39}$$

und Gl. (14.37b) liefert

$$\Delta\vec{v}_0 - \nabla p_0 = 0 \quad . \tag{14.38b}$$

Die Gln. (14.38a) und (14.38b) bilden zusammen das Gleichungssystem der ersten Näherung in einer Entwicklung nach kleinen Reynolds-Zahlen. Wie man sieht, sind die Trägheitsglieder $(\vec{v} \cdot \nabla)\,\vec{v}$ der Navier-Stokes-Gleichungen weggefallen. Man spricht deshalb im Grenzfall $\text{Re} \to 0$ von *schleichender Strömung*.

Als Randbedingungen erhält man aus (14.34a, b)

$$\vec{v}_0 = 0 \quad , \qquad p_0 = 0 \qquad \text{für } r \to \infty \quad ; \tag{14.40a}$$

$$v_{0(r)} = v_{0(\Theta)} = 0 \quad , \quad v_{0(\varphi)} = \sin\Theta \qquad \text{auf } r = 1 \quad . \tag{14.40b}$$

Glieder zweiter Ordnung

Analog geht man vor, um die Gleichungen der zweiten Näherung zu finden. Die Gl. (14.37a) liefert für die Ausdrücke der (noch unbekannten) Größenordnung $\delta_1^{(v)}$ einfach die Gleichung

$$\nabla \cdot \vec{v}_1 = 0 \quad . \tag{14.41a}$$

Aufschluß über die Größenordnungen gibt wiederum die Gl. (14.37b). Wäre die Vergleichsfunktion $\delta_1^{(v)}$ klein gegen Re, also $\delta_1^{(v)} = o(\text{Re})$, so würde sich aus den Ausdrücken der Größenordnung Re eine Vektorgleichung für $\vec{v}_0$ und – falls $\delta_1^{(p)} = O(1)$ – für p_1 ergeben; $\vec{v}_1$ käme in dieser Gleichung gar nicht vor, womit das Problem überbestimmt sein würde. Wäre hingegen $\delta_1^{(v)}$ groß gegen Re, also $\text{Re} = o(\delta_1^{(v)})$, so würden in der Gleichung für die zweite Näherung weder $\vec{v}_0$ noch p_0 auftreten; es ergäbe sich hieraus sogar für $\vec{v}_1$ und p_1 dieselbe Gleichung wie wir sie schon für $\vec{v}_0$ und p_0 gefunden haben, so daß wir in diesem Fall nichts Neues erhalten würden. Damit ein sinnvolles Gleichungssystem entsteht, darf die Vergleichsfunktion $\delta_1^{(v)}$ also weder klein gegen Re noch groß gegen Re sein, sondern muß genau die Größenordnung Re haben. Folglich setzen wir

$$\delta_1^{(v)} = \text{Re} \quad . \tag{14.42}$$

Aus einer ähnlichen Überlegung wie oben für $\delta_0^{(p)}$ ergibt sich nun $\delta_1^{(p)}$ zu

$$\delta_1^{(p)} = 1 \quad . \tag{14.43}$$

Damit sind die Größenordnungen festgelegt und aus (14.37b) erhält man für die Ausdrücke von der Größenordnung Re die Gleichung

$$\Delta\vec{v}_1 - \nabla p_1 = (\vec{v}_0 \cdot \nabla)\,\vec{v}_0 \quad . \tag{14.41b}$$

Diese Vektorgleichung bildet zusammen mit der skalaren Gl. (14.41a) ein Gleichungssystem für $\vec{v}_1$ und p_1. Seine Lösung kann allerdings – dem Wesen der Störungsmethoden entsprechend – erst dann in Angriff genommen werden, wenn die Lösung für $\vec{v}_0$ bereits bekannt ist.

Schließlich ergeben sich durch Einsetzen der Reihen (14.35a) und (14.35b) in die Gln. (14.34a) und (14.34b) die folgenden Randbedingungen für $\vec{v}_1$ und p_1:

$$\vec{v}_1 = 0 \quad , \qquad p_1 = 0 \qquad \text{für } r \to \infty \quad ; \tag{14.44a}$$

$$\vec{v}_1 = 0 \qquad \text{auf } r = 1 \quad . \tag{14.44b}$$

Bei Beschränkung auf die ersten beiden Glieder der asymptotischen Entwicklung ist damit die Störungsrechnung zu dem vorliegenden Problem abgeschlossen. Halten wir fest, daß wir als Ergebnis dieser Störungsrechnung das nichtlineare Differentialgleichungssystem (14.32a), (14.32b) durch die (einfacheren!) linearen Differentialgleichungssysteme (14.38a), (14.38b) und (14.41a), (14.41b) ersetzen können.

Obwohl die *Lösung* der erhaltenen linearen Differentialgleichungssysteme nicht mehr zu den Aufgaben dieses Abschnittes zählt, wollen wir uns dennoch kurz mit ihr befassen, weil sie zu physikalisch sehr interessanten Ergebnissen führt. Außerdem bietet sich hier ein willkommener Anlaß zu einigen Bemerkungen über das Rechnen mit Differentialoperatoren, die auf Vektoren in krummlinigen Koordinatensystemen anzuwenden sind.

Umformung der Differentialoperatoren

In den vorangegangenen Gleichungen treten Ausdrücke von der Form $\nabla \cdot \vec{v}$, $\Delta \vec{v}$ und $(\vec{v} \cdot \nabla) \vec{v}$ auf, wobei statt $\vec{v}$ auch $\vec{v}_0$ oder $\vec{v}_1$ (oder irgend ein anderes Vektorfeld) stehen kann. Natürlich werden wir in unserem Beispiel Kugelkoordinaten einführen, wie wir dies ja schon bei den Randbedingungen gemacht haben. $\nabla \cdot \vec{v}$ (die Divergenz eines Vektorfeldes) in Kugelkoordinaten kann man jedem Handbuch der Mathematik direkt entnehmen (z. B. *Bronstein* und *Semendjajew* 1969, S. 466). Bei den beiden anderen Differentialoperatoren ist aber darauf zu achten, daß man in krummlinigen Koordinaten einen Vektor nicht einfach differenzieren darf, indem man seine Komponenten differenziert; denn für krummlinige Koordinaten sind die Basisvektoren ortsabhängig. Man rechnet deshalb in diesem Fall am besten unter Zuhilfenahme der folgenden Umformungen (s. z. B. *Bronstein* und *Semendjajew* 1969, S. 469):

$$\Delta \vec{v} = \nabla (\nabla \cdot \vec{v}) - \nabla \times (\nabla \times \vec{v}) \quad ; \tag{14.45}$$

$$(\vec{v} \cdot \nabla) \vec{v} = \nabla \frac{|\vec{v}|^2}{2} - \vec{v} \times (\nabla \times \vec{v}) \quad . \tag{14.46}$$

Auf den rechten Seiten stehen lediglich die Divergenz und die Rotation von Vektorfeldern sowie der Gradient von skalaren Feldern; hierfür gelten die üblichen Formeln.

Anwendung der Umformungen (14.45) und (14.46) auf unsere Gleichungssysteme (14.38a), (14.38b) und (14.41a), (14.41b) liefert die äquivalenten Gleichungssysteme

$$\nabla \cdot \vec{v}_0 = 0 \quad , \tag{14.47a}$$

$$\nabla \times (\nabla \times \vec{v}_0) + \nabla p_0 = 0 \tag{14.47b}$$

und

$$\nabla \cdot \vec{v}_1 = 0 \quad , \tag{14.48a}$$

$$\nabla \times (\nabla \times \vec{v}_1) + \nabla p_1 = \vec{v}_0 \times (\nabla \times \vec{v}_0) - \nabla \frac{|\vec{v}_0|^2}{2} \quad , \tag{14.48b}$$

deren Lösung wir uns nun zuwenden.

Lösungen

Aus Symmetriegründen ist die Strömung unabhängig vom Azimutalwinkel φ. Durch einen Separationsansatz bezüglich der Unabhängigen r und Θ findet man die folgende Lösung des Systems (14.47), welche die Randbedingungen (14.40a) und (14.40b) erfüllt (s. Übungsaufgabe 5 des Kapitels 17):

$$v_0(r) \equiv v_0(\Theta) \equiv 0 \quad , \qquad v_0(\varphi) = \frac{\sin \Theta}{r^2} \quad , \qquad p_0 \equiv 0 \quad . \tag{14.49}$$

Diese einfache Lösung wird oft nach Stokes benannt.

In *erster* Näherung steht demnach der Geschwindigkeitsvektor in jedem Punkt senkrecht auf die durch diesen Punkt gehende Meridianebene (Ebene, welche die Drehachse enthält); die Stromlinien sind Kreise, deren Mittelpunkte auf der Drehachse der Kugel liegen. Der Druck ist in erster Näherung ungestört.

Um die Geschwindigkeit in zweiter Näherung zu bestimmen, eliminieren wir zunächst p_1 aus Gl. (14.48b), indem wir von beiden Gleichungsseiten die Rotation bilden (die Rotation eines Gradientenfeldes verschwindet!):

$$\nabla \times [\nabla \times (\nabla \times \vec{v}_1)] = \nabla \times [\vec{v}_0 \times (\nabla \times \vec{v}_0)] \quad . \tag{14.50}$$

Da die r- und Θ-Komponenten von $\vec{v}_0$ verschwinden, sind auch die r- und Θ-Komponenten des Vektors $\nabla \times [\vec{v}_0 \times (\nabla \times \vec{v}_0)]$ gleich null. Auf der rechten Seite der Vektorgleichung (14.50) steht also lediglich eine von null verschiedene φ-Komponente. Man überlegt sich nun leicht, daß auch auf der linken Gleichungsseite die r- und Θ-Komponenten identisch verschwinden, wenn die φ-Komponente von $\vec{v}_1$ gleich null ist:

$$\vec{v}_1 = (v_{1(r)}, v_{1(\Theta)}, 0) \quad . \tag{14.51}$$

Der Vektor $\vec{v}_1$ liegt also stets in einer Meridianebene und steht somit senkrecht auf den Vektor $\vec{v}_0$. Nun muß man bedenken, daß $\vec{v}_0$ und $\vec{v}_1$ gemäß der asymptotischen Entwicklung (14.35a) zum Geschwindigkeitsvektor $\vec{v}$ zusammenzusetzen sind. Während das erste Glied dieser Entwicklung eine Grundströmung beschreibt, bei welcher die Flüssigkeitsteilchen auf geschlossenen Kreisbahnen um die Kugeldrehachse umlaufen würden, wird durch das zweite Reihenglied eine Strömung in Meridianebenen erfaßt, die sich der Grundströmung überlagert. Man nennt diese zusätzliche Strömung eine *Sekundärströmung*.

Wegen des Verschwindens der φ-Komponente von $\vec{v}_1$ schreibt sich die Kontinuitätsgleichung (14.48a) als

$$\frac{\partial}{\partial r}(v_{1(r)} \, r^2 \sin\Theta) + \frac{\partial}{\partial\Theta}(v_{1(\Theta)} \, r \sin\Theta) = 0 \quad . \tag{14.52}$$

Diese Gleichung ist identisch erfüllt, wenn man durch

$$v_{1(r)} = -\frac{1}{r^2 \sin\Theta} \frac{\partial\psi_1}{\partial\Theta} \quad , $$

$$v_{1(\Theta)} = \frac{1}{r \sin\Theta} \frac{\partial\psi_1}{\partial r} \tag{14.53}$$

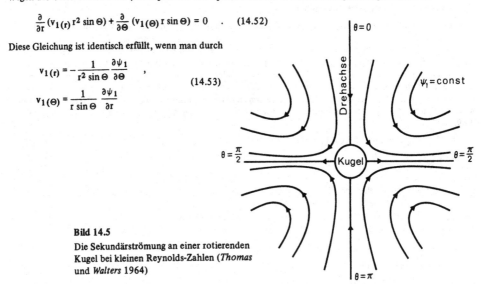

Bild 14.5
Die Sekundärströmung an einer rotierenden Kugel bei kleinen Reynolds-Zahlen (*Thomas* und *Walters* 1964)

eine Stromfunktion ψ_1 für die Sekundärströmung einführt. Hiermit ergibt sich aus der einzigen nicht identisch verschwindenden Komponente der Vektorgleichung (14.50) nach einigen Zwischenrechnungen die folgende lineare Differentialgleichung vierter Ordnung für die Stromfunktion:

$$L^2 \psi_1 = \frac{6}{r^5} \sin^2\Theta \cos\Theta \quad , \tag{14.54}$$

wobei L den Differentialoperator

$$L = \frac{\partial^2}{\partial r^2} + \frac{1}{r^2}\frac{\partial^2}{\partial\Theta^2} - \frac{\cot\Theta}{r^2}\frac{\partial}{\partial\Theta} \tag{14.55}$$

bedeutet. Wiederum durch Separation der Variablen (s. Übungsaufgabe 5 des Kapitels 17) findet man für die Lösung, die auch die Randbedingungen (14.44a) und (14.44b) befriedigt, das Ergebnis

$$\psi_1 = \frac{1}{8}\left(\frac{r-1}{r}\right)^2 \sin^2\Theta \cos\Theta \quad . \tag{14.56}$$

Bild 14.5 zeigt die Linien $\psi_1 = $ const; sie geben ein anschauliches Bild der Sekundärströmung an der rotierenden Kugel. Die physikalische Deutung ist einfach: Unter der Wirkung der Zentrifugalkräfte wird die Flüssigkeit in der Nähe des Kugeläquators nach außen gedrückt, während von den Polen her Flüssigkeit nachströmt.

In der Arbeit von *Thomas* und *Walters* (1964) stellt die hier behandelte Newtonsche Flüssigkeit nur einen Sonderfall dar. In Nicht-Newtonschen Flüssigkeiten können durch eine rotierende Kugel auch ganz andere Formen von

Sekundärströmungen erzeugt werden. Bezüglich der interessanten Ergebnisse sei auf die genannte Originalarbeit verwiesen. Allgemeinere rotionssymmetrische Sekundärströmungen wurden von *Böhme* (1975) untersucht. Schließlich sei auch noch eine Arbeit von *Sawatzki* (1970) genannt, in welcher ein Überblick über die vielfältigen Strömungsformen an rotierenden Kugeln im gesamten Reynolds-Zahl-Bereich gegeben wird.

Ergänzende Bemerkungen. Wie schon einleitend erwähnt, sollte mit diesem Beispiel unter anderem gezeigt werden, wie man eine asymptotische Entwicklung mit einer Folge unbestimmter Vergleichsfunktionen durchführen kann, ohne a priori einen mehr oder weniger intuitiven Ansatz für die Vergleichsfunktionen zu machen. Es ergeben sich in unserem speziellen Beispiel zwar wieder Potenzreihen – Reihen mit komplizierteren Vergleichsfunktionen werden uns in den Übungsaufgaben zu diesem Kapitel sowie im Teil II der Störungsmethoden begegnen –, doch haben einander entsprechende Glieder in den Reihen für $\vec{v}$ und p verschiedene Größenordnung. Beispielsweise gilt $\delta_0^{(v)} = 1$, aber $\delta_0^{(p)} = 1/Re$. Nun stellte sich zwar heraus, daß $p_0 \equiv 0$, so daß das Glied $O(1/Re)$ in der Entwicklung für p tatsächlich verschwindet. Dies ist aber nicht ein Ergebnis der asymptotischen Entwicklung, sondern ein Ergebnis der speziellen Lösung von den aus der Entwicklung erhaltenen Gleichungen; es geht außerdem darauf zurück, daß nicht mit dem Druck selbst sondern mit der Druckstörung gegenüber dem Druck im Unendlichen gearbeitet wurde.

14.10. Zusammenfassung des Rechenganges

Die folgende *Vorgangsweise* ist bei der Methode der asymptotischen Entwicklung zu empfehlen:

1. Gleichungen in dimensionsloser Form schreiben und dimensionslosen Entwicklungsparameter (Störparameter) ϵ festlegen.

2. Asymptotische Reihen für alle gesuchten Größen (abhängigen Variablen) ansetzen. Das bedeutet: Annahme einer Folge von Vergleichsfunktionen $\delta_0(\epsilon), \delta_1(\epsilon), \delta_2(\epsilon), \ldots$ für jede der gesuchten Größen. Dabei ist Vorsicht angebracht: Nicht immer sind ganzzahlige Potenzen von ϵ korrekt, oft treten Potenzen mit gebrochenen Exponenten, manchmal auch logarithmische Funktionen oder Exponentialfunktionen von ϵ auf. Es ist besser, überflüssige Vergleichsfunktionen in den Ansatz aufzunehmen, als eine irrtümlich wegzulassen! Am sichersten ist es, die Reihen mit *unbestimmten* Vergleichsfunktionen anzusetzen und die Vergleichsfunktionen erst im Laufe der Rechnung zu bestimmen.

3. Reihenansätze in die Gleichungen (Differentialgleichungen und Rand- bzw. Anfangsbedingungen) eintragen.

4. In den Gleichungen auftretende Funktionen, die ϵ enthalten, nach ϵ entwickeln, so daß Summanden der Form $f(\epsilon)\, g(x)$ entstehen, wobei x für die unabhängigen Variablen steht.

5. Ausdrücke gleicher Größenordnung in jeder Gleichung sammeln und jeweils für sich als Gleichung anschreiben.

Das *Ergebnis* des Verfahrens ist eine Folge von Störgleichungen, die schrittweise – beginnend mit der ersten Ordnung (den größten Ausdrücken) und zu immer höheren Ordnungen fortschreitend – zu lösen sind. Das Gleichungssystem der ersten Ordnung kann linear oder nichtlinear sein; alle höheren Näherungen werden durch lineare Gleichungen beschrieben, wobei die Koeffizienten von den jeweils niedrigeren Näherungen abhängen.

Übungsaufgaben

1. Von welcher Größenordnung sind die Ausdrücke $\sin 10\sqrt{\epsilon}$, $1 - \cos \epsilon$, $\cot \epsilon$, $\arctan(\epsilon^{3/2})$, $\sinh(1/\epsilon)$, $\epsilon \ln(1 + 2\epsilon^2)$ für $\epsilon \to 0$?

2. Man berechne 10! und 100! nach der Stirlingschen Formel (14.25) und vergleiche die Größe der einzelnen Terme. Man diskutiere die Genauigkeit bei Beschränkung auf die ersten 2 (4) Glieder und vergleiche mit den exakten Werten.

3. *Grenzschicht in der Nähe eines Staupunktes.* Man entwickle die Grenzschichtgleichung

$$\psi_y \psi_{xy} - \psi_x \psi_{yy} = U\, U' + \nu\, \psi_{yyy}$$

für die Stromfunktion ψ mit den Randbedingungen

$$\psi(x, 0) = \psi_y(x, 0) = 0 \quad ; \qquad \lim_{y \to \infty} \psi_y(x, y) = U(x)$$

in der Nähe des Staupunktes eines Kreiszylinders nach Potenzen der Bogenlänge x bis einschließlich $O(x^3)$. Die Geschwindigkeit der Außenströmung ist durch $U = 2 W_\infty \sin(x/a)$ gegeben (mit W_∞ als konstanter Anströmgeschwindigkeit und a als Zylinderradius).

4. *Kopfwelle an einem leicht abgestumpften schlanken Keil.* Die Form der Kopfwelle, die ein schlanker Keil mit leicht abgestumpfter Vorderkante in einer Hyperschallströmung (sehr hohe Anström-Machzahl) erzeugt, wird näherungsweise durch Chernyi's Differentialgleichung

$$\frac{y-x}{\kappa-1} \frac{d}{dx}\left(y \frac{dy}{dx}\right) + \frac{y}{\kappa+1}\left(\frac{dy}{dx}\right)^2 - y \frac{dy}{dx} = \frac{\kappa+1}{4}$$

mit der Anfangsbedingung

$$y = 0 \quad , \qquad \frac{dy}{dx} = \infty \qquad \text{für } x = 0$$

beschrieben. Dabei bedeuten x und y dimensionslose kartesische Koordinaten (mit $x = y = 0$ als Ort der Vorderkante) und κ das als konstant angenommene Verhältnis der spezifischen Wärmen bei konstantem Druck und konstantem Volumen des Gases.

a) Warum ist die obige Anfangsbedingung für eine numerische Integration der Differentialgleichung unzureichend? Durch asymptotische Entwicklung für $x \to 0$ ist eine für numerische Zwecke geeignete Anfangsbedingung anzugeben.

b) Um das Verhalten der Kopfwelle in sehr großer Entfernung von der abgestumpften Vorderkante zu beschreiben, sollen die ersten drei Glieder einer asymptotischen Entwicklung von $y(x)$ für $x \to \infty$ bestimmt werden. Bemerkenswert sind die Oszillationen der Kopfwellenneigung; von welcher Größenordnung ist die Wellenlänge? (Anmerkung: Zwei Konstanten bleiben unbestimmt, weil sie von den Anfangswerten, für welche diese Entwicklung nicht gilt, abhängen.)

5. *Reihenentwicklungen für Besselfunktion I_0.* Die modifizierte Besselfunktion $I_0(x)$ kann definiert werden als jene Lösung $y(x)$ der Differentialgleichung

$$xy'' + y' - xy = 0 \quad ,$$

bei $x = 0$ den Wert $y = 1$ annimmt.

a) Man leite die Reihe (14.27b) her.

b) Man verifiziere die asymptotische Entwicklung (14.27a).

c) Wie viele Glieder der konvergenten Reihe (14.27b) benötigt man um $I_0(4)$ mit der gleichen Genauigkeit zu berechnen wie mit einem Glied (zwei Gliedern) der divergenten asymptotischen Reihe (14.27a)? Bei welcher Anzahl von Gliedern wird mit (14.27a) die höchste Genauigkeit erzielt?

6. Man entwickle die Ausdrücke

$$\sqrt{x + \epsilon} \quad , \qquad \sqrt{1 + \epsilon \ln x} \quad , \qquad e^{\epsilon x}$$

für $\epsilon \to 0$. Für welche x sind die Entwicklungen nicht gleichmäßig gültig?

7. *Symmetrisches Profil bei kleinem Anstellwinkel.* Welcher Differentialgleichung und welchen Randbedingungen muß die Störgröße ϕ_1 von der asymptotischen Entwicklung (14.30) genügen?

8. *Potentialströmung um eine Ellipse mit nahezu gleich langen Achsen.* Man berechne mit der Methode der asymptotischen Entwicklung die Stromfunktion für die ebene Potentialströmung (stationär, inkompressibel) um eine Ellipse, die nur wenig von einem Kreis abweicht (Achsenverhältnis $b/a = 1 - \epsilon$, $\epsilon \ll 1$) und kontrolliere durch direkte Entwicklung des exakten Ergebnisses, Gl. (17.15).

9. *Ebene Kompressionswellen mit kleinen Amplituden.* Kontinuitätsgleichung, Eulersche Bewegungsgleichung und Isentropiebeziehung (als Energiegleichung) sind für die eindimensionale, instationäre Strömung eines kompressiblen Mediums unter der Voraussetzung kleiner Störungen eines Ruhezustandes zu linearisieren. Durch Einführen eines Potentials läßt sich das lineare Gleichungssystem auf eine einzige partielle Differentialgleichung zweiter Ordnung, nämlich die Wellengleichung, reduzieren.

Anmerkung: Bei dem zu verwendenden Potential handelt es sich nicht um ein reines Geschwindigkeitspotential, weil auch der Druck (bzw. die Dichte) als eine partielle Ableitung des Potentials darzustellen ist.

15. Entwicklung nach mehr als einem Parameter

15.1. Vorbemerkungen

Wir hatten es bisher immer nur mit einem einzigen Entwicklungsparameter zu tun. Sofern zusätzliche Parameter auftraten, wie beispielsweise M_∞ bei der Linearisierung der gasdynamischen Grundgleichung im Abschnitt 14.1, wurden diese Parameter als $O(1)$ angesehen, d. h., sie blieben invariant während der Entwicklungsparameter gegen null strebte.

Natürlich gibt es auch physikalische Probleme, bei denen zwei (dimensionslose) Parameter auftreten, die jeder für sich sehr klein (oder sehr groß) sind. Man wird dann gewiß versuchen, das Problem mathematisch möglichst weitgehend zu vereinfachen, indem man asymptotische Entwicklungen nach *beiden* kleinen Parametern durchführt. Entsprechend wird man bei mehr als zwei kleinen Parametern vorgehen.

Bei der asymptotischen Entwicklung nach mehr als einem Parameter stößt man oft auf eine typische Schwierigkeit, die damit zusammenhängt, daß die Reihenfolge von zwei oder mehreren Grenzübergängen nicht immer vertauschbar ist. Ehe wir uns Beispielen aus der Strömungslehre, die auf partielle Differentialgleichungen führen, zuwenden, mögen die Verhältnisse an einfachen algebraischen Ausdrücken erläutert werden.

Nehmen wir an, wir hätten zwei Störparameter ϵ_1 und ϵ_2. Ferner seien a und b zwei (von ϵ_1 und ϵ_2 unabhängige) Konstanten, wobei $a \neq b$. Betrachten wir nun zunächst den Ausdruck

$$F = \frac{a + b\,\epsilon_1}{1 + \epsilon_2} \quad . \tag{15.1}$$

Für $\epsilon_1 \to 0$ und $\epsilon_2 \to 0$ strebt dieser Ausdruck dem Grenzwert $F = a$ zu, und zwar unabhängig von der Reihenfolge, in welcher die beiden Grenzübergänge ausgeführt werden, und auch unabhängig von der Größenordnung des Quotienten ϵ_1/ϵ_2 der beiden Störparameter. Das erste Reihenglied einer asymptotischen Entwicklung von F nach ϵ_1 und ϵ_2 ist also stets gleich a.

Ganz anders verhält sich der Ausdruck

$$G = \frac{a\,\epsilon_1 + b\,\epsilon_2}{\epsilon_1 + \epsilon_2} \quad . \tag{15.2}$$

Läßt man zuerst $\epsilon_1 \to 0$ und erst anschließend $\epsilon_2 \to 0$ streben, so erhält man den Grenzwert $G = b$. Läßt man umgekehrt zuerst $\epsilon_2 \to 0$ und dann $\epsilon_1 \to 0$ streben, so ergibt sich $G = a$. Die Vertauschung der Reihenfolge in der Ausführung der Grenzübergänge führt also hier zu einem anderen Ergebnis.

Statt die Grenzübergänge einen nach dem anderen in einer bestimmten Reihenfolge auszuführen, kann man die beiden Grenzübergänge auch gleichzeitig vornehmen, muß dabei allerdings die *relative Größenordnung* der Störparameter festlegen. Drei Fälle sind zu unterscheiden. Der Grenzwert von G für $\epsilon_1 \to 0$ und *gleichzeitig* $\epsilon_2 \to 0$ ergibt sich zu

$$\begin{aligned}
\text{(I)} \quad & G = a, \quad , & & \text{wenn } \epsilon_2 = o(\epsilon_1) \quad ; \\[4pt]
\text{(II)} \quad & G = b, \quad , & & \text{wenn } \epsilon_1 = o(\epsilon_2) \quad ; \\[4pt]
\text{(III)} \quad & G = \frac{aK + b}{K + 1} \quad , & & \text{wenn } \epsilon_1/\epsilon_2 = K = O(1) \quad .
\end{aligned} \tag{15.3}$$

Eine asymptotische Entwicklung von G, die sowohl nach ϵ_1 als auch nach ϵ_2 durchgeführt wird, beginnt also im Fall (I) mit der Größe a, im Fall (II) jedoch mit b und im Fall (III) mit $(a K + b)/(K + 1)$ als dem ersten Reihenglied. Die Zahl K, durch die das Größenverhältnis der Störparameter festgelegt ist, wird Kopplungsparameter genannt. Wie man an Gl. (15.3) sieht, können die Fälle (I) und (II) auch als Grenzfälle von (III) für $K \to \infty$ bzw. $K \to 0$ gedeutet werden.

15.2. Schwach kompressible Strömung um ein dünnes Profil: Vertauschbare Grenzübergänge

Im Einführungsbeispiel zu den Störungsmethoden betrachteten wir die Gasströmung um ein dünnes Profil und entwickelten die gasdynamische Grundgleichung nach Potenzen des kleinen Dickenverhältnisses ϵ. Dabei kümmerten wir uns nicht darum, daß neben dem Parameter ϵ auch noch die Anström-Machzahl M_∞ als Parameter auftrat. Es war stillschweigend vorausgesetzt worden, daß $M_\infty = O(1)$ bleibt, während $\epsilon \to 0$ geht.

Diese Voraussetzung soll nun fallengelassen werden, indem wir den Fall sehr kleiner Anström-Machzahlen untersuchen. Gegenstand dieses Abschnittes ist also eine asymptotische Entwicklung für $\epsilon \to 0$ und $M_\infty \to 0$.

Differentialgleichungen. Als Ausgangsgleichung dient wieder die Gleichung für das Geschwindigkeitspotential ϕ:

$$(c^2 - \phi_x^2)\,\phi_{xx} - 2\,\phi_x\,\phi_y\,\phi_{xy} + (c^2 - \phi_y^2)\,\phi_{yy} = 0 \tag{15.4}$$

mit

$$c^2 = M_\infty^{-2} + \frac{\kappa - 1}{2}(1 - \phi_x^2 - \phi_y^2) \qquad (M_\infty, \kappa = \text{const}) \quad . \tag{15.5}$$

Auch die asymptotische Entwicklung nach dem Dickenverhältnis wird wieder wie früher – Gl. (14.10) – angesetzt, doch behalten wir jetzt auch M_∞ als Parameter im Auge:

$$\phi(x, y; \epsilon, M_\infty) = x + \epsilon\,\varphi_1(x, y; M_\infty) + \epsilon^2\,\varphi_2(x, y; M_\infty) + \ldots \quad . \tag{15.6}$$

Die Störpotentiale φ_1 und φ_2, die ja noch von M_∞ abhängen, entwickeln wir jetzt aber noch für $M_\infty \to 0$, wozu wir die folgenden Ansätze machen:

$$
\begin{aligned}
\varphi_1(x, y; M_\infty) &= \varphi_1^{(0)}(x, y) + M_\infty^2\,\varphi_1^{(1)}(x, y) + M_\infty^4\,\varphi_1^{(2)}(x, y) + \ldots \quad ; \\
\varphi_2(x, y; M_\infty) &= \varphi_2^{(0)}(x, y) + M_\infty^2\,\varphi_2^{(1)}(x, y) + M_\infty^4\,\varphi_2^{(2)}(x, y) + \ldots \quad .
\end{aligned}
\tag{15.7}
$$

Die Entwicklung nach geraden Potenzen von M_∞ wird dadurch nahegelegt, daß in der Entwicklung der Ausgangsgleichung nach ϵ der Parameter M_∞ nur quadratisch auftritt, vgl. Gl. (14.11).

Die Reihenansätze (15.6) und (15.7) können zusammengefaßt werden zu der Doppelentwicklung

$$\phi = x + \epsilon\,\varphi_1^{(0)} + \epsilon\,M_\infty^2\,\varphi_1^{(1)} + \epsilon^2\,\varphi_2^{(0)} + O(\epsilon\,M_\infty^4) + O(\epsilon^2\,M_\infty^2) + O(\epsilon^3) \quad . \tag{15.8}$$

Da von den beiden Parametern ϵ und M_∞ lediglich angenommen wird, daß sie gegen null streben, über ihre Größenordnung relativ zueinander aber nichts bekannt ist, liegt auch die Größenordnung der gemischten Reihenglieder $\epsilon\,M_\infty^2\,\varphi_1^{(1)}$, $O(\epsilon\,M_\infty^4)$, $O(\epsilon^2\,M_\infty^2)$ usw. nicht genau fest. Zwar ist $\epsilon\,M_\infty^4$ klein gegen $\epsilon\,M_\infty^2$, aber nicht notwendigerweise auch klein gegen ϵ^2; $\epsilon\,M_\infty^4$ kann sogar groß gegen ϵ^2 sein! (Letzteres ist z. B. der Fall, wenn zwischen ϵ und M_∞ die Größenordnungsrelation $\epsilon = O(M_\infty^5)$ besteht.) Man könnte daraus den Schluß ziehen, daß man die Reihe nicht wie in Gl. (15.8) nach dem ϵ^2-Glied, sondern erst nach dem $\epsilon\,M_\infty^4$-Glied abbrechen sollte. Das nützt aber wenig, denn das darauffolgende Reihenglied mit der Größenordnung $\epsilon^2\,M_\infty^2$ ist zwar sicher klein gegen ϵ^2, aber nicht notwendigerweise auch klein gegen $\epsilon\,M_\infty^4$. Eine gewisse Ungewißheit über die Größenordnung der einzelnen Reihenglieder – und damit auch über die Größenordnung des Abbruchfehlers – bleibt also bestehen, solange die relative Größenordnung der beiden Entwicklungsparameter ϵ und M_∞ nicht festgelegt ist.

Bei Problemen von der Art des vorliegenden Beispiels bedeutet diese Ungewißheit aber kein Hindernis für die Durchführung der Entwicklung. Trägt man die Reihe (15.8) in die Gl. (15.4) ein, so folgt

$$(1 - M_\infty^2 + \ldots)(\epsilon \varphi_{1xx}^{(0)} + \epsilon M_\infty^2 \varphi_{1xx}^{(1)} + \epsilon^2 \varphi_{2xx}^{(0)} + \ldots) + $$
$$+ \ldots + (1 + \ldots)(\epsilon \varphi_{1yy}^{(0)} + \epsilon M_\infty^2 \varphi_{1yy}^{(1)} + \epsilon^2 \varphi_{2yy}^{(0)} + \ldots) = 0 \quad . \tag{15.9}$$

Sammelt man nun Glieder, die gleiche Potenzen *sowohl von* ϵ *als auch von* M_∞ aufweisen, und setzt man die so erhaltenen Ausdrücke für sich gleich null, so erhält man

für ϵ: $\varphi_{1xx}^{(0)} + \varphi_{1yy}^{(0)} = 0$; \hfill (15.10a)

für ϵM_∞^2: $\varphi_{1xx}^{(1)} + \varphi_{1yy}^{(1)} = \varphi_{1xx}^{(0)}$; \hfill (15.10b)

für ϵ^2: $\varphi_{2xx}^{(0)} + \varphi_{2yy}^{(0)} = 0$. \hfill (15.10c)

Diese Vorgangsweise ist offenbar berechtigt und auch erforderlich, wenn die einzelnen Glieder ϵ, ϵM_∞^2, ϵ^2 usw. verschiedene Größenordnung haben. Sie ist aber auch dann zu rechtfertigen, wenn beispielsweise $\epsilon M_\infty^2 = O(\epsilon^2)$. In diesem Fall stellen zwar $\epsilon M_\infty^2 \varphi_1^{(1)}$ und $\epsilon^2 \varphi_2^{(0)}$ in Gl. (15.8) Glieder gleicher Größenordnung dar und die Ausdrücke der Gln. (15.10b) und (15.10c) sollten eigentlich zu einer einzigen Gleichung zusammengefaßt werden. Doch die so entstehende zusammengesetzte Gleichung ist natürlich erfüllt, wenn jede der beiden Teilgleichungen (15.10b) und (15.10c) für sich erfüllt ist.

Randbedingungen. Zur Entwicklung der Randbedingungen geht man wie in Abschnitt 14.1 vor. Man erhält aus der Randbedingung an der Profiloberseite (Gl. (14.8))

für ϵ: $\varphi_{1y}^{(0)}(x, 0+) = h'(x)$; \hfill (15.11a)

für ϵM_∞^2: $\varphi_{1y}^{(1)}(x, 0+) = 0$; \hfill (15.11b)

für ϵ^2: $\varphi_{2y}^{(0)}(x, 0+) = h'(x)\,\varphi_{1x}^{(0)}(x, 0+) - h(x)\,\varphi_{1yy}^{(0)}(x, 0+)$. \hfill (15.11c)

Aus der Randbedingung im Unendlichen folgt einfach

$\varphi_1^{(0)} = \varphi_1^{(1)} = \varphi_2^{(0)} = \ldots = 0$ \qquad für $x^2 + y^2 \to \infty$ \hfill (stromauf) \hfill (15.12)

Diskussion der Ergebnisse. Aus der asymptotischen Entwicklung ergibt sich in erster Ordnung die Laplace-Gleichung (15.10a) mit der linearisierten Randbedingung (15.11a) und einer Abklingbedingung (15.12). Die Gasströmung um ein dünnes Profil bei kleinen Anström-Machzahlen kann also in erster Näherung wie die Strömung einer inkompressiblen Flüssigkeit um ein dünnes Profil behandelt werden. Die schwachen Kompressibilitätseffekte machen sich erst über Gl. (15.10b), also in einer zweiten Näherung bemerkbar. Mit Gl. (15.10c) und der Randbedingung (15.11c) berechnet sich schließlich auch der Dickeneffekt zweiter Ordnung wie für eine inkompressible Strömung. Die beiden Effekte zweiter Ordnung sind unabhängig voneinander (die Gleichungen für $\varphi_1^{(1)}$ enthalten nicht $\varphi_2^{(0)}$, und umgekehrt!) und setzen sich gemäß der Entwicklung (15.8) einfach additiv zusammen.

Die relative Größenordnung der beiden Entwicklungsparameter spielt somit für das vorliegende Störproblem keine Rolle. Die Grenzübergänge $\epsilon \to 0$ und $M_\infty \to 0$ sind also unabhängig voneinander, ihre Reihenfolge ist vertauschbar. Wir wissen aber schon aus den Vorbemerkungen, daß dies keineswegs bei allen Problemen der Fall ist. Das nun folgende Beispiel läßt die Schwierigkeiten erkennen, die für Störprobleme mit nicht vertauschbaren Grenzübergängen typisch sind, und zeigt die Vorgangsweise zur Lösung solcher Störprobleme.

15.3. Schallnahe Strömung um ein dünnes Profil: Nicht vertauschbare Grenzübergänge; Ähnlichkeitsgesetz

Versagen der Linearisierung für $M_\infty \to 1$. Schon im Abschnitt 14.2 haben wir festgestellt, daß die im Einführungsbeispiel durchgeführte Linearisierung der gasdynamischen Grundgleichung versagt, wenn $M_\infty \to 1$ geht. Wir wollen uns nunmehr diesem wichtigen Grenzfall zuwenden, wobei wir natürlich weiterhin daran festhalten werden, daß das Dickenverhältnis ϵ sehr klein ist, also $\epsilon \to 0$ streben möge. Es geht im folgenden also darum, eine asymptotische Entwicklung für

$$\epsilon \to 0 \quad \text{und gleichzeitig} \quad m = M_\infty^2 - 1 \to 0 \qquad (15.13)$$

aufzustellen, wobei anstelle der Anström-Machzahl M_∞ der Störparameter m als zweiter Parameter (neben ϵ) eingeführt wurde.

Um zunächst einmal die Ursache des Versagens der früheren Linearisierung zu ergründen, sehen wir uns die Störgleichungen (14.12) und (14.13) genauer an. Da jetzt $(1 - M_\infty^2) \to 0$ gehen soll, ist gar nicht mehr klar, ob der Ausdruck $\epsilon (1 - M_\infty^2) \varphi_{1xx}$ tatsächlich — wie vorausgesetzt — klein von höherer Ordnung gegenüber den zu ϵ^2 proportionalen Ausdrücken ist.

Dies allein würde aber noch keine ernste Schwierigkeit bedeuten, wenn wenigstens der größte Term (der sogenannte „führende" Term) — das ist in unserem Fall φ_{1yy} — ein sinnvolles Ergebnis lieferte. Aus $\varphi_{1yy} = 0$ erhält man aber sofort die allgemeine Lösung $\varphi_1 = a_0(x) + a_1(x)y$, deren freie Funktionen $a_0(x)$ und $a_1(x)$ aus den Randbedingungen bestimmt werden müßten. Aus der Randbedingung am Körper, Gl. (14.14), folgt $a_1(x) = h'(x)$, doch mit der solcherart festgelegten Funktion a_1 läßt sich die Randbedingung im Unendlichen, Gl. (14.16), nicht mehr erfüllen.

Störungsansatz für Schallnähe. Die für $m = O(1)$ erfolgreiche Entwicklung scheitert für $m \to 0$, wie wir soeben gesehen haben, an der Erfüllung der Randbedingung im Unendlichen. Wir müssen daher den Ansatz für die asymptotische Entwicklung derart abändern, daß zu φ_{1yy} noch ein anderer Term *gleicher Größenordnung* hinzukommt. Das kann wegen $\epsilon \to 0$ und $m \to 0$ nur einer der Terme auf der rechten Seite von Gl. (14.13) sein, aber auch diese Terme kommen nur dann in Frage, wenn Ableitungen von φ_1 nach y wesentlich kleiner sind als Ableitungen von φ_1 nach x. Die Ableitungen nach den von uns bisher verwendeten Koordinaten x, y müssen also — entgegen den zugrundeliegenden Voraussetzungen — verschiedene Größenordnung haben. Wir ziehen daraus den für das Gelingen der asymptotischen Entwicklung entscheidenden Schluß, daß wir eine *Koordinatenstreckung* durchführen müssen, und zwar derart, daß im neuen Koordinatensystem die Ableitungen nach beiden Koordinaten von gleicher Größenordnung werden.

Dementsprechend führen wir durch

$$Y = \sigma(\epsilon) y \qquad (15.14)$$

eine neue Querkoordinate Y ein und machen anschließend für das Geschwindigkeitspotential ϕ den Störansatz

$$\phi(x, y; \epsilon, m) = x + \delta_1(\epsilon) \varphi_1(x, Y; K) + \dots$$
$$\text{mit } K = m/k(\epsilon) \quad . \qquad (15.15)$$

Von den noch unbestimmten Vergleichsfunktionen $\sigma(\epsilon)$, $\delta_1(\epsilon)$ und $k(\epsilon)$ wird vorausgesetzt, daß sie mit $\epsilon \to 0$ gegen null streben. Man beachte, daß das Störpotential φ_1 als Funktion von x, Y statt von x, y angesetzt wurde!

Wichtig ist ferner, daß in φ_1 als Parameter nicht der zweite Störparameter m selbst auftritt, sondern eine gewisse, vorläufig noch unbestimmte „Kombination" aus den beiden Störparametern ϵ und m. Dieser *Kopplungsparameter* K ermöglicht es, die relative Größenordnung von ϵ und m zueinander festzulegen, da ja durch K = const eine Beziehung zwischen ϵ und m hergestellt wird.

Der wesentliche methodische Unterschied zwischen der jetzigen Entwicklung und der früher durchgeführten Linearisierung der gasdynamischen Gleichung besteht also darin, daß jetzt beim Grenzübergang $\epsilon \to 0$ (und $m \to 0$) die gestreckte Koordinate Y und der Parameter K festgehalten werden, während früher der Grenzübergang $\epsilon \to 0$ mit festgehaltenem y und M_∞ – d. h. auch mit festgehaltenem m – betrachtet worden war.

Entwicklung der Differentialgleichung und Randbedingungen. Nach diesen grundsätzlichen Überlegungen ist die eigentliche Durchführung der Entwicklung eine Routinearbeit. Man erhält für die ersten Ableitungen des Potentials aus Gl. (15.15) sofort

$$\phi_x = 1 + \delta_1 \varphi_{1x} + \ldots \quad ; \qquad \phi_y = \delta_1 \sigma \varphi_{1Y} + \ldots \tag{15.16}$$

und entsprechende Ausdrücke für die zweiten Ableitungen. Einsetzen in die Ausgangsgleichung (15.4) und die Hilfsgleichung (15.5) liefert zunächst

$$[1 - M_\infty^2 - (\kappa + 1) \delta_1 M_\infty^2 \varphi_{1x} + \ldots] \delta_1 \varphi_{1xx} + \ldots - 2 \delta_1^2 \sigma^2 M_\infty^2 \varphi_{1Y} \varphi_{1xY} + \ldots +$$
$$+ [1 - (\kappa - 1) \delta_1 M_\infty^2 \varphi_{1x} + \ldots] \delta_1 \sigma^2 \varphi_{1YY} + \ldots = 0 \quad . \tag{15.17}$$

Ersetzt man nun noch M^2 durch $1 + m$ mit $m = Kk(\epsilon) \to 0$ und läßt man alle Ausdrücke fort, die für $\delta_1 \to 0$ und $\sigma \to 0$ klein gegen andere Ausdrücke werden, so reduziert sich Gl. (15.17) auf die Differentialgleichung

$$[Kk + (\kappa + 1) \delta_1 \varphi_{1x} + \ldots] \varphi_{1xx} - \sigma^2 \varphi_{1YY} + \ldots = 0 \quad . \tag{15.18}$$

Ganz entsprechend werden die Randbedingungen entwickelt. Aus Gl. (14.8), das ist die Randbedingung an der Profiloberseite, folgt nach kurzer Zwischenrechnung

$$\delta_1 \sigma \varphi_{1Y} (x, 0+) = \epsilon h'(x) \quad . \tag{15.19}$$

Die Randbedingung im Unendlichen drückt wieder das Verschwinden der Störungen sehr weit vor dem Profil aus:

$$\varphi_1 = 0 \qquad \text{für } x^2 + Y^2 \to \infty \qquad \text{(stromauf)} \quad . \tag{15.20}$$

Um nun die noch unbestimmten Vergleichsfunktionen $k(\epsilon)$, $\delta_1(\epsilon)$ und $\sigma(\epsilon)$ festzulegen, stellen wir mit einem Blick auf die Differentialgleichung (15.18) die folgenden Überlegungen an.

Damit man nicht wieder zur linearisierten Gleichung für das Geschwindigkeitspotential mit dem bereits bekannten Versagen der Lösung für $m \to 0$ ($M_\infty \to 1$) kommt, wird der nichtlineare Term $(\kappa + 1) \delta_1 \varphi_{1x} \varphi_{1xx}$ benötigt. Umgekehrt darf aber auch der Ausdruck $\sigma^2 \varphi_{1YY}$ nicht entfallen, weil man mit der allgemeinen Lösung der verbleibenden Gleichung $\varphi_{1xx} = 0$ an der Erfüllung der Randbedingungen scheitert. Da außerdem der Parameter K erhalten bleiben soll[1]), müssen alle drei unbestimmten Vergleichsfunktionen von gleicher Größenordnung sein. Wir setzen daher

$$k = \delta_1 = \sigma^2 \quad . \tag{15.21}$$

Wie man sieht, läuft unsere Festlegung der Vergleichsfunktionen darauf hinaus, daß möglichst viele Glieder der Differentialgleichung bestehen bleiben (*Prinzip der geringsten Entartung*).

Als eine weitere Größenordnungsbeziehung folgt aus der Randbedingung (15.19), daß $\delta_1 \sigma$ und ϵ von gleicher Größenordnung sein müssen. Dementsprechend setzen wir

$$\delta_1 \sigma = \epsilon \quad . \tag{15.22}$$

---

[1]) Würde man statt dessen k derart wählen, daß der zu K proportionale Ausdruck in Gl. (15.18) vernachlässigbar klein wird, also $k = o(\delta_1)$ setzen, so erhielte man eine Differentialgleichung, welche in unserem Ergebnis (15.25) als Spezialfall K = 0 (Anströmung mit Schallgeschwindigkeit) enthalten ist.

Aus den Gln. (15.21) und (15.22) ergeben sich schließlich die gesuchten Vergleichsfunktionen zu

$$\sigma = \epsilon^{1/3} \quad , \qquad k = \delta_1 = \epsilon^{2/3} \quad , \tag{15.23}$$

und der Kopplungsparameter K stellt sich als

$$K = m\,\epsilon^{-2/3} = \frac{M_\infty^2 - 1}{\epsilon^{2/3}} \tag{15.24}$$

dar.

Ergebnis. Als Ergebnis der Störungsrechnung erhalten wir aus den Gln. (15.18) bis (15.20) die *nicht-lineare* Differentialgleichung

$$[K + (\kappa + 1)\,\varphi_{1x}]\,\varphi_{1xx} - \varphi_{1YY} = 0 \tag{15.25}$$

mit den Randbedingungen

$$\varphi_{1Y}(x, 0+) = h'(x) \quad ; \tag{15.26}$$

$$\varphi_1 = 0 \qquad \text{für } x^2 + Y^2 \to \infty \qquad \text{(stromauf)} \quad . \tag{15.27}$$

Falls Verdichtungsstöße auftreten, müssen diese Randbedingungen noch durch die Stoßrelationen, die ebenfalls für Schallnähe zu entwickeln sind, ergänzt werden. (Vgl. z. B. *Zierep* 1976, S. 317; oder *Oswatitsch* 1977.)

Gl. (15.25) ist unter dem Namen *schallnahe Gleichung* bekannt. Ihre Lösung ist wegen der Nichtlinearität zwar schwierig, aber doch beträchtlich einfacher als eine Lösung der vollständigen Gl. (15.4).

Ähnlichkeitsgesetz. Abgesehen von der Vereinfachung der Differentialgleichung ist die durchgeführte asymptotische Entwicklung auch insofern von großer Bedeutung, als sie uns die Möglichkeit gibt, aus einer bekannten schallnahen Strömung um ein dünnes Profil durch eine einfache Umrechnung eine schallnahe Strömung um ein *affin verzerrtes* Profil (gleiches h (x), aber anderes Dickenverhältnis ϵ) zu gewinnen. Die Anström-Machzahl für das affin verzerrte Profil ist dabei so zu bestimmen, daß der Parameter K in den Vergleichsfällen übereinstimmt: Gemäß Gl. (15.25) stimmt dann auch das „reduzierte Störpotential" φ_1 für die Vergleichsströmungen überein (Bild 15.1).

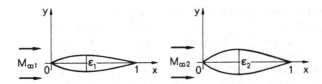

Bild 15.1. Ähnlichkeitsgesetz für schallnahe Strömung: Das reduzierte Störpotential φ_1 stimmt in den Vergleichsfällen überein, wenn $(M_{\infty_1}^2 - 1)\,\epsilon_1^{-2/3} = (M_{\infty_2}^2 - 1)\,\epsilon_2^{-2/3}$.

Man pflegt in der Gasdynamik solche Aussagen über affine Profile als *Ähnlichkeitsgesetze* zu bezeichnen, obwohl man sie treffender als Affinitätsgesetze bezeichnen könnte. Die aus den Störparametern zusammengesetzten Kopplungsparameter, welche die relative Größenordnung der Störparameter zueinander festlegen und in den Vergleichsströmungen übereinstimmen müssen, nennt man dementsprechend auch *Ähnlichkeitsparameter*. In unserem speziellen Fall handelt es sich um das *schallnahe Ähnlichkeitsgesetz*, der Parameter $K = (M_\infty^2 - 1)\,\epsilon^{-2/3}$ stellt den *schallnahen Ähnlichkeitsparameter* dar. Derartige Ähnlichkeitsgesetze sind für die Gasdynamik von fundamentaler Bedeutung; vgl. *Zierep* (1972).

Abgrenzung der Gültigkeitsbereiche. Für schallnahe Strömungen, wie wir sie soeben behandelt haben, muß beim Grenzübergang $\epsilon \to 0$ und $m \to 0$ ($M_\infty \to 1$) der schallnahe Ähnlichkeitsparameter K invariant bleiben, d.h. $K = O(1)$. Praktisch bedeutet das, daß man es dann mit einer schallnahen Strömung zu tun hat, wenn der aus den Zahlenwerten der beiden kleinen Störparameter ϵ und m berechnete Parameter K nicht wesentlich größer als 1 ist. Ist speziell $K = 0$, so handelt es sich um Schall-Anströmung ($M_\infty = 1$). Geht hingegen $K \to \pm \infty$ (bei endlichem M_∞), so verläßt man den Bereich der schallnahen Strömung und kommt in die Gebiete der Über- bzw. Unterschallströmung, in denen man die gasdynamische Grundgleichung – wie im Abschnitt 14.1 dargelegt – linearisieren darf.

Ergänzung. Betrachtet man Strömungen von zwei verschiedenen Gasen, so muß man auch die Möglichkeit unterschiedlicher Werte von κ (Verhältnis der spezifischen Wärmen bei konstantem Druck und konstantem Volumen) in Betracht ziehen. Man kann diesen zusätzlichen Parameter aber in das Störpotential sowie in den schallnahen Ähnlichkeitsparameter und in die Streckung der Querkoordinate einbeziehen, indem man $\overline{\varphi}_1 = (\kappa + 1)^{1/3} \varphi_1$, $\overline{K} = (\kappa + 1)^{-2/3} K$ und $\overline{Y} = (\kappa + 1)^{1/3} Y$ einführt. Dadurch kommt man zu einer von κ unabhängigen Form der schallnahen Gleichung mit ebenfalls von κ unabhängigen Randbedingungen. Das derart erweiterte Ähnlichkeitsgesetzt ermöglicht es, schallnahe Strömungen von Gasen mit unterschiedlichem κ miteinander zu vergleichen und entsprechende Umrechnungen der Strömungsgrößen vorzunehmen.

Übungsaufgaben

1. *Hydrodynamische Schmierungstheorie.* Die Fähigkeit eines Gleitlagers, Belastungen aufzunehmen, ohne daß es zu einer Berührung zwischen Zapfen und Lagerschale kommt, beruht auf dem hohen Druck, der sich bei der Strömung einer zähen Flüssigkeit (Schmiermittel) zwischen zwei relativ zueinander bewegten Flächen einstellt, wenn die Spaltweite klein ist und die Flächen leicht zueinander geneigt sind (Bild 15.2). Als Ausgangsgleichung zur Berechnung der Strömung im Spalt kann man die Wirbeltransportgleichung für die Stromfunktion heranziehen (s. Übungsaufgabe 2 von Kapitel 2). Man entwickle für kleine reduzierte Reynoldszahl

   $Re^* = \dfrac{Ul}{\nu} \left(\dfrac{h_1}{l}\right)^2$ und kleine relative Spaltweite h_1/l bis zu Gliedern zweiter Ordnung einschließlich und

   diskutiere die physikalische Bedeutung der einzelnen Reihenglieder. Für die Gleichung erster Ordnung ist die Lösung anzugeben und der Druck durch Integration der Bewegungsgleichung in Längsrichtung zu berechnen. Eine freie Konstante, die aus der Haftbedingung an den Wänden nicht mehr bestimmt werden kann, wird üblicherweise aus der Bedingung ermittelt, daß der Druck auf beiden Seiten des Gleitschuhes gleich sein soll. Besonders einfache Ergebnisse erhält man für ebene Flächen. (Eine Lösung zweiter Ordnung wurde von *Kahlert* (1948) angegeben.)

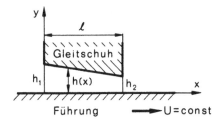

Bild 15.2
Zur hydrodynamischen Schmierungstheorie

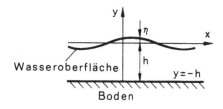

Bild 15.3. Schwerewellen

2. *Schwerewellen kleiner Amplitude im tiefen bzw. seichten Wasser.* Schwerewellen in Wasser konstanter Tiefe h (Bild 15.3) werden durch das folgende Gleichungssystem für die Geschwindigkeitskomponenten u, v, den Druck p und die Auslenkung $\eta (x, t)$ der Wasseroberfläche beschrieben (mit g als Schwerebeschleunigung);

Kontinuitätsgleichung: $\dfrac{\partial u}{\partial x} + \dfrac{\partial v}{\partial y} = 0$;

Bewegungsgleichungen:

$$\frac{\partial u}{\partial t} + u\frac{\partial u}{\partial x} + v\frac{\partial u}{\partial y} = -\frac{1}{\rho}\frac{\partial p}{\partial x} \quad ;$$

$$\frac{\partial v}{\partial t} + u\frac{\partial v}{\partial x} + v\frac{\partial v}{\partial y} = -\frac{1}{\rho}\frac{\partial p}{\partial y} - g \quad ;$$

Randbedingung am Boden: $v(x, -h, t) = 0 \quad ;$

Randbedingungen an freier Oberfläche: $p(x, \eta, t) = 0 \quad ;$

$\qquad\qquad\qquad\qquad\qquad\qquad v(x, \eta, t) = \eta_t + u\,\eta_x$

a) Man entwickle für kleine Auslenkungsamplituden (bezogen auf die Wellenlänge), wobei die Wassertiefe von der Größenordnung der Wellenlänge oder größer sei. (Linearisierung.)

b) Man entwickle für kleine Auslenkungsamplituden und kleine Wassertiefen (beide bezogen auf die Wellenlänge). Unter welcher Bedingung vereinfachen sich die nichtlinearen Gleichungen erster Ordnung („Theorie des seichten Wassers") zu linearen Gleichungen („linearisierte Theorie des seichten Wassers")?

Anmerkung: In Fall a) kann man alle Längen mit der Wellenlänge dimensionslos machen; in Fall b) ist für die y-Koordinate jedoch die Wassertiefe h als Referenzlänge zu wählen. (Dies entspricht der Koordinatenverzerrung im Abschnitt 15.3.) Als Referenzgeschwindigkeit eignet sich in beiden Fällen $\sqrt{gh}$.

Literaturhinweise zu Teil C

Einen weitreichenden und vielseitigen Überblick über Störungsmethoden gibt *Nayfeh* (1973). Auf Anwendungen in der Strömungslehre ausgerichtet ist das viel zitierte Buch von *Van Dyke* (1975a). Eine ausführliche Darstellung der Entwicklung nach zwei Parametern findet man bei *Cole* (1968). Schließlich sei noch das leicht lesbare Buch von *Bellmann* (1967) genannt.

Teil D

Lösungsmethoden für lineare partielle Differentialgleichungen

Einleitung

Die linearen partiellen Differentialgleichungen, deren Lösung wir uns nun zuwenden, treten in der Strömungslehre als Folge gewisser physikalischer Idealisierungen (inkompressible Flüssigkeit, reibungsfreie Strömung u. ä.) auf oder stellen sich als Resultat einer mathematischen „Vorbehandlung" (asymptotische Entwicklung, Variablentransformationen u. a.) der ursprünglich nichtlinearen Gleichungen ein.

Im folgenden werden einige für die Strömungslehre wichtige Methoden zur Lösung linearer partieller Differentialgleichungen behandelt.

Zur Auswahl der Methoden in diesem Teil sei bemerkt, daß alle Methoden, die für die Lösung nichtlinearer Probleme nützlich sind, natürlich auch zur Lösung linearer Probleme Verwendung finden können. Allerdings kommt das in der Praxis nicht allzu häufig vor, weil für lineare Gleichungen in der Regel leistungsfähigere Lösungsmethoden zur Verfügung stehen als für nichtlineare Gleichungen. Die Aufteilung der Methoden auf die beiden Buchteile B und D wurde deshalb – zugegebenermaßen etwas willkürlich – so vorgenommen, daß der Teil D im wesentlichen solche Methoden enthält, die zur Lösung nichtlinearer Differentialgleichungen nicht (oder nur in seltenen Ausnahmefällen) geeignet sind. Nur die Methode der Variablen-Separation wurde in beide Teile aufgenommen, einesteils weil sie als Grundlage für andere Methoden sowohl bei linearen als auch bei nichtlinearen Problemen wichtig ist, und andernteils, weil sich gewisse charakteristische Unterschiede bei der Anwendung dieser Methode auf lineare bzw. nichtlineare Differentialgleichungen zeigen.

16. Wichtige Eigenschaften linearer Differentialgleichungen

Zu den wichtigsten Vorzügen der linearen (gewöhnlichen oder partiellen) Differentialgleichungen gehört es, die Superposition (Überlagerung) von Lösungen zu ermöglichen. Darunter versteht man, daß

a) die Summe zweier Lösungen einer *linearen homogenen* Differentialgleichung wieder eine Lösung dieser Differentialgleichung ist, und daß

b) die Summe aus einer Lösung einer *linearen inhomogenen* Differentialgleichung und einer Lösung der zugehörigen homogenen Differentialgleichung eine neue Lösung der inhomogenen Gleichung ergibt.

Hinzu kommt noch, daß man

c) aus einer Lösung einer *linearen homogenen* Differentialgleichung durch Multiplikation mit einem konstanten Faktor wieder eine Lösung der Gleichung erhält.

Aus diesen Grundeigenschaften linearer Differentialgleichungen lassen sich interessante Verfahren zum Auffinden von Lösungen herleiten. Falls eine bereits bekannte Lösung einer linearen homogenen Differentialgleichung einen Parameter enthält, können neue Lösungen durch *Integration über den Parameter oder Differentiation nach dem Parameter* gewonnen werden. (Handelt es sich speziell um eine lineare homogene Differentialgleichung *mit konstanten Koeffizienten,* dann ergeben sich darüber hinaus sogar durch Integration oder Differentiation bezüglich einer unabhängigen *Variablen* neue Lösungen.)

Die Superposition von Lösungen stellt zusammen mit den genannten Abwandlungen ein sehr wirksames Hilfsmittel zur Lösung von linearen Differentialgleichungen unter bestimmten Rand- oder Anfangsbedingungen dar. Man kann nämlich versuchen, irgendwie gefundene Partikulärlösungen so lange zusammenzusetzen, bis die Rand- und Anfangsbedingungen erfüllt sind.

Bei der nun folgenden Besprechung der einzelnen Methoden werden uns mannigfache Beispiele für die Anwendung der Superposition von Lösungen begegnen.

Übungsaufgabe

Integration und Differentiation nach einem Parameter. Ausgehend von der Gültigkeit des Superpositionsprinzips zeige man, daß man durch Integration oder Differentiation der Lösung einer linearen homogenen Differentialgleichung bezüglich eines Parameters wieder eine Lösung der Gleichung erhält.

17. Separation der Variablen bei linearen Problemen

17.1. Einführungsbeispiel: Potentialströmung um ein elliptisches Profil

Aufgabenstellung. Zur Berechnung der ebenen, inkompressiblen Potentialströmung um ein elliptisches Profil, welches parallel zur größeren Achse angeströmt wird (Bild 17.1), gehen wir von der Laplace-Gleichung für die Stromfunktion aus:

$$\Delta \psi \equiv \psi_{xx} + \psi_{yy} = 0 \quad . \qquad (17.1)$$

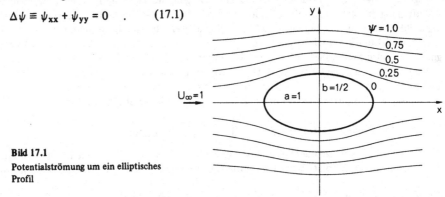

Bild 17.1
Potentialströmung um ein elliptisches
Profil

Anstatt mit der Stromfunktion könnte man auch mit dem Geschwindigkeitspotential arbeiten, doch werden die Randbedingungen für die Stromfunktion einfacher. Sie lauten

$$\psi = 0 \qquad\qquad \text{auf } \frac{x^2}{a^2} + \frac{y^2}{b^2} = 1 \quad ; \qquad\qquad (17.2a)$$

$$\psi = y \qquad\qquad \text{für } x^2 + y^2 \to \infty \quad . \qquad\qquad (17.2b)$$

Die Randbedingung (17.2a) besagt, daß die elliptische Profilkontur Stromlinie sein muß, während die Randbedingung (17.2b) die Strömung in unendlich großer Entfernung vom elliptischen Profil als eine Parallelströmung mit der konstanten Geschwindigkeit $U_\infty = 1$ vorschreibt. Auch hier sind wieder alle Geschwindigkeiten auf die Anströmgeschwindigkeit bezogen.

Die Lösung von Gl. (17.1) mit den Randbedingungen (17.2a) und (17.2b) ist allerdings nicht eindeutig, weil die Zirkulation um das Profil noch nicht festgelegt ist. Wir ergänzen deshalb das Randwertproblem durch die zusätzliche Bedingung, daß die Strömung symmetrisch bezüglich der x-Achse sein möge.

Das derart gestellte Problem soll nun durch Separation der Variablen gelöst werden. Dazu sind jedoch noch einige Vorarbeiten erforderlich.

Koordinaten-Transformation. Wesentlich für das Gelingen der Methode der Variablen-Separation ist die Wahl eines geeigneten Koordinatensystems, vor allem im Hinblick auf die Randbedingungen. Wo immer dies möglich ist, wird man ein neues Koordinatensystem so einführen, daß Kurven (bzw. Flächen), auf welchen Randbedingungen vorgeschrieben sind, mit Koordinatenlinien (bzw. Koordinatenflächen) zusammenfallen. Damit soll die Möglichkeit geschaffen werden, daß mit einem Separationsansatz nicht nur die Differentialgleichung, sondern auch die Randbedingungen möglichst einfach zu befriedigen sind.

Für die Strömung um eine Ellipse wird man daher *elliptische Koordinaten* ξ, η einführen, welche mit den kartesischen Koordinaten x, y durch

$$x = K \cosh \xi \cos \eta \quad ;$$
$$y = K \sinh \xi \sin \eta \tag{17.3}$$

(mit K = const) verknüpft sind. Es gilt $0 \leqq \xi \leqq \infty$ und $0 \leqq \eta \leqq 2\pi$. Man überzeugt sich leicht, daß die Koordinatenlinien ξ = const eine Schar von Ellipsen und die Koordinatenlinien η = const eine Schar von Hyperbeln darstellen. Alle Koordinatenlinien haben dieselben Brennpunkte (x = ± K, y = 0), es handelt sich also bei den Koordinatenlinien um konfokale Kegelschnitte.

Die Konstante K ist so zu bestimmen, daß eine bestimmte Koordinatenlinie $\xi = \xi_0$ = const mit der Profilellipse (gegeben durch die Halbachsen a und b, b < a) zusammenfällt. Für die Koordinaten der Scheitelpunkte müssen daher folgende Beziehungen gelten:

$$a = K \cosh \xi_0 \quad , \qquad b = K \sinh \xi_0 \quad . \tag{17.4}$$

Daraus folgt

$$K = \sqrt{a^2 - b^2} \quad , \qquad \xi_0 = \text{Ar sinh} \, (b/\sqrt{a^2 - b^2}) \quad . \tag{17.5}$$

Damit ist das Koordinatensystem ξ, η eindeutig festgelegt und die Koordinate ξ_0 der Profilkontur bestimmt.

Als nächstes muß die Differentialgleichung (17.1) auf die neuen Koordinaten transformiert werden. Nach einigen Zwischenrechnungen (unter Verwendung der Kettenregel für partielle Ableitungen) oder − bequemer − durch Nachschlagen in einem Handbuch (z. B. *Korn* und *Korn* (1968), S. 183) findet man für den Laplace-Operator in elliptischen Koordinaten die Darstellung

$$\Delta = \frac{1}{K^2 (\sinh^2 \xi + \sin^2 \eta)} \left(\frac{\partial^2}{\partial \xi^2} + \frac{\partial^2}{\partial \eta^2} \right) \quad . \tag{17.6}$$

Damit geht Gl. (17.1) über in

$$\psi_{\xi\xi} + \psi_{\eta\eta} = 0 \quad . \tag{17.7}$$

Die Laplace-Gleichung hat demnach in elliptischen Koordinaten dieselbe Form wie in kartesischen Koordinaten. Was die Differentialgleichung betrifft, sind die beiden Koordinatensysteme also durchaus gleichwertig. Wesentliche Unterschiede zeigen sich jedoch, wie zu erwarten, bei den Randbedingungen. Die Gln. (17.2a) und (17.2b) gehen über in

$$\psi = 0 \qquad \text{auf } \xi = \xi_0 \quad ; \tag{17.8a}$$

$$\psi = K \sinh \xi \sin \eta \qquad \text{für } \xi \to \infty \quad . \tag{17.8b}$$

Separation der Variablen und Ergebnis. Um die partielle Differentialgleichung (17.7) mit den Randbedingungen (17.8a) und (17.8b) zu lösen, machen wir nun den *Separationsansatz*:

$$\psi(\xi, \eta) = f(\xi)\, g(\eta) \quad . \tag{17.9}$$

Einsetzen in die Differentialgleichung (17.7) liefert

$$f''(\xi)\, g(\eta) + f(\xi)\, g''(\eta) = 0 \quad . \tag{17.10}$$

Diese Gleichung läßt sich leicht auf die Form

$$\frac{f''(\xi)}{f(\xi)} = -\frac{g''(\eta)}{g(\eta)} \tag{17.11}$$

bringen, in welcher die unabhängigen Variablen ξ und η separiert (durch ein Gleichheitszeichen „getrennt") sind.

Da ξ und η unabhängig voneinander variiert werden können, kann die Gleichung (17.11) nur erfüllt sein, wenn sich die Ausdrücke auf beiden Seiten der Gleichung nicht mit ξ bzw. η ändern. Beide Gleichungsseiten müssen daher gleich ein und derselben Konstanten sein. Wir führen diese Konstante versuchsweise als positive reelle Zahl k^2 ein. (Würden wir sie als negative reelle Zahl $-k^2$ einführen, so würde sich schnell zeigen, daß sich hiermit die Randbedingungen nicht erfüllen lassen.)

Die Gl. (17.11) spaltet sich damit in die beiden gewöhnlichen Differentialgleichungen

$$f'' = k^2 f \quad ; \qquad g'' = -k^2 g \tag{17.12}$$

auf. Sie haben die allgemeinen Lösungen

$$\begin{aligned} f &= A \sinh k\xi + B \cosh k\xi \quad ; \\ g &= C \sin k\eta + D \cos k\eta \quad . \end{aligned} \tag{17.13}$$

Für die gesuchte Funktion ψ haben wir somit die Darstellung

$$\psi = (A \sinh k\xi + B \cosh k\xi)(C \sin k\eta + D \cos k\eta) \tag{17.14}$$

gewonnen. Die fünf Konstanten k, A, B, C und D sind aus den Randbedingungen (17.8a) und (17.8b) zu bestimmen. Nach einer kurzen Zwischenrechnung findet man schließlich als Ergebnis

$$\psi = \sqrt{\frac{a+b}{a-b}}\,(a \sinh \xi - b \cosh \xi) \sin \eta \quad . \tag{17.15}$$

Man sieht nachträglich auch am Resultat, daß ein Separationsansatz in kartesischen Koordinaten nicht zielführend gewesen wäre, weil eben die Lösung des gestellten Problems nicht eine entsprechende Form hat.

Für Anwendungen besonders interessant ist die Geschwindigkeit an der Profiloberfläche. Für den Geschwindigkeitsbetrag W gilt $W^2 = \psi_x^2 + \psi_y^2$ und aus Gl. (17.15) ergibt sich nach einiger Rechnung für $\xi = \xi_0$ (Profiloberfläche):

$$W = (a+b)\left[\frac{a^2 - x^2}{a^4 - (a^2 - b^2)\, x^2}\right]^{1/2} \quad . \tag{17.16}$$

Die dargestellte Methode läßt sich in ähnlicher Weise auch auf die dreidimensionale Strömung um ein Ellipsoid anwenden. Man vergleiche hierzu die Übungsaufgabe 4.

17.2. Fortschreitende harmonische Wellen

Einführung

Wir betrachten zunächst wieder das in Abschnitt 4.3 beschriebene Kolbenproblem (Bild 4.8). Die Lösung für eine beliebige Kolbenbahn $x_K(t)$ wurde bereits in Gl. (4.19) angegeben. Hier wollen wir nun den speziellen Fall untersuchen, daß der Kolben harmonische Schwingungen von der Form

$$x_K = A \cos \omega t \qquad (A, \omega = \text{const}) \qquad (17.17)$$

ausführt. Dabei ist A die Amplitude der Kolbenbewegung und ω die (positive) Kreisfrequenz, die im folgenden kurz Frequenz genannt wird. Die Periode der Schwingung (Schwingungsdauer) ist durch $2\pi/\omega$ gegeben.

Setzt man Gl. (17.17) in die Lösung (4.19) ein, so erhält man das Potential

$$\phi = -c_0 A \cos[\omega(t - x/c_0)] \quad . \qquad (17.18)$$

Führt man noch die *Wellenzahl* $k = \omega/c_0$ und eine neue Konstante $C = -c_0 A$ als Amplitude des Potentials ein, so geht Gl. (17.18) über in

$$\phi = C \cos(\omega t - k x) \quad . \qquad (17.19)$$

Dies ist das Potential einer *harmonischen Welle*, die mit der konstanten Geschwindigkeit $c_0 = \omega/k$ in positiver x-Richtung fortschreitet. Die Wellenlänge ist durch $2\pi/k$ gegeben, so daß die Wellenzahl k ihrem Namen entsprechend als die Anzahl der Wellen auf einer Strecke mit der Länge 2π zu deuten ist. Zwischen Wellenlänge und Wellenzahl besteht somit die gleiche Beziehung wie zwischen Schwingungsdauer und Frequenz.

Zur Darstellung von harmonischen Wellen bedient man sich gerne der vorteilhaften komplexen Schreibweise. Auf Grund der Eulerschen Formel $e^{i\varphi} = \cos\varphi + i\sin\varphi$ kann man das Potential (17.19) auffassen als den Realteil einer komplexen Funktion:

$$\phi = Re[C e^{i(\omega t - k x)}] \quad . \qquad (17.20)$$

Zur Vereinfachung der Schreibweise läßt man das Symbol Re fort, wo immer das ohne die Gefahr einer Fehldeutung möglich ist, und schreibt einfach

$$\phi = C e^{i(\omega t - k x)} \quad . \qquad (17.21)$$

Wenn man auch mit derartigen Ausdrücken ebenso wie mit „gewöhnlichen" komplexen Zahlen rechnet, so muß man doch die Übereinkunft im Auge behalten, daß immer nur der Realteil gemeint ist.

Formt man schließlich noch Gl. (17.21) zu

$$\phi = C e^{i\omega t} e^{-i k x} = f(t) g(x) \qquad (17.22)$$

um, so wird der Zusammenhang mit der Methode der Variablen-Separation deutlich. Die Funktionen f und g sind aber jetzt als komplexe Funktionen aufzufassen.

17.2.1. Dispersion; Phasen- und Gruppengeschwindigkeit

Bei den soeben behandelten akustischen Wellen (Schallwellen) war die Ausbreitungsgeschwindigkeit unabhängig von der Frequenz der Welle. Daß dies keineswegs immer so ist, und welche interessanten Konsequenzen sich hieraus ergeben, möge am Beispiel von Schwerewellen (Oberflächenwellen als Folge der Schwerkraft) gezeigt werden.

Unter den üblichen Voraussetzungen (ebene, drehungsfreie Strömung, inkompressible Flüssigkeit) existiert ein Geschwindigkeitspotential $\phi(x, y, t)$, welches der Laplace-Gleichung

$$\phi_{xx} + \phi_{yy} = 0 \tag{17.23}$$

genügen muß; x und y sind kartesische Koordinaten, wobei die y-Achse vertikal nach oben zeigt und die x-Achse in jener horizontalen Ebene liegt, welche von der Flüssigkeitsoberfläche im Gleichgewichtszustand (ungestörter Ruhezustand) gebildet wird (vgl. Bild 15.3).

Die Flüssigkeitsoberfläche besteht stets aus denselben Teilchen. Um diese physikalische Aussage als Randbedingung zu formulieren, gehen wir von der Annahme aus, daß die Auslenkung der Flüssigkeitsoberfläche aus der horizontalen Gleichgewichtslage sehr klein im Vergleich zur Wellenlänge sei. Dann muß zunächst einmal die zeitliche Ableitung der Auslenkung gleich sein der vertikalen Geschwindigkeitskomponente ϕ_y an der Oberfläche. Wegen der kleinen Amplituden kann man diese kinematische Bedingung aber in erster Näherung auf der ungestörten, ebenen Oberfläche $y = 0$ statt auf der tatsächlichen Oberfläche vorschreiben. (Vgl. Störungsmethoden, Abschnitt 14.1, Entwicklung der Randbedingungen.) Ersetzt man noch auf Grund der Bernoulli-Gleichung für instationäre Strömungen die Auslenkung der Oberfläche durch

$$-\frac{1}{g}\left(\frac{p_0}{\rho} + \phi_t\right) \quad ,$$

wobei g die Schwerebeschleunigung, ρ die konstante Dichte und p_0 den konstanten Druck an der Flüssigkeitsoberfläche („Atmosphärendruck") bedeuten und quadratische Geschwindigkeitsglieder wegen der kleinen Störungen weggelassen wurden, so folgt als Randbedingung für die Oberfläche:

$$g \phi_y + \phi_{tt} = 0 \qquad \text{auf } y = 0 \quad . \tag{17.24}$$

Hinzu käme noch eine Randbedingung am Boden. Nimmt man jedoch – wie wir es hier tun wollen – die Flüssigkeit als unendlich tief an, so kann man sich darauf beschränken, daß alle Störungen (d.h. alle Ableitungen des Potentials) für $y \to -\infty$ gegen null streben müssen.

Wir suchen eine Lösung, die eine in x-Richtung fortschreitende harmonische Welle beschreibt, indem wir den Separationsansatz

$$\phi = f(y) \, e^{i(\omega t - kx)} \tag{17.25}$$

mit positiven, reellen Konstanten ω und k in die Gln. (17.23) und (17.24) eintragen. Da diese Gleichungen *linear* sind und die *Koeffizienten weder von* t *noch von* x *abhängen*, fällt der Exponentialausdruck $\exp[i(\omega t - kx)]$ aus den Gleichungen heraus. Es ist gerade dieser Umstand, der den Ansatz (17.25) rechtfertigt.

Die Laplace-Gleichung (17.23) reduziert sich hierdurch auf die gewöhnliche Differentialgleichung

$$f'' - k^2 f = 0 \quad . \tag{17.26}$$

Diese Gleichung hat die allgemeine Lösung

$$f = A \, e^{ky} + B \, e^{-ky} \qquad (A, B = \text{const}) \quad . \tag{17.27}$$

Für $y \to -\infty$ wächst wegen $k > 0$ die zweite Exponentialfunktion über alle Grenzen und muß daher aus der Lösung entfernt werden, indem $B = 0$ gesetzt wird. Es bleibt somit als Lösung für das Potential

$$\phi = A \, e^{ky} \, e^{i(\omega t - kx)} \tag{17.28a}$$

oder bei Beschränkung auf den Realteil

$$\phi = A \, e^{ky} \cos(\omega t - kx) \quad . \tag{17.28b}$$

Die Amplituden der Strömungsgeschwindigkeit bzw. Druckstörung in der Welle nehmen daher mit zunehmendem Abstand von der Flüssigkeitsoberfläche exponentiell ab.

Die Frequenz ω und die Wellenzahl k sind nicht unabhängig voneinander, denn es muß ja noch die Randbedingung (17.24) berücksichtigt werden. Einsetzen von Gl. (17.28a) liefert

$$\omega^2 = gk \quad . \tag{17.29}$$

Diese Beziehung beschreibt den Zusammenhang zwischen Frequenz und Wellenzahl für eine Schwerewelle in einer unendlich tiefen Flüssigkeit.

Für eine Welle von der Form $\exp[i(\omega t - kx)]$ mit reellem ω und reellem k gilt ganz allgemein, daß sie mit der Geschwindigkeit

$$c = \frac{\omega}{k} \tag{17.30}$$

fortschreitet; denn für $x = (\omega/k) t + const$ ergeben sich konstante Zustände. Die Geschwindigkeit c wird *Phasengeschwindigkeit* genannt, manchmal aber auch als Wellengeschwindigkeit oder einfach als Ausbreitungsgeschwindigkeit bezeichnet.

Für eine Schwerewelle ergibt sich somit die Phasengeschwindigkeit zu

$$c = g/\omega = \sqrt{g/k} \quad . \tag{17.31}$$

Wir ersehen daraus, daß bei einer Schwerewelle – anders als bei der vorher behandelten Schallwelle – die Phasengeschwindigkeit von der Frequenz der Welle wie auch von der Wellenzahl (und somit auch von der Wellenlänge) abhängt. Diese Frequenzabhängigkeit bzw. Wellenlängenabhängigkeit der Phasengeschwindigkeit bezeichnet man als *Dispersion*. Sie hat weitreichende Konsequenzen, mit denen wir uns kurz auseinandersetzen wollen.

Denken wir uns Schwerewellen etwa dadurch erzeugt, daß ein fester Körper plötzlich in die Flüssigkeit eintaucht. Von dieser Störquelle werden harmonische Wellen aller Frequenzen und aller Wellenlängen ausgehen, weil sich ja nach dem Fourierschen Theorem jeder zeitlich begrenzte Wellenzug aus (unendlich vielen) harmonischen Wellen verschiedener Frequenzen zusammensetzt. Da nun aber die Ausbreitungsgeschwindigkeit jeder einzelnen harmonischen Welle von der Frequenz abhängt, so folgt daraus, daß die gesamte Störung mit zunehmender Zeit zerfließt („dispergiert") und schließlich in einzelne „Wellenpakete" oder „Wellengruppen" zerfällt derart, daß die harmonischen Wellen einer Gruppe nahezu dieselbe Frequenz (und Wellenlänge) haben.

Die Wellengruppen breiten sich jedoch – so erstaunlich das auf den ersten Blick erscheinen mag – *nicht* mit derselben Geschwindigkeit aus, wie die harmonischen Wellen, aus denen sie sich zusammensetzen. Man kann die Verhältnisse sehr leicht an Hand von lediglich zwei harmonischen Wellen studieren, für eine größere Anzahl von Komponenten der Gruppe kommt man zu denselben Schlüssen. Nehmen wir also an, wir hätten zwei harmonische Wellen ϕ_1 und ϕ_2, die wir zu einer (nicht mehr rein harmonischen) Welle ϕ überlagern:

$$\phi = \phi_1 + \phi_2 = A \cos(\omega_1 t - k_1 x) + A \cos(\omega_2 t - k_2 x) \quad . \tag{17.32}$$

Mit Hilfe der bekannten trigonometrischen Beziehung über die Addition von Winkelfunktionen erhält man hieraus

$$\phi = 2A \cos\left(\frac{\omega_1 + \omega_2}{2} t - \frac{k_1 + k_2}{2} x\right) \cos\left(\frac{\omega_1 - \omega_2}{2} t - \frac{k_1 - k_2}{2} x\right) \quad . \tag{17.33}$$

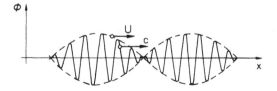

Bild 17.2
Wellengruppen (Phasengeschwindigkeit c, Gruppengeschwindigkeit U)

Wenn sich nun aber die Frequenzen ω_1 und ω_2 ebenso wie die Wellenzahlen k_1 und k_2 jeweils nur wenig voneinander unterscheiden, wie dies in der Wellengruppe notwendigerweise der Fall ist, so ist das Ergebnis (17.33) folgendermaßen zu interpretieren. Die erste Kosinusfunktion in Gl. (17.33) stellt eine Welle dar, deren Frequenz bzw. Wellenzahl sich nur wenig von den entsprechenden Werten der einzelnen Komponenten unterscheidet. Die zweite Kosinusfunktion hingegen variiert mit der sehr kleinen Frequenz $(\omega_1 - \omega_2)/2$ und mit der sehr kleinen Wellenzahl $(k_1 - k_2)/2$; sie kann daher als eine sich langsam ändernde Amplitude der erstgenannten Welle aufgefaßt werden. Man erhält das Bild von Wellengruppen (Bild 17.2), die sich mit der Geschwindigkeit $(\omega_1 - \omega_2)/(k_1 - k_2)$ weiterbewegen. Geht man von diesem Differenzenquotienten zum Differentialquotienten über, so ergibt sich, daß die *Gruppengeschwindigkeit* U (oft auch Signalgeschwindigkeit genannt) durch

$$U = \frac{d\omega}{dk} \tag{17.34}$$

gegeben ist. Man vergleiche diese Gleichung für die Gruppengeschwindigkeit mit der Gl. (17.30) für die Phasengeschwindigkeit! Es ist also wichtig festzuhalten, daß eine einzelne harmonische Welle sich mit der Phasengeschwindigkeit fortpflanzt, während hingegen eine Wellengruppe mit der Gruppengeschwindigkeit weiterwandert. Für Wellen mit Dispersion stimmen diese beiden Geschwindigkeiten im allgemeinen nicht überein.

Kehren wir nun zu den Schwerewellen zurück, so ergibt eine Anwendung von Gl. (17.34) auf die Dispersionsbeziehung (17.29) sofort

$$U = \frac{1}{2}\sqrt{\frac{g}{k}} = \frac{1}{2}c \quad . \tag{17.35}$$

Die Gruppengeschwindigkeit einer Schwerewelle (in einer unendlich tiefen Flüssigkeit) ist also halb so groß wie die Phasengeschwindigkeit der harmonischen Wellen, aus denen sich die Gruppe zusammensetzt.

Die Gruppengeschwindigkeit ist oft kleiner als die Phasengeschwindigkeit, doch ist das keineswegs immer so. Ein Beispiel dafür, daß die Gruppengeschwindigkeit auch größer als die Phasengeschwindigkeit sein kann, liefern die Kapillarwellen (s. Übungsaufgabe 7).

17.2.2. Komplexe Wellenzahl; Dämpfung

Den zeitlich und räumlich ungedämpften Wellen, die wir bisher behandelt haben, stellen wir nun den typischen Fall einer gedämpften harmonischen Welle gegenüber. Betrachtet sei eine zähe, inkompressible Flüssigkeit, die von einer unendlich großen, ebenen Wand begrenzt wird und sich in sehr großer Entfernung von der Wand in Ruhe befindet (Bild 17.3). Die Wand möge sich in ihrer eigenen Ebene mit der Geschwindigkeit $u_W = U \exp(i\omega t)$ bewegen, also eine harmonische Schwingung mit der konstanten (reellen) Frequenz ω und der konstanten Amplitude U ausführen.

Auf Grund der Aufgabenstellung wird man natürlich erwarten, daß die in der Flüssigkeit erzeugte Strömung parallel zur Wand ist und außerdem nicht von der Tangentialkoordinate x abhängt („Schichtenströmung"). Die Bewegungsgleichung (Navier-Stokes-Gleichung) für eine Newtonsche Flüssigkeit reduziert sich hiermit zu

$$\frac{\partial u}{\partial t} = \nu \frac{\partial^2 u}{\partial y^2} \tag{17.36}$$

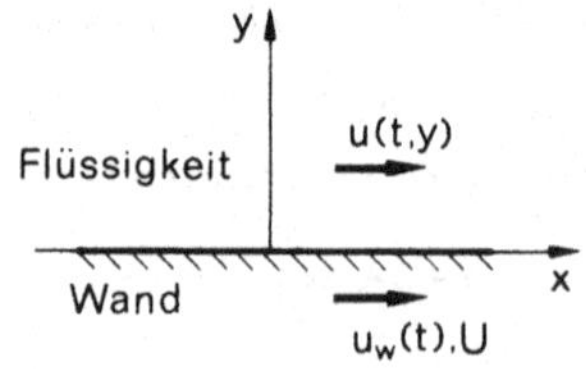

Bild 17.3
Zum Problem der in ihrer eigenen Ebene bewegten Wand

mit u als Strömungsgeschwindigkeit (parallel zur Wand), y als Abstand von der Wand und ν als kinematischer Zähigkeit, die als konstant angenommen sei. Die Haftbedingung an der Wand liefert als Randbedingung

$$u = U e^{i\omega t} \qquad \text{auf } y = 0 \quad . \tag{17.37}$$

Im Hinblick auf diese Randbedingung und unter Ausnutzung des Umstandes, daß die Koeffizienten der linearen Differentialgleichung (17.36) unabhängig von t sind, machen wir für die gesuchte Strömungsgeschwindigkeit den speziellen Separationsansatz

$$u = f(y)\, e^{i\omega t} \quad . \tag{17.38}$$

Die partielle Differentialgleichung (17.36) führt hiermit zu der gewöhnlichen Differentialgleichung

$$f'' - (i\,\omega/\nu)\, f = 0 \tag{17.39}$$

für die komplexe Funktion $f(y)$. Die allgemeine Lösung von Gl. (17.39) lautet

$$f = C_1\, e^{i k_1 y} + C_2\, e^{i k_2 y} \tag{17.40}$$

mit

$$k_{1,2} = \pm \sqrt{-i\,\omega/\nu} = \pm \sqrt{\omega/2\nu}\,(1 - i) \quad . \tag{17.41}$$

Hierbei wurde zur Berechnung der komplexen Wurzel von der Voraussetzung $\omega > 0$ Gebrauch gemacht.

Der Imaginärteil von k_1 (oberes Vorzeichen) ist negativ, derjenige von k_2 (unteres Vorzeichen) positiv. Für $y \to \infty$ wächst daher der erste Exponentialausdruck von Gl. (17.40) dem Betrag nach über alle Grenzen, der zweite hingegen strebt gegen null. Damit die Lösung für $y \to \infty$ endlich bleibt, muß daher der erste Exponentialausdruck aus der Lösung entfernt werden, indem $C_1 = 0$ gesetzt wird. Die zweite Konstante ergibt sich aus der Randbedingung (17.37) zu $C_2 = U$. Die Lösung, welche Differentialgleichung und Randbedingungen erfüllt, lautet daher

$$u = U\, e^{i(\omega t + k_2 y)} \tag{17.42}$$

wobei für k_2 — dies sei nochmals betont — in Gl. (17.41) das untere Vorzeichen zu nehmen ist.

Das Ergebnis (17.42) unterscheidet sich formal nicht von den fortschreitenden harmonischen Wellen, die wir in den vorangegangenen Beispielen behandelt haben. Der wesentliche Unterschied gegenüber früher liegt jedoch darin, daß die Konstante k_2 nicht reell, sondern komplex ist. Man bezeichnet eine derartige Konstante daher als *komplexe Wellenzahl*. Welche physikalische Bedeutung Real- und Imaginärteil der komplexen Wellenzahl haben, wird sofort klar, wenn man Gl. (17.42) in der Form

$$u = U\, e^{-Im(k_2)\, y}\, e^{i[\omega t + Re(k_2) y]} \tag{17.43a}$$

oder

$$u = U\, e^{-Im(k_2)\, y}\, \cos[\omega t + Re(k_2)\, y] \tag{17.43b}$$

schreibt. Mit Gl. (17.41) folgt auch

$$u = U\, e^{-\sqrt{\omega/2\nu}\, y}\, \cos(\omega t - \sqrt{\omega/2\nu}\, y) \quad . \tag{17.43c}$$

Es handelt sich offenbar um eine fortschreitende harmonische Welle, deren Amplitude mit zunehmendem zurückgelegten Weg exponentiell abnimmt. Eine solche Welle nennt man eine *gedämpfte harmonische Welle*. Die *Dämpfungskonstante* (manchmal auch Dämpfungsfaktor genannt) ist durch den *Imaginärteil* der komplexen Wellenzahl gegeben, während der *Realteil* der komplexen Wellenzahl umgekehrt proportional zur *Wellenlänge* ist und somit die Rolle einer reellen Wellenzahl — also einer Wellenzahl im engeren, physikalischen Sinn — spielt.

Es sei abschließend noch darauf hingewiesen, daß es sich bei der oben beschriebenen Welle um eine Welle handelt, deren Amplitude von einer Längenkoordinate abhängt, sich jedoch mit der Zeit nicht ändert. Selbstverständlich ist auch der umgekehrte Fall möglich: Die Amplitude ist von der Längenkoordinate unabhängig, ändert sich jedoch mit der Zeit. Man spricht daher im ersten Fall von einer *räumlich* gedämpften Welle, im zweiten Fall von einer *zeitlich* gedämpften Welle. Während man die räumlich gedämpfte Welle, wie gezeigt, mit Hilfe einer komplexen Wellenzahl und einer reellen Frequenz zu beschreiben vermag, kann man bei einer zeitlich gedämpften Welle eine *komplexe Frequenz* zusammen mit einer reellen Wellenzahl einführen. Anwendungen ergeben sich beispielsweise bei *Stabilitätsproblemen* (vgl. Übungsaufgabe 9). Dabei kommt neben gedämpften Wellen den angefachten Wellen (zeitlich oder räumlich *zunehmende* Amplitude) besondere Bedeutung zu. Für kleine Anfachungsfaktoren zeigt sich, daß die räumliche Anfachung mit der zeitlichen Anfachung über die Gruppengeschwindigkeit verknüpft ist (*Gaster* 1962).

17.2.3. Wellengleichungen höherer Ordnung

Zur Wellengleichung für zwei unabhängige Variable kann man durch Anwendung des partiellen Differentialoperators

$$\frac{\partial^2}{\partial t^2} - c_0^2 \frac{\partial^2}{\partial x^2}$$

auf die gesuchte Funktion ϕ gelangen. Spaltet man diesen Differentialoperator zweiter Ordnung in zwei Operatoren erster Ordnung auf, so läßt sich die Wellengleichung als

$$\left(\frac{\partial}{\partial t} + c_0 \frac{\partial}{\partial x}\right)\left(\frac{\partial}{\partial t} - c_0 \frac{\partial}{\partial x}\right)\phi = 0 \tag{17.44}$$

schreiben. Differentialoperatoren von der in Gl. (17.44) auftretenden Form werden *lineare Wellenoperatoren erster Ordnung* genannt.

Mehrfache Anwendung von solchen Wellenoperatoren erster Ordnung führt zu Wellenoperatoren höherer Ordnung. Mehrere solche Operatoren höherer Ordnung können noch additiv zusammengesetzt werden, womit sich eine lineare partielle Differentialgleichung der Form

$$\sum_{j=1}^{m} \lambda_j \left(\frac{\partial}{\partial t} + c_{j1} \frac{\partial}{\partial x}\right)\left(\frac{\partial}{\partial t} + c_{j2} \frac{\partial}{\partial x}\right)\cdots\left(\frac{\partial}{\partial t} + c_{jn} \frac{\partial}{\partial x}\right)\phi = 0 \tag{17.45}$$

ergibt. Unter den λ_j sind gegebene Parameter zu verstehen, die c_{jk} haben die Bedeutung von Ausbreitungsgeschwindigkeiten. Derartige „Wellengleichungen höherer Ordnung" kommen beispielsweise der Magnetohydrodynamik und in der Strahlungsgasdynamik vor (vgl. Übungsaufgabe 8) und treten regelmäßig dann auf, wenn es sich um Wellenausbreitungsvorgänge in Substanzen mit komplizierten thermodynamischen Zustandsänderungen (chemischen Reaktionen, Phasenänderungen u. a.) handelt (*Lick* 1967).

Interessiert man sich für das Verhalten von harmonischen Wellen, so kann eine partielle Differentialgleichung von der Form der Gl. (17.45) zwar im Prinzip durch einen entsprechenden Ansatz, sagen wir $\phi = A \exp[i(\omega t + kx)]$, gelöst werden. Wegen der mehrfachen Differentiationen nach x führt dies jedoch für die komplexe Wellenzahl k zu einer algebraischen Gleichung höheren Grades, deren geschlossene Lösung mit sehr großem Aufwand verbunden oder sogar überhaupt unmöglich ist. Die Schwierigkeiten werden noch größer, wenn es sich nicht um harmonische, sondern um allgemeinere (vielleicht aperiodische) Wellen handelt, die erst mittels Fourier-Reihe (oder Fourier-Integral) in harmonische Bestandteile zerlegt werden müßten.

Es besteht deshalb das Bedürfnis nach Näherungsmethoden zur Lösung von solchen Gleichungen. Falls das Problem irgendwelche kleinen Parameter enthält, kommen natürlich asymptotische Entwicklungen nach diesen Parametern in Frage. (Siehe Übungsaufgabe 8 für ein einfaches Beispiel hierzu.) Fehlen jedoch geeignete Entwicklungsparameter, so empfiehlt sich die Anwendung einer Näherungsmethode, die von *Whitham* (1959) angegeben wurde. Die Methode geht von der Erfahrungstatsache aus, daß eine ebene („eindimensionale") Welle ihre Form nur sehr langsam ändert, wenn man sie von einem mit der Ausbreitungsgeschwindigkeit der Welle mitbewegten Koordinatensystem aus betrachtet. Um Wellen mit der Ausbreitungsgeschwindigkeit c_{11} zu beschreiben, setzt man daher die Ableitungen $\partial/\partial t$ und $-c_{11}\,\partial/\partial x$ irgendeiner abhängigen Größe näherungsweise einander gleich. Folglich wird Gl. (17.45) approximiert durch

$$\lambda_1 \left(\frac{\partial}{\partial t} + c_{11} \frac{\partial}{\partial x}\right)\left(-c_{11} + c_{12}\right)\frac{\partial}{\partial x}\left(-c_{11} + c_{13}\right)\frac{\partial}{\partial x} \ldots \left(-c_{11} + c_{1n}\right)\frac{\partial}{\partial x}\phi +$$

$$+ \sum_{j=2}^{m} \lambda_j \left(-c_{11} + c_{j1}\right)\frac{\partial}{\partial x}\left(-c_{11} + c_{j2}\right)\frac{\partial}{\partial x} \ldots \left(-c_{11} + c_{jn}\right)\frac{\partial}{\partial x}\phi = 0 \quad .$$

Hebt man nun noch die Konstanten und $\partial^{n-1}/\partial x^{n-1}$ aus den einzelnen Summanden heraus, so bleibt

$$\frac{\partial \phi}{\partial t} + c_{11} \frac{\partial \phi}{\partial x} + A\phi = 0 \tag{17.46a}$$

mit

$$A = \frac{\displaystyle\sum_{j=2}^{m} \lambda_j \left(c_{j1} - c_{11}\right) \ldots \left(c_{jn} - c_{11}\right)}{\lambda_1 \left(c_{12} - c_{11}\right) \ldots \left(c_{1n} - c_{11}\right)} \quad . \tag{17.46b}$$

Die ursprüngliche, komplizierte Wellengleichung höherer Ordnung wurde somit auf eine recht einfache Wellengleichung erster Ordnung reduziert. In entsprechender Weise geht man für Wellen vor, die sich mit einer der anderen Wellengeschwindigkeiten ausbreiten.

Auf dieser Grundlage läßt sich die zu lösende partielle Differentialgleichung (17.45) durch einen Satz von Differentialgleichungen erster Ordnung ersetzen, von denen jede einzelne in einem bestimmten Bereich der Zeit- und Raumkoordinaten näherungsweise gültig ist. Bezüglich aller Details kann hier nur auf Whithams Originalarbeit (1959) verwiesen werden. Neuere Anwendungsbeispiele findet man unter anderem in dem schon genannten Übersichtsartikel von *Lick* (1967) und in Arbeiten von *Cogley* und *Vincenti* (1969).

17.2.4. Wellengleichung im Raum

Bei mehr als zwei unabhängigen Variablen geht man zum Auffinden von harmonischen Lösungen ähnlich vor wie im Fall von zwei unabhängigen Variablen. Betrachten wir zum Beispiel die lineare Wellengleichung für räumliche, instationäre Strömungen:

$$\phi_{tt} - c_0^2 \left(\phi_{xx} + \phi_{yy} + \phi_{zz}\right) = 0 \quad . \tag{17.47}$$

Trägt man in diese Gleichung den harmonischen Ansatz

$$\phi = f(x, y, z)\, e^{i\omega t} \tag{17.48}$$

ein, so erhält man für die Funktion f die sogenannte *Helmholtz-Gleichung*

$$\Delta f + K^2 f = 0 \tag{17.49}$$

mit $\Delta f = f_{xx} + f_{yy} + f_{zz}$ und $K^2 = (\omega/c)^2$. Man überzeugt sich leicht, daß die Helmholtz-Gleichung in kartesischen Koordinaten u. a. folgende spezielle Lösungen hat:

$$f = a \exp[i(k_1 x + k_2 y + k_3 z)] \quad , \qquad \text{wobei } k_1^2 + k_2^2 + k_3^2 = K^2 \quad ; \qquad (17.50a)$$

$$f = (a + bx) \exp[i(k_2 y + k_3 z)] \quad , \qquad \text{wobei } k_2^2 + k_3^2 = K^2 \quad ; \qquad (17.50b)$$

$$f = (a + bx)(\alpha + \beta y) \exp(i K z) \quad ; \qquad (17.50c)$$

a, b, α und β bedeuten beliebige Konstanten. Auch in Zylinderkoordinaten und Kugelkoordinaten sind spezielle Lösungen der Helmholtz-Gleichung bekannt; sie enthalten Zylinder- und Kugelfunktionen (vgl. z. B. *Korn* und *Korn* 1968, S. 318).

17.3. Stehende harmonische Wellen; Eigenwertprobleme; Resonanz

In der Einführung zum Abschnitt 17.2 beschäftigten wir uns mit den harmonischen Wellen, die durch ein gasgefülltes, unendlich langes Rohr laufen. Hier wollen wir nun den Fall untersuchen, daß das Rohr an einer bestimmten Stelle, sagen wir x = 0, durch einen festen Boden abgeschlossen ist (Bild 17.4). An der Stelle x = *l* befinde sich ein Kolben, der sich entweder in Ruhe befinden oder kleine Schwingungen um die Ruhelage ausführen möge. Wir stellen die Frage, ob es in dem auf diese Weise beidseitig geschlossenen, gasgefüllten Rohr schwache Druckstörungen geben kann, die harmonisch mit der Zeit variieren.

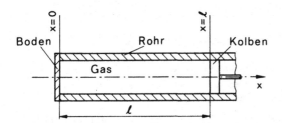

Bild 17.4
Zum Problem der stehenden Schallwellen im geschlossenen Rohr

Als Ausgangsgleichung dient wieder die lineare Wellengleichung

$$\phi_{tt} - c_0^2\, \phi_{xx} = 0 \qquad (17.51)$$

für das Potential $\phi(x, t)$. Die Strömungsgeschwindigkeit ϕ_x muß am Rohrboden verschwinden und am Kolben gleich der Kolbengeschwindigkeit sein; daraus folgen die Randbedingungen

$$\phi_x(0, t) = 0 \quad ; \qquad (17.52a)$$

$$\phi_x(l, t) = \begin{cases} 0 & \text{für ruhenden Kolben,} \\ A \cos \omega t & \text{für schwingenden Kolben.} \end{cases} \qquad (17.52b)$$

Wir setzen die Lösung als harmonische Funktion der Zeit an, $\phi = f(x) \cos \omega t$, und erhalten aus der Wellengleichung (17.51) eine gewöhnliche Differentialgleichung für f; sie hat die allgemeine Lösung

$$f = C_1 \cos(\omega x/c_0) + C_2 \sin(\omega x/c_0) \quad . \qquad (17.53)$$

Die Randbedingung (17.52a) ist erfüllt, wenn $C_2 = 0$, so daß sich das Potential als

$$\phi = C_1 \cos(\omega x/c_0) \cos \omega t \qquad (17.54)$$

darstellt. Ohne noch auf die zweite Randbedingung einzugehen, ist bereits eine interessante Eigenschaft dieser Welle erkennbar. Unabhängig von der Zeit verschwinden die von der Welle hervorgerufenen Störungen immer an derselben Stelle im Rohr, ebenso bleiben die Maxima bzw. Minima der Störungen stets am selben Ort. („Knoten" und „Bäuche" der Welle.) Es handelt sich also hier nicht um eine fortschreitende, sondern um eine *stehende* Welle.

Fortschreitende und stehende Wellen sind insofern nahe verwandt, als sie sich durch Superposition von gleichartigen Wellen ineinander überführen lassen. Beispielsweise kann die durch Gl. (17.54) gegebene stehende Welle durch Überlagerung von zwei fortschreitenden Wellen gleicher Amplitude, aber entgegengesetzter Ausbreitungsrichtung erhalten werden:

$$\phi = \frac{1}{2} C_1 \cos\left[\omega\left(t + x/c_0\right)\right] + \frac{1}{2} C_1 \cos\left[\omega\left(t - x/c_0\right)\right] \quad . \tag{17.55}$$

Umgekehrt kann man sich eine fortschreitende Welle durch Überlagerung von zwei stehenden Wellen entstanden denken.

Wir kehren nun zu der noch nicht berücksichtigten Randbedingung (17.52b) zurück und untersuchen zuerst den Fall des ruhenden Kolbens (den man sich in diesem Fall auch durch einen zweiten festen Boden ersetzt denken könnte), um uns anschließend dem Fall des schwingenden Kolbens zuzuwenden.

Das Eigenwertproblem. Mit Gl. (17.54) liefert die Randbedingung (17.52b) für den ruhenden Kolben die Bedingung

$$C_1 \left(\omega/c_0\right) \sin\left(\omega l/c_0\right) = 0 \quad . \tag{17.56}$$

Eine nichttriviale Lösung ($C_1 \neq 0$, $\omega \neq 0$) gibt es nur dann, wenn $\sin\left(\omega l/c_0\right) = 0$, so daß bei gegebenem l und c_0 die Frequenz nur die folgenden Werte annehmen kann:

$$\omega = n \pi c_0 / l \qquad (n = 1, 2, 3, \ldots) \quad . \tag{17.57}$$

Wir sehen also, daß das gestellte Randwertproblem, das sich durch die Homogenität von Differentialgleichung und allen Randbedingungen auszeichnet, nur für ganz bestimmte Werte eines Parameters (hier: Frequenz) nichttriviale Lösungen hat. Diese speziellen Werte des Parameters heißen *Eigenwerte* (hier: Eigenfrequenzen), das entsprechende Randwertproblem wird ein *Eigenwertproblem* genannt.

Die Amplitude C_1 der Welle bleibt im Rahmen des Eigenwertproblems unbestimmt.

Erzwungene stehende Wellen. Für einen Kolben, der mit einer gegebenen, zunächst beliebigen Frequenz ω und einer ebenfalls gegebenen Geschwindigkeitsamplitude A harmonische Schwingungen ausführt, folgt aus der Randbedingung (17.52b) mit Gl. (17.54), daß

$$C_1 = \frac{A c_0}{\omega \sin\left(\omega l/c_0\right)} \tag{17.58}$$

sein muß. Damit ist als letzte Unbekannte die Amplitude der von der Kolbenbewegung erzeugten („erzwungenen") Welle bestimmt.

Allerdings zeigt ein Vergleich mit dem vorher gelösten Eigenwertproblem, daß die Amplitude C_1 über alle Grenzen anwächst, wenn die Kolbenfrequenz ω gegen eine der Eigenfrequenzen strebt, die durch Gl. (17.57) gegeben sind: Es tritt *Resonanz* auf. Die gefundene Lösung wird offensichtlich unbrauchbar, wenn die Kolbenfrequenz gleich (oder nahezu gleich) einer Eigenfrequenz ist.

Da wir die Wellengleichung unter den gegebenen Randbedingungen exakt gelöst haben, kann die Ursache für das Versagen der Lösung im Resonanzfall nur in der Wellengleichung selbst zu suchen sein. Nun ist zwar zu beachten, daß die lineare Wellengleichung nur eine Näherungsgleichung darstellt, die unter der Voraussetzung kleiner Störungen (kleiner Wellenamplituden) aus den nichtlinearen Grundgleichungen gewonnen wurde. Das generelle Versagen der Wellengleichung im Resonanzfall, gleichgültig wie klein die Amplitude der Kolbenbewegung auch sein möge, ist aber insofern erstaunlich, als man intuitiv annehmen wird – und die physikalische Erfahrung bestätigt diese Annahme –, daß mit hinreichend kleinen Amplituden der Kolbenbewegung auch im Resonanzfall beliebig kleine Wellenamplituden erzeugt werden können. Der scheinbare Widerspruch klärt sich auf, wenn man bedenkt, daß für kleine Wellenamplituden die vernachlässigten nichtlinearen Ausdrücke in der Regel zwar klein im Vergleich zu den nicht vernachlässigten, linearen Ausdrücken sind, jedoch mit Ausnahme der Wellenknoten und ihrer nächsten Umgebung, wo ja die lineare Theorie verschwindend kleine Störungen voraussagt. Im Resonanzfall wird aber nach Gl. (17.52b) die Randbedingung genau dort vorgeschrieben, wo nach der linearen Theorie ein Knoten liegen müßte. Die Ursache für das Versagen der linearen Wellengleichung bei Resonanz liegt also darin, daß in der Nähe der Knoten die nichtlinearen Ausdrücke auch bei kleinen Störungen wesentlich sind.

Auf diesen Überlegungen aufbauend wurde von *Chester* (1964, 1968) eine Näherungsmethode entwickelt, mit der sich stehende Wellen mit kleinen Amplituden im Resonanzfall beschreiben lassen. Diese Methode ist inzwischen auch auf andere, ähnliche Probleme mit Erfolg angewandt worden (*Eninger* und *Vincenti* 1973; *Collins* 1970).

17.4. Entwicklung nach trigonometrischen Funktionen

Als Einführungsbeispiel zum vorliegenden Kapitel behandelten wir die Potentialströmung um ein elliptisches Profil. Durch Separation der Variablen in elliptischen Koordinaten ergab sich die in Gl. (17.14) angeschriebene Funktion ψ, die – wie wir wissen – für jeden beliebigen Wert von k eine Lösung der Differentialgleichung (17.7) ist. Da die Differentialgleichung linear ist, hätten wir beliebig viele solcher Separationslösungen mit verschiedenen Werten von k superponieren können. Im Fall der speziellen – und sehr einfachen – Randbedingungen (17.8a) und (17.8b) war das allerdings nicht erforderlich gewesen; mit einer einzigen Separationslösung, nämlich derjenigen für k = 1, konnten beide Randbedingungen erfüllt werden. Bei komplizierteren Randbedingungen oder bei Randbedingungen, die für eine Separation der Variablen nicht unmittelbar geeignet sind, muß man jedoch von der Möglichkeit zur Superposition Gebrauch machen. Damit werden wir uns in diesem und dem nächsten Abschnitt beschäftigen.

17.4.1. Kanal-Anlaufströmung; Fourier-Reihe

Nehmen wir an, zur Zeit t = 0 befinde sich eine ruhende Flüssigkeit zwischen zwei ebenen, parallelen Wänden. Im selben Zeitpunkt werde ein konstanter Druckgradient dp/dx in x-Richtung aufgebracht, welcher die Flüssigkeit in Bewegung versetzt (Bild 17.5). Dichte ρ und kinematische Zähigkeit ν der Flüssigkeit seien konstant, die Strömung laminar. Unter diesen Voraussetzungen vereinfacht sich die Navier-Stokes-Gleichung zur folgenden Bewegungsgleichung für die Strömungsgeschwindigkeit u (in x-Richtung):

$$\frac{\partial u}{\partial t} = \nu \left(P + \frac{\partial^2 u}{\partial y^2} \right) \qquad (17.59)$$

mit

$$P = -\frac{1}{\rho \nu} \frac{dp}{dx} = \text{const} > 0 \qquad (17.60)$$

$$(\text{für } t \geqq 0) \ .$$

Als Anfangsbedingung haben wir

$$u = 0 \qquad \text{für } t = 0 \qquad (17.61)$$

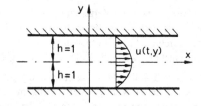

Bild 17.5. Kanal-Anlaufströmung

und das Haften der Flüssigkeit an den Wänden führt zu den Randbedingungen

$$u = 0 \qquad \text{für } y = \pm 1 \quad , \tag{17.62}$$

wobei die halbe Kanalhöhe gleich 1 gesetzt wurde, so daß alle Längen auf die halbe Kanalhöhe bezogen sind.
Versucht man eine Separation der Variablen mittels eines einfachen Produktansatzes

$$u = f(t)\, g(y)$$

so geht Gl. (17.59) über in

$$f'(t)\, g(y) = \nu [P + f(t)\, g''(y)] \quad .$$

In dieser Differentialgleichung lassen sich die Variablen t und y jedoch nicht trennen, weil bei Division der Gleichung durch $f(t)\, g(y)$ die Konstante P, die ja notwendigerweise von null verschieden ist, einen gemischten Term $P/f(t)\, g(y)$ verursacht.

Trotz dieses ersten Mißerfolges kann man mit der Methode der Variablen-Separation zum Ziel kommen, wenn man sich durch den folgenden Kunstgriff, der öfter nützlich ist, von der störenden Konstanten P befreit. Da die Differentialgleichung (17.59) linear ist, kann man die gesuchte Lösung u aus zwei Teillösungen u_1 und u_2 additiv zusammensetzen; dabei soll u_1 die stationäre Strömung darstellen, die sich nach unendlich langer Zeit einstellt, während u_2 den instationären Übergang von der Ruhelage zum stationären Endzustand beschreiben möge. Wir setzen also

$$u(t, y) = u_1(y) + u_2(t, y) \tag{17.63}$$

und erhalten durch Aufspalten von Gl. (17.59) die Differentialgleichungen

$$0 = P + \frac{d^2 u_1}{dy^2} \quad ; \tag{17.64}$$

$$\frac{\partial u_2}{\partial t} = \nu \frac{\partial^2 u_2}{\partial y^2} \quad . \tag{17.65}$$

Die Lösung der gewöhnlichen Differentialgleichung (17.64) mit den Randbedingungen $u_1(\pm 1) = 0$ gibt die bekannte parabolische Geschwindigkeitsverteilung der stationären Kanalströmung wieder:

$$u_1 = \frac{P}{2}(1 - y^2) \quad . \tag{17.66}$$

Zu lösen bleibt nur noch die partielle Differentialgleichung (17.65) mit den Randbedingungen

$$u_2 = 0 \qquad \text{für } y = \pm 1 \tag{17.67}$$

und der Anfangsbedingung $u_1 + u_2 = 0$ für $t = 0$, also

$$u_2 = -\frac{P}{2}(1 - y^2) \qquad \text{für } t = 0 \quad . \tag{17.68}$$

Die beim Separationsansatz störende Konstante P wurde somit von der partiellen Differentialgleichung in die Anfangsbedingung verlegt.
Die Separation der Variablen bereitet nun keine Schwierigkeiten mehr. Mit dem Produktansatz

$$u_2 = f(t)\, g(y) \tag{17.69}$$

liefert Gl. (17.65) die Relationen

$$\frac{1}{\nu}\frac{f'}{f} = \frac{g''}{g} = -k^2 = \text{const} \quad . \tag{17.70}$$

Hieraus ergeben sich die Lösungen

$$f = C\, e^{-\nu k^2 t} \quad ; \tag{17.71}$$

$$g = A \cos ky + B \sin ky \quad . \tag{17.72}$$

Die Randbedingungen (17.67) sind erfüllt, wenn die Konstanten B und k die Werte

$$B = 0 \quad ; \tag{17.73}$$

$$k = \frac{\pi}{2}(1 + 2\,n) \quad , \qquad\qquad n = 0, 1, 2, \ldots \tag{17.74}$$

annehmen.

Die noch freien Konstanten A und C (die sich noch dazu bei der Produktbildung fg effektiv zu einer einzigen Konstanten vereinigen) reichen aber offensichtlich keinesfalls aus, um auch die Anfangsbedingung (17.68) zu erfüllen. An dieser Stelle machen wir wieder von der Möglichkeit der Superposition von Lösungen Gebrauch. Da mit den (abzählbar) unendlich vielen Werten von k gemäß Gl. (17.74) auch unendlich viele Partikulärlösungen für u_2 zur Verfügung stehen, ist es naheliegend, die gesuchte Lösung durch Überlagerung aller Partikulärlösungen als eine unendliche Reihe darzustellen:

$$u_2 = \sum_{n=0}^{\infty} A_n\, e^{-\nu k^2 t} \cos ky \quad . \tag{17.75}$$

Die Anfangsbedingung (17.68) liefert hiermit die Bedingung

$$\sum_{n=0}^{\infty} A_n \cos ky = -\frac{P}{2}(1 - y^2) \quad . \tag{17.76}$$

Die Anfangsbedingung erfordert es daher, die Konstanten A_n so zu bestimmen, daß Gl. (17.76) erfüllt ist. Wie man sieht, handelt es sich aber bei Gl. (17.76) um eine *Fourier-Reihe* für die Funktion

$$F(y) = -\frac{P}{2}(1 - y^2) \tag{17.77}$$

im Intervall $- 1 \leqq y \leqq + 1$, und die gesuchten Konstanten A_n sind nichts anderes als die Fourier-Koeffizienten dieser Funktion.

Die Berechnung der Fourier-Koeffizienten (die „harmonische Analyse") einer gegebenen Funktion $f(x)$, die im Intervall $x_0 < x < x_0 + l$ durch die Fourier-Reihe

$$f(x) = \frac{a_0}{2} + \sum_{n=1}^{\infty} \left[a_n \cos\left(\frac{2\pi n}{l}\, x\right) + b_n \sin\left(\frac{2\pi n}{l}\, x\right) \right] \tag{17.78}$$

dargestellt werden soll, kann man mit Hilfe der Eulerschen Formeln

$$a_n = \frac{2}{l} \int_{x_0}^{x_0 + l} f(x)\, \cos\left(\frac{2\pi n}{l}\, x\right) dx \quad ;$$

$$\tag{17.79}$$

$$b_n = \frac{2}{l} \int_{x_0}^{x_0 + l} f(x) \sin\left(\frac{2\pi n}{l}\, x\right) dx$$

vornehmen. Für einfache Funktionen stehen auch Tabellen der Fourier-Koeffizienten zur Verfügung, z. B. in *Bronstein* und *Semendjajew* (1969), S. 477.

Ob wir nun die Koeffizienten A_n für unsere Funktion F (y) aus den Eulerschen Formeln berechnen oder aus einer Tabelle entnehmen, in jedem Fall ist es nützlich, *vor* der Durchführung der harmonischen Analyse das Intervall so festzulegen, daß die Glieder der Fourier-Reihe für F (y) von Haus aus in ihrer Form den überlagerten Separationslösungen entsprechen. Dadurch wird ein direkter Koeffizientenvergleich in der Anfangsbedingung (17.76) ermöglicht, und lästige Umformungen im Anschluß an die harmonische Analyse erübrigen sich. In unserem Fall ist es aus diesem Grunde vorteilhaft, die Funktion F (y), die eigentlich nur im Intervall [− 1, + 1] definiert ist, spiegelbildlich fortzusetzen und dadurch das Intervall für die Fourier-Entwicklung auf [− 2, + 2] zu vergrößern (Bild 17.6). Die Tabelle der Fourier-Entwicklung liefert dann für F (y) die Darstellung

$$F (y) = -\frac{16\,P}{\pi^3} \left[\cos\left(\frac{\pi}{2}\,y\right) - \frac{1}{3^3} \cos\left(\frac{3\,\pi}{2}\,y\right) + \frac{1}{5^3} \cos\left(\frac{5\,\pi}{2}\,y\right) - + \dots \right] \quad . \tag{17.80}$$

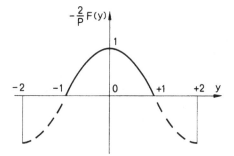

Bild 17.6
Zur harmonischen Analyse der Funktion
$F (y) = -\frac{P}{2} (1 - y^2)$ für $-1 \leqq y \leqq + 1$

Durch Koeffizientenvergleich in Gl. (17.76) folgt sofort

$$A_n = \frac{(-1)^{1+n}}{(1 + 2\,n)^3} \cdot \frac{16\,P}{\pi^3} \quad . \tag{17.81}$$

Damit ist das gestellte Problem der Kanal-Anlaufströmung vollständig gelöst. Führt man noch die Koeffizienten A_n nach Gl. (17.81) in die Lösung (17.75) für u_2 ein und setzt man die beiden Lösungen u_1 und u_2 entsprechend Gl. (17.63) zusammen, so erhält man das Endergebnis

$$u = \frac{P}{2} \left[1 - y^2 - \frac{32}{\pi^3} \sum_{n=0}^{\infty} \frac{(-1)^n}{(1 + 2\,n)^3}\, e^{-\nu k^2 t} \cos k y \right] \quad ,$$

$$k = \frac{\pi}{2} (1 + 2\,n) \quad . \tag{17.82}$$

Bei der numerischen Auswertung wird die unendliche Reihe selbstverständlich nach einer endlichen Anzahl von Gliedern abgebrochen, und zwar möglichst erst dann, wenn die gewünschte Genauigkeit erreicht ist. Kontrolliert man etwa die Anfangsbedingung in dem speziellen Punkt y = 0, so zeigt sich, daß bei Mitnahme von nur vier Reihengliedern der Fehler bereits kleiner als 0,1 % ist. Nicht immer ist man jedoch in der glücklichen Lage, daß die Entwicklungen nach trigonometrischen Funktionen so rasch konvergieren. Auf Möglichkeiten zur Verbesserung des Konvergenzverhaltens werden wir im Abschnitt 17.5.2 zu sprechen kommen.

17.4.2. Fourier-Integral

Im obigen Beispiel haben wir davon Gebrauch gemacht, daß man eine *periodische* Funktion oder eine Funktion, die in einem *endlichen* Intervall definiert ist, als unendliche Summe trigonometrischer Funktionen (Fourier-Reihe) darstellen kann. Aber auch *nicht-periodische* Funktionen in einem *unendlichen* Intervall können unter gewissen Voraussetzungen durch trigonometrische Funktionen dargestellt werden. Läßt man nämlich bei der Entwicklung einer nichtperiodischen Funktion in eine Fourier-Reihe in einem Intervall $(-l, +l)$ $l \to \infty$ streben, so geht im Grenzfall die Fourier-Reihe in das Fourier-Integral über. Durch das Fourier-Integral wird eine Funktion $f(t)$ folgendermaßen dargestellt:

$$ f(t) = \frac{1}{\sqrt{2\pi}} \int\limits_{-\infty}^{+\infty} \bar{f}(\omega)\, e^{i\omega t}\, d\omega \qquad \text{mit} \qquad \bar{f}(\omega) = \frac{1}{\sqrt{2\pi}} \int\limits_{-\infty}^{+\infty} f(\tau)\, e^{-i\omega \tau}\, d\tau \qquad . \quad (17.83) $$

Das Fourier-Integral läßt sich anschaulich deuten als eine spektrale Zerlegung der Funktion $f(t)$ in harmonische Schwingungen $\exp(i\omega t)$, wobei die Dichte des (kontinuierlichen!) Spektrums (d. h. die Amplitude für jede harmonische Schwingung) durch $\bar{f}(\omega)$ gegeben ist. Die Funktion $\bar{f}(\omega)$ heißt *Fourier-Transformierte* von $f(t)$, die Abbildung von $f(t)$ auf $\bar{f}(\omega)$ wird als *Fourier-Transformation* bezeichnet, und die einzelnen Beiträge $(1/\sqrt{2\pi}) \cdot \bar{f}(\omega) \cdot \exp(i\omega t)$ zum Fourier-Integral werden Fourier-Komponenten von $f(t)$ genannt[1].

Zu den Voraussetzungen, unter denen sich eine Funktion $f(t)$ durch ein Fourier-Integral darstellen läßt, ist folgendes zu sagen. Beschränkt man sich auf den klassischen Funktionsbegriff, so muß $f(t)$ erstens den sogenannten Dirichletschen Bedingungen genügen: stückweise stetig und monoton zu sein, mit wohldefinierten links- und rechtsseitigen Grenzwerten an jeder Unstetigkeitsstelle; außerdem muß aber noch das Integral

$$ \int\limits_{-\infty}^{+\infty} |f(t)|\, dt $$

existieren. In der neueren Theorie, welche verallgemeinerte Funktionen (Distributionen) zuläßt, gibt es jedoch für $f(t)$ keine Einschränkungen mehr. Mit diesen Fortschritten der Theorie können wir uns jedoch hier nicht befassen. Es sei lediglich ein Buch von *Lighthill* (1966) als Literaturhinweis genannt.

Anwendungen des Fourier-Integrals zur Lösung von partiellen Differentialgleichungen ergeben sich in ähnlicher Weise wie bei Fourier-Reihen. Wenn es sich um eine lineare Differentialgleichung handelt, deren Koeffizienten eine der unabhängigen Variablen nicht enthalten, und wenn außerdem die Rand- bzw. Anfangsbedingungen sowie die Lösungsfunktion selbst durch Fourier-Integrale darstellbar sind, dann können die Lösungen für die einzelnen „Frequenzen" des Spektrums superponiert werden, um die gesuchte Lösung zu erhalten. Probleme mit endlichen Abmessungen des Strömungsfeldes (z. B. Kanalströmungen) führen in der Regel, wie wir schon gesehen haben, zu *Reihen*darstellungen („diskretes Spektrum"); Probleme ohne eine endliche charakteristische Länge des Strömungsfeldes hingegen sind typisch für *Integral*darstellungen der Lösung („kontinuierliches Spektrum"), wie das nun folgende Beispiel zeigen soll.

---

[1] Das Fourier-Integral und der Begriff der Fourier-Transformierten werden bei verschiedenen Verfassern leider in unterschiedlicher Weise eingeführt. Bei Durchsicht einschlägiger Werke stößt man auf mindestens sechs verschiedene Definitionen, die sich durch konstante Koeffizienten vor dem Integral und im Exponenten sowie durch das Vorzeichen im Exponenten voneinander unterscheiden.

Reibungswiderstand einer bewegten Wand. Eine unendlich große, ebene Wand bewege sich in ihrer eigenen Ebene derart (Bild 17.3), daß ihre Geschwindigkeit u_W vom Wert 0 (zur Zeit t = 0) auf den konstanten Endwert U (für t → ∞) ansteigt. An die Wand grenzt eine zähe, inkompressible Flüssigkeit, die den ganzen Halbraum ausfüllen und im Unendlichen ruhen möge. Der Reibungswiderstand, der bei der Bewegung der Wand überwunden werden muß, ist zu bestimmen.

Im Hinblick darauf, daß wir das entsprechende Strömungsproblem für eine harmonisch schwingende Wand bereits gelöst haben – vgl. (Gl. (17.42) – wäre es naheliegend, die gegebene Wandgeschwindigkeit u_W (t) als Fourier-Integral darzustellen. Im Rahmen des klassischen Funktionsbegriffs ist das aber nicht möglich, weil der Wert des Integrals

$$\int\limits_{-\infty}^{+\infty} |u_W| \, dt$$

unendlich groß wird, das Integral also nicht existiert, so daß eine der Voraussetzungen für die Anwendung des Fourier-Integrals verletzt ist.

Doch kann man sich hier einfach dadurch helfen, daß man an Stelle der Wandgeschwindigkeit die Wandbeschleunigung b = du_W/dt betrachtet. Für sie gilt, wenn wir monoton wachsende Wandgeschwindigkeit (b ≧ 0) voraussetzen,

$$\int\limits_{-\infty}^{+\infty} |b| \, dt = \int\limits_{-\infty}^{+\infty} b \, dt = u_W \, (+\infty) - u_W \, (-\infty) = U \quad . \tag{17.84}$$

Das uneigentliche Integral existiert somit in diesem Fall, und wir können b (t) als Fourier-Integral darstellen:

$$b(t) = \frac{1}{\sqrt{2\pi}} \int\limits_{-\infty}^{+\infty} \overline{b}(\omega) \, e^{i\omega t} \, d\omega \qquad \text{mit} \qquad \overline{b}(\omega) = \frac{1}{\sqrt{2\pi}} \int\limits_{-\infty}^{+\infty} b(\tau) \, e^{-i\omega\tau} \, d\tau \quad . \tag{17.85}$$

Nun wissen wir aber bereits von Gl. (17.42), daß eine harmonische Wandbewegung mit der Beschleunigung $\overline{b}$ exp (i ω t) an der Wand eine Schubspannung $\overline{\sigma}$ exp (i ω t) hervorruft, wobei sich die Schubspannungsamplitude $\overline{\sigma}$ aus dem maximalen Gradienten der Strömungsgeschwindigkeit, multipliziert mit der dynamischen Zähigkeit μ (= $\rho \, \nu$), zu

$$\overline{\sigma} = \mu \, k_2 \, \overline{b} = -\rho \, \sqrt{\nu/2\,\omega} \, (1 - i) \, \overline{b} \tag{17.86}$$

errechnet. Überlagert man also gemäß Gl. (17.85) die harmonischen Wandbewegungen mit den Amplituden $\overline{b}(\omega)$ zur (nichtperiodischen!) Wandbewegung b (t), so braucht man auch nur die harmonischen Schubspannungen mit den Amplituden $\overline{\sigma}(\omega)$ entsprechend zu überlagern, um die gesuchte, zu b (t) gehörende Schubspannung σ (t) zu finden. Wir schreiben daher die Lösung formal als

$$\sigma(t) = \frac{1}{\sqrt{2\pi}} \int\limits_{-\infty}^{+\infty} \overline{\sigma}(\omega) \, e^{i\omega t} \, d\omega \quad . \tag{17.87}$$

Bei der Ausführung der Integration ergibt sich aber noch insofern eine kleine Schwierigkeit, als sich die Integration auch über negative Werte der Frequenz ω erstreckt, während hingegen bei der früher behandelten harmonischen Bewegung ω > 0 vorausgesetzt worden war und Gl. (17.86) dementsprechend auch nur für die positive ω-Werte gültig ist. Selbstverständlich könnte man die früheren Rechnungen für $\omega < 0$ wiederholen und auf diese Weise die fehlenden harmonischen Lösungen beschaffen. Einfacher kommt man jedoch zum Ziel, wenn man bedenkt, daß $\exp(i\omega t)$ und $\exp(-i\omega t)$ konjugiert komplexe Zahlen sind. (Die Frequenz wurde ja in jedem Fall als reell angenommen.) Ändert man also in der harmonischen Wandbeschleunigung das Vorzeichen von ω, so geht die ursprüngliche Wandbeschleunigung in ihren konjugiert komplexen Wert über. Konjugiert komplexe Beschleunigungen rufen aber auch konjugiert komplexe Schubspannungen hervor, weil ja sowohl der Real- als auch der Imaginärteil unabhängig voneinander Lösungen der linearen Gleichung sind. Integriert man daher in Gl. (17.87) zuerst von $-\infty$ bis 0 und anschließend von 0 bis $+\infty$, so werden alle Realteile doppelt gezählt, während sich die Imaginärteile wegheben. Folglich kann anstelle des Integrals von $-\infty$ bis $+\infty$ der doppelte Realteil des Integrals von 0 bis $+\infty$ genommen werden, so daß man Gl. (17.87) durch

$$\sigma(t) = \sqrt{\frac{2}{\pi}} \, Re\left[\int_{0}^{\infty} \bar{\sigma}(\omega) \, e^{i\omega t} \, d\omega \right] \tag{17.88}$$

ersetzen kann.

Zur Ausführung der Integration in Gl. (17.88) hat man für $\bar{\sigma}$ die Gl. (17.86) und für das dort auftretende $\bar{b}$ die Gl. (17.85) einzusetzen. Man erhält zunächst

$$\sigma = -\frac{\rho}{\pi}\sqrt{\frac{\nu}{2}} \, Re\left[(1-i) \int_{\omega=0}^{\infty} \omega^{-1/2} \, e^{i\omega t} \int_{\tau=-\infty}^{+\infty} b(\tau) \, e^{-i\omega\tau} \, d\tau \, d\omega \right] \tag{17.89}$$

und nach Vertauschung der Integrationsreihenfolge

$$\sigma = -\frac{\rho}{\pi}\sqrt{\frac{\nu}{2}} \, Re\left[(1-i) \int_{\tau=-\infty}^{+\infty} b(\tau) \int_{\omega=0}^{\infty} \omega^{-1/2} \, e^{i\omega(t-\tau)} \, d\omega \, d\tau \right] =$$

$$= -\frac{\rho}{\pi}\sqrt{\frac{\nu}{2}} \int_{\tau=-\infty}^{+\infty} b(\tau) \int_{\omega=0}^{\infty} \omega^{-1/2} \left[\cos\omega(t-\tau) + \sin\omega(t-\tau) \right] d\omega \, d\tau \quad . \tag{17.90}$$

Die innere Integration kann nun ausgeführt werden. Dabei ist darauf zu achten, daß sich für $t-\tau < 0$ die Beiträge der Kosinusfunktion und der Sinusfunktion kompensieren, während sie sich für $t-\tau > 0$ addieren. Dadurch entfällt für das äußere Integral die Integration von $\tau = t$ bis $\tau = \infty$. Als Ergebnis erhält man schließlich

$$\sigma = -\rho \sqrt{\frac{\nu}{\pi}} \int_{-\infty}^{t} \frac{b(\tau)}{\sqrt{t-\tau}} \, d\tau \quad . \tag{17.91}$$

Diese Schubspannung stellt den Reibungswiderstand pro Flächeneinheit der Wand dar.

Handelt es sich speziell um den Fall einer *konstanten Beschleunigung* aus der Ruhelage bei $t = 0$ auf die Endgeschwindigkeit U, die zur Zeit $t = t_E$ erreicht sein möge, so gilt

$$\begin{aligned} b(t) &= 0 &&\text{für } t < 0 \qquad \text{oder } t > t_E \\ b(t) &= U/t_E &&\text{für } 0 < t < t_E \quad . \end{aligned} \tag{17.92}$$

Die Formel (17.91) liefert hierfür die folgenden Schubspannungen:

$$\sigma = 0 \qquad \text{für } t \leq 0 \quad ;$$

$$\sigma = -2\rho\, U\, t_E^{-1}\, \sqrt{\nu t/\pi} \qquad \text{für } 0 \leq t \leq t_E \quad , \qquad (17.93)$$

$$\sigma = -2\rho\, U\, t_E^{-1}\, \sqrt{\nu/\pi}\,(\sqrt{t} - \sqrt{t - t_E}) \qquad \text{für } t \geq t_E \quad .$$

Als einen weiteren und besonders interessanten Sonderfall betrachten wir eine Wand, die zur Zeit t = 0 plötzlich in eine *gleichförmige* Bewegung mit der Geschwindigkeit U (= const) versetzt wird. In diesem Fall verschwindet die Beschleunigung zu allen Zeiten außer zum Zeitpunkt t = 0, in welchem sie als unendlich groß anzunehmen ist, und zwar derart, daß für eine positive, ansonsten aber beliebige Zeit a die Beziehung

$$\int\limits_{-a}^{+a} b(t)\, dt = U \qquad (17.94)$$

gilt; denn das Zeitintegral über die Beschleunigung muß gleich der Geschwindigkeit sein.

Symbolisch drückt man diesen Sachverhalt aus, indem man schreibt:

$$b(t) = U\,\delta(t) \quad , \qquad (17.95)$$

wobei $\delta(t)$ die Diracsche *„Delta-Funktion"* bedeutet.

Die *verallgemeinerte Funktion (Distribution)* $\delta(t)$ ist „definiert" durch

$$\delta(t) = \begin{cases} 0 & \text{für } t \neq 0 \\ \infty & \text{für } t = 0 \end{cases} \qquad (17.96a)$$

und

$$\int\limits_{-a}^{+a} f(t)\,\delta(t)\, dt = f(0) \qquad (a > 0) \quad , \qquad (17.96b)$$

wobei f(t) eine bei t = 0 stetige, ansonsten aber beliebige Funktion bedeutet. Aus Gl. (17.96b) folgt speziell für $f(t) \equiv 1$:

$$\int\limits_{-a}^{+a} \delta(t)\, dt = 1 \qquad (a > 0) \quad . \qquad (17.97)$$

Die Diracsche Deltafunktion kann als „Ableitung" der Heavisideschen Sprungfunktion H(t), die durch

$$H(t) = \begin{cases} 0 & \text{für } t < 0 \\ 1/2 & \text{für } t = 0 \\ 1 & \text{für } t > 0 \end{cases} \qquad (17.98)$$

gegeben ist, aufgefaßt werden: $\delta(t) = H'(t)$. Eine anschauliche Deutung liefert eine Folge von Funktionen, durch welche die δ-Funktion mit zunehmender Genauigkeit approximiert wird (Bild 17.7).

Mit den Definitionsgleichungen für die Delta-Funktion ist das Integral in Gl. (17.91) auch für die plötzlich in Bewegung versetzte Wand leicht auszuwerten. Mit den Gln. (17.95) und (17.96b) folgt

$$\sigma = -\rho\,\sqrt{\frac{\nu}{\pi}}\,\int\limits_{-\infty}^{t} \frac{U\delta(\tau)}{\sqrt{t - \tau}}\, d\tau = \begin{cases} 0 & \text{für } t < 0 \quad ; \\ -\rho\, U\,\sqrt{\nu/\pi t} & \text{für } t > 0 \quad . \end{cases} \qquad (17.99)$$

Dieses spezielle Resultat kann auch einfacher
durch eine Ähnlichkeitstransformation erhalten werden (vgl. Abschnitt 10.1), das allgemeinere Ergebnis (17.91) jedoch nicht.

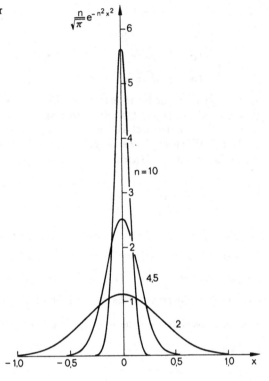

Bild 17.7
Approximation der δ-Funktion durch eine
Folge von Exponentialfunktionen (*Lighthill*
1966)

Wiener-Hopf-Methode. Bei manchen Aufgabenstellungen läßt sich durch Separation der Variablen
eine allgemeine Reihendarstellung für die gesuchte Lösung zwar relativ leicht angeben, die Randbedingungen sind jedoch derart, daß die Bestimmung der Koeffizienten der Reihe auf große Schwierigkeiten stößt. Hierzu gehören beispielsweise Strömungen um endliche oder halbunendliche Platten,
die sich zwischen zwei unendlich großen ebenen Wänden (in einem „Kanal") befinden. Typisch
für dieses und ähnliche Probleme sind Randbedingungen, bei denen auf einem Teil des Randes die
gesuchte Funktion selbst, auf einem anderen Teil jedoch eine Ableitung der gesuchten Funktion
gegeben ist („gemischte" Randbedingungen). In solchen Fällen kann neben der Anwendung der
Fourier-Transformation eine nach Wiener und Hopf benannte Methode zum Erfolg führen. Diese
Methode erfordert aber Kenntnisse aus der Funktionentheorie, die über das ansonsten in der
Strömungslehre notwendige Maß hinausgehen. Wir müssen uns deshalb hier mit dem Hinweis auf
die Nützlichkeit der Methode begnügen. Eine umfassende Darstellung der Wiener-Hopf-Methode
und ihrer Grundlagen gibt eine Monographie von *Noble* (1958). Mit Anwendungen in der Strömungslehre befassen sich Arbeiten von *Meister* (1965) und *Koch* (1970, 1970/71, 1971).

17.5. Entwicklungen nach Bessel- und Legendre-Funktionen

Durch Separation der Variablen in einem *kartesischen* Koordinatensystem waren wir im vorigen
Abschnitt auf trigonometrische Funktionen gestoßen, die anschließend zu unendlichen Reihen
oder zu Integraldarstellungen für die Lösung überlagert worden waren, um die Rand- und Anfangsbedingungen zu erfüllen. Auch im *elliptischen* Koordinatensystem des Abschnittes 17.1 hatten sich
trigonometrische Funktionen ergeben.

Hingegen führt die Verwendung von *Zylinderkoordinaten* x, r, φ bei der Separation sehr häufig zu Differentialgleichungen, die sich auf die Form

$$r'' g''(r) + r g'(r) + (r^2 - \nu^2) g(r) = 0 \qquad (17.100)$$

bringen lassen. Ihre Lösungen sind die *Bessel-Funktionen* (*Zylinderfunktionen*) der Ordnung ν.

Weiters treten als Folge von Separationsansätzen in *Kugelkoordinaten* r, Θ, φ oft Differentialgleichungen von der Form

$$(1 - \mu^2) g''(\mu) - 2\mu g'(\mu) + \left[n(n+1) - \frac{m^2}{1-\mu^2} \right] g = 0 \qquad (17.101)$$

auf, wobei $\mu = \cos\Theta$. Die Lösungen dieser Differentialgleichung sind die *Legendre-Funktionen* (*Kugelfunktionen*) von dem Grade n und der Ordnung m.

Wichtige Formeln zu den Bessel-Funktionen und Legendre-Funktionen sowie Tabellen der Funktionswerte, Nullstellen u. a. findet man z. B. bei *Abramowitz* und *Stegun* (1965).

Wie bei trigonometrischen Funktionen, so führt auch bei Bessel- und Legendre-Funktionen die Überlagerung zu Reihendarstellungen, für die u. a. die folgenden Formeln zur Verfügung stehen: Entwicklung nach *Legendre-Funktionen* erster Art und Ordnung m = 0 (auch als *Legendre-Polynome* $P_n(x)$ bekannt) im Intervall $-1 \leqq x \leqq +1$:

$$f(x) = \sum_{n=0}^{\infty} c_n P_n(x) \qquad \text{mit} \qquad c_n = \frac{2n+1}{2} \int_{-1}^{+1} f(x) P_n(x) \, dx \quad . \qquad (17.102)$$

Entwicklung nach *Legendre-Funktionen* erster Art, $P_n^m(\cos\Theta)$, und nach trigonometrischen Funktionen im Gebiet $0 \leqq \Theta \leqq \pi, 0 \leqq \varphi \leqq 2\pi$ (Kugelfläche):

$$f(\Theta, \varphi) = \sum_{n=0}^{\infty} \sum_{m=0}^{n} (a_{nm} \cos m\varphi + b_{nm} \sin m\varphi) P_n^m(\cos\Theta) \qquad (17.103)$$

mit

$$a_{no} = \frac{2n+1}{4\pi} \int_0^{2\pi} \int_0^{\pi} f(\Theta, \varphi) P_n(\cos\Theta) \sin\Theta \, d\Theta \, d\varphi \quad ;$$

$$a_{nm} = \frac{2n+1}{2\pi} \frac{(n-m)!}{(n+m)!} \int_0^{2\pi} \int_0^{\pi} f(\Theta, \varphi) \cos m\varphi \, P_n^m(\cos\Theta) \sin\Theta \, d\Theta \, d\varphi \quad ; \qquad (17.104)$$

$$b_{nm} = \frac{2n+1}{2\pi} \frac{(n-m)!}{(n+m)!} \int_0^{2\pi} \int_0^{\pi} f(\Theta, \varphi) \sin m\varphi \, P_n^m(\cos\Theta) \sin\Theta \, d\Theta \, d\varphi \quad ;$$

$$(m \geqq 1) \quad .$$

Entwicklung nach *Bessel-Funktionen* erster Art und Ordnung ν ($\nu = 0, 1, 2, \ldots$), $J_\nu(k_n r)$, im Intervall $0 \leqq r \leqq 1$:

$$f(r) = \sum_{n=1}^{\infty} c_n J_\nu(k_n r) \qquad \text{mit} \qquad c_n = C \int_0^1 f(r) J_\nu(k_n r) \, r \, dr \quad . \qquad (17.105)$$

Hierin bedeutet k_n die n-te Nullstelle der Funktion J_ν und die Konstante C ist durch

$$C = 2/[J_{\nu+1}(k_n)]^2 \qquad (17.106)$$

gegeben.

Man beachte, daß es sich bei der Entwicklung nach Legendre-Funktionen um eine Folge von Legendre-Funktionen verschiedenen Grades n handelt, während die Entwicklung nach Bessel-Funktionen stets nur eine einzige Bessel-Funktion (einer bestimmten Ordnung ν) enthält, im Argument jedoch eine Folge von Nullstellen auftritt.

Ähnlich wie sich bei der Entwicklung nach trigonometrischen Funktionen für ein unendlich großes Intervall statt der Fourier-Reihe das Fourier-Integral ergibt, kann man für ein unendlich großes Intervall eine gegebene Funktion durch ein Integral über eine Bessel-Funktion darstellen. Es gilt für $0 \leqq r < \infty$:

$$f(r) = \int_0^\infty \tilde{f}(k)\, J_\nu(kr)\, k\, dk \qquad \text{mit} \qquad \tilde{f}(k) = \int_0^\infty f(\rho)\, J_\nu(\rho k)\, \rho\, d\rho \quad . \qquad (17.107)$$

$$(\nu = 0, 1, 2, \ldots) \quad .$$

Eine Integraldarstellung mit Legendre-Funktionen kommt nicht in Frage, weil die Intervalle für die Kugelkoordinaten Θ und φ stets endlich sind.

17.5.1. Beispiel: Wärmeübertragung im Kreisrohr

Durch ein Kreisrohr, dessen Temperatur für $x < 0$ gleich dem konstanten Wert T_1, für $x > 0$ gleich dem ebenfalls konstanten Wert T_2 ($T_2 \neq T_1$) ist, ströme eine Flüssigkeit mit (näherungsweise) konstanter Dichte (Bild 17.8). Die Zuströmtemperatur der Flüssigkeit sei gleich der Rohrtemperatur T_1, die Abströmtemperatur der Flüssigkeit wird sich als Folge der Wärmeübertragung zwischen Rohrwand und Flüssigkeit für $x \to \infty$ der Rohrtemperatur T_2 asymptotisch nähern. Die Strömung sei laminar mit vorgegebener Geschwindigkeitsverteilung, die Temperaturverteilung in der Flüssigkeit (aus der sich auch die örtliche Wärmeübergangszahl leicht berechnen läßt) ist gesucht. Der Einfachheit halber nehmen wir konstante Strömungsgeschwindigkeit U an. Diese Annahme ist für verschwindend kleine Prandtl-Zahlen gerechtfertigt – ein Grenzfall, der für die Strömung von flüssigen Metallen von Bedeutung ist. Schließlich sei angenommen, daß die Wärmeleitung in Richtung der Rohrachse gegenüber der Wärmeleitung in Radialrichtung unbedeutend ist; dies setzt voraus, daß die Pécletsche Kennzahl Pe = UR/a (mit R als Rohrradius und a als Temperaturleitfähigkeit) sehr groß ist.

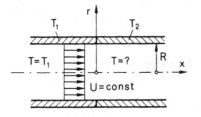

Bild 17.8

Strömung im Kreisrohr mit Wärmeübertragung (Pr → 0)

Führt man nun noch die dimensionslose Temperaturdifferenz

$$\vartheta = \frac{T - T_2}{T_1 - T_2} \qquad (17.108)$$

ein und macht man die Axialkoordinate x und die Radialkoordinate r mit dem Rohrradius als Referenzlänge dimensionslos, so lautet die Energiegleichung

$$\vartheta_{rr} + \frac{1}{r}\,\vartheta_r = \mathrm{Pe}\,\vartheta_x \quad . \tag{17.109}$$

Da Wärmeleitung in Axialrichtung vernachlässigt wurde, ist einfach $\vartheta \equiv 1$ stromauf von der Temperatursprungstelle im Rohr, also für $x < 0$. Von Interesse ist daher nur die Lösung stromab von der Temperatursprungstelle, also für $x > 0$. Als Anfangsbedingung haben wir

$$\vartheta = 1 \qquad \text{für} \qquad x = 0 \quad , \qquad 0 \leqq r < 1 \quad , \tag{17.110}$$

und die Randbedingungen lauten

$$\vartheta = 0 \qquad \text{für} \qquad r = 1 \quad , \qquad x > 0 \quad ; \tag{17.111a}$$

$$\vartheta_r = 0 \qquad \text{für} \qquad r = 0 \quad , \qquad x > 0 \quad , \tag{17.111b}$$

wobei die letzte Gleichung eine Folge der Symmetriebedingung auf der Achse ist.

Mit dem Separationsansatz $\vartheta = f(x)\,g(r)$ erhält man aus Gl. (17.109) die gewöhnlichen Differentialgleichungen

$$f' + (k_n^2/\mathrm{Pe})\,f = 0 \quad , \tag{17.112}$$

$$r^2\,g'' + r\,g' + k_n^2\,r^2\,g = 0 \quad , \tag{17.113}$$

wobei k_n eine zunächst noch freie Konstante bedeutet. Die allgemeine Lösung von (17.112) ist einfach

$$f = C\,e^{-(k_n^2/\mathrm{Pe})\,x} \qquad (C = \mathrm{const}) \quad , \tag{17.114}$$

während Gl. (17.113) eine Besselsche Differentialgleichung mit der allgemeinen Lösung

$$g = A\,J_0(k_n\,r) + B\,Y_0(k_n\,r) \qquad (A, B = \mathrm{const}) \tag{17.115}$$

darstellt. Dabei sind J_0 und Y_0 Bessel-Funktionen der ersten bzw. zweiten Art. Da $Y_0(k_n\,r) \to \infty$ für $k_n\,r \to 0$ (Rohrachse), kommt Y_0 für die Lösung nicht in Frage, und es muß $B = 0$ gesetzt werden. Damit ist die Randbedingung (17.111b) bereits erfüllt, und aus der Randbedingung (17.111a) folgt, daß k_n der Bedingung

$$J_0(k_n) = 0 \tag{17.116}$$

genügen muß, d. h. k_n muß eine Nullstelle der Bessel-Funktion J_0 sein. Es gibt abzählbar unendlich viele, positive Nullstellen von J_0, die man üblicherweise nach wachsender Größe ordnet: $k_1 < k_2 < k_3 \ldots$; es ist also k_n als n-te Nullstelle von J_0 aufzufassen.

Durch Überlagerung der Separationslösungen für alle Werte von k_n ergibt sich für die gesuchte Lösung die Reihendarstellung

$$\vartheta = \sum_{n=1}^{\infty} A_n\,J_0(k_n\,r)\,e^{-(k_n^2/\mathrm{Pe})\,x} \quad . \tag{17.117}$$

Die konstanten Koeffizienten A_n müssen so bestimmt werden, daß die Anfangsbedingung (17.110) erfüllt ist. Aus (17.110) folgt mit (17.117) die Bedingung

$$\sum_{n=1}^{\infty} A_n\,J_0(k_n\,r) = 1 \qquad \text{für } 0 \leqq r < 1 \quad , \tag{17.118}$$

die man als eine Entwicklung der Funktion $f(r) = 1$ nach Bessel-Funktionen im Intervall $0 \leqq r < 1$ auffassen kann. Die Konstanten A_n sind daher mit den Konstanten c_n von Gl. (17.105) identisch, sofern dort $f(r) = 1$ gesetzt wird. Zu ihrer Berechnung müssen die Integrale von Gl. (17.105) gelöst werden, wobei man sich vorhandener Integralformeln für die Bessel-Funktionen bedienen kann (*Abramowitz* und *Stegun*, 1965). Wichtig ist vor allem die Formel

$$\int\limits_0^z t^\nu J_{\nu-1}(t) \, dt = z^\nu J_\nu(z) \quad . \tag{17.119}$$

Mit ihrer Hilfe erhält man aus den Gln. (17.105) und (17.106)

$$A_n = c_n = 2/k_n J_1(k_n) \quad . \tag{17.120}$$

Einsetzen in Gl. (17.117) liefert das Endergebnis

$$\vartheta = 2 \sum_{n=1}^\infty \frac{J_0(k_n r)}{k_n J_1(k_n)} \, e^{-(k_n^2/Pe) \, x} \quad . \tag{17.121}$$

Zur numerischen Auswertung sei angemerkt, daß Tabellen nicht nur für $J_0(r)$, sondern sogar für $J_0(k_n r)$ in Abhängigkeit von r verfügbar sind (*Abramowitz* und *Stegun* 1965).

17.5.2. Verbesserung des Konvergenzverhaltens

Für nicht zu kleine x-Werte (etwa für $x > Pe/10$) konvergiert die Reihe (17.121) recht schnell, weil wegen des Anwachsens der k_n mit steigendem n die Exponentialfunktion rasch abfällt. Die Reihe kann dann schon nach wenigen Gliedern abgebrochen werden. Für sehr kleine Werte von x ist das Konvergenzverhalten der Reihe (17.121) jedoch schlecht. Will man beispielsweise kontrollieren, ob die Anfangsbedingung $\vartheta = 1$ im Punkt $x = 0$, $r = 0$ tatsächlich erfüllt ist, so zeigt eine Auswertung von (17.121), daß selbst nach 20 Reihengliedern der Fehler immer noch 16 % beträgt!

Wenngleich die Lösung (17.121) für sehr kleine x-Werte physikalisch von zweifelhaftem Wert ist, weil die axiale Wärmeleitung vernachlässigt wurde, so ist es wegen der erwünschten Kontrolle der Anfangsbedingung, aber auch im Hinblick auf ähnliche Schwierigkeiten bei anderen Problemen, doch nützlich, einen Versuch zur Verbesserung des Konvergenzverhaltens der Reihe zu unternehmen. Eine Methode, die in Fällen wie hier oft zum Erfolg führt, besteht darin, durch Anwendung der *Eulerschen Transformation*

$$\sum_{j=0}^\infty (-1)^j a_j = \sum_{j=0}^\infty (-1)^j \frac{\Delta^j a_0}{2^{j+1}} \tag{17.122}$$

zu einer neuen Reihe überzugehen, deren Glieder im wesentlichen aus den Differenzen $\Delta^j a_0$ (Ordnung j) der ursprünglichen Reihenglieder bestehen.

In unserem Beispiel ergibt sich für den Punkt $x = 0$, $r = 0$ mit den ersten vier Reihengliedern das folgende Differenzenschema:

n	j	a_j	$\Delta^1 a_j$	$\Delta^2 a_j$	$\Delta^3 a_j$
1	0	0,801	$-0,269$	0,163	$-0,118$
2	1	0,532	$-0,106$	0,045	
3	2	0,426	$-0,061$		
4	3	0,365			

Die ursprüngliche Reihe (17.121) liefert

$$\vartheta(0,0) = 2\,(0{,}801 - 0{,}532 + 0{,}426 - 0{,}365 + \ldots) = 0{,}658 \quad .$$

Der Fehler gegenüber dem Sollwert 1 beträgt demnach bei vier Reihengliedern 34 %. Hingegen ergibt sich nach Anwendung der Eulerschen Transformation die Reihe

$$\vartheta(0,0) = 2\left(\frac{0{,}801}{2} + \frac{0{,}269}{2^2} + \frac{0{,}163}{2^3} + \frac{0{,}118}{2^4} + \ldots\right) = 0{,}992 \quad .$$

Der Fehler ist, bei ebenfalls vier Reihengliedern, bereits kleiner als 1 %. Eine erstaunliche Verbesserung!

17.6. Zusammenfassung des Rechenganges

Die Anwendung der Methode der Variablen-Separation kann in den folgenden Schritten verlaufen:

1. Wahl eines geeigneten Koordinatensystems, z. B. derart, daß die Kurven (oder Flächen), auf denen Randbedingungen vorgeschrieben sind, mit Koordinatenlinien (oder -flächen) zusammenfallen;

2. Separationsansatz, meist als Produktansatz von der Form $\phi = f(\xi)\,g(\eta)$ bzw. $\phi = f(\xi)\,g(\eta)\,h(\zeta)$ mit ϕ als abhängiger und ξ, η, ζ als unabhängigen Variablen (Koordinaten);

3. Separation der unabhängigen Variablen in den Gleichungen und Konstantsetzen der Ausdrücke, die nur Funktion einer einzigen Unabhängigen sind;

4. Eventuell mehrere (auch unendlich viele) Separationslösungen überlagern, bis alle Rand- und Anfangsbedingungen erfüllt sind.

Die Schritte 1 bis 3 sind auch für nichtlineare Differentialgleichungen geeignet, der Schritt 4 darf hingegen — von ganz seltenen Ausnahmen abgesehen — nur bei linearen Differentialgleichungen ausgeführt werden.

Übungsaufgaben

1. *Sickerströmung unter einem Damm.* Die Sickerströmung durch den porösen Boden unter einem (undurchlässigen) Damm wird vom Darcyschen Gesetz $\vec{v} = -\mu\,\mathrm{grad}\,p$ beherrscht, wobei $\vec{v}$ den Geschwindigkeitsvektor, μ die mechanische Permeabilität des porösen Mediums und p den Druck bedeutet. Hinzu kommt die Kontinuitätsgleichung $\mathrm{div}\,\vec{v} = 0$. Als Randbedingung hat man $p = p_0$ (Atmosphärendruck) hinter dem Damm, $p = p_0 + \gamma\,h$ vor dem Damm (mit γ als spezifischem Gewicht der Flüssigkeit und h als Stauhöhe), und tangentiale Strömung unmittelbar unter dem Damm. Man berechne die Strömung für den Fall, daß der Damm auf einem horizontalen Boden errichtet wurde (Bild 17.9).

2. *Potentialströmung um einen Kreiszylinder.* Für die inkompressible, zirkulationsfreie Potentialströmung um einen senkrecht zu seiner Achse angeströmten, unendlich langen Kreiszylinder berechne man durch Separation der Variablen

   a) die Stromfunktion

   b) das Geschwindigkeitspotential

   und kontrolliere das Ergebnis zu a) durch einen geeigneten Grenzübergang in Gl. (17.15).

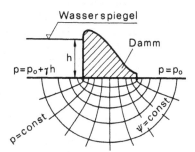

Bild 17.9
Sickerströmung unter einem Damm (*Yih* 1961)

3. *Potentialströmung um ein Parabelprofil.* Man berechne die Stromfunktion für die ebene, inkompressible, symmetrische Potentialströmung um ein parabolisches Profil durch Separation der Variablen. Wie groß ist der Geschwindigkeitsbetrag an der Profiloberfläche?

4. *Potentialströmung um ein Ellipsoid.* Gesucht ist die Stromfunktion für die inkompressible, achsensymmetrische Potentialströmung um ein langgestrecktes Ellipsoid.

5. *Rotierende Kugel in einer zähen Flüssigkeit.* Aus einer asymptotischen Entwicklung für kleine Reynolds-Zahlen ergab sich in Abschnitt 14.9 für die Grundströmung das Differentialgleichungssystem (14.47a), (14.47b) mit den Randbedingungen (14.40a) und (14.40b). Die Sekundärströmung wird durch die dortige Gleichung (14.54) mit den Randbedingungen (14.44a) und (14.44b) beschrieben. Man löse die Gleichungen.

6. Welcher allgemeine Zusammenhang besteht zwischen Phasengeschwindigkeit, Gruppengeschwindigkeit und Wellenlänge?

7. *Kapillarwellen.* Bei Oberflächenwellen mit kleinen Wellenlängen spielt − neben der Schwerkraft − die Oberflächenspannung eine wesentliche Rolle. Sie bewirkt einen Drucksprung an der Oberfläche, dessen Betrag durch $\sigma(1/R_1 + 1/R_2)$ gegeben ist; dabei sind R_1 und R_2 die Hauptkrümmungsradien der Oberfläche in dem betrachteten Flächenpunkt und σ bedeutet die Kapillarkonstante. Das Vorzeichen des Drucksprunges ist so festzulegen, daß der Druck in der Flüssigkeit dann größer ist als der äußere Druck (Atmosphärendruck), wenn die Flüssigkeitsoberfläche konvex ist.

Mit Störungsmethoden kann man zeigen, daß für kleine Wellenamplituden und ebene (zweidimensionale) Strömung die Randbedingung an der Oberfläche als

$$\rho\, g\, \phi_y + \rho\, \phi_{tt} - \sigma\, \phi_{xxy} = 0 \qquad \text{auf } y = 0$$

geschrieben werden kann. Wie lautet für eine unendlich tiefe Flüssigkeit das Potential einer in x-Richtung fortschreitenden harmonischen Welle, und welcher Zusammenhang besteht zwischen Frequenz und Wellenzahl? Wie hängt die Phasengeschwindigkeit von der Wellenlänge ab? Für welche Wellenlänge hat die Phasengeschwindigkeit einen Kleinstwert und wie groß ist er? Wann ist die Gruppengeschwindigkeit kleiner bzw. größer als die Phasengeschwindigkeit, und wann sind beide Geschwindigkeiten gleich groß? Man diskutiere auch die Grenzfälle sehr großer Wellenlänge (reine Schwerewellen) und sehr kleiner Wellenlänge (reine Kapillarwellen oder Kräuselwellen)!

Taucht ein kleines Hindernis (Angelschnur) in ein Gewässer ein, welches mit einer Geschwindigkeit strömt, die größer als die kleinstmögliche Phasengeschwindigkeit der Oberflächenwellen ist, so erzeugt es Wellen. Welche Art von Wellen findet man stromabwärts, welche stromaufwärts vom Hindernis? Warum zeigen sich bei Strömungsgeschwindigkeiten unterhalb des Minimums der Phasengeschwindigkeit keine Wellen?

8. *Akustische Wellen in einem strahlenden Gas.* Für Kompressionswellen kleiner Amplitude in einem strahlenden Gas genügt das Potential ϕ näherungsweise der Differentialgleichung (s. z. B. *Vincenti* und *Kruger* 1965, S. 499; oder *Schneider* 1968a, Gl. (75)):

$$(a_s^{-2}\, \phi_{tt} - \phi_{xx})_{txx} + 16\, Bo^{-1}\, \alpha\, a_s\, (a_T^{-2}\, \phi_{tt} - \phi_{xx})_{xx} - 3\, \alpha\, (a_s^{-2}\, \phi_{tt} - \phi_{xx})_t = 0 \quad .$$

Dabei bedeuten a_s und a_T die Schallgeschwindigkeiten für isentrope bzw. isotherme Zustandsänderungen, α den Absorptionskoeffizienten und Bo die Boltzmann-Zahl, welche ein Maß für die relative Bedeutung von Strömung und Strahlung im gesamten Energietransport darstellt. Welcher Gleichung müssen die komplexen Wellenzahlen von fortschreitenden harmonischen Wellen mit konstanter Frequenz ω genügen? (Hinweis: Man führe die Bouguer-Zahl $Bu = \sqrt{3}\, \alpha\, a_s/\omega$ als dimensionslose Absorptions-Kennzahl ein.) Wie viele Lösungen dieser Gleichung gibt es, und wie viele Wellensorten mit unterschiedlichen physikalischen Eigenschaften werden hierdurch beschrieben?

Da $a_s^2/a_T^2 = \kappa = c_p/c_v$ ist und dieses Verhältnis der spezifischen Wärmen bei den gebräuchlichen Gasen nur wenig größer als eins ist, kann man durch eine asymptotische Entwicklung zu einfachen Näherungen für die komplexen Wellenzahlen kommen. Man berechne die ersten nicht verschwindenden Terme für die Dämpfungskonstanten, die Wellenlängen und die Phasengeschwindigkeiten, und diskutiere die Grenzfälle $Bu \to 0$ und $Bu \to \infty$ (schwache und starke Absorption) sowie $Bo \to \infty$ und $Bo \to 0$ (schwache und starke Strahlung).

9. *Instabilität tangentialer Unstetigkeiten.* An einer tangentialen Unstetigkeitsfläche ändert sich die Strömungsgeschwindigkeit (welche die Richtung einer Tangente an die Fläche hat) sprunghaft, der Druck ist jedoch auf beiden Seiten der Fläche gleich. Tangentiale Unstetigkeiten stellen zwar mögliche Lösungen der Grundgleichungen für eine reibungsfreie Flüssigkeit dar, sie sind jedoch gegenüber kleinen Störungen stets instabil. Dies ist für eine ebene Unstetigkeitsfläche zu zeigen.

Hinweise: Eulersche Bewegungsgleichungen und Kontinuitätsgleichung der inkompressiblen Flüssigkeit für kleine Störungen der Grundströmung linearisieren, ebenso die Randbedingung $f_t + \vec{v} \cdot \mathrm{grad}\, f = 0$ auf der verformten Unstetigkeitsfläche $f(x, y, t) = 0$. Setzt man die Störungen proportional zu $\exp(i\,\omega t)$ an, so liegt Instabilität vor, wenn der Imaginärteil von ω negativ ist.

10. *Stehende Wellen in einem rechteckigen Becken.* Welche Schwerewellen können in einem rechteckigen Becken mit der Länge a und der Breite b auftreten, wenn die Flüssigkeit die Höhe h hat?
   (*Hinweis:* In der Laplace-Gleichung (17.23) muß die z-Koordinate hinzugenommen werden, die Randbedingung (17.24) bleibt jedoch unverändert.)

11. *Wärmeübertragung zwischen zwei planparallelen Wänden.* Zwischen zwei ebenen Wänden, die in einem kartesischen Koordinatensystem bei $y = +1$ und $y = -1$ liegen, ströme eine inkompressible Flüssigkeit mit konstanter Geschwindigkeit in x-Richtung. Die Wandtemperaturen seien $T_1 = \mathrm{const}$ für $x < 0$ und $T_2 = \mathrm{const}$ für $x > 0$. Unter Vernachlässigung von Wärmeleitung in Strömungsrichtung wird die Temperaturverteilung in der Flüssigkeit durch die Differentialgleichung

$$\vartheta_{yy} = \mathrm{Pe}\,\vartheta_x$$

mit den Randbedingungen

$$\vartheta = 0 \qquad \text{für } y = \pm 1 \quad , \qquad x > 0$$

und der Anfangsbedingung

$$\vartheta = 1 \qquad \text{für } x = 0 \quad , \qquad -1 < y < 1$$

beschrieben. Für die gesuchte Funktion $\vartheta(x, y)$ ist eine Reihendarstellung anzugeben und zu kontrollieren, ob die Anfangsbedingung im Koordinatenursprung erfüllt ist.

12. *Widerstand einer beschleunigt bewegten Kugel.* Der Widerstand einer Kugel (Radius R), die translatorische, harmonische Schwingungen (Geschwindigkeit $U = U_0\,e^{i\,\omega t}$) in einer zähen Flüssigkeit ausführt, ist unter der Voraussetzung kleiner Reynoldszahlen durch

$$K = 3\pi\rho R^3 \omega (\alpha + \alpha^2)\, U + \frac{\pi}{3}\rho R^3 (2 + 9\alpha)\,\frac{dU}{dt}$$

mit $\alpha = (1/R)\sqrt{2\,\nu/\omega}$ gegeben, s. z.B. *Lamb* (1945), S. 644. Welcher Widerstand ist zu überwinden, um eine Kugel aus der Ruhelage auf eine bestimmte Endgeschwindigkeit zu beschleunigen? Welcher Widerstand ergibt sich speziell, wenn die Kugel plötzlich auf eine konstante Geschwindigkeit gebracht wird, und welche Arbeit ist in diesem Fall während des Beschleunigungsvorganges aufzubringen?

13. *Rohr-Anlaufströmung.* In einem sehr langen Rohr mit Kreisquerschnitt befinde sich eine zunächst ruhende Flüssigkeit konstanter Dichte und Zähigkeit. Wie bewegt sich die Flüssigkeit unter der Wirkung eines zur Zeit $t = 0$ plötzlich aufgeprägten, konstanten Druckgradienten, der die Richtung der Rohrachse hat? Zur Kontrolle der Rechnung soll die gefundene Lösung für einen Punkt auf der Rohrachse und $t = 0$ numerisch ausgewertet werden.

14. *Strömung in einer flüssigkeitsgefüllten Blase.* Eine mit einer inkompressiblen Flüssigkeit gefüllte, ursprünglich kugelförmige Membran wird kleinen Verformungen unterworfen. Unter der Voraussetzung, daß die Strömung drehungsfrei bleibt, berechne man zu einer auf der Kugelfläche vorgegebene Normalgeschwindigkeitsverteilung das Geschwindigkeitspotential im Inneren der Kugel.

18. Singularitätenmethode

Die Methode, mit der wir uns nun befassen werden, ist zwar auf lineare Gleichungen beschränkt, sie zeichnet sich aber innerhalb dieses Rahmens durch ihre Vielseitigkeit aus und erfreut sich deshalb in der Strömungslehre großer Beliebtheit. Der Anwendungsbereich der Singularitätenmethode umfaßt alle Typen von (linearen) partiellen Differentialgleichungen und erstreckt sich heute von geschlossenen („analytischen") Lösungen für einfache Strömungsformen bis zur umfassenden numerischen Behandlung von komplizierten Strömungsfeldern. Der Einsatz von Computern hat die Bedeutung der Singularitätenmethode gestärkt und andere Methoden wie beispielsweise die Methode der konformen Abbildung (s. Abschnitt 19.5) etwas in den Hintergrund treten lassen.

18.1. Einführende Beispiele

Um uns mit der Methode vertraut zu machen, besprechen wir zunächst einige einfache Beispiele. Betrachtet seien ebene inkompressible Potentialströmungen, die durch die Laplace-Gleichung für das Geschwindigkeitspotential ϕ,

$$\Delta\phi = 0 \quad , \tag{18.1}$$

bzw. für die Stromfunktion ψ,

$$\Delta\psi = 0 \quad , \tag{18.2}$$

beschrieben werden.

Ebene Quelle und Wirbel. Wir führen nun Polarkoordinaten r, Θ ein, wobei sich der Laplace-Operator als

$$\Delta = \frac{\partial^2}{\partial r^2} + \frac{1}{r}\frac{\partial}{\partial r} + \frac{1}{r^2}\frac{\partial^2}{\partial\Theta^2} \tag{18.3}$$

darstellt, und suchen eine Lösung ϕ, die nur vom Radius r (und nicht vom Winkel Θ) abhängt. Durch Streichen der Ableitungen nach Θ in der Laplace-Gleichung erhält man für $\phi(r)$ die gewöhnliche Differentialgleichung

$$\phi'' + \frac{1}{r}\phi' = 0 \tag{18.4}$$

mit der Lösung

$$\phi = C \ln r \quad , \tag{18.5}$$

wobei C eine Konstante bedeutet, und eine weitere, additive Konstante als unwesentlich weggelassen wurde.

Auffallend an der Lösung (18.5) ist, daß ϕ über alle Grenzen wächst, wenn r gegen null strebt. Wegen dieses Verhaltens von ϕ im Punkt $r = 0$ nennt man die Lösung (18.5) eine *Singularität*. Diese Bezeichnung bringt zwar nicht zum Ausdruck, daß es sich dabei um die Lösung einer Differentialgleichung handelt, doch hat sich der Name in der Strömungslehre bereits eingebürgert. Mathematiker sprechen statt dessen lieber von einer *Grundlösung* (*Courant* und *Hilbert* 1968, S. 226). Allerdings stimmen die beiden Begriffe insofern nicht ganz überein, als man eine Ableitung der Lösung (18.5) nach einer Koordinate (z.B. nach x, mit $x = r\cos\Theta$) ebenfalls als Singularität, nicht jedoch als Grundlösung zu bezeichnen pflegt.

Zur physikalischen Deutung der durch Gl. (18.5) gegebenen Singularität bestimmen wir die Strömungsgeschwindigkeit. Da $\partial\phi/\partial\Theta$ identisch verschwindet, ist die Θ-Komponente der Strömungsgeschwindigkeit überall null. Für die r-Komponente erhält man

$$v^{(r)} = \frac{\partial\phi}{\partial r} = \frac{C}{r} \quad . \tag{18.6}$$

Es handelt sich demnach um eine rein radiale Strömung, wobei die Flüssigkeit je nach dem Vorzeichen von C aus dem Zentrum herausströmt ($C > 0$) oder auf das Zentrum zuströmt ($C < 0$). Die Lösung (18.5) stellt daher das Potential einer (ebenen, inkompressiblen) *Quellströmung* – kurz „Quelle" genannt – dar. Will man das Vorzeichen von C beachtet wissen, so spricht man im Fall

C > 0 von einer Quelle (im engeren Sinn), im Fall C < 0 hingegen von einer Senke. Bild 18.1 zeigt das Strömungsbild einer Quelle.

Die *Ergiebigkeit* der Quelle, auch *Quellstärke* genannt, findet man, indem man das Flüssigkeitsvolumen bestimmt, welches durch eine zylindrische, das Quellzentrum umschließende Kontrollfläche r = const pro Längeneinheit des Zylinders hindurchströmt. Man erhält hieraus die Quellstärke Q zu

$$Q = 2 \pi r \, v^{(r)} = 2 \pi C \quad , \tag{18.7}$$

so daß sich das Potential der ebenen, stationären Quelle in inkompressibler Flüssigkeit als

$$\phi = \frac{Q}{2\pi} \ln r = \frac{Q}{2\pi} \ln \sqrt{x^2 + y^2} \tag{18.8}$$

darstellt.

Die Stromlinien der Quelle sind durch Θ = const gegeben, vgl. Bild 18.1. Dementsprechend lautet die Stromfunktion für die Quelle

$$\psi = \frac{Q}{2\pi} \Theta = \frac{Q}{2\pi} \arctan \frac{y}{x} \quad . \tag{18.9}$$

Man überzeugt sich leicht, daß auch die Stromfunktion, wie erforderlich, die Laplace-Gleichung erfüllt. Diese Feststellung ist nicht nur eine Bestätigung dafür, daß richtig gerechnet wurde, sondern legt es auch nahe, ϕ und ψ in den Gleichungen für die Quelle zu vertauschen, um auf diese Weise zu einer neuen Lösung zu kommen. Wir ersetzen dabei die Konstante Q durch eine andere Konstante Γ und schreiben

$$\phi = \frac{\Gamma}{2\pi} \Theta = \frac{\Gamma}{2\pi} \arctan \frac{y}{x} \quad . \tag{18.10}$$

Wegen $\partial\phi/\partial r \equiv 0$ verschwindet die Radialkomponente der Strömungsgeschwindigkeit, während sich für die Umfangsgeschwindigkeit die Relation

$$v^{(\Theta)} = \frac{1}{r} \frac{\partial\phi}{\partial\Theta} = \frac{\Gamma}{2\pi} \cdot \frac{1}{r} \tag{18.11}$$

ergibt. Wie man sieht, handelt es sich um die Strömung eines *Wirbels,* genauer: eines ebenen, inkompressiblen *Potentialwirbels* (Bild 18.2). Das Zentrum des Wirbels liegt im Punkt r = 0, und

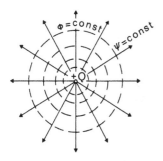

Bild 18.1
Potential- und Stromlinien
einer Quelle

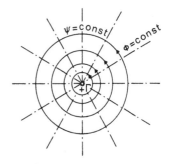

Bild 18.2
Potential- und Stromlinien
eines Potentialwirbels

auf jeder geschlossenen Kurve um das Zentrum hat die *Zirkulation* den Wert Γ, denn es gilt (mit s als Bogenlänge und v_t als Tangentialkomponente der Geschwindigkeit)

$$\oint v_t \, ds = 2 \pi r \, v^{(\Theta)} = \Gamma \quad . \tag{18.12}$$

Schließlich ergibt sich aus $\partial \psi / \partial r = - v^{(\Theta)}$ durch Integration die Stromfunktion des Potential-wirbels zu

$$\psi = - \frac{\Gamma}{2\pi} \ln r = - \frac{\Gamma}{2\pi} \ln \sqrt{x^2 + y^2} \quad . \tag{18.13}$$

Ebenso wie die Quelle stellt auch der Potentialwirbel als Lösung der Laplace-Gleichung eine Singu-larität dar, weil die Strömungsgeschwindigkeit gemäß Gl. (18.11) unendlich groß wird, wenn $r \to 0$ strebt. Auch die Stromfunktion wird für $r \to 0$ unendlich groß. Hingegen bleibt das Potential end-lich. Der Wert des Potentials für $r \to 0$ hängt jedoch, wie man aus Gl. (18.10) ersieht, von der Richtung ab, aus welcher man sich dem Zentrum nähert.

Ebene Quelle in Parallelströmung. Potential und Stromfunktion einer Parallelströmung mit der konstanten Geschwindigkeit $U_\infty = 1$ in Richtung der x-Achse eines kartesischen Koordinaten-systems x, y sind einfach durch

$$\phi = x \quad , \qquad \psi = y \tag{18.14}$$

gegeben. Von der Richtigkeit dieser Relationen überzeugt man sich leicht durch Differenzieren nach x bzw. y. Indem wir $U_\infty = 1$ setzen, beziehen wir auch in diesem Kapitel wieder alle Ge-schwindigkeiten auf die Anströmgeschwindigkeit, sofern es sich dabei um eine Konstante handelt.

Da die Laplace-Gleichung linear ist, kann man bekannte Lösungen additiv zu neuen Lösungen zu-sammensetzen. Aus der Parallelströmung und einer im Koordinatenursprung befindlichen, ebenen Quelle findet man durch eine derartige Überlagerung die folgenden Potential- und Stromfunktionen:

$$\phi = x + \frac{Q}{2\pi} \ln r \qquad \text{mit } r = \sqrt{x^2 + y^2} \quad ;$$

$$\psi = y + \frac{Q}{2\pi} \Theta \qquad \text{mit } \Theta = \arctan \frac{y}{x} \quad . \tag{18.15}$$

Die Stromlinien $\psi = $ const sind in Bild 18.3 dargestellt. Dabei wurde die negative x-Achse als $\Theta = 0$ gewählt. Der Punkt S stellt einen Staupunkt dar, welcher sich durch verschwindende Strömungs-

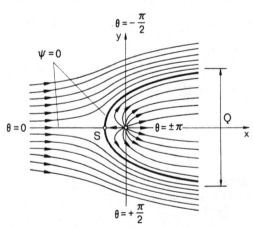

Bild 18.3

Ebene Quelle in einer Parallelströmung
(Umströmung eines Halbkörpers)

geschwindigkeit auszeichnet. In diesem Punkt verzweigt sich die Stromlinie $\psi = 0$ zu zwei Kurven-
ästen, die als die Kontur eines umströmten Körpers aufgefaßt werden können. Der Körper erstreckt
sich in Richtung der positiven x-Achse bis ins Unendliche („Halbkörper") und nimmt für $x \to \infty$
die endliche Breite $b = Q$ an. Die innerhalb der Körperkontur eingezeichneten Stromlinien sind
natürlich ohne physikalische Bedeutung, wenn man die dargestellte Lösung als Umströmung eines
festen Körpers interpretiert.

Quelle und Senke in Parallelströmung. Um statt der Kontur eines Halbkörpers ein geschlossenes
Körperprofil nachzubilden, muß man dafür sorgen, daß die Flüssigkeitsmenge, die von der Quelle
dem Strömungsfeld zugeführt wird, durch eine gleich starke Senke wieder abgesaugt wird. Wir
bringen deshalb eine Quelle und eine Senke derart auf der x-Achse an, daß sie symmetrisch zum
Koordinatenursprung liegen und von diesem den Abstand a haben (Bild 18.4). Im Quell- bzw.
Senkenpotential nach Gl. (18.8) muß für r der Abstand des Aufpunktes (x, y) vom jeweiligen
Singularitätenzentrum eingesetzt werden. Durch Überlagerung mit der Parallelströmung erhält man
dann das Potential

$$\phi = x + \frac{Q}{2\pi} \ln r_1 - \frac{Q}{2\pi} \ln r_2 = x + \frac{Q}{4\pi} \ln \frac{(x+a)^2 + y^2}{(x-a)^2 + y^2} \quad . \tag{18.16}$$

In entsprechender Weise kann man die Stromfunktion gewinnen.

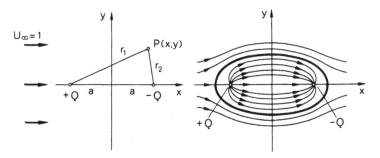

Bild 18.4. Umströmung eines geschlossenen Profils
a) Anordnung von Quelle und Senke im Parallelstrom
b) Stromlinien und Profilkontur

Ebener Dipol. Läßt man den Abstand zwischen einer Quelle und einer gleich starken Senke gegen
null gehen, während man gleichzeitig die Quellstärke derart anwachsen läßt, daß das Produkt aus
Abstand und Quellstärke konstant bleibt, so liefert die Entwicklung

$$\phi = \lim_{\substack{a \to 0 \\ 2aQ=M}} \left\{ \frac{Q}{2\pi} \ln \sqrt{(x+a)^2 + y^2} - \frac{Q}{2\pi} \ln \sqrt{(x-a)^2 + y^2} \right\} =$$

$$= \lim_{\substack{a \to 0 \\ 2aQ=M}} \left\{ \frac{Q}{2\pi} \left[\ln \sqrt{x^2 + y^2} + a \frac{\partial}{\partial a} \ln \sqrt{(x+a)^2 + y^2} + \ldots \right] - \right.$$

$$\left. - \frac{Q}{2\pi} \left[\ln \sqrt{x^2 + y^2} + a \frac{\partial}{\partial a} \ln \sqrt{(x-a)^2 + y^2} + \ldots \right] \right\} =$$

$$= \lim_{\substack{a \to 0 \\ 2aQ=M}} \frac{Q}{2\pi} \cdot 2a \frac{\partial}{\partial x} \ln \sqrt{x^2 + y^2}$$

das Potential

$$\phi = \frac{M}{2\pi} \cdot \frac{x}{x^2 + y^2} \quad . \qquad (18.17)$$

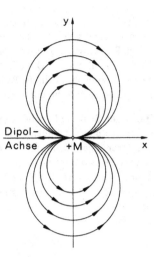

Bild 18.5
Stromlinien eines ebenen Dipols

Man nennt diese Singularität einen (ebenen) *Dipol*. Die Konstante M wird als *Dipolmoment* bezeichnet. Die ebene Dipolströmung ist in Bild 18.5 dargestellt. Die Strömung ist bezüglich der x-Achse symmetrisch, die Stromlinien sind Kreise.

Wie man aus der obigen Herleitung erkennen kann, geht das Dipolpotential aus dem Quellpotential durch Ableitung nach einer kartesischen Koordinate (hier: x-Koordinate) hervor; die Achse des so erhaltenen Dipols zeigt in Richtung der Koordinate, nach welcher differenziert wurde. In entsprechender Weise erhält man auch die Stromfunktion des Dipols durch Differenzieren der Stromfunktion einer Quelle (vgl. auch Tabelle 18.1, S. 125).

Ebenso wie wir hier den Dipol durch Überlagerung von Quelle und gleich starker Senke mit anschließendem Grenzübergang gefunden haben, kann man das Dipolpotential auch durch Überlagerung von zwei gleich starken, aber gegensinnig drehenden Wirbeln gewinnen (Übungsaufgabe 3). Während jedoch Quelle und Senke auf der Dipolachse liegen, müssen die Wirbel auf einer zur Dipolachse senkrechten Geraden angeordnet werden. Dementsprechend ergibt sich das Dipolpotential (18.17) einerseits durch Ableitung des Quellpotentials nach x, andererseits aber auch durch Ableitung des Wirbelpotentials nach y.

Damit hat man aber nicht nur eine Alternative zur Herleitung des Dipolpotentials gefunden, sondern darüber hinaus auch einen Zusammenhang zwischen den Wirbel- und Quellpotentialen selbst. Nach dem oben Gesagten gelten die Relationen

$$\frac{\partial \phi_Q}{\partial x} = \phi_D = \frac{\partial \phi_W}{\partial y} \qquad\qquad\qquad (18.18a)$$

oder nach Integration

$$\phi_W = \int \phi_D \, dy = \int \frac{\partial \phi_Q}{\partial x} \cdot dy \quad . \qquad\qquad (18.18b)$$

Dabei bedeuten ϕ_Q, ϕ_D und ϕ_W die Potentiale von Quelle, Dipol und Wirbel. Entsprechende Aussagen gelten für die Stromfunktionen.

Selbstverständlich genügt das Dipolpotential (18.17) der Laplace-Gleichung. Denn durch Differentiation einer Lösung einer linearen Differentialgleichung mit konstanten Koeffizienten erhält man wieder eine Lösung der Differentialgleichung.

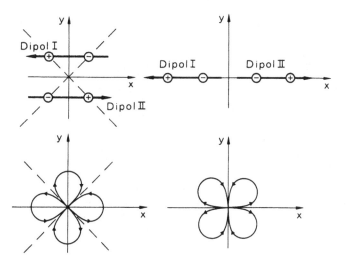

Bild 18.6. Quadrupole
Oben: Anordnung der Dipole bzw. Quellen und Senken beim Grenzübergang
Unten: Stromlinien (schematisch)
Links: Dipolachsen senkrecht auf Verbindungsgerade der Dipolzentren
Rechts: Dipolachsen parallel zur Verbindungsgeraden der Dipolzentren

Quadrupole. Legt man zwei Dipole gleicher Stärke, aber entgegengesetzter Richtung nebeneinander und läßt man den Abstand der Zentren gegen null gehen, während gleichzeitig die Dipolmomente derart anwachsen, daß das Produkt aus Dipolmoment und Abstand endlich bleibt, so erhält man einen *Quadrupol*. Das Ergebnis des Grenzüberganges hängt davon ab, welchen Winkel die Verbindungsgerade der Dipolzentren mit den Dipolachsen einschließt. Bild 18.6 zeigt schematisch zwei verschiedene Möglichkeiten der Anordnungen. Die Stromlinien beider Anordnungen gehen zwar für ebene Strömung einfach durch eine Drehung des Koordinatensystems ineinander über, für räumliche Strömung unterscheiden sich die zwei dargestellten Strömungsformen jedoch voneinander wesentlich.

Im Hinblick auf die Darstellung des Dipols selbst als Grenzfall eines Quell-Senken-Paares kann man sich einen Quadrupol auch direkt durch Überlagerung von je zwei Quellen und Senken, also von insgesamt vier Singularitäten, entstanden denken. Hieraus erklärt sich auch der Name dieser neuen Singularität.

Das Potentials des Quadrupols ergibt sich durch Ableitung des Dipolpotentials nach der Richtung, welche durch die Verbindungsgerade der Dipolzentren festgelegt ist. Entsprechendes gilt für die Stromfunktion.

Durch fortgesetzte Überlagerung von Singularitäten und anschließende Grenzübergänge bzw. durch fortgesetzte Differentiationsprozesse kann man weitere Singularitäten gewinnen, die man als *Multipole* zu bezeichnen pflegt.

Dipol in Parallelströmung. Bei Überlagerung von ebenem Dipol und Parallelströmung ergibt sich die in Bild 18.7 dargestellte Lösung, die als die symmetrische (auftriebslose) Umströmung eines Kreiszylinders aufgefaßt werden kann.

Dipol und Wirbel in Parallelströmung. Fügt man zum Dipol noch einen Potentialwirbel hinzu, wobei die Zentren der beiden Singularitäten zusammenfallen mögen, so erhält man eine unsym-

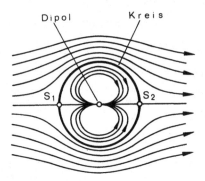

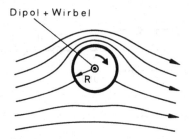

Bild 18.7

Ebener Dipol in einer Parallelströmung:
Symmetrische Umströmung eines Kreiszylinders

Bild 18.8

Überlagerung von Dipol, Potentialwirbel und
Parallelströmung: Strömung um einen Kreis-
zylinder mit Zirkulation (Auftrieb);
$\Gamma/4\,\pi\,U_\infty\,R = 0{,}5$ (*Wieghardt* 1974).

metrische Umströmung eines Kreiszylinders (Bild 18.8). Die vom Potentialwirbel stammende
Zirkulation hat zur Folge, daß die Flüssigkeit auf den umströmten Zylinder eine Kraft ausübt,
welche senkrecht zur Anströmrichtung steht (Auftrieb).

Unendliche Wirbelreihe und Kármánsche Wirbelstraße. Bei der Darstellung von Strömungsfeldern
durch Überlagerung von Singularitäten braucht man sich nicht auf eine endliche Anzahl von Singularitäten zu beschränken. Beispielsweise kann man, wie in Bild 18.9 angedeutet, auf der x-Achse
unendlich viele Wirbel anordnen, wobei wir annehmen wollen, daß alle Wirbel die gleiche Zirkulation Γ besitzen und benachbarte Wirbelzentren voneinander den konstanten Abstand a haben.

Potential und Stromfunktion der unendlichen Wirbelreihe ergeben sich aus einer Summation der
Potentiale bzw. Stromfunktionen aller Einzelwirbel. Zur Durchführung der Rechnung eignet sich
die Stromfunktion besser als das Potential, weshalb wir mit der Stromfunktion arbeiten wollen.
Mit der durch Gl. (18.13) gegebenen Stromfunktion eines Einzelwirbels im Punkt r = 0 folgt für
die Wirbelreihe:

$$\psi = -\frac{\Gamma}{2\,\pi}\lim_{N\to\infty}\sum_{n=-N}^{+N}\ln r_n = -\frac{\Gamma}{4\,\pi}\lim_{N\to\infty}\ln\prod_{n=-N}^{+N}r_n^2 \quad ; \qquad r_n^2 = (x-n\,a)^2 + y^2 \quad . \tag{18.19}$$

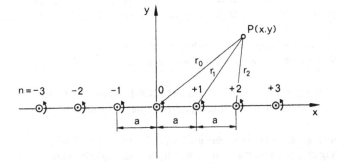

Bild 18.9
Unendliche Wirbelreihe

Das Produkt aller r_n^2 wertet man am einfachsten in komplexer Schreibweise aus, indem man $r_n = |z - na|$ mit $z = x + iy$ setzt und von bekannten Darstellungen trigonometrischer Funktionen durch unendliche Produkte (*Abramowitz* und *Stegun* 1965, S. 75) Gebrauch macht. Nach Weglassen einer additiven Konstanten (die für $N \to \infty$ unbeschränkt anwächst) findet man schließlich die folgende Stromfunktion:

$$\psi = -\frac{\Gamma}{4\pi} \ln \left(\cosh \frac{2\pi y}{a} - \cos \frac{2\pi x}{a} \right) \quad . \tag{18.20}$$

Dieses Ergebnis für die unendliche Wirbelreihe kann man dazu benutzen, um durch Überlagerung von zwei parallelen Wirbelreihen die in Bild 18.10 skizzierte Anordnung von Wirbeln darzustellen. Die Wirbel der beiden Reihen drehen hierbei gegensinnig und die Wirbelzentren der beiden Reihen sind um den Abstand $a/2$ versetzt. Der Abstand der beiden Wirbelreihen voneinander sei gleich b. Nach geeigneten Parallelverschiebungen des Koordinatensystems kann man Gl. (18.20) für jede der beiden Reihen verwenden und erhält durch Addition der beiden Teilbeträge die Stromfunktion

$$\psi = \frac{\Gamma}{4\pi} \ln \frac{\cosh(2\pi y/a - \pi b/a) - \cos(2\pi x/a)}{\cosh(2\pi y/a + \pi b/a) + \cos(2\pi x/a)} \quad . \tag{18.21}$$

Einen Eindruck von der Strömung vermitteln die Stromlinien $\psi = $ const, die in Bild 18.11 zu sehen sind. Dieses Strömungsfeld ist unter dem Namen Kármánsche Wirbelstraße bekannt und hat für die Nachlaufströmung hinter Kreiszylindern und ähnlichen „stumpfen" Körpern große Bedeutung. Die gezeigte Wirbelanordnung ist übrigens dann und nur dann stabil, wenn $\cosh(\pi b/a) = \sqrt{2}$, woraus sich das Abstandsverhältnis zu $b/a = 0{,}281$ ergibt.

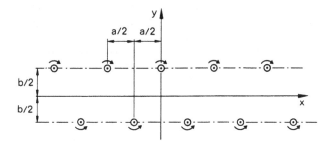

Bild 18.10
Anordnung der Wirbel in
der Kármánschen Wirbelstraße

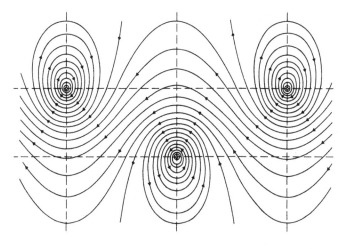

Bild 18.11
Stromlinien der
Kármánschen Wirbelstraße

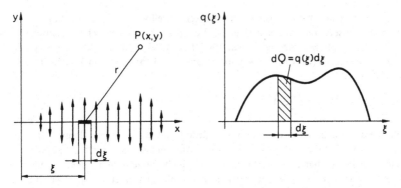

Bild 18.12. Kontinuierliche Quellbelegung auf der x-Achse

Kontinuierliche Quell- und Wirbelbelegungen. Bisher waren wir in unseren Beispielen mit diskret (in einzelnen Punkten) verteilten Singularitäten befaßt. In entsprechender Weise kann man Singularitäten auch kontinuierlich entlang einer Linie, auf einer Fläche oder innerhalb eines gewissen Volumens anordnen. Es sind gerade diese Singularitätenbelegungen von Kurven, Flächen oder Räumen, die bei der praktischen Anwendung der Singularitätenmethode am häufigsten zum Einsatz kommen.

Nehmen wir als ein Beispiel eine kontinuierliche Quellbelegung auf der x-Achse (Bild 18.12). Das Potential einer im Punkt $(\xi, 0)$ befindlichen ebenen Quelle mit der infinitesimalen Stärke dQ ist nach Gl. (18.8) gegeben durch $(dQ/2\pi) \ln r$ mit $r = [(x - \xi)^2 + y^2]^{1/2}$. Dabei hängt die Quellstärke von ξ ab, so daß man dQ als $dQ = q(\xi)\,d\xi$ schreiben kann; $q(\xi)$ heißt *Belegungsfunktion, Belegungsdichte* oder – in dem speziellen Fall – *Quelldichte*. Summiert man nun die Beiträge aller Quellen, indem man entlang der x-Achse integriert, und fügt man noch das Potential der ungestörten Parallelströmung hinzu, so erhält man für das Geschwindigkeitspotential die Darstellung

$$\phi = x + \frac{1}{2\pi} \int_{-\infty}^{+\infty} q(\xi) \ln \sqrt{(x - \xi)^2 + y^2}\; d\xi \quad . \tag{18.22}$$

In entsprechender Weise findet man für die Stromfunktion das Ergebnis

$$\psi = y + \frac{1}{2\pi} \int_{-\infty}^{+\infty} q(\xi) \arctan \frac{y}{x - \xi}\; d\xi \quad . \tag{18.23}$$

Zur Illustration sei für die Quelldichte die folgende spezielle Wahl getroffen

$$
\begin{aligned}
q &= \sqrt{R/\xi} && \text{für } \xi > 0 && (R = \text{const}) \quad ; \\
q &\equiv 0 && \text{für } \xi < 0 \quad .
\end{aligned}
\tag{18.24}
$$

Im Hinblick darauf, daß wir uns zur Veranschaulichung der Strömung in erster Linie für die Stromlinien interessieren werden, berechnen wir aus Gl. (18.23) die Stromfunktion:

$$\psi = y + \frac{1}{2\pi} \int_{0}^{\infty} \sqrt{\frac{R}{\xi}}\, \arctan \frac{y}{x - \xi}\; d\xi = y \mp \sqrt{R(r + x)} \quad \text{mit } r = \sqrt{x^2 + y^2} \quad ; \tag{18.25}$$

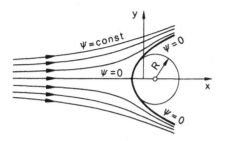

Bild 18.13
Symmetrische (auftriebslose) Strömung um ein
Parabelprofil

dabei gilt das obere Vorzeichen für $y > 0$, das untere Vorzeichen für $y < 0$. Die Stromlinien
ψ = const sind in Bild 18.13 dargestellt. Besonders interessant ist die Stromlinie $\psi = 0$, die sich in
einem bestimmten Punkt, dem Staupunkt, verzweigt und die Kontur des umströmten Körpers
beschreibt. Aus Gl. (18.25) erhält man hierfür eine Parabel mit dem Krümmungsradius R. Da jede
einzelne Elementarquelle symmetrisch bezüglich der x-Achse ist und alle Quellen auf der x-Achse
angeordnet sind, ist natürlich auch die Gesamtströmung symmetrisch bezüglich der x-Achse. Es ergibt sich dementsprechend auch kein Auftrieb für das parabolische Profil.

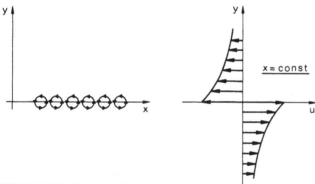

Bild 18.14. Wirbelbelegung auf der x-Achse
Linkes Bild: Anordnung der Wirbel
Rechtes Bild: Verteilung der Geschwindigkeitskomponente in x-Richtung

Will man eine Strömung mit Auftrieb — also eine unsymmetrische Strömung — durch Singularitätenbelegung der x-Achse darstellen, so kann man die Quellbelegung durch eine Wirbelbelegung ergänzen (Bild 18.14). (Auch mit einer Dipolbelegung läßt sich der gleiche Effekt erzielen, vgl.
Übungsaufgabe 4.) Mit $d\Gamma = \gamma(\xi)\,d\xi$ als infinitesimaler Zirkulation des Wirbelelementes schreiben
sich Potential und Stromfunktion für eine kontinuierliche Belegung der x-Achse mit Potential-
wirbeln als

$$\phi = \frac{1}{2\pi} \int\limits_{-\infty}^{+\infty} \gamma(\xi)\,\arctan\frac{y}{x-\xi}\,d\xi \quad ; \tag{18.26a}$$

$$\psi = -\frac{1}{2\pi} \int\limits_{-\infty}^{+\infty} \gamma(\xi)\,\ln\sqrt{(x-\xi)^2 + y^2}\,d\xi \quad . \tag{18.26b}$$

Während sich die v-Komponenten benachbarter Elementarwirbel gegenseitig aufheben (Bild 18.14, linkes Bild), addieren sich die Beiträge zur u-Komponente unmittelbar oberhalb bzw. unterhalb der Belegungsebene (y = 0). Es entsteht eine „Unstetigkeitsfläche", die sich durch einen Sprung der Tangentialgeschwindigkeit auszeichnet (Bild 18.14, rechtes Bild).

Setzt man wieder speziell

$$\gamma = -\sqrt{L/\xi} \qquad \text{für } \xi > 0 \qquad \text{(L = const)}$$
$$\gamma \equiv 0 \qquad \text{für } \xi < 0 \quad , \qquad\qquad\qquad (18.27)$$

und fügt man zu der hieraus erhaltenen Stromfunktion die Beiträge der Parallelströmung und der Quellbelegung gemäß Gl. (18.25) hinzu, so erhält man

$$\psi = y \mp \sqrt{R(r+x)} + \sqrt{L(r-x)} \qquad \text{mit } r = \sqrt{x^2 + y^2} \quad , \qquad (18.28)$$

wobei wiederum das obere Vorzeichen für y > 0 und das untere Vorzeichen für y < 0 zu nehmen ist. Die Strömung ist in Bild 18.15 dargestellt.

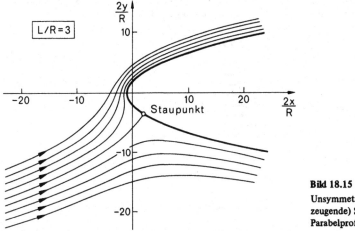

Bild 18.15

Unsymmetrische (auftriebserzeugende) Strömung um ein Parabelprofil (*Oswatitsch* 1959)

Da die Strömung wegen der zusätzlichen Wirbelbelegung nun nicht mehr symmetrisch bezüglich der x-Achse ist, ist auch die Körper- bzw. Staustromlinie nicht mehr durch ψ = 0 gegeben, sondern durch einen anderen konstanten Wert der Stromfunktion. Um ihn zu bestimmen, gehen wir davon aus, daß sich die Stromlinie im Staupunkt verzweigen muß. Beachtet man, daß y = ± $\sqrt{r^2 - x^2}$, und schreibt man Gl. (18.28) dementsprechend in der Form

$$\psi = (\pm \sqrt{r+x} + \sqrt{L})(\sqrt{r-x} - \sqrt{R}) + \sqrt{L}\sqrt{R} \quad , \qquad (18.29)$$

so erkennt man, daß für ψ = $\sqrt{LR}$ die entsprechende Stromlinie in zwei Äste zerfällt, welche durch die Gleichungen

$$\sqrt{r-x} - \sqrt{R} = 0 \quad , \qquad\qquad\qquad (18.30a)$$

$$\pm \sqrt{r+x} + \sqrt{L} = 0 \qquad\qquad\qquad (18.30b)$$

gegeben sind. Gl. (18.30a) beschreibt die Körperkontur, die sich hier wieder als Parabel mit dem Krümmungsradius R erweist, während Gl. (18.30b) die – ebenfalls parabolische – Staustromlinie liefert. Je größer bei konstantem R der Parameter L gewählt wird, umso stärker ist der Auftrieb, den der Parabelkörper in der Strömung erfährt.

Es ist bemerkenswert, daß unabhängig von Wert des Parameters L dieselbe Körperkontur entsteht, und auch die Geschwindigkeit in unendlich großer Entfernung vom Körper stets denselben Wert $U_\infty = 1$ annimmt. Daraus ersieht man, daß die Randwertaufgabe mit den Forderungen nach Verschwinden der Normalkomponente an der Körperoberfläche und Abklingen der Geschwindigkeitsstörungen im Unendlichen bei *ebener* Strömung keineswegs eindeutig ist. Zusätzliche Angaben betreffend die Zirkulation bzw. den Auftrieb sind erforderlich. (Vgl. die Bemerkungen zur Kutta-Joukowski-Bedingung in Abschnitt 18.4.2.)

18.2. Überblick über wichtige Singularitäten

18.2.1. Ebene und räumliche, inkompressible Potentialströmungen

Beginnend mit einzelnen Singularitäten und endend mit kontinuierlichen Belegungen haben wir uns an Hand der vorangegangenen Aufgaben mit der Singularitätenmethode schrittweise vertraut gemacht. In diesen Beispielen sind uns schon eine ganze Reihe von Singularitäten (Quelle, Wirbel, Dipol, Multipole) begegnet. Dabei haben wir uns jedoch einerseits auf inkompressible Potentialströmungen — also auf Lösungen der Laplace-Gleichung — beschränkt, andererseits aber nur ebene Strömungen betrachtet, wobei Strömungen als eben angesehen werden, wenn sie unabhängig von einer kartesischen Koordinate (der z-Koordinate) sind. In diesem Sinn kann man sich die ebene Quelle auch vorstellen als einen in den dreidimensionalen Raum eingebetteten geraden Quellfaden, der unendlich lang ist, parallel zur z-Achse verläuft und eine entlang des Fadens unveränderliche Quellstärke aufweist; ebenso den ebenen Potentialwirbel als einen parallel zur z-Achse verlaufenden Wirbelfaden mit konstanter Zirkulation.

Zu ebenen Quell-, Dipol- und Multipolströmungen gibt es jeweils auch ein räumliches Analogon, nämlich die kugelsymmetrische Quelle und die daraus abgeleiteten Dipole und Multipole. Potential- und Stromfunktionen für den wichtigen Fall der inkompressiblen Potentialströmung können der Tabelle 18.1 entnommen werden. Ein Beispiel für eine kontinuierliche Quell- und Dipolbelegung zur Darstellung einer räumlichen Strömung liefert die Übungsaufgabe 5.

Tabelle 18.1. Potential- und Stromfunktionen für Singularitäten der Laplace-Gleichung (inkompressible Potentialströmungen)

Singularität		Potential ϕ	Stromfunktion ψ
Quelle	eben	$\dfrac{Q}{2\pi}\ln\sqrt{x^2+y^2}$	$\dfrac{Q}{2\pi}\arctan\dfrac{y}{x}$
	räumlich	$-\dfrac{Q}{4\pi}\cdot\dfrac{1}{(x^2+y^2+z^2)^{1/2}}$	$-\dfrac{Q}{4\pi}\left[1+\dfrac{x}{(x^2+y^2+z^2)^{1/2}}\right]$
Dipol	eben	$\dfrac{M}{2\pi}\cdot\dfrac{x}{x^2+y^2}$	$-\dfrac{M}{2\pi}\cdot\dfrac{y}{x^2+y^2}$
	räumlich	$\dfrac{M}{4\pi}\cdot\dfrac{x}{(x^2+y^2+z^2)^{3/2}}$	$-\dfrac{M}{4\pi}\cdot\dfrac{y^2+z^2}{(x^2+y^2+z^2)^{3/2}}$
Wirbel	eben	$\dfrac{\Gamma}{2\pi}\arctan\dfrac{y}{x}$	$-\dfrac{\Gamma}{2\pi}\ln\sqrt{x^2+y^2}$

Anmerkungen

1. Q (Quellstärke), M (Dipolmoment), Γ (Zirkulation) = const.

2. Tabelle gilt für Singularitäten im Koordinatenursprung; für Singularität im Punkt (ξ, η, ζ) ist x durch $x - \xi$, y durch $y - \eta$ und z durch $z - \zeta$ zu ersetzen.

Das räumliche Analogon zum ebenen Potentialwirbel fehlt in Tabelle 18.1, weil es einen punktförmigen Wirbel im dreidimensionalen Raum nicht gibt. Die fehlende Wirbelsingularität wird bei
räumlichen Strömungen entweder durch Dipole ersetzt (s. Übungsaufgabe 5) oder man arbeitet
mit Wirbelfäden von geeigneter, dem Problem angepaßter Form (Wirbelringe, Hufeisenwirbel u. a.).
Die recht komplizierten räumlichen Strömungsprobleme lassen sich jedoch oft nur mit numerischen
Methoden behandeln, weshalb wir an dieser Stelle lediglich auf die diesbezüglichen Literaturangaben im Abschnitt 18.4.3 verweisen.

18.2.2. Quellartige Singularitäten für Unter- und Überschallströmungen

Nicht nur zur Berechnung inkompressibler Strömungen, sondern auch bei Strömungen mit wesentlichen Dichteänderungen (Unter- und Überschallströmungen) können Singularitätenmethoden erfolgreich eingesetzt werden. Wesentliche Voraussetzung ist dabei allerdings, daß die — an sich
nichtlinearen — Ausgangsgleichungen *linearisiert* werden dürfen, weil ja andernfalls das Super-
positionsprinzip nicht anwendbar wäre. Praktisch hat man sich damit auf kleine Störungen einer
Grundströmung, also etwa auf die Umströmung schlanker Körper, zu beschränken. Bezüglich der
Durchführung der Linearisierung sei auf Abschnitt 14.1 verwiesen.

Handelt es sich bei der Grundströmung um eine Parallelströmung mit konstanter Geschwindigkeit,
wie dies bei den Anwendungen ja meist der Fall ist, so können wir von der linearisierten Gleichung
für das Geschwindigkeitspotential ϕ ausgehen,

$$(1 - M_\infty^2)\, \phi_{xx} + \phi_{yy} + \phi_{zz} = 0 \quad , \tag{18.31}$$

wobei M_∞ die konstante Machzahl der Grundströmung (Anström-Machzahl) bedeutet. Im Fall der
Unterschallströmung ($M_\infty < 1$) läßt sich die Gl. (18.31) in die Laplace-Gleichung $\Delta \phi = 0$ überführen,
indem man eine Affintransformation der y- und z-Koordinaten mit dem Faktor $\sqrt{1 - M_\infty^2}$ vor-
nimmt (Prandtlsche Transformation).

Daher kann man umgekehrt mittels dieser Affintransformation aus der inkompressiblen Quelle,
die ja eine singuläre Lösung der Laplace-Gleichung darstellt, eine singuläre Lösung der linearisierten
gasdynamischen Gleichung gewinnen. In Hinblick darauf, daß man die Singularitätenmethode auf
ebene Überschallströmungen nicht anwenden wird, weil hierfür auf Grund der allgemeinen Lösung
der Wellengleichung eine einfachere Methode zur Verfügung steht, wollen wir hier den räumlichen
Fall behandeln und bezüglich der ebenen Unterschallströmung auf die Tabelle 18.2, S. 128 verweisen.

Aus dem Potential der räumlichen inkompressiblen Quelle, das wir der Tabelle 18.1 entnehmen
können, ergibt sich durch Anwendung der Prandtlschen Affintransformation die folgende singuläre
Grundlösung der linearisierten gasdynamischen Gl. (18.31):

$$\phi = -\frac{Q}{4\pi} \frac{1}{\sqrt{x^2 + (1 - M_\infty^2)\, r^2}} \qquad (r^2 = y^2 + z^2) \quad . \tag{18.32}$$

Diese Lösung, die man als *quellartige Singularität* zu bezeichnen pflegt, ist nun nicht mehr kugelsymmetrisch wie im inkompressiblen Fall, wohl aber noch achsensymmetrisch. Obwohl die Herleitung $M_\infty < 1$, also Unterschallströmung, zur Voraussetzung hatte, ist das Potential (18.32) auch
für den Fall der Überschallströmung ($M_\infty > 1$) eine Lösung der Gl. (18.31), wovon man sich durch
Einsetzen leicht überzeugt.

Physikalisch ist die quellartige Singularität insofern nicht ganz eine „echte" Quelle, als sie die
Strömung in der Nähe des Quellzentrums nicht richtig zu beschreiben vermag; die Voraussetzung
kleiner Störungen ist ja in der Nähe des Zentrums verletzt. Besonders deutlich unterscheidet sich

die quellartige Singularität im Fall der Überschallströmung von einer „echten" Quelle. Wie aus Gl. (18.32) hervorgeht, wird die Strömungsgeschwindigkeit für $M_\infty > 1$ nicht nur in einem punktförmigen Zentrum der Singularität unendlich groß, sondern ebenso auch auf dem vom Zentrum ausgehenden Machschen Kegel, welcher durch die Gleichung $x^2 - (M_\infty^2 - 1) r^2 = 0$ gegeben ist. Darüber hinaus ist das Potential (18.32) mit $M_\infty > 1$ überhaupt nur für $x^2 > (M_\infty^2 - 1) r^2$, also nur innerhalb des Machschen Kegels, reell. Außerhalb des Machschen Kegels machen sich die von der quellartigen Singularität ausgehenden Störungen nicht bemerkbar, das Potential ist dort gleich null zu setzen. Der Machsche Kegel begrenzt das Einflußgebiet der quellartigen Singularitäten räumlicher Strömung und entspricht damit den Machschen Linien (Charakteristiken) der ebenen Strömung[1]).

18.2.3. Instationäre Quellen

Für inkompressible Strömungen gilt die Laplace-Gleichung auch dann, wenn die Strömung instationär ist. Die uns bereits bekannten und in Tabelle 18.1 zusammengestellten Singularitäten sind in diesem Fall direkt zu verwenden; die Intensitäten sind lediglich als zeitabhängig aufzufassen und müssen in jedem betrachteten Zeitpunkt mit ihrem momentanen Wert eingesetzt werden. Als ein Beispiel zu dieser Vorgangsweise sei die Berechnung der Druckverteilung, welche bei der Begegnung zweier Züge auftritt, genannt (*Sockel* 1970). Die Züge können dabei durch je eine Einzelquelle und Wirbelbelegung auf der Kontur dargestellt werden. Mitunter genügt es sogar, den Zug durch eine Quelle und eine Senke zu ersetzen (*Gurevich* 1968).

Die Strömung eines Gases (also eines an sich kompressiblen Mediums) kann bekanntlich nur dann als inkompressibel angesehen werden, wenn die Strömungsgeschwindigkeit sehr klein gegen die Schallgeschwindigkeit in dem betrachteten Gas ist (vgl. Störungsmethoden, Abschnitt 15.2). Dies ist eine notwendige Bedingung, die nur bei stationärer Strömung auch hinreichend ist. Bei instationären Vorgängen jedoch ist die inkompressible Rechnung auch unter der Voraussetzung kleiner Machzahlen nur in der Nähe des umströmten (bzw. die Strömung hervorrufenden) Körpers gerechtfertigt. In großer Entfernung vom Körper spielt die endliche Ausbreitungsgeschwindigkeit von Störungen eine entscheidende Rolle. Hier liefert die inkompressible Näherung, die einer unendlich großen Schallgeschwindigkeit entspricht, stets falsche Resultate; die Laplace-Gleichung muß durch andere Gleichungen ersetzt werden.

Setzt man kleine Störungen des Ruhezustandes und ebene Strömung voraus, so wird die instationäre Ausbreitung von Störungen in einem Gas durch die Wellengleichung

$$\phi_{xx} + \phi_{yy} - \phi_{tt} = 0 \tag{18.33}$$

beschrieben. Dabei wurde zur Vereinfachung der Schreibweise die Ruheschallgeschwindigkeit c_0 gleich 1 gesetzt, so daß man t als das Produkt aus der wahren Zeit und der Ruheschallgeschwindigkeit deuten kann.

Vergleicht man Gl. (18.33) mit der linearisierten gasdynamischen Gleichung (18.31) für $M_\infty > 1$ (d. h. für den Fall der Überschallströmung), so fällt auf, daß die beiden Differentialgleichungen, abgesehen vom Betrag eines konstanten Koeffizienten, einander vollkommen gleichen, wobei die Koordinaten t, x, y der instationären Strömung in der angeschriebenen Reihenfolge den Koordinaten x, y, z des stationären Falles entsprechen. Zwischen der instationären, *ebenen* (*zwei*dimensionalen) Strömung und der stationären, *räumlichen* (*drei*dimensionalen) Überschallströmung besteht also eine Analogie.

---

[1]) Die Analogie zwischen Unterschall- und Überschallsingularitäten wurde von *Leiter* (1975) näher untersucht.

Analog zur stationären Singularität (18.32) ergibt sich daher die singuläre Grundlösung für den instationären Fall zu

$$\phi = -\frac{Q}{2\pi}\frac{1}{\sqrt{t^2 - r^2}} \qquad (r^2 = x^2 + y^2) \quad . \tag{18.34}$$

Diese Lösung kann als Quelle gedeutet werden, die im Koordinatenursprung (x = y = 0) liegt und zur Zeit t = 0 eine endliche Masse ausstößt, zu allen anderen Zeiten jedoch untätig bleibt. Die Proportionalitätskonstante $Q/2\pi$ in Gl. (18.34) unterscheidet sich von derjenigen in Gl. (18.32) formal um den Faktor 2, um auch hier wieder der Größe Q die Bedeutung einer Quellstärke zu geben.

Will man eine ebene Quelle mit zeitlich veränderlicher Stärke Q(t) darstellen, so kann man — in Analogie zur Quellbelegung der x-Achse bei stationärer Strömung — die Zeitachse mit den durch Gl. (18.34) gegebenen singulären Grundlösungen belegen. Daraus ergibt sich das folgende Quellpotential für ebene, instationäre Strömung („Zylinderwellen"):

$$\phi = -\frac{1}{2\pi}\int_{-\infty}^{t-r}\frac{Q(\tau)\,d\tau}{\sqrt{(t-\tau)^2 - r^2}} \qquad (r^2 = x^2 + y^2) \quad . \tag{18.35}$$

Die obere Integrationsgrenze folgt aus der Tatsache, daß sich die Störungen mit der Geschwindigkeit $c_0 = 1$ ausbreiten, so daß ein Punkt mit dem Abstand r von Quellzentrum zur Zeit t nur von solchen Störungen bereits erreicht worden ist, die spätestens zur Zeit t − r vom Zentrum ausgesandt worden waren. Wir werden auf diese Eigentümlichkeit von Singularitätenbelegungen bei hyperbolischen Differentialgleichungen noch genauer in Abschnitt 18.5 eingehen. Erst mit den dort dargestellten Hilfsmitteln wird es möglich sein, auch zu zeigen, daß Q(t) in Gl. (18.35) tatsächlich als Quellstärke anzusehen ist; die Durchführung der Rechnung wird dem Leser als Übungsaufgabe 6 überlassen.

Während man für das Potential einer Quelle mit zeitlich veränderlicher Stärke bei ebener Strömung die etwas umständliche Integraldarstellung (18.35) benötigt, stellt sich das entsprechende Potential für räumliche Strömung wesentlich einfacher dar. Es handelt sich nämlich um die instationäre kugel-

Tabelle 18.2. Quellartige Singularitäten für linearisierte Potentialströmungen

		stationär			instationär (ruhend)
		inkompressibel	Unterschall $M_\infty < 1$	Überschall $M_\infty > 1$	
Diff.-Gl. für das Potential		$\phi_{xx} + \phi_{yy} + \phi_{zz} = 0$	$(1 - M_\infty^2)\,\phi_{xx} + \phi_{yy} + \phi_{zz} = 0$		$\phi_{xx} + \phi_{yy} + \phi_{zz} - \phi_{tt} = 0$
Potential der quellartigen Singularität der Ergiebigkeit Q	eben $(\phi_z \equiv 0)$	$\dfrac{Q}{2\pi}\ln r$	$\dfrac{Q}{2\pi\sqrt{1 - M_\infty^2}}\cdot$ $\cdot \ln\sqrt{x^2 + (1 - M_\infty^2)\,y^2}$	nicht verwendet	$-\dfrac{1}{2\pi}\displaystyle\int_{-\infty}^{t-r}\dfrac{Q(\tau)\,d\tau}{\sqrt{(t-\tau)^2 - r^2}}$
	räumlich	$-\dfrac{Q}{4\pi}\cdot\dfrac{1}{r}$	$-\dfrac{Q}{4\pi}\cdot\dfrac{1}{\sqrt{x^2 + (1 - M_\infty^2)\,(y^2 + z^2)}}$		$-\dfrac{Q(t^*)}{4\pi r}$ $t^* = t - r$

r Abstand des Aufpunktes vom Quellpunkt

symmetrische Quelle, die wir bereits bei der Erörterung der Ausstrahlungsprobleme im Teil A kennengelernt haben. Das Potential einer kugelsymmetrischen Quelle mit der zeitabhängigen Quellstärke $Q(t)$ lautet nach Gl. (4.28) (mit $c_0 = 1$):

$$\phi = -\frac{Q(t^*)}{4\pi r} \quad , \qquad t^* = t - r > 0 \quad . \tag{18.36}$$

Dabei bedeutet r den Abstand des Aufpunktes vom Quellzentrum. Befindet sich die Quelle im Ursprung eines kartesischen Koordinatensystems, so gilt $r = (x^2 + y^2 + z^2)^{1/2}$.

Die Potentiale der quellartigen Singularitäten für stationäre Unter- und Überschallströmungen sowie für kleine Störungen eines Ruhezustandes sind in Tabelle 18.2 zusammengestellt worden.

Die bisher betrachteten partiellen Differentialgleichungen waren entweder rein elliptisch (Unterschallströmung einschl. inkompressibler Strömung) oder rein hyperbolisch (Überschallströmung). Für Differentialgleichungen vom gemischten Typ, die in der Theorie schallnaher Strömungen auftreten, sind die Verhältnisse natürlich etwas verwickelter. Aber auch für solche Gleichungen, insbesondere für die Tricomi-Gleichung (vgl. Kapitel 6) und ihre Verallgemeinerungen, sind singuläre Grundlösungen bekannt (*Germain* 1954, *Weinstein* 1954).

18.2.4. Dipol- und wirbelartige Singularitäten

Ähnlich wie bei inkompressibler Strömung sind auch bei kompressiblen Strömungen − seien sie nun stationär oder instationär − die quellartigen Singularitäten durch dipol- und wirbelartige Singularitäten zu ergänzen. Dabei kann auch hier wieder die dipolartige Singularität dadurch gefunden werden, daß die quellartige Singularität nach einer kartesischen Koordinate differenziert wird, woraus sich dann anschließend durch Integration bezüglich einer anderen kartesischen Koordinate eine wirbelartige Singularität gewinnen läßt. Die Gln. (18.18a) und (18.18b) gelten also unverändert.

18.2.5. Bewegte Singularitäten

Bei instationären Problemen sind nicht nur raumfeste (ruhende), sondern auch bewegte Singularitäten von Interesse. Während sich ältere Arbeiten auf gleichförmige Bewegung (konstanter Geschwindigkeitsbetrag) beschränken (*Küssner* 1944, *Billing* 1949), sind in neuerer Zeit auch Potentiale von ungleichförmig bewegten Singularitäten bekannt geworden (*Lowson* 1965, *Ballmann* 1967/69, *Sockel* 1971, *Witter* 1974). Sogar zufällig bewegte Quellen waren bereits Gegenstand von Untersuchungen (*Gopalsamy* und *Aggarwala* 1972). Wir wollen als typisches Beispiel zu diesem Problemkreis eine entlang der x-Achse bewegte räumliche Quelle behandeln.

Der Grundgedanke ist dabei, daß man eine bewegte Einzelquelle durch eine geeignete zeitabhängige Belegung der x-Achse simulieren kann. Fassen wir zunächst eine einzige bewegte Quelle ins Auge, deren Position auf der x-Achse zur Zeit τ durch $x = \xi(\tau)$ gegeben sei. Die Quellstärke (d. h. die pro Zeiteinheit ausströmende Menge) in diesem Zeitpunkt sei $Q(\tau)$. Das Potential dieser bewegten Quelle ist gesucht. Denken wir uns andererseits die x-Achse kontinuierlich mit ruhenden Quellen belegt, deren Potentiale uns durch Gl. (18.36) bekannt sind. Wenn wir nun bei der ruhenden Anordnung dafür sorgen, daß in jedem Zeitpunkt $t = \tau$ das im Punkt $x = \xi(\tau)$ angeordnete Quellelement die Menge $Q(\tau)$ dτ aussendet, während zur selben Zeit alle anderen Quellen der Belegung untätig sind, so stellen wir mit fortschreitender Zeit genau dieselbe Quelltätigkeit fest, wie sie sich im Fall einer bewegten Einzelquelle ergeben würde. Ein anschauliches Bild des Vorganges gibt eine Leuchtschrift: Längs einer geraden Linie sind in gleichen Abständen Glühlampen angeordnet, die, an einem Ende beginnend, in räumlicher Folge nacheinander kurz aufleuchten (*Ballmann* 1967/69),

Mit Hilfe der Diracschen δ-Funktion kann man die Stärke Q_1 einer Quelle, die zur Zeit $t = 0$ die Menge 1 aussendet, zu allen anderen Zeiten jedoch untätig bleibt, als $Q_1(t) = \delta(t)$ schreiben. Dementsprechend ergibt sich für eines unserer Quellelemente, welches zur Zeit $t = \tau$ die Menge

$Q(\tau)\,d\tau$ aussendet, die Quellstärke $Q(\tau)\,\delta\,(t-\tau)\,d\tau$. Dies in Gleichung (18.36) eingesetzt und über alle Quellelemente der Belegung integriert, liefert für das Potential die Darstellung

$$\phi = -\frac{1}{4\pi}\int_{-\infty}^{+\infty}\frac{Q(\tau)\,\delta\,(t^*-\tau)\,d\tau}{r(\tau)}\quad,\qquad t^* = t - r(\tau)\quad.\tag{18.37}$$

Dabei ist der Abstand des Aufpunktes vom Quellzentrum, das sich ja zur Zeit τ im Punkt $(\xi, 0, 0)$ befindet, durch

$$r(\tau) = \sqrt{[x-\xi(\tau)]^2 + y^2 + z^2}\tag{18.38}$$

gegeben.

Bei der Auswertung des Integrals von Gl. (18.37) ist zu beachten, daß t^* von der Integrationsvariablen τ abhängt. Wir führen deshalb $\sigma = t^* - \tau$ als neue Integrationsvariable ein. Mit $d\sigma = (\partial t^*/\partial\tau - 1)\,d\tau$ folgt

$$\phi = -\frac{1}{4\pi}\int_{-\infty}^{+\infty}\frac{Q(\tau)}{r(\tau)-[x-\xi(\tau)]\,\xi'(\tau)}\,\delta\,(\sigma)\,d\sigma\quad,\tag{18.39}$$

wobei $\xi'(\tau) = d\xi/d\tau$ als Geschwindigkeit der bewegten Quelle (bezogen auf die Ruheschallgeschwindigkeit) aufzufassen ist. Nunmehr kann die Integralbeziehung (17.96b) von Kapitel 17 verwendet werden, woraus sich für das Integral von Gl. (18.39) der Wert des (von τ bzw. von σ abhängigen) Bruches an der Stelle $\sigma = 0$, d. h. $\tau = t^*$ ergibt. Damit erhält man für eine bewegte Quelle das von *Sockel* (1971) angegebene Potential

$$\phi = -\frac{1}{4\pi}\cdot\frac{Q(t^*)}{r(t^*)-[x-\xi(t^*)]\,\xi'(t^*)}\quad,\tag{18.40}$$

wobei die retardierte Zeit t^* durch die implizite Darstellung

$$t^* = t - r(t^*) = t - \sqrt{[x-\xi(t^*)]^2 + y^2 + z^2}\tag{18.41}$$

gegeben ist.

Betrachtet man speziell die *gleichförmige* Bewegung einer Quelle, so kann man etwa für den Fall, daß sich die Quelle in Richtung der negativen x-Achse mit der konstanten Machzahl M bewegt,

$$\xi(\tau) = -M\tau\qquad (M = \text{const})\tag{18.42}$$

setzen. Einsetzen von Gl. (18.42) in die Gln. (18.40) und (18.41) liefert nach elementaren Zwischenrechnungen

$$\phi = -\frac{Q(t^*)}{4\pi R}\tag{18.43a}$$

mit

$$R = \sqrt{(x+Mt)^2 + (1-M^2)(y^2 + z^2)}\tag{18.43b}$$

und

$$t^* = \frac{t + Mx - R}{1 - M^2}\quad.\tag{18.43c}$$

Zur Veranschaulichung dieser gleichförmig bewegten Quelle sind in Bild 18.16 Ergebnisse für den Fall wiedergegeben, daß sich die Stärke der bewegten Quelle harmonisch mit der Zeit – ent-

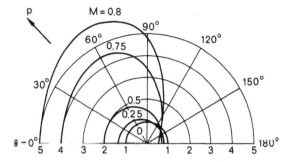

Bild 18.16
Druckamplituden einer gleichförmig in
Richtung $\theta = 0$ bewegten harmonischen
Quelle für verschiedene Machzahlen
(*Billing* 1949)

sprechend dem Gesetz $Q = C \sin \omega t$ – ändert. Das Polardiagramm zeigt die Abhängigkeit der Druckamplitude ϕ_t vom Winkel, den der Ortsvektor mit der x-Achse einschließt. Die Machzahl dient als Parameter, die Amplitude der Quellstärke und der Abstand von der Quelle sind konstant gehalten. Das Druckfeld ist nur für den Sonderfall $M = 0$ (ruhende Quelle) kugelsymmetrisch. Die Unsymmetrie nimmt mit steigender Machzahl zu, wobei die Druckamplituden, wie zu erwarten war, in Bewegungsrichtung der Quelle größer sind als entgegengesetzt zur Bewegungsrichtung. Interessant ist ein Effekt, der sich bei den höheren Machzahlen ($M = 0{,}75$ und $M = 0{,}8$) deutlich zeigt: Die maximalen Druckamplituden ergeben sich nicht in Bewegungsrichtung der Quelle, sondern auf Strahlen, die mit der Bewegungsrichtung einen bestimmten spitzen, aber von null verschiedenen Winkel einschließen.

Eine Zusammenstellung der Ergebnisse für bewegte quellartige Singularitäten ist in Tabelle 18.3 zu finden. Hierin wurden nicht nur geradlinig, sondern auch kreisförmig bzw. schraubenlinienförmig bewegte Singularitäten aufgenommen (*van de Vooren* und *Zandbergen* 1963). Derartige Singularitäten haben beispielsweise zur Berechnung des von rotierenden Propellern ausgestrahlten Schalles Anwendung gefunden (*van de Vooren* und *Zandbergen* 1963, *Merbt* und *Billing* 1949, *Lambert* 1967).

Ähnlich wie wir hier das Potential einer bewegten Quelle durch Belegen einer Linie (der x-Achse) mit ruhenden Quellen dargestellt haben, geht man auch zur Berechnung von Strömungen um instationär bewegte Körper vor. Dabei werden die zeitabhängigen Intensitäten (Quellstärke, Dipolmoment usw.) nur dann von null verschieden sein, wenn die Singularitäten momentan gerade innerhalb des weiterwandernden Körpers liegen[1].

Das Ergebnis (18.43), das wir durch Spezialisierung des allgemeinen Ergebnisses (18.40) auf gleichförmige Bewegung der Quelle erhalten haben, kann auch direkt durch eine geeignete Koordinatentransformation aus dem Potential einer ruhenden Quelle gewonnen werden. Wendet man nämlich auf die Wellengleichung

$$\phi_{xx} + \phi_{yy} + \phi_{zz} - \phi_{tt} = 0 \tag{18.44}$$

die Koordinatentransformation

$$x = \frac{x' + Mt'}{\lambda \sqrt{1 - M^2}} \quad , \qquad y = y'/\lambda \quad , \qquad z = z'/\lambda \quad ,$$

$$t = \frac{t' + Mx'}{\lambda \sqrt{1 - M^2}} \qquad (M = \text{const} < 1 \quad , \quad \lambda = \text{const}) \tag{18.45}$$

---

[1]) Vgl. z. B. die Berechnung des verzögert bewegten Keiles bei Schallgeschwindigkeit nach *Biot* und *Roumien*, dargestellt etwa in *K. Oswatitsch*, Gasdynamik, Springer-Wien, 1952, S. 409. Bzgl. einer neueren Arbeit sei auf *Ballmann* (1967/69) verwiesen.

Tabelle 18.3. Potentiale bewegter quellartiger Singularitäten für die Wellengleichung $\Delta\phi - \phi_{tt} = 0$

| | geradlinig bewegt | | auf Schraubenlinie mit Radius r_0, Winkelgeschwindigkeit ω und Achsialgeschwindigkeit M (in neg. x-Richtung) bewegt (r_0, ω, M, Q = const; $\beta = \sqrt{1-M^2}$)*) |
	gleichförmig bewegt in negativer x-Richtung mit Machzahl M = const ($\beta = \sqrt{1-M^2}$).	ungleichförmig bewegt $x = \xi(t)$	
eben ($\phi_z \equiv 0$)	$\dfrac{1}{2\pi\beta}\left[Q(t^*)\ln R + \int_{-\infty}^{t^*} Q'(\tau)\ln\dfrac{\beta^2\tau - (t+Mx)+\beta\sqrt{(t-\tau)^2-(x+M\tau)^2-y^2}}{R^2}\right]$ $R = \sqrt{(x+Mt)^2 + \beta^2 y^2}$	$-\dfrac{1}{2\pi}\displaystyle\int_{-\infty}^{t^*}\dfrac{Q(\tau)\,d\tau}{\sqrt{(t-\tau)^2 - r^2(\tau)}}$ $r(\tau) = \sqrt{[x-\xi(\tau)]^2 + y^2}$ $t^* = t - r(t^*)$	
räumlich	$-\dfrac{Q(t^*)}{4\pi R}$ $R = \sqrt{(x+Mt)^2 + \beta^2 (y^2 + z^2)}$ $t^* = \beta^{-2}(t+Mx)$	$-\dfrac{1}{4\pi}\cdot\dfrac{Q(t^*)}{r(t^*) - [x-\xi(t^*)]\xi'(t^*)}$ $r(t^*) = \sqrt{[x-\xi(t^*)]^2 + y^2 + z^2}$ $t^* = t - r(t^*)$	$-\dfrac{1}{4\pi}\cdot\dfrac{Q}{R + \omega r r_0 \sin\alpha}$ $R = \sqrt{(x+Mt)^2 + \beta^2(r^2 + r_0^2 - 2 r r_0 \cos\alpha)}$ $\chi + \omega t = \alpha - \beta^{-2}\omega[M(x+Mt) - R]$ (Zylinderkoordinaten x, r, χ; Parameter α)

*) Die Quelle beschreibt im luftruhenden Koordinatensystem eine Schraubenlinie, im achsial mitbewegten Koordinatensystem eine Kreisbahn. Das angegebene Potential gilt — wie die Wellengleichung selbst — für das luftruhende System. Die Winkelgeschwindigkeit ω ist auf t bezogen, wobei t die mit der Ruheschallgeschwindigkeit multiplizierte Zeit bedeutet.

an, so geht die Wellengleichung wieder in dieselbe Gleichung über, wobei lediglich t durch t′, x durch x′ usw. zu ersetzen ist. Man überzeugt sich von der Richtigkeit dieser Behauptung leicht durch eine einfache Rechnung. Für λ = 1 handelt es sich bei der Transformation (18.45) um die bekannte *Lorentz-Transformation* für eine Bewegung (des Koordinatensystems) in x-Richtung mit der konstanten Machzahl M. Für λ ≠ 1 kommt noch eine gleichmäßige Streckung aller vier Koordinaten hinzu. Die Wellengleichung ist also bezüglich der Lorentz-Transformation und einer Streckungstransformation invariant. Auf Grund dieser Eigenschaft der Wellengleichung kann man das Potential einer gleichförmig entlang der x-Achse (in negativer x-Richtung) bewegten Singularität herleiten, indem man auf das bereits bekannte Potential der ruhenden Singularität die Transformation (18.45) anwendet. Dabei ist es nach einem Vorschlag von *Küssner* (1944) zweckmäßig, den Streckungsfaktor λ in Gl. (18.45) derart zu wählen, daß die Zeitmaßstäbe für die bewegte Singularität und für die ruhende Singularität gleich sind. Hierzu betrachten wir den Vorgang vom Standpunkt eines mit der Singularität mitbewegten Beobachters, indem wir eine *Galilei-Transformation* vornehmen.

$$x' = x'' - M t'' \quad , \qquad y' = y'' \quad , \qquad z' = z'' \quad , \qquad t' = t'' \quad . \qquad (18.46)$$

Wir haben nunmehr drei Koordinatensysteme zu unterscheiden: Das Koordinatensystem x, y, . . . , in welchem das Potential der ruhenden Singularität gegeben ist; das ruhende Koordinatensystem x′, y′, . . . , in welchem wir die bewegte Singularität beschreiben wollen; und schließlich das mit der bewegten Singularität mitbewegte Koordinatensystem x″, y″, ... Zwischen dem erst- und dem letztgenannten Koordinatensystem besteht nach Gln. (18.45) und (18.46) der Zusammenhang

$$x = \frac{x''}{\lambda \sqrt{1 - M^2}} \quad ; \qquad y = y''/\lambda \quad , \qquad z = z''/\lambda \quad ,$$
$$t = \frac{\sqrt{1 - M^2}}{\lambda} t'' + \frac{M}{\lambda \sqrt{1 - M^2}} x'' \quad . \qquad (18.47)$$

Da für die bewegte Singularität die Koordinate x″ konstant bleibt, gilt für die Zeitdifferentiale die Relation

$$dt = \frac{\sqrt{1 - M^2}}{\lambda} dt'' \quad . \qquad (18.48)$$

Daraus ersieht man, daß die Zeitmaßstäbe für die ruhende Singularität und für die bewegte Singularität gleich sind, wenn

$$\lambda = \sqrt{1 - M^2} \quad . \qquad (18.49)$$

Nachdem hiermit die Koordinatenstreckung festgelegt ist, kehren wir nun an den Ausgangspunkt der Betrachtungen zurück und wenden die Transformation (18.45) (Lorentz-Transformation mit Streckung nach *Küssner*) auf das durch Gl. (18.36) gegebene Potential einer ruhenden Quelle an. Damit die Quellstärke bei der Transformation erhalten bleibt, also unabhängig von der Machzahl M wird, muß auch die Quellstärke Q entsprechend ihrer Dimension [L³ T⁻¹] der Koordinatenstreckung unterzogen werden, indem man

$$Q = \bar{Q}/\lambda^2 \qquad (18.50)$$

setzt. (Um Verwechslungen mit der Ableitung von Q zu vermeiden, wurde die Bezeichnung Q̄ der eigentlich konsequenten Bezeichnung Q′ vorgezogen.) Aus Gl. (18.36) erhält man schließlich mit den Gln. (18.45), (18.49) und (18.50) für das Potential einer mit der Machzahl M = const entlang der x-Achse bewegten Quelle genau das frühere Ergebnis (18.43a–c), geschrieben in einfach-gestrichenen Koordinaten.

Interessant ist auch noch, wie sich das Quellpotential im mitbewegten Koordinatensystem (x″, y″, . . .) darstellt. Mit der Transformation (18.47) folgt aus Gl. (18.36)

$$\phi = -\frac{\bar{Q}(t^*)}{4\pi R} \qquad (18.51a)$$

mit

$$R = \sqrt{x''^2 + (1 - M^2)(y''^2 + z''^2)} \qquad (18.51b)$$

und

$$t^* = t'' + \frac{1}{1 - M^2}[M x'' - R] \quad . \qquad (18.51c)$$

Dieses Potential kann auch interpretiert werden als das Potential einer im Koordinatensystem x'', y'', ...
ruhenden, instationären Quelle, die mit der konstanten Machzahl M in Richtung der x''-Achse angeströmt wird.
Es erfüllt wegen der vorgenommenen Galilei-Transformation *nicht* die Wellengleichung[1]) und braucht sie auch
gar nicht zu erfüllen, da ja die Wellengleichung ein im Unendlichen ruhendes Medium zur Voraussetzung hat und
folglich den betrachteten Vorgang gar nicht beschreibt.

18.2.6. Bemerkungen zu Singularitäten für Strömungen mit Reibung

Wenngleich die (reibungsfreien) Potentialströmungen das wichtigste Anwendungsgebiet für die
Methode der Singularitätenbelegung darstellen, so ist doch der Einsatz dieser Methode nicht auf
diese Klasse von Strömungen beschränkt. Auch zur Berechnung von Strömungen zäher Flüssigkeiten können Singularitätenbelegungen nützlich sein. Voraussetzung ist dabei allerdings wieder,
daß die zu lösenden Differentialgleichungen linear sind. Praktisch bedeutet dies, daß man sich auf
den Bereich sehr kleiner Reynoldsscher Zahlen (Re $\ll$ 1, schleichende Strömungen) beschränken
muß. Hierfür kann man nach *Stokes* (s. Abschnitt 21.6.2) näherungsweise von der Gleichung

$$\Delta\Delta\psi = 0 \tag{18.52}$$

für die Stromfunktion ausgehen oder auch die etwas aufwendigere Oseensche Näherung (s. Abschnitt 21.7) verwenden. In beiden Fällen hat man es mit linearen Gleichungen zu tun, während ja
die vollständigen Navier-Stokes-Gleichungen selbst für eine inkompressible Flüssigkeit nichtlinear
sind.

Da die Stokessche Gl. (18.52) aus einer zweimaligen Anwendung des Laplace-Operators auf die
Stromfunktion hervorgeht, ist jede Lösung der Laplace-Gleichung auch eine Lösung der Stokesschen
Gleichung (oder Bipotentialgleichung). Daraus folgt sofort die bemerkenswerte Tatsache, daß die
bekannten Singularitäten der inkompressiblen Potentialströmung – Quelle, Wirbel, Dipol usw. –
auch als singuläre Lösungen der Stokesschen Gleichung für schleichende Strömungen aufgefaßt
werden können. Dasselbe gilt übrigens für die Oseensche Näherung ebenso wie für die Navier-Stokes-
Gleichungen selbst.

Trotz dieser zunächst erfreulichen Feststellung sind die genannten Singularitäten zur Anwendung
auf schleichende Strömungen jedoch kaum von Bedeutung. Das liegt daran, daß wir auch die Randbedingungen an Wänden oder an der Oberfläche von Körpern in Betracht ziehen müssen. Während
man bei reibungsfreier Strömung eine geeignete Stromlinie ohne weiteres als Kontur eines festen
Körpers auffassen kann, muß in einer reibungsbehafteten Strömung auf einer Körperstromlinie auch
die Haftbedingung (Gleichheit von Strömungsgeschwindigkeit und Wandgeschwindigkeit) erfüllt
sein. Diese zusätzliche Bedingung bereitet bei einer Singularitätenbelegung große Schwierigkeiten.
Will man beispielsweise die Strömung an einer endlich langen, ebenen Platte durch Belegung der
Plattenebene mit Dipolen darstellen, so zeigt sich, daß die Haftbedingung an der Platte nicht erfüllt
werden kann (s. Übungsaufgabe 7).

Die Anwendung der Singularitätenmethode auf Strömungen mit Reibung erfordert daher die Verwendung von Singularitäten, die zur Erfüllung der Haftbedingung an Wänden geeignet sind. Derartige
Singularitäten für die Stokessche Näherungsgleichung wurden schon von *Lorentz* (1896) angegeben[2]), für die Oseensche Näherungsgleichung von *Oseen* (1927) selbst. Ein späterer Überblick
über singuläre Grundlösungen der Oseenschen Gleichung stammt von *Lagerstrom* (1964). Auch in
den letzten Jahren sind noch Fortschritte bei der Anwendung der Singularitätenmethode auf
schleichende Strömungen erzielt worden (*Gluckman* u. a. 1972, *Blake* und *Chwang* 1974, *Chwang*
und *Wu* 1975).

---

[1]) Die Wellengleichung ist bezüglich der Galilei-Transformation nicht invariant.

[2]) Siehe *Frank* und *Mises* (1961), S. 502.

18.3. Gewinnung von neuen Singularitäten

Laplace-Gleichung und Wellengleichung, deren singuläre Grundlösungen uns bereits bekannt sind, sind natürlich nicht die einzigen linearen, partiellen Differentialgleichungen, mit denen wir es bei der mathematischen Beschreibung von Strömungsproblemen zu tun haben. Es erhebt sich deshalb die Frage, wie man singuläre Grundlösungen irgendeiner vorgegebenen linearen partiellen Differentialgleichung (oder eines Systems solcher Gleichungen) auffinden kann. Im folgenden werden zwei Methoden besprochen, mit denen man die gestellte Aufgabe zu lösen versuchen kann.

18.3.1. Einführung von Polarkoordinaten

Singuläre Lösungen können oft dadurch gefunden werden, daß man ebene oder räumliche Polarkoordinaten einführt und Lösungen sucht, die nur vom Radius abhängen. Die partielle Differentialgleichung muß sich in diesem Fall auf eine gewöhnliche Differentialgleichung reduzieren lassen, deren Lösungen in der Regel für $r \to 0$ singulär werden.

Diesen Weg hatten wir im wesentlichen bereits zu Beginn des Abschnittes 18.1 eingeschlagen, um Singularitäten der Laplace-Gleichung (18.1) zu finden.

Als ein weiteres und neues Beispiel betrachten wir nun die sogenannte Klein-Gordon-Gleichung

$$\Delta\phi - \lambda^2\phi = 0 \quad , \tag{18.53}$$

die sich übrigens von einer nach Helmholtz benannten Gleichung nur durch das Vorzeichen vor dem konstanten Koeffizienten λ^2 unterscheidet. Wenn wir uns für räumliche Lösungen interessieren, werden wir räumliche Polarkoordinaten (Kugelkoordinaten) r, Θ, χ einführen, wodurch Gl. (18.53) in

$$\frac{\partial^2\phi}{\partial r^2} + \frac{2}{r}\frac{\partial\phi}{\partial r} + \frac{1}{r^2\sin^2\Theta}\frac{\partial^2\phi}{\partial\chi^2} + \frac{1}{r^2}\frac{\partial^2\phi}{\partial\Theta^2} + \frac{\cot\Theta}{r^2}\frac{\partial\phi}{\partial\Theta} - \lambda^2\phi = 0 \tag{18.54}$$

übergeht. (Würden wir uns jedoch für den ebenen Fall interessieren, so hätten wir ebene Polarkoordinaten einführen müssen.) Für $\phi = \phi(r)$ reduziert sich Gl. (18.54) auf die gewöhnliche Differentialgleichung

$$\phi'' + \frac{2}{r}\phi' - \lambda^2\phi = 0 \tag{18.55}$$

mit den voneinander unabhängigen Lösungen

$$\phi = \frac{C_1}{r}e^{+\lambda r} \quad , \tag{18.56}$$

$$\phi = \frac{C_2}{r}e^{-\lambda r} \quad . \tag{18.57}$$

Wie man sieht, sind beide Lösungen für $r \to 0$ singulär. Für positives λ wächst die erste Lösung über alle Grenzen, wenn $r \to \infty$ geht, und kommt damit zur Behandlung von Strömungen im unbegrenzten Raum nicht in Frage. Die zweite Lösung jedoch stellt eine geeignete quellartige Singularität der Klein-Gordon-Gleichung (für positives λ) dar. (Für negatives λ sind die Aussagen betreffend die erste und zweite Lösung natürlich umzukehren.)

Den Zusammenhang zwischen der Konstanten C_2 und der Ergiebigkeit (Quellstärke) der quellartigen Singularität kann man finden, indem man ϕ_r über eine das Singularitätszentrum umschließende Kugel $r = r_0 = $ const integriert und den Grenzübergang $r_0 \to 0$ ausführt. Einfacher ist es im vorliegenden speziellen Fall, von der interessanten Feststellung auszugehen, daß für $r \to 0$ die Lösung (18.57) genau in das Potential der räumlichen inkompressiblen Quellströmung (vgl. Tabelle 18.1)

übergeht, wenn $C_2 = -Q/4\pi$ gesetzt wird. Damit ist bereits die Konstante C_2 durch die Quellstärke Q ausgedrückt und das Potential der quellartigen Singularität der Klein-Gordon-Gleichung
lautet

$$\phi = -\frac{Q}{4\pi r} e^{-\lambda r} \qquad (\lambda > 0) \quad . \tag{18.58}$$

Neben den Polarkoordinaten sind mitunter auch andere Koordinatensysteme zur Gewinnung von singulären
Lösungen nützlich. In Frage kommen dabei vor allem solche Koordinatensysteme, bei denen eine Koordinatenlinie zu einem Punkt degeneriert. In der gesuchten Lösung spielt dieser Punkt die Rolle des Singularitäten-
zentrums. So wurden beispielsweise bei der schon erwähnten Singularitätenmethode für zähe Strömungen
elliptische Koordinaten zur Darstellung der Singularitäten verwendet (*Gluckman* et al. 1972).

Die Methode der Polarkoordinaten zur Gewinnung von Singularitäten hat den Vorteil, daß die
Durchführung der Rechnung verhältnismäßig einfach ist. Als Nachteil ist vor allem anzuführen, daß
die physikalische Deutung der auf diese Weise gefundenen Singularitäten (z. B. quellartige oder
wirbelartige Singularität) oft nicht einfach ist. Man denke nur daran, daß man Lösungen der Laplace-
Gleichung, die nur vom Radius abhängen, einerseits als Quelle aufzufassen hat, wenn man das Geschwindigkeitspotential als abhängige Variable verwendet, andererseits jedoch als Wirbel interpretieren muß, wenn man mit der Stromfunktion arbeitet!

18.3.2. Verwendung der δ-Funktion

Wir wollen nun darlegen, wie man durch Hinzunahme von Zusatztermen in den Grundgleichungen
der Strömungslehre direkt zu Differentialgleichungen für die gesuchten Singularitäten kommt.
Allerdings sind damit die Singularitäten selbst noch nicht bekannt, und die Hauptschwierigkeit bei
dieser Methode besteht meistens in der Lösung der aufgestellten Differentialgleichungen.

Um den Grundgedanken der Methode zu erläutern, stellen wir uns zunächst die Aufgabe, eine
quellartige Singularität für eine inkompressible, ansonsten aber beliebige Strömung zu finden. Da
es sich um eine (Massen-)Quelle handeln soll, gehen wir vom Massenerhaltungssatz, also von der
Kontinuitätsgleichung aus. Der Kontinuitätsgleichung in ihrer (für inkompressible Flüssigkeiten)
üblichen Form

$$\frac{\partial u}{\partial x} + \frac{\partial v}{\partial y} + \frac{\partial w}{\partial z} = 0 \tag{18.59}$$

liegt die – meist stillschweigend getroffene – Voraussetzung zu Grunde, daß Masse weder zu-
noch abgeführt wird; man nennt bekanntlich in diesem Fall das Strömungsfeld „quellenfrei". Ist
das Strömungsfeld hingegen nicht quellenfrei, so lautet die Kontinuitätsgleichung

$$\frac{\partial u}{\partial x} + \frac{\partial v}{\partial y} + \frac{\partial w}{\partial z} = q(x, y, z) \quad , \tag{18.60}$$

wobei $q(x, y, z)$ die Bedeutung einer Quelldichte, also eines dem Strömungsfeld pro Zeit- und
Raumeinheit zugeführten Flüssigkeitsvolumens, hat.

Bei der gesuchten Singularität handelt es sich um eine punktförmige Quelle. D. h., das ganze Strömungsfeld mit Ausnahme eines einzigen Punktes – des Quellzentrums – soll quellenfrei sein, im
Quellzentrum selbst muß jedoch die Quelldichte q derart über alle Grenzen wachsen, daß die endliche Menge Q aus dem Zentrum ausströmt. Dieser Sachverhalt läßt sich am besten mit Hilfe der
δ-Funktion beschreiben, indem man

$$q(x, y, z) = Q\,\delta(x)\,\delta(y)\,\delta(z) \tag{18.61}$$

setzt; denn gemäß der Definition der δ-Funktion (Gl. (17.96a, b)) hat ein den Koordinatenursprung umschließendes Volumenintegral

$$\int\limits_{-c}^{+c} \int\limits_{-b}^{+b} \int\limits_{-a}^{+a} Q\,\delta(x)\,\delta(y)\,\delta(z)\,dx\,dy\,dz \qquad (a, b, c > 0)$$

wie erforderlich den Wert Q.

Damit haben wir unser erstes Ziel erreicht. Mit Gl. (18.61) geht die Kontinuitätsgleichung (18.60) in die Gleichung

$$\frac{\partial u}{\partial x} + \frac{\partial v}{\partial y} + \frac{\partial w}{\partial z} = Q\,\delta(x)\,\delta(y)\,\delta(z) \qquad (18.62)$$

über. Diese Gleichung beschreibt die Erhaltung der Masse in einem Strömungsfeld, welches sich dadurch auszeichnet, daß im Ursprung des kartesischen Koordinatensystems eine Quelle mit der Ergiebigkeit Q liegt, während das ganze übrige Strömungsfeld quellenfrei ist. Durch Lösung von Gl. (18.62) – zusammen mit den anderen Grundgleichungen, welche die jeweils interessierende Strömung beschreiben – kann man die gesuchte quellartige Singularität gewinnen.

Als Beispiel betrachten wir eine inkompressible Scherströmung, in welcher kleine Geschwindigkeitsstörungen, etwa durch einen schlanken Körper, hervorgerufen werden (Bild 18.17). Die Strömungsgeschwindigkeit sehr weit vor dem Körper sei durch U = U(y) gegeben, die Komponenten der Geschwindigkeitsstörung seien mit u, v und w bezeichnet.

Linearisiert man die Eulerschen Bewegungsgleichungen unter der Voraussetzung kleiner Störungen, so erhält man

$$U(y)\frac{\partial u}{\partial x} + U'(y)\,v + \frac{1}{\rho}\frac{\partial p}{\partial x} = 0 \quad ; \qquad (18.63a)$$

$$U(y)\frac{\partial v}{\partial x} + \frac{1}{\rho}\frac{\partial p}{\partial y} = 0 \quad ; \qquad (18.63b)$$

$$U(y)\frac{\partial w}{\partial x} + \frac{1}{\rho}\frac{\partial p}{\partial z} = 0 \quad . \qquad (18.63c)$$

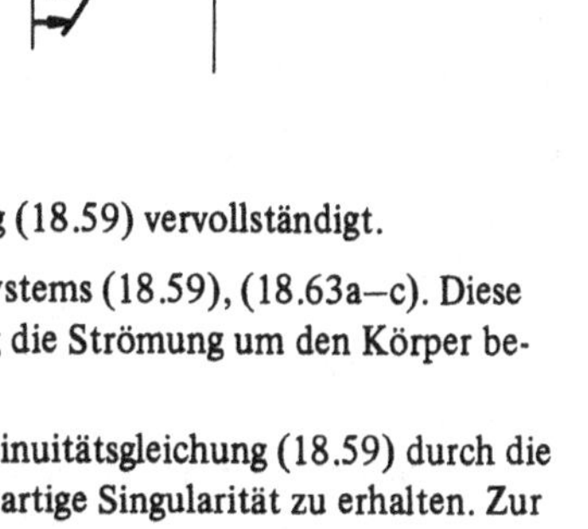

Bild 18.17. Schlanker Körper in einer Scherströmung

Dieses Gleichungssystem wird durch die Kontinuitätsgleichung (18.59) vervollständigt.

Gesucht ist nun eine quellartige Grundlösung des Gleichungssystems (18.59), (18.63a–c). Diese Grundlösung wird benötigt, um mittels Singularitätenbelegung die Strömung um den Körper berechnen zu können.

Den vorangegangenen Überlegungen entsprechend ist die Kontinuitätsgleichung (18.59) durch die Gl. (18.62) zu ersetzen, um das Gleichungssystem für die quellartige Singularität zu erhalten. Zur Bestimmung der quellartigen Singularität müssen wir somit in unserem Beispiel das aus den Gln. (18.62) und (18.63a–c) bestehende System heranziehen. Es läßt sich durch Elimination von p, u und w auf eine einzige Gleichung für v reduzieren.

Eliminiert man durch Differenzieren aus den Gln. (18.62), (18.63a) und (18.63b) u und p, so ergibt sich

$$U \left(\frac{\partial^2 v}{\partial x^2} + \frac{\partial^2 v}{\partial y^2} \right) + \frac{\partial}{\partial z} \left(U \frac{\partial w}{\partial y} + U'w \right) - U''v = Q \, \delta(x) \, \delta(z) \, [U \, \delta'(y) + U' \, \delta(y)] \quad .$$

Für den zweiten Klammerausdruck auf der linken Gleichungsseite erhält man durch Elimination von p aus Gln. (18.63b) und (18.63c) die Gleichung

$$\frac{\partial}{\partial x} \left(U \frac{\partial w}{\partial y} + U'w \right) = U \frac{\partial^2 v}{\partial x \, \partial z} \quad .$$

Sie läßt sich einmal bezüglich x integrieren, wobei das Verschwinden der Störungen im Unendlichen als Randbedingung zu berücksichtigen ist. Es bleibt die Beziehung

$$U \frac{\partial w}{\partial y} + U'w = U \frac{\partial v}{\partial z} \quad ,$$

die für den besagten Klammerausdruck in der ersten Gleichung einzusetzen ist.

Als Ergebnis des Eliminationsvorganges erhält man die Gleichung

$$\Delta v - \frac{U''(y)}{U(y)} \, v = Q \, \delta(x) \, \delta(z) \left[\delta'(y) + \frac{U'(0)}{U(0)} \, \delta(y) \right] \quad , \qquad (18.64)$$

wobei auf der rechten Gleichungsseite $U'(y)/U(y)$ durch $U'(0)/U(0)$ ersetzt wurde, weil $\delta(y)$ ja nur für $y \neq 0$ von null verschieden ist.

Gl. (18.64) ist besonders einfach zu lösen, wenn das Geschwindigkeitsprofil der Scherströmung durch die Exponentialfunktion

$$U(y) = C \, e^{\lambda y} \qquad (18.65)$$

gegeben ist. Für diesen Spezialfall vereinfacht sich Gl. (18.64) zu

$$\Delta v - \lambda^2 v = \left(\frac{\partial}{\partial y} + \lambda \right) Q \, \delta(x) \, \delta(y) \, \delta(z) \quad . \qquad (18.66)$$

Diese Differentialgleichung unterscheidet sich nur durch den Differentialoperator $\left(\frac{\partial}{\partial y} + \lambda \right)$ von der einfacheren Gleichung

$$\Delta v - \lambda^2 v = Q \, \delta(x) \, \delta(y) \, \delta(z) \quad , \qquad (18.67)$$

von welcher wir eine geeignete (im Unendlichen verschwindende) Lösung bereits kennen; es handelt sich ja um eine Gleichung für die quellartige Singularität der Klein-Gordon-Gleichung. Hierfür haben wir auf anderem Weg bereits die Lösung (18.58) gefunden, in welcher jetzt lediglich ϕ durch v zu ersetzen ist. Da es sich bei den Gln. (18.66) und (18.67) um lineare Differentialgleichungen mit konstanten Koeffizienten handelt, brauchen wir auf die Lösung von Gl. (18.67), die durch Gl. (18.58) gegeben ist, nur noch den Operator $\left(\frac{\partial}{\partial y} + \lambda \right)$ anzuwenden, um die gesuchte Lösung von Gl. (18.66) zu erhalten. Die quellartige Grundlösung für eine exponentielle Scherströmung (mit $\lambda > 0$) ergibt sich damit zu

$$v = -\frac{Q}{4\pi} \left(\frac{\partial}{\partial y} + \lambda \right) \left(\frac{1}{r} e^{-\lambda r} \right) \qquad \text{mit } r = \sqrt{x^2 + y^2 + z^2} \quad . \qquad (18.68)$$

Dieses Resultat, das für räumliche Strömung gilt, stammt von *Lighthill* (1957).

Für den ebenen Fall wurden sowohl quellartige als auch wirbelartige Singularitäten von *Weissinger* (1970/72) angegeben und zur Berechnung der Strömung um Tragflügelprofile bei ungleichförmiger Anströmung herangezogen.

Daß die Lösung von Gl. (18.66) so mühelos auf eine bereits bekannte Lösung zurückgeführt werden konnte, liegt natürlich an dem speziellen Beispiel. Gelänge eine derartige Zurückführung nicht, so müßte man die jeweilige inhomogene Differentialgleichung direkt zu lösen versuchen. Hierzu kann man in machen Fällen bekannte Lösungen für inhomogene partielle Differentialgleichungen heranziehen (vgl. Übungsaufgaben 9 und 10). Hat man derartige Lösungen nicht zur Verfügung, so geht man meistens so vor, daß man die gesuchte Lösung als Fourier-Integral darstellt, wobei für die δ-Funktion die Fourier-Darstellung

$$\delta(x) = \frac{1}{2\pi} \int\limits_{-\infty}^{+\infty} e^{i\alpha x} \, d\alpha = \frac{1}{\pi} \int\limits_{0}^{\infty} \cos(\alpha x) \, d\alpha \qquad (18.69)$$

verwendet wird. Näheres hierzu ist z. B. bei *Tychonoff* und *Samarski* (1959), S. 258 ff., zu finden. Was Anwendungen in der Strömungslehre betrifft, so sind u. a. die schon erwähnten Arbeiten von *Lighthill* (1957) und *Weissinger* (1970/72) zu nennen.

18.4. Ermittlung der Belegungsdichte aus den Randbedingungen

Um uns mit kontinuierlichen Singularitätenbelegungen zunächst einmal vertraut zu machen, hatten wir im Abschnitt 18.1 einfach eine ganz bestimmte Belegungsdichte vorgegeben, die zugehörige Strömung berechnet und eine geeignete Stromlinie als Kontur eines umströmten Körpers interpretiert. In den Anwendungen ist aber diese „indirekte" Aufgabenstellung nicht besonders häufig, sondern es geht meistens darum, zu einem vorgegebenen Körper die ihm entsprechende Belegungsdichte zu ermitteln, um hernach die Strömung um den Körper berechnen zu können. Bei schlanken Körpern kann man den gesuchten Zusammenhang zwischen Belegungsdichte und Randbedingungen oft durch analytische Ausdrücke beschreiben, wie wir gleich sehen werden; bei dicken Körpern muß man in der Regel numerische Methoden zu Hilfe nehmen.

18.4.1. Quellbelegung für schlanke Körper

Wir wollen wieder die ebene, inkompressible Potentialströmung als Beispiel betrachten. Das umströmte Profil sei schlank ($|\vartheta| \ll 1$) und außerdem symmetrisch bezüglich der x-Achse (Bild 18.18). Wenn man noch dazu annimmt, daß das Profil in Richtung der x-Achse angeströmt wird, so ist eine symmetrische (auftriebslose) Strömung, die durch eine Quellbelegung auf der x-Achse dargestellt werden kann, zu erwarten. Um lästiges Mitschleppen des Anteils der Parallelströmung am Geschwindigkeitspotential zu vermeiden, rechnen wir statt mit dem Potential φ selbst mit dem *Störpotential*[1]) $\varphi = \phi - x$. Wir erinnern uns oder entnehmen aus Tabelle 18.1, daß das Potential einer ebenen inkompressiblen Quelle, die im Punkt $x = \xi$, $y = 0$ liegt und die Stärke 1 hat, durch $(1/2\pi) \ln \sqrt{(x-\xi)^2 + y^2}$ gegeben ist. Für eine Belegung der x-Achse mit Quellen stellt sich damit das Störpotential als

$$\varphi = \frac{1}{2\pi} \int\limits_{0}^{1} q(\xi) \ln \sqrt{(x-\xi)^2 + y^2} \, d\xi \qquad (18.70)$$

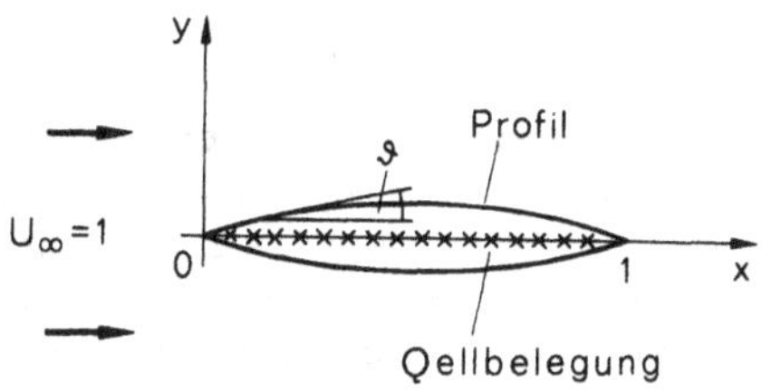

Bild 18.18
Nicht-angestelltes, symmetrisches Profil

---

[1]) Vergleicht man mit den Störungsmethoden (Kapitel 14 und 15), so gilt in erster Näherung $\varphi = \epsilon \varphi_1$.

dar, wobei die Integrationsgrenzen darauf zurückgehen, daß Quellen nur innerhalb des Profils, dessen Länge als Längeneinheit gewählt wurde, angeordnet werden. Gl. (18.70) entspricht der uns schon bekannten Gl. (18.22).

Es ist nunmehr unsere Aufgabe, die unbekannte Quelldichte $q(\xi)$ so zu bestimmen, daß die Randbedingung der tangentialen Strömung an der Körperoberfläche erfüllt ist. (Die Randbedingung im Unendlichen – Abklingen der Störungen – wird durch eine Quellbelegung in einem endlichen Gebiet a priori erfüllt und bedarf keiner weiteren Untersuchungen.) Mit ϑ als Neigungswinkel der Profilkontur gegenüber der Anströmrichtung (Bild 18.18) sowie mit $u = 1 + \varphi_x$ und $v = \varphi_y$ als Geschwindigkeitskomponenten in x- bzw. y-Richtung muß auf der Profilkontur die Beziehung $v/u = \tan \vartheta$ gelten. Da wir das Profil als schlank vorausgesetzt hatten, kann im Sinne einer Störungsrechnung in erster Näherung u durch 1 (d. i. U_∞) ersetzt und v statt auf der Profilkontur auf der (nahegelegenen) x-Achse genommen werden. Weiters kann $\tan \vartheta$ durch ϑ ersetzt werden. Damit lautet die Randbedingung

$$\varphi_y(x, 0+) = \vartheta(x) \quad , \tag{18.71}$$

wobei das Pluszeichen darauf hindeutet, daß wir die Profiloberseite (y > 0) ins Auge fassen. Gl. (18.71) entspricht genau der in Kapitel 14 mittels asymptotischer Entwicklungen hergeleiteten Gl. (14.14).

Mit Gl. (18.71) kennt man zu jedem vorgegebenen Profil die φ_y-Verteilung (v-Verteilung) auf der x-Achse. Wir werden daher versuchen, die Belegungsdichte $q(\xi)$ auf die φ_y-Verteilung zurückzuführen. Zu diesem Zweck differenzieren wir Gl. (18.70) nach y und erhalten

$$\varphi_y(x, y) = \frac{1}{2\pi} \int_0^1 q(\xi) \frac{y}{(x - \xi)^2 + y^2} d\xi \quad . \tag{18.72}$$

Würden wir diese Beziehung ohne weitere Umformungen in die Randbedingung (18.71) einsetzen, so ergäbe sich eine Integralgleichung für $q(\xi)$, weil ja die unbekannte Funktion im Integranden vorkommt. Mit einem für Quellbelegungen typischen Schluß kann man jedoch die unbekannte Funktion vor das Integral ziehen: Beim Grenzübergang $y \to 0$ verschwindet der Integrand in Gl. (18.72) für alle Werte von ξ außer für $\xi = x$; folglich liefern im Grenzfall $y \to 0$ nur diejenigen Werte der Belegungsfunktion $q(\xi)$ einen nicht verschwindenden Beitrag zum Integral, für welche ebenfalls $\xi = x$ ist. In Gl. (18.72) kann daher $q(\xi)$ durch $q(x)$ ersetzt werden und man erhält

$$\varphi_y(x, 0+) = \lim_{y \to 0+} \frac{q(x)}{2\pi} \int_0^1 \frac{y}{(x - \xi)^2 + y^2} d\xi \quad . \tag{18.73}$$

Das Integral, das nunmehr die unbekannte Funktion nicht mehr enthält, kann ohne Schwierigkeit bestimmt werden. Nach Ausführung des Grenzüberganges $y \to 0+$ ergibt sich schließlich

$$q(x) = 2 \varphi_y(x, 0+) = 2 v(x, 0+) \quad . \tag{18.74}$$

Diese bemerkenswert einfache Beziehung besagt, daß die gesuchte Quelldichte in jedem Punkt der x-Achse gleich ist dem doppelten Wert der v-Komponente im selben Punkt. Das Ergebnis ist physikalisch unmittelbar einleuchtend. Die lokale Quellstärke eines Quellelementes der Länge dx, d. i. $q(x)$ dx, setzt sich zusammen aus der pro Zeiteinheit nach oben ausströmenden Menge $v(x, 0+)$ dx und der ihrem Betrag nach gleich großen, nach unten ausströmenden Menge $v(x, 0-)$ dx.

Da $\varphi_y(x, 0+)$ durch die Randbedingung (18.71) gegeben ist, ist mit den Gln. (18.70) und (18.74) das Randwertproblem für die symmetrische Umströmung schlanker Profile gelöst.

Bevor wir uns einer anderen Aufgabenstellung zuwenden, wollen wir das soeben behandelte Beispiel noch zur Erläuterung eines wichtigen Begriffes verwenden. Nachdem wir in Gl. (18.70) für q(ξ) die Gln. (18.74) und (18.71) eingesetzt haben, differenzieren wir das Störpotential nach x, um auf diese Weise die Störung der Geschwindigkeitskomponente in x-Richtung zu erhalten. Von besonderem Interesse ist natürlich die Geschwindigkeitsstörung auf der Körperoberfläche, die in erster Näherung wiederum gleich dem Wert auf der Symmetrieachse ist. Man erhält hierfür

$$\varphi_x(x, 0) = \frac{1}{\pi} \lim_{y \to 0} \int_0^1 \vartheta(\xi) \frac{x - \xi}{(x - \xi)^2 + y^2} d\xi \quad . \tag{18.75}$$

Führt man einfach den Grenzübergang $y \to 0$ im Integranden aus, so reduziert sich der Bruch auf $(x - \xi)^{-1}$. Dieser Ausdruck wächst für $\xi \to x$ über alle Grenzen, und zwar so stark, daß das uneigentliche Integral nicht existiert („nicht-integrable Singularität"). Man schließt deshalb die Singularität zunächst von der Integration aus und schreibt:

$$\varphi_x(x, 0) = \frac{1}{\pi} \lim_{\delta \to 0} \left[\int_0^{x-\delta} \frac{\vartheta(\xi)}{x - \xi} d\xi + \int_{x+\delta}^1 \frac{\vartheta(\xi)}{x - \xi} d\xi \right] \quad . \tag{18.76}$$

Wenn dieser Grenzwert existiert, so nennt man ihn den *Cauchyschen Hauptwert* des uneigentlichen Integrals. Er wird manchmal wie in der folgenden Gleichung durch ein besonderes Symbol kenntlich gemacht:

$$\varphi_x(x, 0) = \frac{1}{\pi} \oint_0^1 \frac{\vartheta(\xi)}{x - \xi} d\xi \quad . \tag{18.77}$$

Der Cauchysche Hauptwert in Gl. (18.76) oder Gl. (18.77) existiert (für ein bestimmtes x) dann und nur dann, wenn $\vartheta(x)$ einer sogenannten Hölder-Bedingung genügt; hinreichend für seine Existenz ist bereits, daß $\vartheta'(x)$ existiert und endlich ist. Um nicht auf Einzelheiten eingehen zu müssen, begnügen wir uns hier mit dieser hinreichenden Bedingung, die für praktische Anwendungen im allgemeinen ausreicht. Wichtig ist aber noch die folgende Feststellung. Wenn man weiß, daß der Cauchysche Hauptwert existiert, kann man sich die Berechnung des Grenzwertes – wie in Gl. (18.76) angeschrieben – ersparen und die Integration in Gl. (18.77) formal wie bei einem gewöhnlichen (nicht-uneigentlichen) Integral ausführen. Die „nicht-integrablen" Beiträge des Integranden zum Integral haben dann nämlich auf beiden Seiten der singulären Stelle gleichen Betrag, aber verschiedenes Vorzeichen, und heben sich bei der Integration weg. Bei einer numerischen Auswertung, die notwendig wird, wenn sich die Integration nicht analytisch ausführen läßt, sind jedoch besondere Vorkehrungen erforderlich; vgl. z. B. *Stark* (1971).

Als ein Beispiel betrachten wir ein „Parabelbogen-Zweieck", das durch die Gleichung y = ± 2 ϵ (x – x²) gegeben ist (vgl. Bild 18.18); ϵ bedeutet das Verhältnis der maximalen Profildicke zur Länge. Durch Differenzieren folgt für die Oberseite ϑ = 2 ϵ (1 – 2x), womit sich aus Gl. (18.76) oder Gl. (18.77) die folgende Geschwindigkeitsstörung am Profil ergibt:

$$\varphi_x(x, 0) = \frac{2\epsilon}{\pi} \left[2 - (1 - 2x) \ln \left| \frac{1 - x}{x} \right| \right] \quad . \tag{18.78}$$

In ähnlicher Weise erhält man für ein dünnes elliptisches Profil, dessen Gleichung y = ± ϵ $\sqrt{x - x^2}$ lautet, als Ergebnis der Integration die Darstellung

$$\varphi_x(x, 0) = \begin{cases} \epsilon & \text{für } 0 < x < 1 \quad ; \\ \epsilon \left[1 - \sqrt{1 + \dfrac{1}{4(x^2 - x)}} \right] & \text{für } x < 0 \text{ oder } x > 1 \end{cases} \quad . \tag{18.79}$$

Die obere Zeile beschreibt also die Geschwindigkeitsverteilung auf dem Profil und liefert hierfür einen konstanten Wert, die untere Zeile gilt für Punkte der Symmetrieachse außerhalb des Profils (also davor und dahinter). Sowohl am Ergebnis (18.78) als auch am Ergebnis (18.79) fällt auf, daß die Geschwindigkeitsstörung bei Annäherung an den vorderen oder hinteren Staupunkt (x = 0 bzw. x = 1) über alle Grenzen wächst. Die gefundenen Lösungen sind offensichtlich nicht im ganzen Strömungsfeld gleichmäßig gültig. Die Ursache des Versagens liegt auf der Hand, denn die Voraussetzung kleiner Störungen, die ja den Vereinfachungen der Randbedingung zugrunde lag, ist in den Staupunkten sicher nicht erfüllt. Mit dem singulären Verhalten der Lösungen in der Nähe der Staupunkte werden wir uns im Kapitel 21, Übungsaufgabe 9, noch befassen und dort auch eine Methode zur Gewinnung von gleichmäßig gültigen Lösungen kennenlernen.

18.4.2. Wirbelbelegung für angestellte und gewölbte Platten

Als Gegenstück zur symmetrischen Profilumströmung betrachten wir nun die Strömung um eine gewölbte und gegen die Anströmrichtung angestellte Platte (Bild 18.19). Wir setzen wieder kleine Neigungswinkel ϑ – also kleine Störungen der Parallelströmung – voraus. Die Platte hat verschwindend kleine Dicke, so daß man mit einer reinen Wirbelbelegung der x-Achse auskommt. (Eine nicht-verschwindende Dicke wäre durch eine zusätzliche Quellbelegung zu berücksichtigen.)

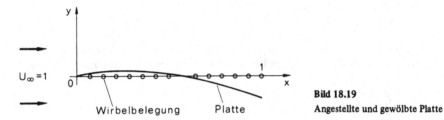

Bild 18.19
Angestellte und gewölbte Platte

Da das Geschwindigkeitspotential einer ebenen Quelle und die Stromfunktion eines Potentialwirbels einander formal gleichen (s. Tabelle 18.1), können wir die für die Quellbelegung bereits durchgeführten Rechnungen hier übernehmen, wenn wir statt mit dem Störpotential mit der Störstromfunktion $\overline{\psi} = \psi - y$ arbeiten. Die Geschwindigkeitskomponenten sind in diesem Fall durch $u = 1 + \overline{\psi}_y$, $v = -\overline{\psi}_x$ dargestellt. Nach Tabelle 18.1 (vgl. auch Gl. (18.26b)) lautet die Stromfunktion für eine Wirbelbelegung der x-Achse auf der Strecke $0 \leq \xi \leq 1$:

$$\overline{\psi} = -\frac{1}{2\pi} \int_0^1 \gamma(\xi) \ln \sqrt{(x-\xi)^2 + y^2} \, d\xi \quad . \tag{18.80}$$

Differenzieren wir nun Gl. (18.80) so wie früher die Gl. (18.70) nach y, so erhalten wir analog zu Gl. (18.74):

$$-\gamma(x) = 2\,\overline{\psi}_y(x, 0+) = 2\,[u(x, 0+) - 1] \quad . \tag{18.81}$$

Damit ist die Belegungsdichte $\gamma(x)$ auf die Geschwindigkeitsstörung auf $y = 0+$ (d. h. auf der Plattenoberseite) zurückgeführt.

Gl. (18.81) beinhaltet eine interessante Aussage. Die Tangentialgeschwindigkeit (u-Komponente), die durch die Wirbelbelegung der x-Achse am Ort der Wirbelbelegung induziert wird, hängt nur vom *lokalen* Wert der Wirbeldichte ab, *nicht* jedoch von der Wirbeldichte außerhalb des betrachteten Punktes. Die Ursache hierfür ist leicht darin zu finden, daß die Wirbelelemente längs einer *geraden* Linie angeordnet sind. Da die Geschwindigkeit, die von jedem einzelnen Wirbel induziert wird, stets normal auf den vom Wirbelzentrum zum Aufpunkt weisenden Radiusvektor steht, können für einen Aufpunkt auf der Belegungsgeraden die außerhalb des Aufpunktes liegenden Wirbelelemente keinen Beitrag zur Tangentialgeschwindigkeit leisten.

Trotz der formalen Analogie bestehen zwischen den Ergebnissen (18.74) und (18.81) Unterschiede von großer Tragweite. Während nämlich φ_y auf y = 0 durch die Randbedingung (18.71) gegeben ist, ist dies bei $\overline{\psi}_y$ nicht der Fall. Denn unter Verwendung der Stromfunktion schreibt sich die Randbedingung als

$$- \psi_x(x, 0+) = \vartheta(x) \quad . \tag{18.82}$$

Im Gegensatz zur Leistungsfähigkeit von Gl. (18.74) können wir also aus Gl. (18.81) die gesuchte Belegungsdichte *nicht* bestimmen. Damit zeichnet sich schon ab, daß die Erfüllung der Randbedingungen bei der Wirbelbelegung viel mehr Schwierigkeiten bereitet als bei der Quellbelegung.

Um einen Zusammenhang zwischen $\overline{\psi}_x(x, 0+)$ und der gesuchten Belegungsdichte $\gamma(x)$ herzustellen, müssen wir Gl. (18.80) nach x differenzieren. In Analogie zu den Gln. (18.75), (18.76) und (18.77) folgt

$$- \overline{\psi}_x(x, 0) = \frac{1}{2\pi} \oint_0^1 \frac{\gamma(\xi)}{x - \xi} \, d\xi \quad , \tag{18.83}$$

woraus sich unter Verwendung der Randbedingung (18.82) schließlich die Beziehung

$$\oint_0^1 \frac{\gamma(\xi)}{x - \xi} \, d\xi = 2\pi \vartheta(x) \tag{18.84}$$

ergibt; dabei liegt x im Intervall $0 \leq x \leq 1$. Gl. (18.84) stellt bei bekanntem $\vartheta(x)$ eine singuläre[1] *Integralgleichung* für die unbekannte Funktion $\gamma(\xi)$ dar. Diese Integralgleichung und ihre Verallgemeinerungen spielen in der Tragflügeltheorie eine bedeutende Rolle (*Schlichting* und *Truckenbrodt* 1959/60, *Weissinger* 1963). Leider sind singuläre Integralgleichungen in der Regel nicht einfach zu lösen. Eine Methode zur Lösung der Integralgleichung (18.84) werden wir erst im Abschnitt 19.3.3 kennenlernen. Bezüglich allgemeinerer Lösungsmethoden sei auf ein Buch von *Muschelischwili* (1965) verwiesen. Hier ist zunächst weniger die Lösungsmethode als vielmehr die Lösung selbst interessant. Sie lautet

$$\gamma(\xi) = \frac{1}{\sqrt{\xi(1 - \xi)}} \left[C + \frac{2}{\pi} \oint_0^1 \frac{\vartheta(x)}{x - \xi} \sqrt{x(1 - x)} \, dx \right] \quad . \tag{18.85}$$

Dabei bedeutet C eine beliebige Konstante. Die Lösung des gestellten Randwertproblems ist also nicht eindeutig. Eine eindeutige Lösung ergäbe sich erst, wenn die Zirkulation Γ auf einer das ganze Profil umschließenden Kurve bekannt wäre, denn es gilt mit Gl. (18.85)

$$\Gamma = \int_0^1 \gamma(\xi) \, d\xi = f(C) \quad . \tag{18.86a}$$

Auf dieselbe Schwierigkeit waren wir bereits früher mehrere Male gestoßen. Es ist hier nun angebracht, diese Frage näher zu untersuchen.

Üblicherweise wird bei der vorliegenden und ähnlichen Aufgaben die freie Konstante — und damit die Gesamtzirkulation — so festgelegt, daß die sogenannte *Kutta-Joukowski-Bedingung* erfüllt ist.

---

[1] „singulär", weil $(x - \xi)^{-1}$ im Integrationsgebiet eine Singularität hat.

Diese Bedingung besagt, daß die scharfe Hinterkante des Profils nicht umströmt werden soll. Das Auftreten unendlich großer Strömungsgeschwindigkeiten an der Hinterkante wird dadurch ausgeschlossen. Einen Eindruck davon, wie sehr sich die Kutta-Joukowski-Bedingung auf das Gesamtbild des Strömungsfeldes auswirkt, vermittelt Bild 18.20. Während das linke Bild den Fall ohne Zirkulation zeigt, wurde im rechten Bild die Zirkulation so gewählt, daß die Hinterkante nicht umströmt wird.

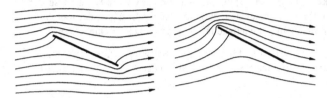

Bild 18.20. Potentialströmungen um eine angestellte ebene Platte.
Linkes Bild: keine Zirkulation
Rechtes Bild: keine Umströmung der Hinterkante (*Meyer* 1971)

Bild 18.21
Die Strömung um eine senkrecht auf die Anströmrichtung stehende, ebene Platte als Beispiel für das Versagen der Kutta-Joukowski-Bedingung bei sehr großen Anstellwinkeln (*Meyer* 1971)

Die Kutta-Joukowski-Bedingung hat im Rahmen der reibungsfreien Theorie den Charakter eines Postulats, das sich auf Erfahrung gründet. Eine theoretische Begründung ist nur durch Berücksichtigung von Reibungseffekten (Strömungsablösung!) möglich (s. z. B. *Schlichting* und *Truckenbrodt* 1959/60, Bd. I, S. 371–374).

Ihre Nützlichkeit und ihre häufige Verwendung dürfen aber nicht dazu verleiten, die Kutta-Joukowski-Bedingung bedenkenlos anzuwenden. Während sie sich bei kleinen Anstellwinkeln sehr bewährt hat, versagt sie offensichtlich bei sehr großen Anstellwinkeln. Bild 18.21 zeigt als Extremfall die Strömung um eine ebene Platte, welche senkrecht auf die Anströmrichtung steht.

Wenden wir nun die Kutta-Joukowski-Bedingung auf unseren Fall der schwach gestörten Parallelströmung an, so folgt aus den Gln. (18.81) und (18.85), daß unendlich große Werte von u an der Hinterkante (x = 1 bzw. ξ = 1) nur dann vermieden werden können, wenn der Ausdruck in der eckigen Klammer von Gl. (18.85) für ξ = 1 verschwindet. Das ist dann der Fall, wenn man der Konstanten C den Wert

$$C = \frac{2}{\pi} \int_0^1 \vartheta(x) \sqrt{\frac{x}{1-x}}\, dx \qquad\qquad (18.86b)$$

gibt. Einsetzen in Gl. (18.85) liefert schließlich für die Belegungsdichte die Darstellung

$$\gamma(\xi) = \frac{2}{\pi} \sqrt{\frac{1-\xi}{\xi}} \oint_0^1 \frac{\vartheta(x)}{x-\xi} \sqrt{\frac{x}{1-x}}\, dx \qquad . \qquad\qquad (18.87)$$

Die vollständige Lösung des gestellten Problems besteht somit aus den Gln. (18.80) und (18.87). Oft interessiert jedoch gar nicht die Lösung im ganzen Raum, sondern lediglich die Geschwindigkeitsverteilung an der Platte. In diesem Fall genügt es, die Belegungsdichte aus Gl. (18.87) zu bestimmen. Aus Gl. (18.81) ergibt sich dann sofort die Geschwindigkeit bzw. die Geschwindigkeitsstörung auf der Plattenoberseite. (Für die Plattenunterseite ist nur das Vorzeichen der Geschwindigkeitsstörung zu ändern.) Auf die Auswertung der Gl. (18.80) zur Bestimmung der Stromfunktion (oder einer entsprechenden Gleichung für das Potential) kann verzichtet werden.

Wie schon am Lösungsweg zu erkennen war, so zeigt auch das Ergebnis, daß die Verhältnisse bei der Wirbelbelegung viel komplizierter sind als bei der Quellbelegung. Während die Quelldichte mit den Gln. (18.74) und (18.71) auf die *lokale* Profilform zurückgeführt werden konnte, gelang eine entsprechende Reduktion bei der Wirbelbelegung nicht. Vielmehr hängt nach Gl. (18.87) die Wirbeldichte vom *ganzen* Profil ab.

Für den Fall der ebenen Platte gilt $\vartheta(x) = -\alpha = $ const, wobei α den Anstellwinkel der Platte bedeutet. Die Integration in Gl. (18.87) läßt sich hierfür leicht ausführen[1]. Man erhält für die Geschwindigkeitsstörung auf der Plattenoberseite

$$u(x, 0+) - 1 = \alpha \sqrt{\frac{1-x}{x}} \ . \qquad (18.88)$$

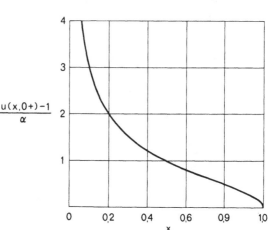

Bild 18.22
Die Geschwindigkeitsstörung auf der Oberseite einer ebenen Platte, die gegen die Anströmrichtung unter dem Winkel α angestellt ist

Diese Beziehung ist in Bild 18.22 graphisch dargestellt. Die unendlich große Geschwindigkeit an der Vorderkante ist natürlich unrealistisch. Reibungseffekte (Ablösung der Strömung mit Wirbelbildung) verändern hier das Strömungsfeld. In der Praxis werden derartige Erscheinungen jedoch durch eine geeignete Wölbung der Platte bzw. der Profilmittellinie möglichst vermieden (s. Übungsaufgabe 11). Auch durch Abrundung der Vorderkante beim endlich dicken Profil wird die Singularität in der Geschwindigkeitsverteilung abgebaut.

18.4.3. Beliebige (insbesondere: dicke) Profile und Körper

Eine Gerade, beispielsweise die Symmetrieachse des Profils, als Ort der Singularitätenbelegung zu wählen, hat sich bisher als sehr erfolgreich erwiesen. Bei schlanken Profilen und kleinen Anstellwinkeln zeichnet sich diese Methode dadurch aus, daß man auf analytischem Weg zu verhältnismäßig einfachen, formelmäßigen Ergebnissen kommt. Auch bei dicken Körpern hat sich die Singularitätenbelegung der Achse schon bewährt; vgl. die Parabelumströmung im Abschnitt 18.1 oder die Übungsaufgabe 5.

---

[1] Die Substitution $[x/(1-x)]^{1/2} = t$ führt auf das Integral einer rationalen Funktion.

Man darf jedoch nicht übersehen, daß die Singularitätenbelegung der Symmetrieachse keineswegs universell, d. h. auf beliebige Profil- bzw. Körperformen, anwendbar ist. Entscheidende Voraussetzung für die Anwendbarkeit einer Singularitätenbelegung der Achse ist, daß die analytische Fortsetzung des Potentials (bzw. der Stromfunktion) von der Körperoberfläche ausgehend in das Innere des Körpers hinein bis zur Achse möglich sein muß, wobei keine singulären Punkte dazwischen liegen dürfen. Bei Unstetigkeiten in der Körperoberfläche (Unstetigkeiten der Neigung oder Krümmung) wird man aber diese Voraussetzung im allgemeinen nicht machen können.

Darüber hinaus verliert die Singularitätenbelegung längs einer Geraden bei dicken Körpern den Vorteil der Einfachheit, weil sich die Randbedingungen nicht mehr vereinfachen lassen. Man verwendet deshalb in solchen Fällen lieber eine *Belegung der Körperoberfläche*. Die Form der Körperoberfläche ist dann praktisch keinen Beschränkungen unterworfen. Dem Vorteil der universellen Anwendbarkeit des Verfahrens steht allerdings der Nachteil gegenüber, daß man zur Lösung der erhaltenen Gleichungen numerische Methoden heranziehen muß[1].

Wir wollen die Vorgangsweise am Beispiel der ebenen, inkompressiblen Potentialströmung darstellen. Bezüglich der für die numerische Auswertung wichtigen Details sei auf die später angegebene Literatur verwiesen.

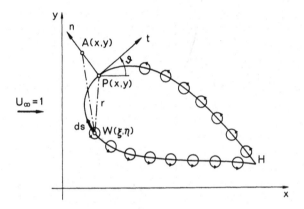

Bild 18.23
Wirbelbelegung auf der Profiloberfläche

Zur Berechnung der Strömung um das in Bild 18.23 skizzierte Profil belegen wir die Profilkontur kontinuierlich mit Wirbeln. Um einen guten Vergleich mit der vorher dargestellten Theorie unendlich dünner Profile zu ermöglichen, arbeiten wir auch jetzt wieder mit der Stromfunktion. Die Integration über alle Wirbelelemente der Oberfläche führt zu der Darstellung

$$\psi = y - \frac{1}{2\pi} \oint \gamma(s) \ln r \, ds \qquad \text{mit } r = \sqrt{(x-\xi)^2 + (y-\eta)^2} \quad . \qquad (18.89)$$

Dabei sind die Koordinaten des Aufpunktes durch x, y gegeben, während die laufenden Koordinaten der Wirbelzentren mit ξ, η bezeichnet werden. Das Kurvenintegral (mit s als Bogenlänge) ist über die geschlossene Profilkontur zu erstrecken. Der erste Summand auf der rechten Seite von Gl. (18.89) repräsentiert wieder die ungestörte Parallelströmung.

Zur Bestimmung der Geschwindigkeitskomponenten muß Gl. (18.89) nach den Koordinaten differenziert werden. Für einen *außerhalb* der Profilkontur liegenden Aufpunkt A ergibt sich die

---

[1]) Daß man mitunter auch durch Belegung der Oberfläche zu interessanten analytischen Ergebnissen kommen kann, zeigte beispielsweise *Hess* (1973).

Ableitung des Integrals einfach durch Differentiation des Integranden. Für einen *auf* der Profiloberfläche liegenden Punkt P kann man aber nicht mehr so einfach vorgehen. Denn in diesem Fall
wird der Integrand für $\xi = x$ und $\eta = y$ (also beim Zusammenfallen von Wirbelzentrum W und
Aufpunkt P) singulär. Die Verhältnisse sind hier natürlich ähnlich wie früher für einen Punkt auf
der mit Wirbeln belegten x-Achse.

Mit Rücksicht auf die Randbedingungen werden wir nicht die Geschwindigkeitskomponenten in
x- und y-Richtung verwenden, sondern mit den Komponenten in Richtung der Kurvennormalen n
bzw. der Tangente t rechnen (Bild 18.23). Die Normalkomponente der Geschwindigkeit, v_n, läßt
sich auch für einen Punkt auf der Profiloberfläche (Index P) ohne besondere Schwierigkeiten bestimmen. Mit $v_n = -\partial\psi/\partial t$ ergibt sich aus Gl. (18.89)

$$v_{nP} = -\sin\vartheta + \frac{1}{2\pi}\oint\gamma(s)\frac{\partial\ln r}{\partial t}\,ds \quad ,\tag{18.90}$$

wobei auf Grund der Transformation vom x, y-Koordinatensystem auf das t, n-Koordinatensystem
(Drehung um den Winkel ϑ) die Tangentialableitung im Integranden durch

$$\frac{\partial\ln r}{\partial t} = \frac{(x-\xi)\cos\vartheta + (y-\eta)\sin\vartheta}{(x-\xi)^2 + (y-\eta)^2}\tag{18.91}$$

ausgedrückt werden kann. Bei der Auswertung des Integrals in Gl. (18.90) ist wieder der Cauchysche
Hauptwert zu nehmen, d. h., man muß lediglich dafür sorgen, daß sich die unendlich großen positiven
und die unendlich großen negativen Beiträge zum Integral gegenseitig aufheben können.

Bei der Berechnung der Tangentialgeschwindigkeit, also der Normalableitung von ψ, ist jedoch besondere Vorsicht angebracht. Beim Grenzübergang vom Aufpunkt A außerhalb des Profils in den
Aufpunkt P auf dem Profil ergibt sich nämlich zusätzlich zum Integral über den abgeleiteten Integranden noch ein additiver Term außerhalb des Integrals. Dieser additive Zusatzterm beschreibt
den Beitrag des lokalen (im Aufpunkt P befindlichen) Wirbelelementes zur Tangentialgeschwindigkeit und entspricht damit genau der Größe $[u(x, 0+) - 1]$ bei unserer früheren Wirbelbelegung der
x-Achse. Das Integral über den abgeleiteten Integranden hingegen faßt die Beiträge aller anderen
(außerhalb des Aufpunktes liegenden) Wirbelelemente zusammen; es verschwand aus den schon
diskutierten Gründen im Spezialfall der Belegung auf der x-Achse.

Auf Grund dieser Überlegungen und unter Zuhilfenahme von Gl. (18.81) ergibt sich für die
Tangentialgeschwindigkeit $v_t = \partial\psi/\partial n$ die Darstellung

$$v_{tP} = \cos\vartheta - \frac{1}{2}\gamma_P - \frac{1}{2\pi}\oint\gamma(s)\frac{\partial\ln r}{\partial n}\,ds \quad ,\tag{18.92}$$

wobei der Index P darauf hinweist, daß es sich um die Werte im Aufpunkt P auf der Profilkontur
handelt. Analog zu Gl. (18.91) ist im Integranden die Beziehung

$$\frac{\partial\ln r}{\partial n} = \frac{-(x-\xi)\sin\vartheta + (y-\eta)\cos\vartheta}{(x-\xi)^2 + (y-\eta)^2}\tag{18.93}$$

einzusetzen.

Die Randbedingung fordert das Verschwinden der Normalgeschwindigkeit auf der Profiloberfläche,
also $v_{nP} = 0$. Setzt man dies in Gl. (18.90) ein, so erhält man eine Integralgleichung für die unbekannte Wirbeldichte $\gamma(s)$. Sie läßt sich in der Regel nur numerisch lösen. Hierzu kann man etwa
folgendermaßen vorgehen.

Die Profilkontur wird in N gleiche Intervalle von der Bogenlänge Δs aufgeteilt. In jedem Intervall
wird konstante Wirbeldichte $\gamma = \gamma_j (j = 1, 2, \ldots, N)$ angenommen. Wirbelzentren W_j mit den Koordinaten ξ_j, η_j und Aufpunkte P_i mit den Koordinaten $x_i, y_i (i = 1, 2, \ldots, N)$ werden in die Mitte

der Intervalle gelegt. Die Integrationen in den Gln. (18.90) und (18.92) können dann durch Summationen über die endliche Anzahl von Wirbeln der Stärke $\gamma_j \Delta s$ ersetzt werden. Aus dem Verschwinden der Normalgeschwindigkeit in den N Aufpunkten $P_1, P_2, \ldots, P_N$ folgt

$$\sin \vartheta_i = \frac{\Delta s}{2\pi} \sum_{j=1}^{N} \gamma_j \frac{(x_i - \xi_j) \cos \vartheta_i + (y_i - \eta_j) \sin \vartheta_i}{(x_i - \xi_j)^2 + (y_i - \eta_j)^2} \quad ; \tag{18.94}$$

$$i = 1, 2, \ldots, N \quad .$$

Dies ist ein System von N linearen Gleichungen für die N Unbekannten $\gamma_1, \gamma_2, \ldots, \gamma_N$. Da die Gesamtzirkulation $\Sigma \, \gamma_j \, \Delta s$, wie wir schon wissen, beim ebenen Problem unbestimmt ist, können wir ohne weitere Untersuchungen davon ausgehen, daß das lineare Gleichungssystem (18.94) einfach unbestimmt ist. Eine der N Gleichungen kann daher weggelassen werden.

Um eine eindeutige Lösung zu erhalten, verwenden wir wieder (unter den schon angeführten Vorbehalten!) die Kutta-Joukowski-Bedingung. Ihr zufolge liegt an der Profilhinterkante H (Bild 18.23) ein Staupunkt. Dementsprechend hat man in dem der Hinterkante nächstgelegenen Aufpunkt, sagen wir P_N, nicht nur das Verschwinden der Normalkomponente, sondern auch das Verschwinden der Tangentialkomponente der Geschwindigkeit zu fordern. Mit den Gln. (18.92) und (18.93) ergibt sich die Bedingung

$$\cos \vartheta_N = \frac{1}{2} \gamma_N + \frac{\Delta s}{2\pi} \sum_{j=1}^{N} \gamma_j \frac{-(x_N - \xi_j) \sin \vartheta_N + (y_N - \eta_j) \cos \vartheta_N}{(x_N - \xi_j)^2 + (y_N - \eta_j)^2} \quad . \tag{18.95}$$

Dies ist die Gleichung, die zu den (N − 1) voneinander unabhängigen Gleichungen des Systems (18.94) hinzugefügt werden muß, um ein eindeutig bestimmtes Gleichungssystem für die N Unbekannten $\gamma_1, \ldots, \gamma_N$ zu erhalten. Da die Auflösung linearer Gleichungssysteme zu den Standardprogrammen für jede elektronische Rechenanlage gehört, bereitet die weitere Rechnung keine Schwierigkeiten. Sind die Wirbeldichten γ_j bestimmt, so ergibt sich die Geschwindigkeit in den Aufpunkten auf der Profilkontur aus der Gl. (18.92), die wieder wie in Gl. (18.95) diskretisiert wird.

Im Rahmen dieses Buches konnte die Methode der Wirbelbelegung auf der Profilkontur nur in ihren Grundzügen dargestellt werden. Für praktische Rechnungen sind verschiedene Modifikationen und Varianten entwickelt worden. Sehr bewährt hat sich ein Verfahren von *Martensen* (1959). Hierzu sei auf den Übersichtsartikel von *Jacob* (1969) und die dortigen Literaturangaben verwiesen. Bemerkenswert ist, daß mit dem Verfahren von Martensen nicht nur reine Potentialströmungen, sondern auch Strömungen mit Ablösungsgebieten behandelt werden konnten; s. *Jacob* (1969) sowie *Geller* (1972).

Während bei ebenen Strömungen (Profilströmungen) hauptsächlich Belegungen der Kontur mit Wirbeln verwendet wurden, haben bei räumlichen Strömungen Quellbelegungen der Oberfläche gewisse Vorzüge. Die Oberfläche kann dann in annähernd rechteckige, ebene Flächenelemente (sogenannte Panels – daher auch der Name Panel-Verfahren) unterteilt werden, wobei die Quelldichte in jedem solchen Element als annähernd konstant angesetzt wird. Gute und vielseitige Erfahrungen wurden auf diesem Weg von *Hess* und *Smith* (1967) gemacht. Daß auch scheinbar so entfernt liegende Probleme wie die Eigenschwingungen einer Flüssigkeit in einem Behälter durch Quellbelegung der Flüssigkeitsoberfläche einer Lösung zugänglich sind, zeigt beispielsweise eine Arbeit von *Siekmann* und *Schilling* (1974).

Bei stationären Strömungen um auftriebserzeugende Körper kommt man mit Quellbelegungen allein nicht aus. Dipol- oder Wirbelbelegungen müssen hinzugefügt werden; siehe z. B. *Körner* (1972) sowie *Kraus* und *Sacher* (1973). Für rotationssymmetrische Rümpfe, Ringprofile, Triebwerkseinläufe und ähnliche Konfigurationen empfiehlt sich die Verwendung von Ringwirbeln (*Geissler* 1972, 1973, *Klein* und *Mathew* 1972).

In der Methode von *Hess* und *Smith* werden Kanten oder Ecken in der Körperoberfläche nicht besonders beachtet. Die Quelldichte wird an solchen Stellen jedoch singulär. *Craggs* u. a. (1973) haben diese Singularitäten eingehend analytisch untersucht und eine Berücksichtigung ihrer Ergebnisse bei numerischen Rechnungen empfohlen.

18.5. Besonderheiten bei hyperbolischen Differentialgleichungen

Bei der Anwendung der Singularitätenmethode auf partielle Differentialgleichungen vom hyperbolischen Typ müssen Besonderheiten beachtet werden. Diese Besonderheiten hängen mit der Existenz von (reellen) Charakteristiken zusammen.

Als ein illustratives Beispiel wollen wir im folgenden die achsensymmetrische Überschallströmung um einen schlanken Rotationskörper behandeln (Bild 18.24).

18.5.1. Berücksichtigung der Abhängigkeitsgebiete

Die Strömung soll durch eine kontinuierliche Quellbelegung der Symmetrieachse (x-Achse) dargestellt werden. Außerhalb des Körpers dürfen sich natürlich keine Quellen befinden; wir gehen deshalb davon aus, daß die x-Achse auf der Strecke $0 \leq x \leq 1$ mit Quellen belegt sei.

Das Störpotential einer im Punkt $(\xi, 0)$ befindlichen Elementarquelle mit der Stärke $q(\xi)\, d\xi$ ist gemäß Gl. (18.32) oder Tabelle 18.2 durch

$$- \frac{q(\xi)\, d\xi}{4\,\pi\,\sqrt{(x-\xi)^2 + (1 - M_\infty^2)\, r^2}}$$

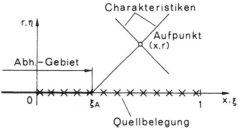

Bild 18.24
Darstellung der Überschallströmung um einen
schlanken Rotationskörper durch Quellbelegung
der Symmetrieachse

gegeben, wobei r den Abstand von der Symmetrieachse bedeutet. Dieses Potential ist, wie schon im Anschluß an Gl. (18.32) gesagt wurde, sowohl für Unterschallströmung ($M_\infty < 1$) als auch für Überschallströmung ($M_\infty > 1$) gültig.

Hätten wir *Unter*schallströmung, so ergäbe sich das Potential der Quellbelegung einfach durch Summation der Beiträge *aller* Quellen, also durch Integration über die *ganze* Belegungsstrecke $0 \leq \xi \leq 1$:

$$M_\infty < 1: \quad \varphi = -\frac{1}{4\pi} \int\limits_0^1 \frac{q(\xi)\, d\xi}{\sqrt{(x-\xi)^2 + (1 - M_\infty^2)\, r^2}} \quad . \tag{18.96}$$

Eine solche Darstellung ist typisch für elliptische Differentialgleichungen (keine reellen Charakteristiken).

Bei *Über*schallströmung sind die Verhältnisse jedoch anders. Transformiert man die linearisierte gasdynamische Gl. (18.31) auf Zylinderkoordinaten, so erhält man für das Störpotential einer achsensymmetrischen Strömung die Differentialgleichung

$$(1 - M_\infty^2)\,\varphi_{xx} + \varphi_{rr} + \frac{1}{r}\,\varphi_r = 0 \quad . \tag{18.97}$$

Was die Glieder mit den höchsten Ableitungen betrifft, unterscheidet sich Gl. (18.97) formal nicht von der entsprechenden Gleichung für ebene Strömungen, von der wir wissen, daß sie für $M_\infty > 1$ vom hyperbolischen Typus ist (vgl. Kapitel 6). Auch Gl. (18.97) ist daher für $M_\infty > 1$ hyperbolisch.

Das Störpotential in einem Aufpunkt (x, r) hängt in diesem Fall nicht von allen Quellen ab, sondern nur von jenen, die innerhalb des Abhängigkeitsgebietes liegen (vgl. Abschnitt 4.2). Nimmt man an, daß das Abhängigkeitsgebiet des Punktes (x, r) auf der Symmetrieachse durch den Punkt $\xi = \xi_A$ mit $0 < \xi_A < 1$ begrenzt wird (Bild 18.24), so folgt für das Störpotential die Darstellung

$$M_\infty > 1: \quad \varphi = -\frac{1}{4\pi} \int_0^{\xi_A} \frac{q(\xi)\,d\xi}{\sqrt{(x - \xi)^2 - (M_\infty^2 - 1)\,r^2}} \quad . \tag{18.98}$$

Der einzige – aber folgenschwere – Unterschied zwischen dem Überschall-Potential und dem entsprechenden Unterschall-Potential liegt also in der oberen Integrationsgrenze. Sie muß im Überschall-Fall noch bestimmt werden. Da die durch den Aufpunkt (x, r) gehende, linkslaufende Charakteristik (Machsche Linie) durch die Gleichung

$$\xi - \beta\eta = x - \beta r \tag{18.99}$$

mit ξ, η als laufenden Koordinaten und mit

$$\beta = \sqrt{M_\infty^2 - 1} \tag{18.100}$$

gegeben ist (vgl. Gl. (6.2)), ergibt sich für den Schnittpunkt mit der x-Achse ($\eta = 0$) die Koordinate

$$\xi_A = x - \beta r \quad . \tag{18.101}$$

Das Potential einer Quellbelegung in Überschallströmung lautet somit

$$\varphi = -\frac{1}{4\pi} \int_0^{x - \beta r} \frac{q(\xi)\,d\xi}{\sqrt{(x - \xi)^2 - \beta^2\,r^2}} \tag{18.102}$$

Die obere Integrationsgrenze ist also im Fall der Überschallströmung keine Konstante, sondern hängt von den Koordinaten des Aufpunktes ab, und zwar derart, daß für jeden Aufpunkt der Integrand gerade an der oberen Grenze singulär wird. Die Körperlänge tritt in Gl. (18.102) gar nicht explizit auf. Sie geht nur dadurch in das Ergebnis ein, daß $q(\xi) \equiv 0$ für $\xi > 1$.

Ähnliches gilt auch für die räumliche Überschallströmung, beispielsweise um einen Tragflügel. Hierbei wird das Abhängigkeitsgebiet von einem Machschen Kegel, dessen Spitze im Aufpunkt liegt, begrenzt, so daß nur über jenen Teil der Quellbelegung in der Flügelebene zu integrieren ist, welcher innerhalb des Machschen Kegels liegt (vgl. z. B. *Zierep* 1976, S. 263 ff.).

Die Veränderlichkeit der Integrationsgrenzen hat weitreichende Folgen. Zunächst ist zweifelhaft, ob Gl. (18.102) überhaupt eine Lösung der linearisierten gasdynamischen Gleichung (18.97) darstellt. Daß die Integration einer Grundlösung über einen Parameter (hier: ξ) wieder eine Lösung der Differentialgleichung ergibt, weiß man nämlich a priori nur bei festen Integrationsgrenzen (die bei der Differentiation keine Rolle spielen). Man wird sich daher durch Einsetzen in die Differentialgleichung davon überzeugen wollen, daß das Potential (18.102) tatsächlich eine Lösung ist. Beim Differenzieren von Gl. (18.102) stößt man jedoch auf eine weitere Schwierigkeit, mit der man sich schon allein deshalb auseinanderzusetzen hat, weil ja auch zur Bestimmung der Geschwindigkeitskomponenten das Potential nach den Koordinaten abgeleitet werden muß.

18.5.2. Schwierigkeiten beim Differenzieren

Um beispielsweise die Geschwindigkeitskomponente in x-Richtung zu bestimmen, müssen wir das Potential (18.102) nach x differenzieren:

$$u - 1 = \varphi_x = -\frac{1}{4\pi} \frac{\partial}{\partial x} \int\limits_0^{x - \beta r} \frac{q(\xi)\,d\xi}{\sqrt{(x - \xi)^2 - \beta^2 r^2}} \quad . \tag{18.103}$$

Die Ableitung nach x bedeutet für das Integral die Ableitung nach einem „Parameter", von dem sowohl der Integrand als auch — und das ist hier wichtig — die obere Integrationsgrenze abhängt. Nach den hier anzuwendenden Regeln (*Bronstein* und *Semendjajew* 1969, S. 349) folgt

$$\frac{\partial}{\partial x} \int\limits_0^{x - \beta r} \frac{q(\xi)\,d\xi}{\sqrt{(x - \xi)^2 - \beta^2 r^2}} = - \int\limits_0^{x - \beta r} \frac{(x - \xi)\,q(\xi)\,d\xi}{[(x - \xi)^2 - \beta^2 r^2]^{3/2}} + \frac{q(x - \beta r)}{\sqrt{[x - (x - \beta r)]^2 - \beta^2 r^2}} \quad .$$

$$\tag{18.104}$$

Wie man sieht, wird der letzte Ausdruck unendlich groß, da ja die Quellstärke q nicht für alle Werte des Argumentes $x - \beta r$ verschwinden kann. Aber auch das Integral auf der rechten Gleichungsseite hat keinen endlichen Wert, denn der Integrand wird an der oberen Grenze in nicht integrabler Weise singulär. (Der Exponent müßte kleiner als 1 sein, damit das uneigentliche Integral existierte.) Auf der rechten Seite von Gl. (18.104) steht also die Differenz von zwei unendlich großen Ausdrücken. Ähnliches passiert bei der Ableitung nach r.

Direktes Differenzieren des Potentials (18.102) nach den Koordinaten führt somit als Folge der variablen Integrationsgrenze zu unbestimmten Ausdrücken. Dieser Schwierigkeit läßt sich in verschiedener Weise begegnen.

1. Das zu differenzierende Integral wird zuerst partiell integriert, und zwar derart, daß der Grad der Singularität im Integranden vermindert wird. Anschließend kann differenziert werden.

2. Durch eine geeignete Substitution können die variablen Integrationsgrenzen in feste Grenzen umgewandelt werden. Differentiation und anschließende Rücktransformation liefert dann das gewünschte Ergebnis.

3. Mit Hilfe der Hadamardschen Theorie des „endlichen Bestandteils divergenter Integrale" (*Sauer* 1958, S. 205–232) können Integrale von dem in Gl. (18.102) dargestellten Typus direkt differenziert werden. Weitere Vereinfachungen der Rechnung bei gleichzeitiger Vertiefung des Verständnisses bringt die Theorie der Distributionen (verallgemeinerten Funktionen) (*Sauer* 1958, S. 232–266).

Die im dritten Punkt genannten Theorien haben für uns den Nachteil, daß sich Nicht-Mathematiker in der Regel erst mühsam mit den theoretischen Grundlagen vertraut machen müssen, ehe sie dieses Werkzeug mit Verständnis und Erfolg anwenden können. Dazu kommt noch, daß bei der Auswertung der mit diesen Theorien gefundenen Integrale sehr oft doch noch auf die partielle Integration zurückgegriffen werden muß. Wir wollen deshalb hier nur die beiden erstgenannten Methoden besprechen, die zwar in der Durchrechnung meist etwas aufwendiger sind, aber mit einfachen und allen Ingenieuren geläufigen Mitteln zum Erfolg führen.

Methode der partiellen Integration. In Gl. (18.102) wird zunächst eine partielle Integration vorgenommen, wobei der singuläre Teil des Integranden (der Wurzelausdruck) integriert und die (reguläre) Belegungsfunktion $q(\xi)$ differenziert wird. Es folgt

$$-4\pi\varphi = q(\xi)\ln[x-\xi-\sqrt{(x-\xi)^2-\beta^2 r^2}]\Big|_{\xi=0}^{x-\beta r} - $$
$$- \int_0^{x-\beta r} q'(\xi)\ln[x-\xi-\sqrt{(x-\xi)^2-\beta^2 r^2}]\,d\xi \quad . \tag{18.105}$$

Damit $q'(\xi)$ auch für $\xi = 0$, also im Anfangspunkt der Belegung, endlich bleibt, muß $q(\xi)$ dort als stetig vorausgesetzt werden. Es muß daher $q(0) = 0$ sein. Wie sich noch zeigen wird, ist diese Bedingung tatsächlich für vorne spitze Körper stets erfüllt. Beachtet man dies beim Einsetzen der Grenzen, so reduziert sich Gl. (18.105) auf

$$-4\pi\varphi = q(x-\beta r)\ln(\beta r) - \int_0^{x-\beta r} q'(\xi)\ln[x-\xi-\sqrt{(x-\xi)^2-\beta^2 r^2}]\,d\xi \quad . \tag{18.106}$$

Nunmehr kann ohne Schwierigkeiten differenziert werden. Man erhält

$$\varphi_x = -\frac{1}{4\pi}\int_0^{x-\beta r}\frac{q'(\xi)\,d\xi}{\sqrt{(x-\xi)^2-\beta^2 r^2}} \quad . \tag{18.107}$$

Der Integrand ist zwar an der oberen Grenze singulär, doch ist diese Singularität integrabel.

In ähnlicher Weise könnte auch die Radialkomponente der Geschwindigkeit, das ist ϕ_r, bestimmt werden. Wir wollen hierzu jedoch lieber die Substitutionsmethode heranziehen, um auch mit dieser Methode vertraut zu werden.

Substitutionsmethode. Führt man in Gl. (18.102) durch

$$\xi = x - \beta r \cosh\zeta \quad , \qquad \zeta = \operatorname{Ar}\cosh\frac{x-\xi}{\beta r} \tag{18.108}$$

eine neue Integrationsvariable ζ ein, so erhält man zunächst

$$\varphi = -\frac{1}{4\pi}\int_0^{\zeta_0} q(x-\beta r\cosh\zeta)\,d\zeta \quad , \qquad \zeta_0 = \operatorname{Ar}\cosh\frac{x}{\beta r} \quad . \tag{18.109}$$

An dieser Darstellung ist bemerkenswert, daß die feste untere Grenze $\zeta = 0$ der variablen oberen Grenze $\xi = x - \beta r$ des ursprünglichen Integrals entspricht, während die variable obere Grenze $\zeta = \zeta_0$ aus der festen unteren Grenze $\xi = 0$ hervorgegangen ist. Da sich vor dem Körper ($\xi < 0$) keine Quellen befinden, kann man annehmen, daß $q(\xi) \equiv 0$ für $\xi < 0$. Der Wert des Integrals in Gl. (18.102) ändert sich daher nicht, wenn wir die Integration statt bei $\xi = 0$ schon bei $\xi = -\infty$ beginnen. Aus Gl. (18.108) folgt $\zeta = +\infty$ für $\xi = -\infty$, so daß wir bei dieser Erweiterung des Integrationsintervalles Gl. (18.109) durch

$$\varphi = -\frac{1}{4\pi}\int_0^\infty q(x-\beta r\cosh\zeta)\,d\zeta \tag{18.110}$$

ersetzen können.

Beide Integrationsgrenzen sind jetzt konstant. Ableitungen nach den Koordinaten x oder r bereiten daher keine Schwierigkeiten mehr. Man rechnet beispielsweise

$$\varphi_r = + \frac{\beta}{4\pi} \int\limits_0^\infty q'(x - \beta r \cosh\zeta) \cosh\zeta \, d\zeta \quad , \tag{18.111}$$

woraus man durch Rücktransformation auf die Integrationsvariable ξ das Ergebnis

$$\varphi_r = \frac{1}{4\pi r} \int\limits_0^{x-\beta r} \frac{(x-\xi)\, q'(\xi)\, d\xi}{\sqrt{(x-\xi)^2 - \beta^2 r^2}} \tag{18.112}$$

findet; dabei wurde als untere Grenze wieder wie ursprünglich $\xi = 0$ statt $\xi = -\infty$ gesetzt.

Auf die gleiche Weise kann man mit jeder der beiden dargestellten Methoden auch die zweiten Ableitungen gewinnen. Durch Einsetzen läßt sich dann leicht verifizieren, daß das Potential (18.102) wie erforderlich eine Lösung der Gl. (18.97) ist.

Ergänzung.

Der Vollständigkeit halber sei noch der Zusammenhang zwischen der Quelldichte (Belegungsfunktion) $q(\xi)$ und der Körperdicke $R(x)$ bzw. der Körperquerschnittsfläche $F(x) = \pi R^2(x)$ angegeben. Man findet ihn aus der Randbedingung

$$\frac{v}{u} = \frac{dR}{dx} \qquad \text{auf } r = R(x) \quad , \tag{18.113}$$

die man für kleine Störungen der Parallelströmung ($u = U_\infty = 1$) in erster Näherung durch

$$v = R'(x) \qquad \text{auf } r = R(x) \tag{18.114}$$

ersetzen kann. Setzt man für $v = \varphi_r$ nach Gl. (18.112) ein, so folgt

$$\frac{1}{4\pi R(x)} \int\limits_0^{x-\beta R(x)} \frac{(x-\xi)\, q'(\xi)\, d\xi}{\sqrt{(x-\xi)^2 - \beta^2 R^2(x)}} = R'(x) \quad . \tag{18.115}$$

Diese Integralgleichung für $q'(\xi)$ läßt sich für schlanke Körper ($R/x \ll 1$) bei nicht zu hohen Machzahlen ($\beta = \sqrt{M_\infty^2 - 1} = O(1)$) entscheidend vereinfachen. Bei Vernachlässigung des Ausdruckes $\beta^2 R^2$ in der Wurzel läßt sich nämlich die Integration sofort ausführen und nach Vernachlässigung des Ausdruckes βR in der oberen Grenze ergibt sich sofort

$$q(x) = 4\pi R(x)\, R'(x) = 2 F'(x) \quad . \tag{18.116}$$

Damit ist die Quelldichte auf die örtliche Änderung der Körperquerschnittsfläche zurückgeführt. Für das Störpotential und die Geschwindigkeitskomponenten erhält man schließlich aus den Gln. (18.102), (18.107) und (18.112) die folgenden Formeln:

$$\varphi = -\frac{1}{2\pi} \int\limits_0^{x-\beta r} \frac{F'(\xi)\, d\xi}{\sqrt{(x-\xi)^2 - \beta^2 r^2}} \quad ; \tag{18.117a}$$

$$u - 1 = -\frac{1}{2\pi} \int\limits_0^{x-\beta r} \frac{F''(\xi)\, d\xi}{\sqrt{(x-\xi)^2 - \beta^2 r^2}} \quad ; \tag{18.117b}$$

$$v = \frac{1}{2\pi r} \int\limits_0^{x-\beta r} \frac{(x-\xi)\, F''(\xi)\, d\xi}{\sqrt{(x-\xi)^2 - \beta^2 r^2}} \quad . \tag{18.117c}$$

18.6. Zusammenfassung des Rechenganges bei der Methode der Singularitätenbelegung

1. Auffinden (oder Nachschlagen) von singulären Grundlösungen (Singularitäten) der Differential-gleichung bzw. des Differentialgleichungssystems

2. Belegung von Linien oder Flächen, vorzugsweise von Berandungen des Strömungsfeldes, mit Singularitäten. Belegung mit quellartigen Singularitäten ergibt Sprung in der Normalgeschwindig-keit, Belegung mit wirbelartigen Singularitäten ergibt Sprung in der Tangentialgeschwindigkeit an der Belegungslinie oder -fläche. Auch Überlagerung von diskret verteilten Singularitäten ist manchmal nützlich.

3. Herleitung von Integralgleichungen für die Belegungsdichten aus den Rand- und Anfangsbedingun-gen.

4. Numerische oder (nach eventueller Vereinfachung) analytische Lösung der Integralgleichungen.

Wichtige Eigenschaft der Singularitätenmethode: Die Bestimmung der abhängigen Variablen im ganzen Raum reduziert sich auf die Bestimmung von Funktionen (Belegungsdichten), die nur auf gewissen Linien oder Flächen gesucht sind.

Übungsaufgaben

1. *Räumliche Quelle.* Man bestimme Potential und Stromfunktion einer kugelsymmetrischen Quelle (Punkt-quelle) in einer inkompressiblen Flüssigkeit.

2. *Umströmung eines rotationssymmetrischen Halbkörpers.* Welcher Halbkörper entsteht durch Überlagerung einer räumlichen Quelle und einer Parallelströmung?

3. *Ebener Dipol.* Das Potential eines ebenen Dipols ist durch Überlagerung von zwei Wirbeln mit gleich großer, aber entgegengesetzter Zirkulation darzustellen.

4. *Äquivalenz von Dipol- und Wirbelbelegung.* Bei der im Text – Gl. (18.28) und Bild 18.15 – behandelten Strömung um ein Parabelprofil mit Auftrieb ist die Wirbelbelegung durch eine äquivalente Dipolbelegung zu ersetzen.

5. *Schräg angeströmtes Rotationsparaboloid.* Wie lautet das Geschwindigkeitspotential für die inkompressible Strömung um ein Rotationsparaboloid, wenn die Anströmgeschwindigkeit mit der Symmetrieachse des Paraboloids einen endlichen Winkel α einschließt? Hinweis: Die Paraboloidachse ist mit Quellen und Dipolen zu belegen, deren Stärke proportional zum Abstand vom Koordinatenursprung anwächst (*Rothmann* 1972).

6. *Instationäre, zylindersymmetrische (ebene) Quelle.* Wie groß ist die Masse, die aus dem Zentrum einer instationären, ebenen Quelle pro Zeiteinheit ausströmt, wenn das Potential der Quelle durch Gl. (18.35) gegeben ist? Welche Bedeutung hat daher $Q(t)$?

7. *Versagen einer Dipolbelegung in Reibungsströmung.* Wenn man die ebene Strömung einer zähen Flüssigkeit an einer endlich langen, ebenen Platte mittels einer Dipolbelegung der Plattenebene berechnen will, führt die Haftbedingung an der Platte zu einer Integralgleichung für die Belegungsfunktion. Warum hat diese Integralgleichung keine Lösung?

8. *Bewegte, ebene Quelle.* Das in Tabelle 18.3 angegebene Potential einer ungleichförmig, aber geradlinig be-wegten Quelle ist für ebene Strömung herzuleiten. (*Hinweis:* Belegung der Bahnkurve $x = \xi(t)$ mit singulären Grundlösungen nach Gl. (18.34).) Anschließend soll auf gleichförmige Bewegung spezialisiert und das Er-gebnis durch Anwendung einer Lorentz-Transformation auf die ruhende Quelle kontrolliert werden.

9. *Kugelsymmetrische Quellpotentiale.* Man leite die Geschwindigkeitspotentiale räumlicher Quellen unter Verwendung der δ-Funktion her, und zwar
   a) für inkompressible Potentialströmung
   b) für kleine Störungen in einem ruhenden, kompressiblen Medium
   Hinweis: Eine im Unendlichen verschwindende Lösung der Poissonschen Differentialgleichung $\Delta\phi = q(x, y, z)$ ist bekanntlich durch

$$\phi = -\frac{1}{4\pi} \iiint\limits_{-\infty}^{+\infty} \frac{q(\xi, \eta, \zeta)}{R} \, d\xi \, d\eta \, d\zeta$$

mit $R^2 = (x - \xi)^2 + (y - \eta)^2 + (z - \zeta)^2$ gegeben; eine entsprechende Lösung der inhomogenen Wellengleichung $\Delta\phi - \phi_{tt} = q(x, y, z, t)$ durch

$$\phi = -\frac{1}{4\pi} \int\limits_{-\infty}^{+\infty}\!\!\!\int\!\!\!\int \frac{q(\xi, \eta, \zeta, t - R)}{R}\, d\xi\, d\eta\, d\zeta \quad .$$

10. *Auf Schraubenlinie bewegte Quelle.* Das in Tabelle 18.3 angegebene Potential einer Quelle, die längs einer Schraubenlinie mit konstanten Winkel–und Achsialgeschwindigkeiten bewegt wird, ist unter Verwendung der δ-Funktion herzuleiten.

Hinweis: Da sich zur Zeit t die Quelle im Punkt

$$x = -Mt \quad , \qquad y = r_0 \cos\omega t \quad , \qquad z = -r_0 \sin\omega t$$

befindet, ist der Quellterm q der Kontinuitätsgleichung (18.60) durch $Q\,\delta(x + Mt)\,\delta(y - r_0\cos\omega t)$ $\delta(z + r_0\sin\omega t)$ gegeben. In Zylinderkoordinaten x, r, χ ist der Quellterm als $Q\,r^{-1}\,\delta(x + Mt)\,\delta(r - r_0)$ $\delta(\chi + \omega t)$ zu schreiben, denn dann ist für das Volumenintegral über die Quelldichte die Beziehung

$$\int\limits_{-\infty}^{+\infty}\int\limits_{-\infty}^{+\infty}\int\limits_{-\infty}^{+\infty} Q\,\delta(x - x_0)\,\delta(y - y_0)\,\delta(z - z_0)\, dx\, dy\, dz =$$

$$= \int\limits_{0}^{2\pi}\int\limits_{0}^{\infty}\int\limits_{-\infty}^{+\infty} Q\,r^{-1}\,\delta(x - x_0)\,\delta(r - r_0)\,\delta(\chi - \chi_0)\, dx\, r\, dr\, d\chi = Q$$

erfüllt. Vgl. auch den Hinweis zu Aufgabe 9.

11. *Gewölbte Platte ohne Kantenumströmung.* Welcher Bedingung muß die Wirbeldichte genügen, damit weder die Hinter- noch die Vorderkante einer unendlich dünnen, gewölbten Platte umströmt werden? Welche Profilkontur ergibt sich speziell, wenn man eine elliptische Verteilung der Wirbeldichte längs der Profilsehne annimmt? Wie hängt die Gesamtzirkulation von den geometrischen Parametern des Profils ab?

12. *Profilumströmung mit Auftrieb.* Wenn man die inkompressible Potentialströmung um ein schlankes (aber endlich dickes), schwach gewölbtes und nur wenig angestelltes Profil durch eine Quell- und Wirbelbelegung der x-Achse (in Anströmrichtung) beschreibt, kann man die Randbedingungen in einen Anteil für die Quellbelegung und in einen davon unabhängigen Anteil für die Wirbelbelegung aufspalten. Welche Linie bestimmt durch ihre Neigung gegen die x-Achse die Wirbeldichte? Welchen Gleichungen müssen Quelldichte bzw. Wirbeldichte genügen?

13. *Absteigemethode.* Eine instationäre, zylindersymmetrische Quelle kann durch Belegung der Zylinderachse (z-Achse) mit kugelsymmetrischen Quellen, deren Stärke von z unabhängig ist, dargestellt werden. Dieses Verfahren heißt Absteigemethode, weil man ausgehend von einer bekannten Lösung im *drei*dimensionalen Raum in den *zwei*dimensionalen („niedrigeren") Raum „absteigt", um dort eine neue Lösung aufzubauen.

Wie lautet das auf diese Weise gefundene Potential der zylindersymmetrischen Quelle? Wie hängt die freie Funktion mit der Quellstärke (ausströmende Menge) zusammen? Man zeige schließlich, daß die mittels der Absteigemethode gewonnene Lösung und die auf andere Weise gefundene Lösung (18.35) äquivalent sind.

19. Anwendung der Funktionentheorie

Zur Entwicklung der klassischen Strömungslehre (Potentialströmungen) haben funktionentheoretische Hilfsmittel, also die Verwendung von komplexen Funktionen komplexer Variabler, ganz wesentlich beigetragen. Umgekehrt lieferten Strömungsprobleme manche Anregung zur Weiterentwicklung der Funktionentheorie, so daß Funktionentheorie und theoretische Strömungslehre jahrzehntelang eng verknüpft waren. Heute allerdings wird zumindest in der Strömungsforschung anderen Methoden größeres Interesse entgegengebracht. Das liegt wohl hauptsächlich daran, daß gegenwärtig – durch technische Anwendungen einerseits und den Einsatz von Computern andererseits bedingt – Probleme im Vordergrund stehen, zu deren Lösung die Funktionentheorie nur wenig beitragen kann; räumliche Probleme, Probleme mit geometrisch komplizierten Berandungen und nichtlineare Probleme sind hier vor allem zu nennen. Die Leistungsfähigkeit der Funktionentheorie beeindruckt aber nach wie vor bei zweidimensionalen (ebenen) Problemen, die von der Laplace-Gleichung oder verwandten Gleichungen beschrieben werden.

19.1. Beschreibung von Strömungsfeldern mit analytischen Funktionen

19.1.1. Komplexes Geschwindigkeitspotential

Für ebene, inkompressible Strömung läßt sich bekanntlich die Kontinuitätsbedingung durch Einführung einer Stromfunktion ψ, die durch

$$u = \frac{\partial \psi}{\partial y} \quad , \qquad v = -\frac{\partial \psi}{\partial x} \tag{19.1}$$

definiert ist, identisch befriedigen; dabei bedeuten x, y kartesische Koordinaten und u, v die Geschwindigkeitskomponenten in x- bzw. y-Richtung. Ist die Strömung noch dazu drehungsfrei, so existiert ein Geschwindigkeitspotential ϕ, für welches

$$u = \frac{\partial \phi}{\partial x} \quad , \qquad v = \frac{\partial \phi}{\partial y} \tag{19.2}$$

gilt.

Die beiden Gln. (19.1) und (19.2) liefern durch Vergleich

$$\frac{\partial \phi}{\partial x} = \frac{\partial \psi}{\partial y} \quad , \qquad \frac{\partial \phi}{\partial y} = -\frac{\partial \psi}{\partial x} \quad , \tag{19.3}$$

das sind die *Cauchy-Riemannschen Gleichungen* für ϕ und ψ. Die Cauchy-Riemannschen Gleichungen sind notwendig und hinreichend dafür, daß ϕ und ψ als Real- bzw. Imaginärteil einer *analytischen Funktion*[1]) f(z) aufgefaßt werden können:

$$f(z) = \phi + i\,\psi \quad , $$
$$z = x + iy = r\,e^{i\Theta} \quad . \tag{19.4}$$

Hierbei wurde neben der algebraischen Schreibweise auch die Exponentialform für die komplexe Variable z verwendet, was auf die Einführung von Polarkoordinaten in der komplexen z-Ebene (x, y-Ebene) hinausläuft; r heißt Modul oder Absolutbetrag der komplexen Zahl z, Θ ist ihr Argument.

Aus den Cauchy-Riemannschen Differentialgleichungen folgt durch Differenzieren, daß ϕ ebenso wie ψ der Laplacegleichung genügt, d. h.

$$\Delta\phi = 0 \quad , \qquad \Delta\psi = 0 \quad . \tag{19.5}$$

Lösungen der Laplace-Gleichung können daher als Real- oder Imaginärteil einer analytischen Funktion gefunden werden. Das hat zunächst einmal den Vorteil, daß man es mit einer Funktion einer einzigen (allerdings komplexen) Variablen zu tun hat; fortgesetzte Differentiationen sowie Umkehrungen der Funktion und ihrer Ableitungen lassen sich in einfacher Weise durchführen. Dazu kommt aber noch, daß mit der Integration in der komplexen Ebene ein sehr leistungsfähiges

---

[1]) Wenn eine Funktion f (z) in allen Punkten eines (beliebig kleinen) Kreises mit dem Mittelpunkt z_0 differenzierbar ist, nennt man sie analytisch im Punkt z_0.

Werkzeug, mit dem wir uns in den beiden nächstfolgenden Abschnitten befassen werden, zur Verfügung steht.

Die durch Gl. (19.4) definierte Funktion $f(z)$ wird *komplexes Geschwindigkeitspotential* genannt. Ihre Ableitung[1]) liefert die Komponenten u und v, den Betrag W und den Neigungswinkel ϑ des Geschwindigkeitsvektors:

$$\frac{df}{dz} = u - iv = W e^{-i\vartheta} \quad ; \tag{19.6a}$$

$$W^2 = \left|\frac{df}{dz}\right|^2 = \frac{df}{dz}\frac{d\bar{f}}{dz} \quad . \tag{19.6b}$$

Dabei ist $\bar{f}$ konjugiert komplex zu f, d. h. $\bar{f} = \phi - i\psi$. Diese Bedeutung des Querstriches über einem Symbol behalten wir in diesem Kapitel bei. Des weiteren kennzeichnen wir mit Re(z) den Realteil, mit Im(z) den Imaginärteil einer komplexen Zahl z.

19.1.2. Einfache Beispiele für komplexe Potentiale

Viele Grundformen von Potentialströmungen lassen sich durch einfache komplexe Geschwindigkeitspotentiale beschreiben. Einige wichtige Beispiele wurden in Tabelle 19.1 zusammengestellt. (Weitere Beispiele findet man etwa bei *Milne-Thomson* (1968).) Bezüglich der physikalischen Deutung dieser Strömungsfelder sei auf das vorangegangene Kapitel über Singularitätenverfahren verwiesen.

Die meisten komplexen Potentiale weisen singuläre Punkte auf, in denen die Funktion nicht analytisch ist. Bei den Beispielen der Tabelle ist dies der Punkt z = 0. Singuläre Punkte können außerhalb des als Strömungsfeld gedeuteten Gebietes liegen, wie bei der Umströmung eines Kreiszylinders, und haben dann physikalisch keine besondere Bedeutung. Sie können aber auch im interessierenden Strömungsfeld oder an seinem Rand liegen, wie bei der Quelle, beim Potentialwirbel und bei der Kantenumströmung für $\pi < \alpha < 2\pi$. In diesen Fällen ist die (potentialtheoretische) Lösung im singulären Punkt und in seiner Nähe ungültig, weil physikalische Annahmen, auf denen die Beschreibung der Strömung als Potentialströmung beruht, verletzt sind.

Tabelle 19.1. Komplexe Geschwindigkeitspotentiale einfacher Strömungen

komplexes Potential $f(z)$	Strömung
$U_\infty z$	Parallelströmung ($u = U_\infty = $ const)
$\frac{Q}{2\pi} \ln z$	Quelle (Ergiebigkeit Q)
$-\frac{i\Gamma}{2\pi} \ln z$	Potentialwirbel (Zirkulation Γ)
$-A e^{ni\alpha} z^{-n}$ $(n = 1, 2, 3, \ldots)$	Multipole (Neigungswinkel der Multipolachse α) (n = 1: Dipol)
$A z^{\pi/\alpha}$	Strömung über eine von ebenen Wänden gebildete Kante mit dem Winkel α
$U_\infty a \left(\frac{z}{a} + \frac{a}{z}\right)$	Zirkulationsfreie Strömung um Kreiszylinder mit Radius a, Anströmgeschwindigkeit U_∞
$U_\infty a \left(\frac{z}{a} + \frac{a}{z}\right) - \frac{i\Gamma}{2\pi} \ln \frac{z}{a}$	Strömung um Kreiszylinder mit Radius a, Anströmgeschwindigkeit U_∞ und Zirkulation Γ.

---

[1]) Differentiationsregel: $\frac{df}{dz} = \frac{\partial}{\partial x}(\phi + i\psi) = -i\frac{\partial}{\partial y}(\phi + i\psi)$.

Einfache analytische Funktionen können in endlicher oder unendlicher Anzahl addiert werden, um neue komplexe Geschwindigkeitspotentiale zu finden. (Singularitätenverfahren in der komplexen Ebene.)

19.1.3. Reibungsströmungen in Stokesscher Näherung

Die Anwendung funktionentheoretischer Methoden ist nicht auf (reibungsfreie) Potentialströmungen beschränkt. Auch gewisse reibungs- und drehungsbehaftete Strömungen lassen sich mit analytischen Funktionen komplexer Variabler darstellen.

Strömungen mit kleinen Reynoldsschen Zahlen („schleichende Strömungen") können oft durch die biharmonische Gleichung (Stokessche Gleichung)

$$\Delta\Delta\psi = 0 \tag{19.7}$$

für die Stromfunktion ψ beschrieben werden. (Man vgl. hierzu Abschnitt 21.6.2.) Um diese Gleichung zu lösen, ist es vorteilhaft, $z = x + iy$ und $\bar{z} = x - iy$ als neue unabhängige Variable zu verwenden. (Dieses Vorgehen ist analog zur Lösung der Wellengleichung mit Hilfe von charakteristischen Koordinaten, vgl. Abschnitt 4.2; $z = $ const und $\bar{z} = $ const sind komplexe Charakteristiken der Laplace-Gleichung $\Delta\psi = 0$ und der biharmonischen Gl. (19.7).) Mit $\Delta = \partial^2/\partial x^2 + \partial^2/\partial y^2 = 4\,\partial^2/\partial z\,\partial\bar{z}$ kann Gl. (19.7) viermal integriert werden, wobei darauf zu achten ist, daß ψ reell zu sein hat. Man erhält (Übungsaufgabe 2) die allgemeinste reelle Lösung von Gl. (19.7) zu

$$\psi = \mathrm{Im}\,[f(z) + \bar{z}\,g(z)] \quad, \tag{19.8}$$

wobei $f(z)$ und $g(z)$ zwei beliebige analytische Funktionen sind.

Für $g(z) \equiv 0$ reduziert sich Gl. (19.8) auf den bei Potentialströmungen verwendeten Zusammenhang zwischen Stromfunktion und komplexem Geschwindigkeitspotential.

Obwohl sich mit Gl. (19.8) *irgendwelche* Lösungen für schleichende Strömungen ebenso leicht angeben lassen wie für Potentialströmungen, macht bei den schleichenden Strömungen das Auffinden *bestimmter* Lösungen wegen der Randbedingungen zusätzliche Schwierigkeiten. Während nämlich bei reibungsfreien Strömungen jede beliebige Stromlinie $\psi = $ const als Wand (Oberfläche eines festen Körpers) gedeutet werden kann, muß bei reibungsbehafteten Strömungen zusätzlich die Haftbedingung erfüllt sein, d.h. die komplexe Geschwindigkeit

$$u - iv = 2i\frac{\partial\psi}{\partial z} = f'(z) + \bar{z}\,g'(z) - \overline{g(z)}. \tag{19.9}$$

muß an der Wand gleich der Wandgeschwindigkeit sein[1]. Das folgende Beispiel (*Imai* 1969) illustriert den Unterschied.

Setzt man

$$f(z) = -z\,g(z) = \frac{z}{2}\,G(z) \quad, \tag{19.10}$$

so ergibt sich aus Gl. (19.8)

$$\psi = y\,\mathrm{Re}\,[G(z)] \quad. \tag{19.11}$$

Für $y = 0$ folgt $\psi = 0$, so daß die Ebene $y = 0$ als Wand gedeutet werden kann, allerdings nur dann, wenn sich auch die Haftbedingung erfüllen läßt. Gl. (19.9) liefert

$$u - iv = \mathrm{Re}\,[G(z)] + iy\,G'(z) \tag{19.12}$$

---

[1] $\overline{g(z)}$ ist konjugiert komplex zu $g(z)$.

und an der Wand

$$y = 0: \quad u = \text{Re}[G(z)] \quad ; \qquad v = 0 \quad . \tag{19.13}$$

Zu jeder Funktion $G(z)$ gehört also eine ganz bestimmte translatorische Bewegung der Wandelemente in ihrer eigenen Ebene, wobei die Geschwindigkeitsverteilung durch Gl. (19.13) festgelegt ist. Wird speziell

$$G(z) = U + i\frac{2U}{\pi}\ln z \tag{19.14}$$

mit U als reeller Konstanten gewählt,
so lautet die Stromfunktion

$$\psi = \frac{2U}{\pi}y\left(\frac{\pi}{2} - \Theta\right) \quad . \tag{19.15}$$

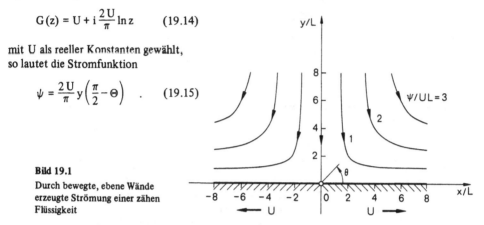

Bild 19.1
Durch bewegte, ebene Wände
erzeugte Strömung einer zähen
Flüssigkeit

Für die Wandgeschwindigkeit erhält man in diesem Fall

$$u = \pm U \qquad \text{für} \quad x \gtrless 0 \quad , \qquad y = 0 \quad . \tag{19.16}$$

Es handelt sich um die in Bild 19.1 dargestellte Strömung, wobei man sich die Wandbewegung, die zur Erzeugung der Strömung notwendig ist, beispielsweise durch entgegengesetzt umlaufende und im Koordinatenursprung einander berührende Bänder realisiert denken kann.

19.2. Rekapitulation wichtiger Sätze über analytische Funktionen

19.2.1. Cauchyscher Integralsatz

Ist eine Funktion $f(z)$ in einem einfach zusammenhängenden Gebiet[1]) überall analytisch, so ist das Integral von $f(z)$ für jeden geschlossenen Integrationsweg innerhalb dieses Gebietes gleich null:

$$\oint f(z)\,dz = 0 \quad . \tag{19.17}$$

Enthält das vom Integrationsweg begrenzte Gebiet jedoch singuläre Punkte, so wird der Wert des Integrals mit dem Residuensatz (s. Abschnitt 19.2.4) berechnet.

Ein mehrfach zusammenhängendes Gebiet kann durch eine geeignete *Trennlinie* oder *Schnittlinie* in ein einfach zusammenhängendes Gebiet umgewandelt werden. Die Schnittlinien dürfen von den Integrationswegen nicht gekreuzt werden (Bild 19.2). Verläuft der Integrationsweg auf beiden Seiten der Schnittlinie, so heben sich die Teilintegrale für Hin- und Rückweg gegenseitig auf.

---

[1]) Ein einfach zusammenhängendes Gebiet ist ein Gebiet, in welchem jede geschlossene Kurve nur Punkte einschließt, die dem Gebiet angehören. Ein Beispiel für ein mehrfach zusammenhängendes Gebiet ist das Gebiet der z-Ebene außerhalb des Einheitskreises (Zylinderumströmung).

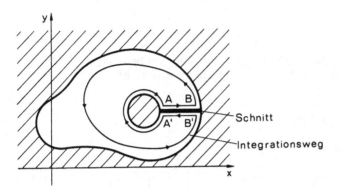

Bild 19.2. Umwandlung eines mehrfach zusammenhängenden Gebietes in ein einfach zusammenhängendes Gebiet. (Die Integrale von A nach B und von B' nach A' heben sich weg.)

Bei mehrdeutigen Funktionen (z. B. $\sqrt[n]{z}$, ln z, arc sin z u. a.) bedient man sich eines *Verzweigungsschnittes*, der ebenfalls nicht gekreuzt werden darf; der Verzweigungsschnitt wird so in die z-Ebene gelegt, daß jeder Zweig der mehrdeutigen Funktion für sich allein genommen eindeutig ist. Beispielsweise hat die Funktion $f = \sqrt{z}$ ($z = r\,e^{i\Theta}$) die beiden Zweige $f_1 = \sqrt{r}\,e^{i\Theta/2}$ und $f_2 = \sqrt{r}\,e^{i(\pi + \Theta/2)} = -\sqrt{r}\,e^{i\Theta/2}$. Als Verzweigungsschnitt kann in diesem Fall die Linie $\Theta = \pi$ (neg. x-Achse) gewählt werden, was darauf hinausläuft, daß Θ nur im Bereich $-\pi < \Theta \leq \pi$ variiert werden darf. Ebenso geeignet als Verzweigungsschnitt wäre $\Theta = 0$ (positive x-Achse, $0 \leq \Theta < 2\pi$) und jede andere Linie, die aus dem Punkt $z = 0$ ins Unendliche läuft. Punkte, in denen Verzweigungsschnitte entspringen oder enden, wie hier im Punkt $z = 0$, heißen *Verzweigungspunkte*. Die Zweige der mehrdeutigen Funktion sind am Verzweigungsschnitt unstetig. Dies hat zur Folge, daß sich die Linienintegrale auf entgegengesetzten Seiten des Verzweigungsschnittes *nicht* wegheben. Ein Verzweigungsschnitt ist daher von einer Schnittlinie zur Umwandlung eines mehrfach zusammenhängenden Bereiches sorgfältig zu unterscheiden.

19.2.2. Cauchysche Integralformel

Ist eine Funktion $f(z)$ in einem einfach zusammenhängenden Gebiet überall analytisch, so läßt sich ihr Wert in einem beliebigen Punkt ζ dieses Gebietes durch die Funktionswerte auf einem geschlossenen, den Punkt ζ einschließenden Weg mit Hilfe der Cauchyschen Integralformel

$$f(\zeta) = \frac{1}{2\pi i} \oint \frac{f(z)}{z - \zeta}\,dz \tag{19.18}$$

berechnen. Dabei ist der Integrationsweg entgegengesetzt zum Uhrzeigersinn zu durchlaufen, was durch den Pfeil im Integralsymbol angedeutet wird.

19.2.3. Laurentsche Reihe, Residuum

Eine Funktion $f(z)$, die in der Umgebung eines Punktes z_0 analytisch ist, läßt sich in die Laurentsche Reihe

$$f(z) = \sum_{n = -\infty}^{+\infty} a_n\,(z - z_0)^n \tag{19.19}$$

entwickeln. Enthält die Reihe (19.19) keine Glieder mit negativen Potenzen ($a_n = 0$ für $n < 0$), so wird die Laurentsche Reihe zu einer Taylorschen Reihe; ist noch dazu $f(z_0) = a_0$, so ist die Funktion $f(z)$ auch im Punkt z_0 analytisch. Enthält die Reihe (19.19) jedoch Glieder mit negativen Potenzen von $(z - z_0)$, so ist der Punkt z_0 ein singulärer Punkt, der als *Pol* bezeichnet wird. In diesem Fall nennt man den Koeffizienten a_{-1} in der Laurententwicklung das *Residuum* der Funktion $f(z)$ im Punkt z_0.

19.2.4. Residuensatz

Ist $f(z)$ in einem von einer geschlossenen Kurve berandeten, einfach zusammenhängenden Gebiet analytisch außer in den endlich vielen Punkten $z_0, z_1, \ldots, z_m$, so ist das über die Berandung erstreckte Integral von $f(z)$ gleich dem Produkt aus $2\pi i$ und der Summe aller eingeschlossenen Residuen:

$$\oint f(z)\, dz = 2\pi i \sum_{k=0}^{m} (a_{-1})_{z_k} \quad . \tag{19.20}$$

19.2.5. Poissonsche Integralformeln

Bei verschiedenen Anwendungen ist die Aufgabe gestellt, eine analytische Funktion so zu bestimmen, daß ihr Real- oder Imaginärteil auf einem Rand vorgegebene Werte annimmt. Wenn das gegebene Gebiet das Innere des Einheitskreises ist, kann man diese Aufgabe mit den Poissonschen Integralformeln (s. z. B. *Milne-Thomson* 1968, S. 298) lösen:

$$f(z) = iB + \frac{1}{2\pi} \int_0^{2\pi} \mathrm{Re}[f(e^{i\Theta})] \frac{1 + z\, e^{-i\Theta}}{1 - z\, e^{-i\Theta}}\, d\Theta \quad ;$$

$$f(z) = A + \frac{i}{2\pi} \int_0^{2\pi} \mathrm{Im}[f(e^{i\Theta})] \frac{1 + z\, e^{-i\Theta}}{1 - z\, e^{-i\Theta}}\, d\Theta \quad ; \tag{19.21}$$

$$A = \mathrm{Re}[f(0)] \quad , \qquad B = \mathrm{Im}[f(0)] \quad .$$

Handelt es sich hingegen um das Gebiet außerhalb des Einheitskreises, so ist in den Integralen der Formeln (19.21) lediglich $z\, e^{-i\Theta}$ durch den reziproken Wert $z^{-1}\, e^{+i\Theta}$ zu ersetzen.

Eine Verallgemeinerung der Poissonschen Integralformel für beliebige Gebiete findet man bei *Meschkowski* (1962), S. 155.

19.3. Anwendungsbeispiele

19.3.1. Vorbemerkung über die Wahl der Integrationswege

Für die praktische Anwendung der Integralsätze und Integralformeln ist es wichtig, die Freiheiten, die man bei der Festlegung des Integrationsweges in der komplexen Ebene hat, möglichst geschickt auszunützen. Hat man etwa ein Integral $I = \int_a^b f(z)\, dz$ einer analytischen Funktion $f(z)$ längs einer bestimmten Kurve auszuwerten, so wird man versuchen, den Integrationsweg bei festgehaltenen Anfangs- und Endpunkten a, b ohne Überstreichung von Singularitäten so zu verschieben, daß das Integral in eine Summe von leichter auswertbaren Teilintegralen zerfällt. Hierfür kommen vor allem die folgenden, in Bild 19.3 dargestellten Möglichkeiten in Frage (teilweise nach *Madelung* 1964):

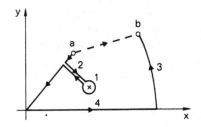

Bild 19.3
Verschiebung des Integrationsweges zur leichteren
Berechnung des Integrals $\int_a^b f(z)\,dz$. (Die Zahlen
an den Kurven verweisen auf die entsprechenden
Punkte im Text.)

1. Geschlossene Wege um Pole: Teilintegral gleich $2\pi i$-fachem Residuum.

2. Hin- und Rückweg auf derselben Kurve: Teilintegrale heben sich gegenseitig auf. (Gilt jedoch nicht entlang von Verzweigungsschnitten!)

3. Wegstücke, auf denen $f(z) = 0$ ist; trifft oft auf Wegstücke im Unendlichen ($|z| \to \infty$) zu.

4. Wegstücke, auf denen das Integral besonders leicht zu berechnen ist oder vielleicht sogar Tabellenwerken über spezielle Funktionen entnommen werden kann; trifft oft auf die Integration längs der reellen oder imaginären Achse zu, vor allem für Integrationen vom Nullpunkt bis ins Unendliche.

Eine weitere Möglichkeit zur Vereinfachung von Integralen stellt die Variablensubstitution dar. Unter Umständen läßt sich dadurch ein geschlossener Integrationsweg erreichen.

Schließlich sei noch auf die näherungsweise Berechnung von Integralen mit der Sattelpunktmethode hingewiesen (*Arfken* 1970, *Madelung* 1964, *Carrier* u. a. 1966). Sie ist dann anwendbar, wenn der Integrand nur in der Nähe eines (oder mehrerer) Punkte wesentliche Beiträge zum gesamten Integral liefert, ansonsten jedoch vernachlässigbar klein ist.

19.3.2. Blasiussche Formeln

Bezeichnet man mit K_x und K_y die x- und y-Komponenten der Kraft, die von einer ebenen stationären Potentialströmung auf einen Zylinder mit geschlossener, ansonsten jedoch beliebiger Kontur ausgeübt wird, so gilt nach Blasius (*Milne-Thomson* 1968):

$$K_x - iK_y = \frac{i\rho}{2} \oint \left(\frac{df}{dz}\right)^2 dz \quad . \tag{19.22}$$

Dabei bedeutet ρ die Dichte der Flüssigkeit, f das komplexe Potential, und das Integral ist über die Kontur des Zylinders zu erstrecken. In ähnlicher Weise ist das Moment um den Koordinatenursprung gegeben durch

$$M_0 = \mathrm{Re}\left[-\frac{\rho}{2} \oint z \left(\frac{df}{dz}\right)^2 dz\right] \quad . \tag{19.23}$$

Als ein Anwendungsbeispiel betrachten wir die Strömung um einen Kreiszylinder mit Zirkulation. Aus dem in Tabelle 19.1 angegebenen komplexen Potential folgt

$$\left(\frac{df}{dz}\right)^2 = \left[U\left(1 - \frac{a^2}{z^2}\right) - \frac{i\Gamma}{2\pi}\cdot\frac{1}{z}\right]^2 \quad . \tag{19.24}$$

Das Residuum von $(df/dz)^2$ ist daher $-iU\Gamma/\pi$, so daß der Residuensatz (19.20) sofort das Ergebnis

$$K_x - iK_y = \frac{i\rho}{2}\left(-\frac{iU\Gamma}{\pi}\right)2\pi i = \rho U\Gamma i \tag{19.25}$$

oder

$$K_x = 0 \quad , \qquad K_y = -\rho \, U \, \Gamma \qquad\qquad (19.26)$$

liefert. Die zweite Gl. (19.26) ist als Satz von Kutta-Joukowski bekannt. Das Residuum von $z \, (df/dz)^2$ ist reell, das Integral von Gl. (19.23) als das $2\,\pi$ i-fache des Residuums ist daher rein imaginär. Hieraus folgt

$$M_0 = 0 \quad . \qquad\qquad (19.27)$$

19.3.3. Potentialströmungen um dünne Profile

Starke Anwendung finden funktionentheoretische Methoden in der Theorie der Tragflügel- und Schaufelprofile. Wir betrachten hier die ebene inkompressible Strömung um unendlich dünne Profile (Platten), die gekrümmt und gegen die Anströmrichtung angestellt sein können („Auftriebsproblem"). Dabei wollen wir wieder kleine Neigungswinkel ϑ und somit kleine Störungen der Parallelströmung $u = U_\infty = 1$, $v = 0$ voraussetzen. Das entsprechende „Verdrängungsproblem", das den Einfluß der Profildicke beschreibt, ist etwas einfacher zu lösen und wird daher als Übungsaufgabe gestellt (Übungsaufgabe 3).

Wie in Abschnitt 18.4 dargelegt, geht es bei dem gestellten Problem darum, Lösungen der Laplace-Gleichung zu finden, die auf der x-Achse auf einer Strecke von der Länge 1 (Profillänge) die Randbedingung

$$v(x, 0) = \vartheta(x) \qquad\qquad (19.28)$$

erfüllen. Außerdem muß die komplexe Geschwindigkeitsstörung $w = (u - 1) - i\,v$ im Unendlichen, d. h. für $x^2 + y^2 \to \infty$, verschwinden.

Um die gesuchte Lösung zu finden, gehen wir von der Cauchyschen Integralformel (19.18) aus, setzen

$$f(z) = w(z) \, h(z) \quad , \qquad\qquad (19.29)$$

wobei $h(z)$ eine noch näher zu beschreibende analytische Hilfsfunktion bedeutet, und wählen den Integrationsweg nach Bild 19.4 (*Ashley* und *Landahl* 1965). Da die tangentiale Geschwindigkeitskomponente u im Auftriebsfall auf der Profiloberseite ($y = 0 +$) andere Werte annimmt als auf der Profilunterseite ($y = 0 -$), ist die komplexe Geschwindigkeitsstörung w auf $y = 0$ für $0 \leq x \leq 1$ unstetig; deshalb wurde in die komplexe x, y-Ebene eine entsprechende Schnittlinie gelegt und der Integrationsweg um diesen, das Profil repräsentierenden Schlitz herumgeführt. Nimmt man an, daß

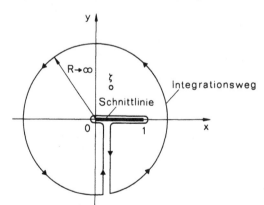

Bild 19.4

Integrationsweg zur Anwendung der Cauchyschen Integralformel auf Profilströmungen die Hilfsfunktion h(z) im Unendlichen beschränkt ist, so verschwindet f(z) im Unendlichen und die Integration über den Kreis mit R → ∞ liefert keinen Beitrag zum Integral. Außerdem heben sich die Integrale über Hin- und Rückweg von der Schnittlinie zum Kreis auf. Nur der um den Schlitz herumführende Teil des Integrationsweges liefert daher einen nicht-verschwindenden Beitrag zum Integral, so daß wir aus der Cauchyschen Integralformel die Darstellung

$$w(\zeta) = \frac{1}{2\pi i h(\zeta)} \int_0^1 \frac{f(x, 0+) - f(x, 0-)}{x - \zeta} \, dx \qquad (19.30)$$

erhalten.

Nun ist zu beachten, daß die im Integranden von Gl. (19.30) auftretende Funktion f nach Gl. (19.29) beide Geschwindigkeitskomponenten u und v enthält, wovon aber lediglich eine, nämlich v, auf y = 0 bekannt ist; vgl. die Randbedingung (19.28). Man weiß jedoch aus Symmetriebetrachtungen, daß für ein unendlich dünnes Profil mit Auftrieb die Störung der Geschwindigkeitskomponente in x-Richtung antisymmetrisch bezüglich y sein muß: u(x, 0+) − 1 = − [u(x, 0−) − 1]. Diesen Umstand kann man ausnützen, um durch geeignete Wahl der Hilfsfunktion h die unbekannte Größe u aus dem Integranden zu eliminieren. Wir fordern daher, daß

$$h(x, 0-) = -h(x, 0+) \qquad \text{für } 0 \leq x \leq 1 \quad , \qquad (19.31)$$

worauf Gl. (19.30) in

$$w(\zeta) = -\frac{1}{\pi h(\zeta)} \int_0^1 \frac{v(x, 0) \, h(x, 0+)}{x - \zeta} \, dx \qquad (19.32)$$

übergeht. Auf der rechten Seite dieser Gleichung ist lediglich die Hilfsfunktion h noch nicht bekannt.

Bei der Festlegung von h(z) hat man immer noch gewisse Freiheiten. Dies hängt damit zusammen, daß die Lösung des gestellten Problems nicht eindeutig ist, wie schon in Anschluß an Gl. (18.85) ausgeführt wurde. Eine Funktion, die den vorher auferlegten Bedingungen genügt, ist beispielsweise

$$h(z) = z^{1/2} (1 - z)^{-1/2} \quad . \qquad (19.33)$$

Diese Funktion hat Verzweigungspunkte in z = 0 und z = 1. Geht man vor der Oberseite der Schnittlinie zur Unterseite, so darf man die Schnittlinie nicht kreuzen, sondern muß um einen der beiden Verzweigungspunkte, sagen wir den Punkt z = 0, herumgehen. Dabei wächst das Argument von z vom Wert null auf den Wert 2π, während das Argument von (1 − z) den Wert null beibehält. Hieraus ergibt sich die gewünschte Vorzeichenänderung von h.

Setzt man Gl. (19.33) in Gl. (19.32) ein, so erhält man schließlich für die komplexe Geschwindigkeit die Integraldarstellung

$$w(\zeta) = -\frac{1}{\pi} \sqrt{\frac{1 - \zeta}{\zeta}} \int_0^1 \frac{v(x, 0)}{x - \zeta} \sqrt{\frac{x}{1 - x}} \, dx \quad . \qquad (19.34)$$

Hiervon ist der Realteil für η = 0+ (mit ζ = ξ + iη) zu nehmen, um die Geschwindigkeitsstörung auf der Profiloberseite zu bekommen. Es folgt

$$u(\xi, 0+) - 1 = -\frac{1}{\pi} \sqrt{\frac{1 - \xi}{\xi}} \oint_0^1 \frac{v(x, 0)}{x - \xi} \sqrt{\frac{x}{1 - x}} \, dx \qquad (19.35)$$

in Übereinstimmung mit der in Gl. (18.87) angegebenen Lösung der Integralgleichung für die Wirbelbelegung. Wir entnehmen daher auch der dort durchgeführten Diskussion, daß wir mit der in Gl. (19.33) getroffenen Wahl die Funktion h(z) derart festgelegt haben, daß die Kutta-Joukowski-Bedingung an der Profilhinterkante erfüllt ist.

19.3.4. Reibungsströmung im Inneren eines Kreiszylinders

Als ein Beispiel für die Anwendung der Poissonschen Formeln betrachten wir die schleichende Strömung (Stokessche Näherung) im Inneren eines Kreiszylinders vom Radius 1 (*Imai* 1969).

Wir gehen aus von der in Gl. (19.8) angegebenen Lösung der Stokesschen Gleichung für die Stromfunktion ψ. Die Randbedingung

$$\psi = 0 \qquad \text{auf } z\bar{z} = 1 \tag{19.36}$$

ist erfüllt, wenn

$$g(z) = -z\,f(z) \quad . \tag{19.37}$$

Setzt man zur Vereinfachung der nachfolgenden Rechnungen

$$f(z) = \frac{i}{2}\,F(z) \quad , \tag{19.38}$$

so reduzieren sich die Gln. (19.8) und (19.9) auf

$$\psi = \frac{1}{2}(1 - r^2)\,\mathrm{Re}(F) \quad ;$$

$$u - i\,v = \frac{i}{2}(1 - r^2)\,F'(z) - i\,\bar{z}\,\mathrm{Re}(F) \quad . \tag{19.39}$$

Für die Umfangsgeschwindigkeit U auf dem Zylinder (Wandgeschwindigkeit) erhält man hieraus

$$U = \mathrm{Re}(F) \qquad \text{auf } z\,\bar{z} = 1 \quad . \tag{19.40}$$

Ist $U = U(\Theta)$ gegeben, so kann mit der ersten der Poissonschen Formeln (19.21) die Funktion F(z) bestimmt werden. Mit den Gln. (19.39) ist dann das ganze Strömungsfeld bekannt.

Wählt man speziell

$$U(\Theta) = \begin{cases} +V = \mathrm{const} & \text{für } 0 < \Theta < \pi \quad , \\ -V = \mathrm{const} & \text{für } \pi < \Theta < 2\pi \quad , \end{cases} \tag{19.41}$$

so liefert die Poissonsche Formel nach Ausführung der Integrationen

$$F(z) = \frac{2V}{i\pi}\ln\frac{1+z}{1-z} \qquad (|z| < 1) \quad , \tag{19.42}$$

wobei eine willkürliche additive Konstante weggelassen wurde. Für die Geschwindigkeit auf der x-Achse ergibt sich hieraus

$$u = \frac{2}{\pi}V \quad , \qquad v = 0 \qquad \text{auf } y = 0 \quad , \tag{19.43}$$

also ein konstanter, zur Umfangsgeschwindigkeit proportionaler Wert. Das in Bild 19.5 dargestellte Strömungsfeld kann als symmetrisches Rezirkulationsgebiet gedeutet werden.

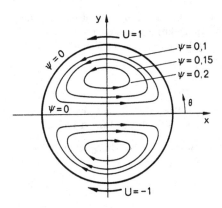

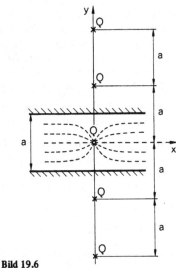

Bild 19.5

Stromlinien in einem symmetrischen Rezirkulationsgebiet bei schleichender Strömung und
kreisförmiger Begrenzung

Bild 19.6

Quelle zwischen zwei parallelen Ebenen und
„Spiegelbilder" der Quelle

19.4. Spiegelungsmethode und Kreistheorem

In zwei früheren Übungsaufgaben (Kapitel 4, Aufgabe 5; Kapitel 18, Aufgabe 14) war schon darauf
hingewiesen worden, daß man in gewissen Fällen die Randbedingungen an ebenen Wänden durch
geeignete Spiegelung des Strömungsfeldes elegant und mühelos erfüllen kann. Wir wollen hier nun
dieses Verfahren auch in komplexer Schreibweise an einem Beispiel erläutern und darüber hinaus
ein bemerkenswertes Theorem angeben.

Gesucht sei die ebene Potentialströmung, die zwischen zwei ebenen, parallelen und unendlich ausgedehnten Wänden entsteht, wenn sich zwischen den beiden Wänden, und zwar in gleichem Abstand
$a/2$ von ihnen, eine Quelle der Ergiebigkeit Q befindet. Wir legen den Ursprung des Koordinatensystems ($z = 0$) in den Quellpunkt. Wären keine Wände vorhanden, so wäre das komplexe Potential
einfach durch $(Q/2\pi) \ln z$ gegeben (vgl. Tabelle 19.1). Für dieses Potential ist jedoch die Bedingung
tangentialer Strömung an den Wänden, die sich bei $y = \pm a/2$ befinden, nicht erfüllt. Durch Spiegelung der Quelle um die Ebene $y = +a/2$ entsteht eine Quelle im Punkt $z = a\,i$ mit dem komplexen
Potential $(Q/2\pi) \ln(z - a\,i)$. Die Überlagerung beider Quellpotentiale liefert ein Strömungsfeld,
das bezüglich der Wand $y = a/2$ symmetrisch ist. Dadurch wird die Erfüllung der Randbedingung
an dieser Wand erzwungen. Um auch die Randbedingung an der anderen Wand zu erfüllen, müssen
nunmehr beide Quellen um $y = -a/2$ gespiegelt werden. Dadurch entstehen aber neue Quellen,
welche die Strömung an der ersten Wand verändern und dort neuerlich durch Spiegelung kompensiert
werden müssen. Aus der fortgesetzten Spiegelung ergibt sich schließlich die in Bild 19.6 ange-
deutete Reihe von unendlich vielen, äquidistanten Quellen gleicher Ergiebigkeit. Für das Potential
erhält man daher durch Superposition

$$f(z) = \frac{Q}{2\pi} \left[\ln z + \ln(z + a\,i) + \ln(z - a\,i) + \ln(z + 2\,a\,i) + \ln(z - 2\,a\,i) + \dots \right] =$$

$$= \frac{Q}{2\pi} \left[\ln z + \ln\left(1 + \frac{z^2}{a^2}\right) + \ln a^2 + \ln\left(1 + \frac{z^2}{4\,a^2}\right) + \ln 4\,a^2 + \dots \right].$$

Läßt man die für das Potential unwesentlichen additiven Konstanten $\ln a^2$, $\ln 4\, a^2$, usw. fort, so folgt

$$f(z) = \frac{Q}{2\pi} \ln \left[z \prod_{n=1}^{\infty} \left(1 + \frac{z^2}{n^2 a^2} \right) \right] = \frac{Q}{2\pi} \ln \left(\sinh \frac{\pi z}{a} \right) \quad . \tag{19.44}$$

Dabei wurde von der Darstellung der Hyperbelfunktionen durch unendliche Produkte Gebrauch gemacht (*Abramowitz* und *Stegun* 1965) und eine weitere additive Konstante weggelassen. Bild 19.6 vermittelt einen Eindruck von dem zwischen den beiden Wänden gelegenen Teil des Strömungsfeldes.

Die Anwendung der Spiegelungsmethode ist keineswegs auf ebene Wände beschränkt. Allerdings lassen sich die „Spiegelbilder" bei gekrümmten Wänden meistens nicht rein intuitiv finden. Handelt es sich um den wichtigen Fall einer kreiszylindrischen Wand, so leistet das sogenannte *Kreistheorem* gute Dienste (*Milne-Thomson* 1968). Es besagt folgendes: Wenn das komplexe Potential in einem Strömungsfeld ohne feste Wände durch $f(z)$ gegeben ist und $f(z)$ innerhalb eines Abstandes a vom Koordinatenursprung keine Singularitäten hat, dann ergibt sich das komplexe Potential, nachdem ein Kreiszylinder mit dem Radius a um den Koordinatenursprung hinzugefügt worden ist, zu

$$f_o = f(z) + \bar{f}(a^2/z) \quad . \tag{19.45}$$

Dabei ist $\bar{f}(a^2/z)$ so zu verstehen, daß zunächst die konjugiert Komplexe zu $f(z)$, d. i. $\bar{f}(\bar{z})$, bestimmt wird, um anschließend das Argument $\bar{z}$ durch a^2/z zu ersetzen.

Der Beweis des Kreistheorems ist einfach. Da am Kreis $\bar{z} = a^2/z$ ist, liefert Gl. (19.45) am Kreis rein reelle Funktionswerte für f_o, was nach Gl. (19.4) nichts anderes bedeutet, als daß am Kreis $\psi = 0$ ist, der Kreis somit eine Stromlinie darstellt.

Das einfachste Beispiel ist die Parallelströmung $f(z) = U_\infty z$. Wendet man hierauf das Kreistheorem an, so folgt

$$f_o = U_\infty (z + a^2/z) \tag{19.46}$$

in Übereinstimmung mit dem in Tabelle 19.1 angegebenen komplexen Potential für die zirkulationsfreie Strömung um einen Kreiszylinder.

Als zweites Beispiel betrachten wir einen im Punkt $z = b$ ($b > a$) befindlichen Dipol mit dem Dipolmoment M und dem Achsen-Neigungswinkel α (*Yih* 1961):

$$f(z) = -\frac{M}{z-b} e^{i\alpha} \quad . \tag{19.47}$$

In diesem Fall liefert das Kreistheorem (19.45) zunächst

$$f_o = -\frac{M}{z-b} e^{i\alpha} - \frac{M}{a^2/z - b} e^{-i\alpha} \quad , \tag{19.48}$$

woraus man nach Weglassen der physikalisch bedeutungslosen Konstanten $(M/b)\, e^{-i\alpha}$ das Ergebnis

$$f_o = -\frac{M}{z-b} e^{i\alpha} + \frac{(a^2/b^2)\, M}{z - a^2/b} e^{-i\alpha} \tag{19.49}$$

erhält. Der zweite Summand kann als Spiegelbild des ursprünglichen Dipols gedeutet werden; es liegt im „inversen" Punkt a^2/b, hat das Dipolmoment $(a^2/b^2)\, M$ und seine Achse ist unter dem Winkel $-\alpha$ geneigt.

Das Kreistheorem, das in der eben gegebenen Fassung nur für reibungsfreie Strömungen gilt, ist auch auf Reibungsströmungen (in Stokesscher Näherung) übertragen worden (*Ionescu* 1971).

Ein dreidimensionales Analogon zum Kreistheorem ist als Kugeltheorem bekannt. Es wird aber, wie bei räumlicher Strömung nicht anders zu erwarten, ohne Verwendung komplexer Funktionen formuliert (*Milne-Thomson* 1968).

19.5.   Konforme Abbildung

19.5.1. Allgemeines

In Abschnitt 19.1 wurden einfache Beispiele für komplexe Potentiale angegeben. In der Praxis vorkommende Strömungsformen sind jedoch oft wesentlich komplizierter. Eine nützliche Methode zum Auffinden von komplexen Potentialen, die praktischen Erfordernissen möglichst gut entsprechen, ist die konforme Abbildung. Sie beruht auf der Kettenregel für analytische Funktionen: Wenn $\zeta(z)$ eine analytische Funktion ist, die das Gebiet G_z auf das Gebiet G_ζ abbildet, und wenn $F(\zeta)$ eine analytische Funktion (ein komplexes Potential) im Gebiet G_ζ ist, dann ist $f(z) = F(\zeta(z))$ ebenfalls analytisch (ein komplexes Potential), und zwar im Gebiet G_z. Weiters gilt: Ist $\mathrm{Im}(F)$ auf einer Kurve in der ζ-Ebene konstant, so ist $\mathrm{Im}(f)$ auf dem Bild dieser Kurve in der z-Ebene konstant; Stromlinien gehen daher bei der Abbildung wieder in Stromlinien über. Diese Eigenschaft der Abbildung mittels analytischer Funktionen ist für die Anwendungen von wesentlicher Bedeutung. Hat man nämlich in der z-Ebene auf dem Rand des Gebietes G_z die Randbedingung tangentialer Strömung zu erfüllen, so kann man die z-Ebene derart auf die ζ-Ebene abbilden, daß das Gebiet G_ζ von einem möglichst einfachen Rand, für den sich die Randbedingung leicht erfüllen läßt, begrenzt wird. Gebiete G_ζ, die für diesen Zweck häufig verwendet werden, sind die Halbebene $y > 0$ und das Innere oder Äußere des Einheitskreises.

Wie die Stromlinien bleiben auch die Potentiallinien bei der Abbildung mittels einer analytischen Funktion erhalten. Da Stromlinien und Potentiallinien orthogonal sind, ist eine derartige Abbildung winkeltreu und heißt konforme Abbildung.

Man kann auch das komplexe Potential selbst als konforme Abbildung auffassen, nämlich als Abbildung der Stromlinien und Potentiallinien in der z-Ebene auf eine f-Ebene (ϕ, ψ-Ebene), in der diese Linien als Netz von Geraden – parallel zu den Koordinatenachsen – erscheinen.

Schließlich ist es für die Anwendung der konformen Abbildungen wichtig zu wissen, daß die Zirkulation Γ und der Volumenstrom $\dot{V}$, die durch

$$\Gamma = \oint d\phi \quad , \qquad \dot{V} = \oint d\psi \tag{19.50}$$

gegeben sind, bei der konformen Abbildung erhalten bleiben, wenn über einander entsprechende Kurven integriert wird und sowohl die Abbildungsfunktion als auch das komplexe Potential der Ausgangsströmung im betrachteten Gebiet frei von Singularitäten (z. B. Wirbeln oder Quellen) sind.

19.5.2. Beispiele

Wir erläutern die Methode der konformen Abbildung zuerst am Beispiel der Abbildung

$$z(\zeta) = t + a^2/t \quad , \qquad t = \zeta \, e^{i\alpha} \tag{19.51}$$

mit a und α als reellen Konstanten. Durch diese Funktion wird der Kreis $|\zeta| = a$, für den $\zeta = a \, e^{i\varphi}$ ist, auf $z = 2\,a \cos(\alpha + \varphi)$ abgebildet, und das Gebiet außerhalb des Kreises $|\zeta| = a$ wird auf die längs der reellen Achse von $z = -2a$ bis $z = +2a$ geschlitzte z-Ebene abgebildet (Bild 19.7). Ausgehend vom Potential $F(\zeta)$ für irgendeine Strömung um einen Kreiszylinder mit dem Radius a erhalten wir daher mit $f(z) = F(\zeta(z))$ das Potential einer Strömung über eine ebene Platte der Länge 4 a. Die komplexe Geschwindigkeit ergibt sich zu

$$u - i\,v = f'(z) = F'(\zeta)\,\frac{d\zeta}{dz} \quad . \tag{19.52}$$

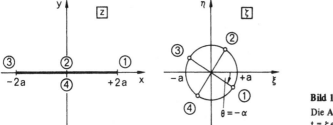

Bild 19.7

Die Abbildung $z(\zeta) = t + a^2/t$,
$t = \zeta e^{i\alpha}$ (a, α reell)

Da $z/\zeta \to e^{i\alpha}$ für $|\zeta| \to \infty$, gilt $f'(z)/F'(\zeta) \to e^{-i\alpha}$ für $|\zeta| \to \infty$, so daß die Geschwindigkeiten im Unendlichen gleichen Betrag haben, sich aber in der Richtung um den Winkel α unterscheiden. Das bedeutet, daß sich für eine Anströmung des Kreiszylinders in x-Richtung aus der konformen Abbildung eine Anströmrichtung ergibt, die gegen die Plattenebene um den Winkel α angestellt ist. Für $\alpha = 0$ wird $t = \zeta$ und $z(\zeta) = \zeta + a^2/\zeta$. Diese Abbildung ist als *Joukowskische Abbildung* bekannt. Die in Gl. (19.51) angeschriebene Modifikation wurde u. a. von *Meyer* (1971) verwendet.

Wegen des Anstelleffektes ist für $\alpha \neq 0$ ein Auftrieb der Platte zu erwarten. Wir wählen daher für das Ausgangspotential eine Kreiszylinder-Umströmung mit Zirkulation (Tabelle 19.1):

$$F(\zeta) = U_\infty (\zeta + a^2/\zeta) - \frac{i\Gamma}{2\pi} \ln \zeta \quad . \tag{19.53}$$

Die Zirkulation Γ wird aus der Kutta-Joukowskischen Bedingung (endliche Geschwindigkeit an der Hinterkante) bestimmt. Da an der Hinterkante ($z = 2a$, $\zeta = a e^{-i\alpha}$) $d\zeta/dz \to \infty$ geht, muß nach Gl. (19.52) $F'(\zeta)$ dort verschwinden, um endliches $f'(z)$ zu ermöglichen. Hieraus folgt $\Gamma = -4\pi U_\infty a \sin\alpha$ und das Ergebnis

$$u - iv = f'(z) = U_\infty e^{-i\alpha}(t + a e^{2i\alpha})(t + a)^{-1} \tag{19.54}$$

zeigt, daß das Verschwinden von $F'(\zeta)$ an der Stelle $\zeta = a e^{-i\alpha}$ nicht nur notwendig, sondern auch hinreichend für die Erfüllung der Kutta-Joukowskischen Bedingung ist.

Indem man den Radius des Kreiszylinders größer als a wählt und seine Achse aus dem Koordinatenursprung herausschiebt, kann man mittels der Joukowskischen Abbildung auch endlich dicke und gewölbte Profile gewinnen (Übungsaufgabe 7).

Wir wenden uns nun konformen Abbildungen zu, bei denen die Mehrdeutigkeit gewisser analytischer Funktionen ausgenützt wird. Als ein typisches Beispiel sei die Abbildung

$$z = \frac{a}{2\pi} \ln \zeta \qquad \text{(a reell, a} > 0) \tag{19.55}$$

betrachtet. Mit $z = x + iy$ und $\zeta = |\zeta| e^{i(\varphi + 2n\pi)}$, $n = 0, 1, 2, \ldots$, folgt

$$x = \frac{a}{2\pi} \ln|\zeta| \quad , \qquad y = a\left(\frac{\varphi}{2\pi} + n\right) \quad . \tag{19.56}$$

Zu jedem Wert von n gehört in der z-Ebene ein parallel zur reellen Achse liegender Streifen von der Breite a, der auf die ganze ζ-Ebene ($0 \leq \varphi < 2\pi$) abgebildet wird. Mit der Abbildung (19.55) läßt sich daher die Strömung durch ein gerades *Flügelgitter* mit der Teilung a auf die Strömung um ein *Einzelprofil* zurückführen (Bild 19.8).

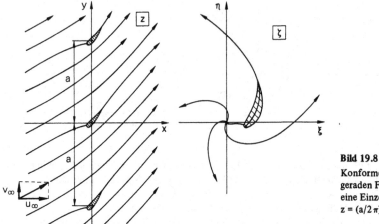

Bild 19.8
Konforme Abbildung eines
geraden Flügelgitters auf
eine Einzelschaufel;
$z = (a/2\pi) \ln \zeta$ (*Betz* 1964).

Die Strömung um das Einzelprofil kann leichter als die Gitterströmung mit der Singularitätenmethode (Wirbelbelegung auf der Schaufelkontur) oder mit einer anderen geeigneten Methode
berechnet werden. Dabei ist aber darauf zu achten, daß einer homogenen und parallelen Anströmung
des Schaufelgitters eine ganz andere Anströmung der Einzelschaufel entspricht. Nehmen wir an,
in der z-Ebene sei die ungestörte Strömung unendlich weit vor dem Gitter ($x \to -\infty$) durch die
Geschwindigkeitskomponenten $u = U_\infty$, $v = V_\infty$ gegeben. Für das komplexe Potential in der z-
Ebene gilt daher die Anströmbedingung

$$\lim_{\mathrm{Re}(z) \to -\infty} f(z) = (U_\infty - i V_\infty) z \quad .$$ (19.57)

Wendet man hierauf die Abbildung (19.55) an und beachtet dabei Gl. (19.56), so folgt für das
komplexe Potential in der ζ-Ebene die Anströmbedingung

$$\lim_{|\zeta| \to 0} F(\zeta) = (U_\infty - i V_\infty) \cdot \frac{a}{2\pi} \ln \zeta \quad .$$ (19.58)

Auf der rechten Seite dieser Gleichung erkennt man die komplexen Potentiale einer Quelle mit der
Ergiebigkeit $Q = a U_\infty$ und eines Wirbels mit der Zirkulation $\Gamma = a V_\infty$. Der parallelen Anströmung
aus dem Unendlichen in der z-Ebene entspricht daher in der ζ-Ebene eine spiralförmige, durch
Überlagerung von Quelle und Wirbel gegebene Anströmung aus dem Koordinatenursprung heraus.

Der Abströmzustand, der sich in der z-Ebene für $x \to +\infty$, in der ζ-Ebene für $|\zeta| \to \infty$ einstellt,
ergibt sich wie beim ersten Beispiel unter Verwendung der Kutta-Joukowskischen Bedingung an
den Hinterkanten der Gitterschaufeln.

In ähnlicher Weise kann die Mehrdeutigkeit der Funktion $z = \zeta^{1/N}$ dazu verwendet werden, ein
radiales Flügelgitter mit N Schaufeln auf eine Einzelschaufel abzubilden (Übungsaufgabe 8).

Eine andere konforme Abbildung mit sehr interessanten Eigenschaften ist die *Schwarz-Christoffelsche
Abbildung*. Sie bildet das Innere eines Polygons in der z-Ebene auf die obere Halbebene $\zeta > 0$ ab,
wobei dem Polygon selbst die reelle Achse entspricht. Diese Abbildung ist durch die Differentialbeziehung

$$\frac{dz}{d\zeta} = C (\zeta - \zeta_1)^{-\alpha_1/\pi} (\zeta - \zeta_2)^{-\alpha_2/\pi} \dots (\zeta - \zeta_n)^{-\alpha_n/\pi}$$ (19.59)

gegeben. Dabei bedeuten $\zeta_1, \zeta_2, \ldots, \zeta_n$ die (auf der reellen Achse liegenden) Bildpunkte der Polygonecken $z_1, z_2, \ldots, z_n$, und unter $\alpha_1, \alpha_2, \ldots, \alpha_n$ sind die Außenwinkel des Polygons zu verstehen (Bild 19.9). Mit der Schwarz-Christoffelschen Abbildung können u. a. Strömungen über Stufen (Übungsaufgabe 9) und in Kanalverzweigungen behandelt werden; besonders wichtig sind die Anwendungen auf Strömungen mit freier Oberfläche, z. B. beim Ausströmen von Flüssigkeiten aus Öffnungen oder Düsen (Milne-Thomson 1968).

z – Ebene   ζ – Ebene

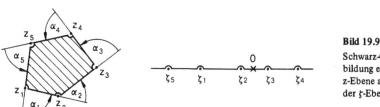

Bild 19.9

Schwarz-Christoffelsche Abbildung eines Polygons in der z-Ebene auf die reelle Achse der ζ-Ebene

Zu den Anwendungsbeispielen sei abschließend darauf hingewiesen, daß die Methoden der konformen Abbildung — wie überhaupt funktionentheoretische Methoden in der Strömungslehre — zwar hauptsächlich für Potentialströmungen entwickelt worden sind, sich jedoch auch zur Untersuchung von manchen Reibungsströmungen eignen. Als Beispiele seien Arbeiten von Segel (1961) und Lyne (1971) genannt.

19.5.3. Auffinden konformer Abbildungsfunktionen

Zum Abschluß der Ausführungen über konforme Abbildungen soll gezeigt werden, wie man durch hydrodynamische Betrachtungen Abbildungsfunktionen finden kann, ohne auf intuitives Raten angewiesen zu sein.

Gesucht sei die analytische Funktion $z = z(\zeta)$, die ein bestimmtes Gebiet G_ζ der ζ-Ebene auf ein ebenfalls gegebenes Gebiet G_z der z-Ebene abbildet. Zur Lösung gehen wir davon aus, daß das komplexe Potential $f(z)$ einer Strömung in G_z und das komplexe Potential $F(\zeta)$ der entsprechenden Strömung in G_ζ bekannt seien. Nun folgt aus $f(z) = f(z(\zeta)) = F(\zeta)$, daß bei bekannten $f(z)$ und $F(\zeta)$ die unbekannte Abbildungsfunktion $z(\zeta)$ aus

$$z(\zeta) = f^{-1}(F(\zeta)) \tag{19.60}$$

bestimmt werden kann, wobei f^{-1} die Umkehrfunktion von f bedeutet.

Damit haben wir das folgende, von Imai (1969) angegebene Rezept zum Auffinden konformer Abbildungsfunktionen begründet: Man betrachte in den Gebieten G_z und G_ζ irgendwelche einfache, einander entsprechende Strömungen, deren komplexe Potentiale $f(z)$ und $F(\zeta)$ sich leicht herleiten lassen, und setze sodann $f(z) = F(\zeta)$. Die Auflösung nach z oder ζ liefert die gesuchte Abbildungsfunktion.

Wir wollen die Vorgangsweise an zwei Beispielen, die ebenfalls von Imai stammen, erläutern. Zuerst sei die Funktion gesucht, die das Innere des Einheitskreises auf die obere Halbebene konform abbildet (Bild 19.10). Die einfachste Strömung innerhalb des Einheitskreises mit dem Einheitskreis selbst als Stromlinie ist der Potentialwirbel mit dem komplexen Potential

$$f(z) = -\frac{i\,\Gamma}{2\,\pi}\ln z \quad . \tag{19.61}$$

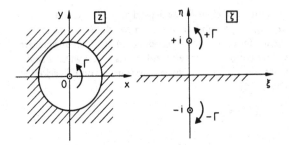

Bild 19.10

Potentialwirbel im Inneren des Einheitskreises der z-Ebene und Erzeugung der entsprechenden Strömung in der oberen ζ-Halbebene durch Spiegelung eines Wirbels

Die einfachste Strömung in der oberen ζ-Halbebene mit der reellen Achse als Stromlinie wäre die homogene Parallelströmung; sie entspricht aber nicht dem Potentialwirbel der z-Ebene, weil die Zirkulation nicht, wie es bei konformer Abbildung sein müßte, erhalten bleibt. Vielmehr entspricht dem Potentialwirbel im Koordinatenursprung der z-Ebene ein gleichsinnig drehender Potentialwirbel, dessen Zentrum in der oberen Hälfte der ζ-Ebene, beispielsweise im Punkt + i, liegt. Um die ξ-Achse, die ja das Bild des Einheitskreises der z-Ebene sein soll, zur Stromlinie zu machen, denken wir uns zusätzlich einen gegensinnig drehenden Potentialwirbel im Punkt − i angebracht (Spiegelungsmethode). Durch Überlagerung erhält man das komplexe Potential

$$F(\zeta) = -\frac{i\,\Gamma}{2\,\pi}\ln\frac{\zeta - i}{\zeta + i} \quad . \tag{19.62}$$

Gleichsetzen von $f(z)$ und $F(\zeta)$ liefert sofort das Ergebnis

$$z = \frac{\zeta - i}{\zeta + i} \quad . \tag{19.63}$$

Man erkennt, daß der Punkt $\zeta = 0$ dem Punkt $z = -1$ entspricht. Wünscht man eine andere Zuordnung der Randpunkte, beispielsweise festgelegt durch $z = -i$ für $\zeta = 0$, so kann man dies durch Hinzufügen einer geeigneten additiven Konstanten zum Potential $F(\zeta)$ erreichen.

Als zweites Beispiel behandeln wir die Abbildung eines Parallelstreifens (Breite 2 a) auf das Innere des Einheitskreises (Bild 19.11). Der Parallelströmung

$$f(z) = U_\infty z \tag{19.64}$$

in der z-Ebene entspricht in der ζ-Ebene das Potential

$$F(\zeta) = \frac{Q}{2\pi}\ln\frac{\zeta + 1}{\zeta - 1} \quad , \tag{19.65}$$

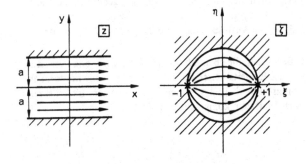

Bild 19.11

Parallelströmung zwischen ebenen Wänden und Erzeugung der entsprechenden Strömung im Inneren des Einheitskreises durch eine Quelle im Punkt $\zeta = -1$ und eine gleichstarke Senke im Punkt $\zeta = +1$

das sich durch Superposition einer Quelle im Punkt $\zeta = -1$ und einer gleich starken Senke im Punkt $\zeta = +1$ ergibt. Aus der Bedingung, daß der Volumenstrom über entsprechende Kurven gleich sein soll, vgl. Gl. (19.50), folgt

$$2\,a\,U_\infty = Q/2 \quad , \tag{19.66}$$

da ja nur die Hälfte der aus der Quelle ausströmenden Masse in den Kreis einströmt.

Mit dieser Beziehung zwischen U_∞ und Q erhalten wir aus $f(z) = F(\zeta)$ die Abbildungsfunktion

$$z = \frac{2\,a}{\pi}\ln\frac{\zeta + 1}{\zeta - 1} \quad . \tag{19.67}$$

Übungsaufgaben

1. *Weitere Beispiele für komplexe Potentiale.* Welche Strömungen werden durch die folgenden Beziehungen für das komplexe Geschwindigkeitspotential $f(z)$ beschrieben?

   a) $f = -C\,e^{-i\,n\,\pi}z^{n+1}$, $\qquad n = \alpha/(\pi - \alpha)$;

   b) $z = C \cosh f$;

   c) $z = C \cos f$.

2. *Lösung der biharmonischen (Stokesschen) Gleichung.* Man leite die Lösung (19.8) der biharmonischen Gleichung $\Delta\Delta\,\psi = 0$ her, und zeige dann, daß die komplexe Geschwindigkeit durch Gl. (19.9) bestimmt ist. Hinweis: Man verwende $i\,\psi$ statt ψ als abhängige Variable (*Milne-Thomson* 1968).

3. *Ebene inkompressible Strömung um symmetrische Profile.* Mit Hilfe der Cauchyschen Integralformel sind die komplexe Geschwindigkeitsstörung $w = (u - 1) - i\,v$ und die Geschwindigkeitskomponenten u, v für die symmetrische (auftriebslose) Potentialströmung um ein Profil endlicher, aber kleiner Dicke zu bestimmen. Welche Darstellung ergibt sich für die Geschwindigkeitskomponenten auf dem Profil? Man vergleiche mit den entsprechenden Ergebnissen der Singularitätenmethode. *Hinweis:* Setze $f(z) = w(z)$.

4. *Selbstantrieb eines Zylinders.* Die Oberfläche eines Kreiszylinders sei mit zwei symmetrisch angeordneten, gegenläufigen Bändern versehen, so daß an der Zylinderoberfläche die Umfangsgeschwindigkeit durch $U = +V$ für $0 < \Theta < \pi$ und $U = -V$ für $\pi < \Theta < 2\pi$ (V = const) gegeben ist. Man bestimme die Stromfunktion für schleichende Strömung und berechne die Geschwindigkeit in sehr großer Entfernung vom Zylinder. Mit welcher Geschwindigkeit bewegt sich der Zylinder, wenn die Flüssigkeit im Unendlichen als ruhend angenommen wird? (*Imai* 1969).

5. *Quelle in der Nähe einer rechtwinkligen Kante.* Gesucht ist das komplexe Potential für die ebene Strömung, die von einer im Koordinatenursprung befindlichen Quelle bei Vorhandensein von zwei ebenen Wänden $x = a$ und $y = b$ erzeugt wird.

6. *Quelle außerhalb eines Kreiszylinders.* Wie lautet das komplexe Potential der ebenen Strömung, die von einer Quelle außerhalb einer kreiszylindrischen Wand erzeugt wird? Welche Deutung lassen die einzelnen Summanden zu? (*Yih* 1961).

7. *Joukowskische Abbildung.* Welche Art von Flügelprofilen erhält man mittels der Joukowskischen Abbildung $z(\zeta) = \zeta + a^2/\zeta$ aus einem Kreis mit dem Radius $R > a$, wenn

   a) der Mittelpunkt in $\zeta = 0$ liegt;

   b) der Mittelpunkt in $\zeta = -b$ (b reell) liegt;

   c) der Kreis durch die Punkte $z = +a$ und $z = -a$ geht;

   d) der Punkt $z = -a$ auf dem Kreis, der Punkt $z = +a$ innerhalb des Kreises und der Mittelpunkt im zweiten Quadranten der ζ-Ebene liegt?

8. *Abbildung eines radialen Schaufelgitters auf eine Einzelschaufel.* Mit einer Potenzfunktion kann ein radiales Flügelgitter auf eine Einzelschaufel abgebildet werden. Man diskutiere die Eigenschaften dieser Abbildung, vor allem in Hinblick auf die An- und Abströmbedingungen und skizziere Einzelschaufeln, die einfachen Schaufelgittern (z.B. ebenen Platten als Schaufeln) entsprechen.

9. *Strömung über eine senkrechte Stufe.* Durch welche Funktion $z(\zeta)$ wird eine senkrechte Stufe in der z-Ebene auf die reelle Achse der ζ-Ebene abgebildet? Wie lautet die komplexe Geschwindigkeit in der z-Ebene in Abhängigkeit von ζ? *Hinweis:* Man verlege z_1 und z_4 ebenso wie ζ_1 und ζ_4 ins Unendliche und setze $\zeta_2 = -1, \zeta_3 = +1$.

10. *Herleitung der Joukowskischen Abbildungsfunktion.* Eine einfache Strömung in der von $z = -1$ bis $z = +1$ längs der reellen Achse geschlitzten z-Ebene ist die Quellströmung. Die entsprechende Strömung für das Gebiet außerhalb des Einheitskreises in der ζ-Ebene kann durch Überlagerung von Quellen in den Punkten $\zeta = \pm i$ und einer Senke im Punkt $\zeta = 0$ erzeugt werden. Man leite hieraus die Joukowskische Abbildungsfunktion her.

Literaturhinweise zu Teil D

Zu den allgemeinen Grundlagen und den Eigenschaften linearer partieller Differentialgleichungen (Kapitel 16) sei wieder auf *Courant* und *Hilbert* (1968) sowie *Sauer* (1958) verwiesen.

Kapitel 17: Zur Separation der Variablen findet man viele Beispiele aus verschiedenen Anwendungsgebieten im Lehrbuch von *Tychonoff* und *Samarski* (1959) und in der zugehörigen Aufgabensammlung von *Budak* u. a. (1964). Zahlreiche Beispiele aus der Strömungslehre gibt *Lamb* (1945), bes. in den Kapiteln IV und V. Die Anwendung der Fourier-Transformation und anderer Integraltransformationen wird u. a. von *Sneddon* (1972) behandelt.

Kapitel 18: Die Singularitätenmethode ist der Gegenstand einer Monographie von *Keune* und *Burg* (1975). Wichtige Anwendungsgebiete sind die Tragflügel-Aerodynamik (*Schlichting* und *Truckenbrodt* 1959/60, *Weissinger* 1963, *Jacob* 1969), die Aerodynamik der Schaufelgitter (*Scholz* 1965) und die Gasdynamik (*Oswatitsch* 1976, 1977, *Zierep* 1976). Ein numerisches Singularitätenverfahren, das auf beliebige Körperformen anwendbar ist, wird ausführlich von *Hess* und *Smith* (1967) beschrieben.

Kapitel 19: Einführungen in die Funktionentheorie findet man in den meisten Lehrbüchern der höheren Mathematik und der mathematischen Physik; einen guten und kurzen Überblick gibt beispielsweise *Arfken* (1970), Kapitel 6 und 7. Eine handbuchartige Zusammenfassung der wichtigsten Begriffe und Sätze (ohne Beweise) gibt *Madelung* (1964), S. 71–85. Von den zahlreichen Monographien über Funktionentheorie sei hier als typischer Vertreter lediglich das Buch von *Carrier*, *Krook* und *Pierson* (1966) genannt. Speziell mit konformen Abbildungen befaßt sich *Betz* (1964). Über Anwendungen der Funktionentheorie in der Strömungslehre (mit zahlreichen Beispielen für komplexe Geschwindigkeitspotentiale und Lösungen einiger Übungsaufgaben zu Kapitel 19) vgl. *Milne-Thomson* (1968), Kapitel IV–XIII und XXII.

Teil E
Störungsmethoden II (Singuläre Störungsprobleme)

Einleitung

Entsprechend den Regeln, die wir im Abschnitt 14.10 dargelegt haben, geht man bei einer Störungsrechnung zunächst von den in dimensionsloser Form geschriebenen Grundgleichungen aus, wobei zum Dimensionslosmachen der abhängigen und unabhängigen Variablen Werte verwendet werden, die für das jeweilige Problem typisch sind. Die asymptotische Entwicklung nach einem als klein angenommenen (dimensionslosen!) Parameter führt dann zu einem System von „Störgleichungen", von denen man hoffen kann, daß sie sich – schrittweise – einfacher lösen lassen als die ursprünglichen Ausgangsgleichungen.

Leider erweisen sich die auf diesem „klassischen" oder „regulärem" Weg erhaltenen Lösungen oft als *nicht gleichmäßig gültig* (vgl. Abschnitt 14.7): Die Lösung – und damit auch die zugrunde liegende asymptotische Entwicklung – versagt insofern, als sie die physikalischen Vorgänge in *gewissen räumlichen oder zeitlichen Bereichen* offensichtlich nicht – oder zumindest nicht richtig – zu beschreiben vermag. Mathematisch kommt ein solches Versagen in der Regel darin zum Ausdruck, daß die bei der asymptotischen Entwicklung a priori getroffenen Annahmen über die Größenordnungsverhältnisse in den kritischen Bereichen nicht zutreffen: Terme zweiter Ordnung werden dort beispielsweise größer als Terme erster Ordnung, oder Ableitungen einer Größe werden sehr groß gegen die Größe selbst usw.

Störungsprobleme, die bei einer klassischen Behandlung zu nicht gleichmäßig gültigen Entwicklungen führen, werden – im Gegensatz zu „regulären" Störungsproblemen – als „singuläre" Störungsprobleme bezeichnet. Aus dieser nicht sehr treffenden aber weitgehend eingebürgerten Bezeichnung darf man jedoch nicht schließen, daß derartige Störungsprobleme nur in mehr oder minder seltenen Ausnahmefällen vorkommen; eher das Gegenteil ist der Fall. Die Fortschritte der theoretischen Strömungslehre in den letzten Jahrzehnten gehen zu einem guten Teil darauf zurück, daß nach den Ursachen für das Versagen klassischer Störungsrechnungen gefragt und Abhilfen gefunden wurden. In anderen Zweigen der Naturwissenschaften, sofern in ihnen nichtlineare Differentialgleichungen eine wesentliche Rolle spielen, liegen die Verhältnisse ähnlich.

Im folgenden sollen drei besonders wichtige Methoden, die zur Behandlung singulärer Störungsprobleme in Frage kommen, vorgestellt werden. Dabei werden wir uns auf das für die jeweilige Methode Wesentliche beschränken; bezüglich eines Überblicks über die zahlreichen Varianten und Modifikationen der hier behandelten Methoden sei auf die Spezialliteratur, z. B. *Nayfeh* (1973) verwiesen.

20. Methode der Koordinatenstörung (Analytisches Charakteristikenverfahren)

20.1. Das Versagen der klassischen Linearisierung bei Wellenausbreitungsvorgängen

Nichtlineare partielle Differentialgleichungen, durch welche Wellenausbreitungsvorgänge beschrieben werden, haben oft die Eigenschaft, daß die nichtlinearen Ausdrücke sehr klein werden, wenn ein gewisser Parameter sehr kleine Werte annimmt („schwache Nichtlinearitäten"). Als ein typisches der Strömungslehre (vgl. z. B. Übungsaufgabe 1), sondern in verschiedensten Gebieten der Physik

Beispiel hierzu behandeln wir die Kompressions- oder Expansionswellen in einem Gas. Nicht nur in und Technik gibt es zahlreiche andere nicht minder wichtige Beispiele, die sich ganz analog behandeln lassen.

Erstes Beispiel: Wellenausbreitung in einem ruhenden Gas. Um ein konkretes Problem vor Augen zu haben, betrachten wir die ebenen Wellen, die in einem gasgefüllten Rohr konstanten Querschnitts von einem bewegten Kolben hervorgerufen werden, wobei wir isentrope Zustandsänderungen im Gas annehmen wollen. Für dieses Problem gibt es zwar eine exakte Lösung der nichtlinearen Grundgleichungen (vgl. z. B. *Oswatitsch* 1976, S. 217 ff.), so daß eine Anwendung von Störungsmethoden hier vielleicht weniger nützlich ist als bei entsprechenden zylinder- oder kugelsymmetrischen Vorgängen; doch kommt es zunächst vor allem darauf an, das Wesentliche der Methode an einem möglichst einfachen Beispiel zu erläutern. Die Übertragung auf zylinder- oder kugelsymmetrische Probleme bereitet keine grundsätzlichen Schwierigkeiten; vgl. die Übungsaufgaben. Mit einigen wichtigen Detailfragen werden wir uns noch auseinandersetzen (Abschnitt 20.6).

Wir gehen aus von der Kontinuitätsgleichung und der Bewegungsgleichung für eindimensionale, instationäre Strömung eines idealen Gases mit konstanten spezifischen Wärmen. Als abhängige Variable verwenden wir die Strömungsgeschwindigkeit $u(t, x)$ und die Schallgeschwindigkeit $c(t, x)$, auf die sich sowohl Druck als auch Dichte wegen der Voraussetzung konstanter Entropie zurückführen lassen. Das Gleichungssystem lautet in diesem Fall (*Oswatitsch* 1976, S. 166):

$$\frac{2}{\kappa - 1}\left(\frac{\partial c}{\partial t} + u\,\frac{\partial c}{\partial x}\right) + c\,\frac{\partial u_1}{\partial x} = 0 \quad ;$$

$$\frac{\partial u}{\partial t} + u\,\frac{\partial u}{\partial x} + \frac{2}{\kappa - 1}\,c\,\frac{\partial c}{\partial x} = 0 \qquad (\kappa = \text{const} > 1) \quad . \tag{20.1}$$

Hinzu kommen die Anfangsbedingung

$$u(0, x) = 0 \quad , \qquad c(0, x) = c_0 = 1 \qquad (\text{für } x > 0) \quad , \tag{20.2a}$$

welche den Ruhezustand zur Zeit $t = 0$ vorschreibt, sowie die Randbedingung

$$u(t, \epsilon h(t)) = \epsilon h'(t) \tag{20.2b}$$

mit

$$h(t) \equiv 0 \qquad \text{für } t \leqq 0 \quad , \tag{20.2c}$$

durch welche die Übereinstimmung von Kolbengeschwindigkeit und Strömungsgeschwindigkeit auf der Kolbenbahn $x = \epsilon h(t)$ zum Ausdruck gebracht wird; h' bedeutet dh/dt. Wir werden später neben der ersten auch die zweite Ableitung von h benötigen. Um die zweimalige Differenzierbarkeit von h auch dann sicherzustellen, wenn die Kolbenbewegung zur Zeit $t = 0$ mit einem Geschwindigkeits- oder Beschleunigungssprung beginnt, müssen wir verallgemeinerte Funktionen (die Heavisidesche Sprungfunktion und ihre Ableitung, die Diracsche δ-Funktion; vgl. Abschnitt 17.4.2) zulassen. Man kann dann mit $h(t)$ formal so rechnen, als ob es sich um eine beliebig oft differenzierbare Funktion handeln würde. Da wir alle Rechnungen mit beliebigem $h(t)$ durchführen werden und erst in den Ergebnissen spezielle Funktionen für $h(t)$ einsetzen wollen, sind hier besondere Kenntnisse über verallgemeinerte Funktionen und ihre Eigenschaften gar nicht notwendig.

Indem die Ruheschallgeschwindigkeit c_0 gleich 1 gesetzt wird, werden die Strömungsgeschwindigkeit u und die Schallgeschwindigkeit c auf die Ruheschallgeschwindigkeit bezogen und können in diesem Sinn als dimensionslose Größen aufgefaßt werden. Die Zeit t denken wir uns mit einer für die Kolbenbewegung charakteristischen Zeit (z. B. der Kolbenperiode) dimensionslos gemacht, die Ortskoordinate x mit dem Produkt aus Ruheschallgeschwindigkeit und charakteristischer Zeit. Der dimensionslose Parameter ϵ charakterisiert dann das Verhältnis von Kolbengeschwindigkeit zu Ruheschallgeschwindigkeit.

Für kleine Werte von ϵ erscheint es sinnvoll, asymptotische Entwicklungen in der Form

$$c = 1 + \epsilon c_1(t, x) + \epsilon^2 c_2(t, x) + \dots \quad ;$$
$$u = \epsilon u_1(t, x) + \epsilon^2 u_2(t, x) + \dots \tag{20.3}$$

anzusetzen. Trägt man diese Ansätze in die Differentialgleichungen (20.1) sowie in die Anfangs- und Randbedingungen (20.2a, b) ein, entwickelt man ferner die Randbedingung (20.2b) an der Stelle $x = 0$, und sammelt man schließlich Ausdrücke mit gleichen Potenzen von ϵ, so findet man

<u>für ϵ^1:</u>

$$\frac{2}{\kappa - 1} \frac{\partial c_1}{\partial t} + \frac{\partial u_1}{\partial x} = 0 \quad , \qquad \frac{2}{\kappa - 1} \frac{\partial c_1}{\partial x} + \frac{\partial u_1}{\partial t} = 0 \quad ; \tag{20.4}$$

$$u_1(0, x) = c_1(0, x) = 0 \qquad \text{(für } x > 0) \quad ; \tag{20.5a}$$
$$u_1(t, 0) = h'(t) \quad ; \tag{20.5b}$$

<u>für ϵ^2:</u>

$$\frac{2}{\kappa - 1} \frac{\partial c_2}{\partial t} + \frac{\partial u_2}{\partial x} = -\frac{2}{\kappa - 1} u_1 \frac{\partial c_1}{\partial x} - c_1 \frac{\partial u_1}{\partial x} \quad ;$$

$$\frac{2}{\kappa - 1} \frac{\partial c_2}{\partial x} + \frac{\partial u_2}{\partial t} = -u_1 \frac{\partial u_1}{\partial x} - \frac{2}{\kappa - 1} c_1 \frac{\partial c_1}{\partial x} \quad ; \tag{20.6}$$

$$u_2(0, x) = c_2(0, x) = 0 \qquad \text{(für } x > 0) \quad ; \tag{20.7a}$$
$$u_2(t, 0) = -h(t) u_{1x}(t, 0) \quad . \tag{20.7b}$$

Zur Lösung dieser linearen Differentialgleichungssysteme könnte man ein Potential einführen. Für das erste Glied in der Entwicklung des Potentials würde sich dann die lineare Wellengleichung ergeben, mit deren Lösungen wir uns schon in Kapitel 4 befaßt haben. Mit Gliedern zweiter Ordnung einschließlich kommt man etwas schneller zum Ziel, wenn man jeweils eine der Abhängigen, sagen wir die Schallgeschwindigkeitsstörungen, durch Differenzieren eliminiert. Für die erste Ordnung ergibt sich als Differentialgleichung wieder die lineare Wellengleichung, nämlich

$$u_{1tt} - u_{1xx} = 0 \quad , \tag{20.8}$$

mit der allgemeinen Lösung

$$u_1 = f_1(\xi) + g_1(\eta) \quad , \tag{20.9}$$
$$\xi = t + x \quad , \qquad \eta = t - x \quad . \tag{20.10}$$

Es sei an dieser Stelle aus den Kapiteln 4 und 5 in Erinnerung gerufen, daß $\xi = $ const und $\eta = $ const (das sind unter $45°$ geneigte Geraden im Weg-Zeit-Diagramm x, t) die Charakteristiken der linearen Wellengleichung darstellen; sie sind identisch mit den Schallwellenfronten im *ungestörten* (ruhenden) Gas, die sich ja mit der Ruheschallgeschwindigkeit $c_0 = 1$ ausbreiten.

Erfüllt man mit den freien Funktionen f_1 und g_1 die Anfangs- und Randbedingungen (20.5a, b), und geht man zur Bestimmung von c_1 zurück in Gl. (20.4), so erhält man schließlich

$$\frac{2}{\kappa - 1} c_1 = u_1 = h'(\eta) \quad . \tag{20.11}$$

Für die zweite Ordnung ergibt sich die inhomogene Wellengleichung

$$u_{2tt} - u_{2xx} = (\kappa + 1) [h'(\eta) h''(\eta)]' \quad . \tag{20.12}$$

Führt man wieder ξ und η als neue unabhängige Variable ein, so geht Gl. (20.12) in die Gleichung

$$u_{2\xi\eta} = \frac{\kappa + 1}{4} [h'(\eta) h''(\eta)]' \qquad (20.13)$$

über. Durch zweimalige Integration erhält man die Lösung

$$u_2 = \frac{\kappa + 1}{4} \xi h'(\eta) h''(\eta) + f_2(\xi) + g_2(\eta) \qquad . \qquad (20.14)$$

Nach Bestimmung der freien Funktionen f_2 und g_2 aus den Anfangs- und Randbedingungen (20.7a, b) wird

$$u_2 = h''(\eta) \left[h(\eta) + \frac{\kappa + 1}{2} x h'(\eta) \right] \qquad , \qquad (20.15)$$

worauf man noch c_2 aus einer der beiden Gln. (20.6) und der zugehörigen Anfangsbedingung (20.7a) gewinnen könnte. Das ist aber gar nicht mehr nötig, denn das Ergebnis für u_2 zeigt bereits deutlich, daß die von uns durchgeführte Störungsrechnung eine wesentliche Schwäche hat. Da der in Gl. (20.15) zuletzt angeschriebene Summand proportional zu x ist, wächst u_2 mit $x \to \infty$ über alle Grenzen, verletzt damit die Voraussetzung, O (1) zu sein, und wird dabei insbesondere sehr groß im Vergleich zu u_1. Wir müssen daraus den Schluß ziehen, daß die klassische Störungsrechnung in sehr großer Entfernung vom Kolben versagt; die zugrunde gelegte asymptotische Entwicklung ist nicht gleichmäßig gültig.

Man hätte auch aus dem Ergebnis erster Ordnung, ohne noch die Lösung zweiter Ordnung zu kennen, bereits das Versagen in großer Entfernung vom Kolben ablesen können. Nach Gl. (20.11) sind nämlich im Weg-Zeit-Diagramm auf den ins Unendliche laufenden Geraden $t - x = \eta =$ const die Zustandsstörungen konstant, was zur Folge hätte, daß auch bei einem in die Ruhelage zurückkehrenden Kolben die Störungen mit zunehmender Zeit und Entfernung vom Kolben nicht abnehmen würden, sondern sich mit gleichbleibender Stärke beliebig lange und beliebig weit ausbreiten könnten. Dieses Ergebnis steht natürlich in Widerspruch, sowohl zu experimentellen Befunden als auch zu strengen Lösungen der vollständigen (nichtlinearen) Grundgleichungen.

Zweites Beispiel: Stationäre Überschallströmung. Mit der instationären Wellenausbreitung in ruhenden Medien nahe verwandt sind die stehenden Wellen in gewissen stationären Strömungen, beispielsweise in Überschallströmungen. Für die ebene Überschallströmung um ein schlankes Profil haben wir die klassische Störungsrechnung bereits in Kapitel 14 durchgeführt. Es ergaben sich die linearen partiellen Differentialgleichungen (14.12) und (14.13) mit den Randbedingungen (14.14), (14.15) und (14.16). Diese Gleichungen sind zu lösen. Die Rechnung verläuft analog zum soeben behandelten Kolbenproblem (Übungsaufgabe 2). Wir begnügen uns deshalb hier mit dem Anschreiben eines Ergebnisses. Für die Geschwindigkeitskomponente in x-Richtung (Anströmrichtung) erhält man durch Ableiten des Potentials nach x die asymptotische Entwicklung

$$u = 1 + \epsilon u_1(x, y) + \epsilon^2 u_2(x, y) + \dots \qquad (20.16)$$

mit

$$\left.\begin{array}{l} u_1 = -h'(\xi)/\sqrt{M_\infty^2 - 1} \quad ; \\[2mm] u_2 = -h(\xi) h''(\xi) - \dfrac{\kappa M_\infty^4 + (M_\infty^2 - 2)^2}{4 (M_\infty^2 - 1)^2} h'^2(\xi) - \dfrac{\kappa + 1}{2} \dfrac{M_\infty^4}{(M_\infty^2 - 1)^{3/2}} h'(\xi) h''(\xi) y \quad ; \\[2mm] \xi = x - y \sqrt{M_\infty^2 - 1} \quad . \end{array}\right\} \quad (20.17)$$

Wegen des zu y proportionalen Ausdruckes in der Gleichung für u_2 ist auch diese asymptotische Entwicklung nicht gleichmäßig gültig; sie versagt für sehr große Entfernungen vom Profil.

Ursache des Versagens. Es ist bemerkenswert, daß die durchgeführte Störungsrechnung gerade in großer Entfernung vom Kolben versagt, obwohl die Voraussetzung kleiner Störungen dort mindestens so gut erfüllt ist wie in der Nähe des Kolbens. Das macht das Versagen der Störungsrechnung zunächst überraschend, liefert aber zugleich auch den Schlüssel zum Verständnis der Ursachen des Versagens. Die Entwicklung nach kleinen Störungen wird ja in Differentialgleichungen durchgeführt; dort behalten die einzelnen Terme auch tatsächlich die vorausgesetzte Größenordnung im ganzen Feld bei, wie unter anderem aus Gl. (20.13) hervorgeht. Der Ausdruck, der auf der rechten Seite von Gl. (20.13) stets $O(1)$ bleibt, geht jedoch bei der *Lösung* der Differentialgleichung durch zweimalige Integration in einen zu ξ proportionalen Ausdruck in Gl. (20.14) über und führt schließlich zu jenem Term in Gl. (20.15), der mit $x \to \infty$ über alle Grenzen wächst. Die Ursache für das Versagen der klassischen Entwicklung ist daher in einem *kumulativen Effekt* zu sehen, der für das starke Anwachsen bei der Integration kleiner Störgrößen über sehr große Strecken verantwortlich ist. Der mit $x \to \infty$ über alle Grenzen anwachsende (,,singulär" werdende) Term wird als *Säkularterm* bezeichnet. Das Auftreten von derartigen Säkulartermen zu verhindern, ist das Ziel der Störungsmethode, mit deren Grundzügen wir uns nun befassen wollen.

20.2. Konzept der Koordinatenstörung

Als ein Ergebnis des vorigen Abschnittes halten wir fest, daß die klassische (,,übliche") Linearisierung der Grundgleichungen für die Wellenausbreitung eine Lösung liefert, die für große Laufzeiten der Welle (bzw. große Entfernung vom Kolben) nicht gültig ist. Diese Lösung ist entstanden aus einer asymptotischen Entwicklung mit dem (die Kolbengeschwindigkeit charakterisierenden) Parameter ϵ als Störparameter und den Koordinaten t, x als unabhängigen Variablen. Die Lösung ist weiters dadurch gekennzeichnet, daß als Charakteristiken die Schallwellenfronten im *ungestörten* Ruhezustand, nämlich die Geraden $t \pm x = \text{const}$, auftreten (Bild 20.1). Dies gilt nicht nur für die erste Ordnung der Entwicklung, sondern auch für die zweite und alle weiteren Ordnungen, weil für die Charakteristiken nur der homogene Teil der Differentialgleichung maßgebend ist, und die Differentialgleichungen für $u_1(t, x)$, $u_2(t, x)$, ... in dieser Hinsicht gleichartig sind; man vergleiche hierzu etwa die Gln. (20.8) und (20.12). Um die derart beschriebene asymptotische Entwicklung

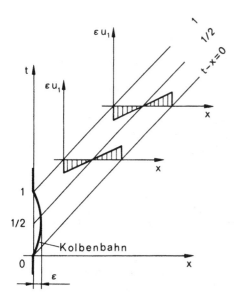

Bild 20.1

Ergebnis der klassischen Linearisierung (,,akustischen Theorie") für die von einem bewegten Kolben hervorgerufene Welle

von den anderen, noch zu besprechenden asymptotischen Entwicklungen unterscheiden zu können, wollen wir sie als *akustische Theorie* bezeichnen. Die Lösungen, welche sich hieraus ergeben, werden dementsprechend „akustische Lösungen" genannt.

Um zu einer Theorie zu kommen, die gegenüber der akustischen Theorie den Vorzug der gleichmäßigen Gültigkeit haben soll, kann man von der Überlegung ausgehen, daß sich die vom Kolben zu einer Zeit $t > 0$ ausgesandte Störung nicht – wie es der akustischen Theorie entsprechen würde – in das ruhende Gas hinein ausbreitet, sondern in ein Gas, dessen Zustand vom vorhergehenden Teil der Welle bereits verändert wurde. Dies führt zwar wegen der Voraussetzung kleiner Störungen nur zu geringfügigen Änderungen der Ausbreitungsgeschwindigkeit der Störungen, nach langer Laufzeit kann sich die kleine Abweichung in der Ausbreitungsgeschwindigkeit jedoch zu einer beträchtlichen Abweichung des Ortes, an dem die Störung angelangt ist, akkumulieren.

Diese Ortsabweichungen bei fester Zeit oder, was dasselbe ist, Zeitabweichungen bei festem Ort, sind natürlich nicht a priori bekannt, sondern hängen von der erst zu bestimmenden Lösung ab. Von *Landau* (s. *Landau* 1965) und *Lighthill* (1949a, b) wurde daher vorgeschlagen, die *physikalischen Koordinaten (Raum- und Zeitkoordinaten) als abhängige Variable aufzufassen und ebenso in eine Reihe zu entwickeln wie die Zustandsgrößen (Strömungsgeschwindigkeit, Schallgeschwindigkeit, Druck usw.)* bei den klassischen asymptotischen Entwicklungen. Das erfordert natürlich die Einführung neuer unabhängiger Variabler, die wir im Fall von nur zwei Koordinaten (eindimensional – instationäre oder zweidimensional – stationäre Strömung) mit ξ und η bezeichnen wollen.

Der Landau-Lighthillschen Vorgangsweise entsprechend, haben wir für unser Beispiel der ebenen Wellenausbreitung die folgenden Störansätze zu machen:

$$c = 1 + \epsilon c_1(\xi, \eta) + \epsilon^2 c_2(\xi, \eta) + \dots \quad ;$$
$$u = \quad \epsilon u_1(\xi, \eta) + \epsilon^2 u_2(\xi, \eta) + \dots \quad ; \qquad \Big\} \ (20.18)$$

$$t = t_0(\xi, \eta) + \epsilon t_1(\xi, \eta) + \epsilon^2 t_2(\xi, \eta) + \dots \quad ;$$
$$x = x_0(\xi, \eta) + \epsilon x_1(\xi, \eta) + \epsilon^2 x_2(\xi, \eta) + \dots \quad . \qquad \Big\} \ (20.19)$$

Die neuen unabhängigen Variablen ξ und η dürfen nicht mit den im Abschnitt 20.1, Gl. (20.10), verwendeten Hilfsvariablen verwechselt werden. Daß aber eine nahe Verwandtschaft besteht, welche die Verwendung derselben Symbole rechtfertigt, wird sich noch zeigen.

Wie die neuen unabhängigen Variablen tatsächlich festzulegen sind, ist bisher noch offen gelassen worden, weil diese Frage etwas längere Ausführungen angebracht erscheinen läßt. Zwei verschiedene Vorgangsweisen haben sich bewährt:

1. Die neuen Variablen ξ und η bleiben zunächst unbestimmt. Sie werden erst im Verlauf der Rechnung derartig festgelegt, daß die Quotienten aufeinanderfolgender Störgrößen $(c_2/c_1, c_3/c_2, \dots; t_2/t_1, t_3/t_2, \dots)$ im ganzen Feld beschränkt bleiben; höhere Näherungen dürfen demnach nicht stärker singulär werden als die erste Näherung. Diese Vorgangsweise kennzeichnet die sogenannte *PLK-Methode*, die nach *Poincaré*, *Lighthill* und *Kuo* benannt wurde (*Tsien* 1956).

Die obige Vorschrift zur Festlegung von ξ und η kann man auch so interpretieren, daß die Säkularterme durch nachträgliche, geeignete Wahl dieser Variablen zum Verschwinden gebracht werden müssen. Es sei jedoch darauf hingewiesen, daß das Verschwinden der Säkularterme nur für die Zustandsgrößen selbst (Geschwindigkeit, Druck usw.) gefordert werden kann, nicht jedoch für das Potential, die Stromfunktion und andere Größen, die durch Integrationen über Zustandsgrößen darzustellen sind.

2. Die Variablen ξ und η werden bereits zu Beginn der Rechnung festgelegt, indem die *Charakteristiken* der Differentialgleichung (bzw. des Systems von Differentialgleichungen), auf die wir die Störungsmethode anwenden wollen, als *unabhängige* Variable eingeführt werden. Die

Abweichungen der tatsächlichen Wellenfronten von den Wellenfronten, die sich im ungestörten Ruhezustand ergeben würden, werden damit von vornherein richtig erfaßt. Diese
Methode kann man als „*analytisches Charakteristikenverfahren*" bezeichnen. Es wurde von
Lin (1954) für ebene Probleme, von *Oswatitsch* (1962b, 1962c) auch für zylinder- und kugelsymmetrische Probleme sowie für Probleme mit mehr als zwei Unabhängigen entwickelt.
Eine Fülle von stationären und instationären Wellenausbreitungsproblemen ist damit einer
analytischen Behandlung zugänglich geworden (*Oswatitsch* 1965a, *Leiter* 1971).

Wegen der Einführung von charakteristischen Koordinaten als unabhängige Variable ist das analytische
Charakteristikenverfahren an die Existenz von Charakteristiken gebunden. Dabei müssen in der Regel
die Charakteristiken reell sein, doch wurde auch schon mit komplexen Charakteristiken erfolgreich
gearbeitet (*Gretler* 1968).

Die PLK-Methode ist von solchen grundsätzlichen Beschränkungen frei. Allerdings stößt man bei
der Anwendung der PLK-Methode auf partielle Differentialgleichungen von parabolischem und
elliptischem Typus – trotz einzelner Erfolge (*Bollheimer* und *Weissinger* 1968) – so oft auf
Schwierigkeiten oder gar falsche Ergebnisse (s. z.B. *Jischke* 1970), daß auch die PLK-Methode un-
eingeschränkt nur für hyperbolische Probleme empfohlen werden kann. Die Forderung der PLK-
Methode nach dem Verschwinden der Säkularterme ist in diesem Fall, zumindest bei Problemen
mit nur 2 Unabhängigen[1]), durch das Einführen von charakteristischen Koordinaten „automatisch"
erfüllt (*Lighthill* 1961), womit eine Verbindung zwischen PLK-Methode und analytischem Charakteristikenverfahren hergestellt ist.

Die Festlegung der unabhängigen Variablen gleich zu Beginn des analytischen Charakteristikenverfahrens hat den Vorteil, daß sich die Durchrechnung einfacher und übersichtlicher als bei der PLK-
Methode gestaltet. Wir werden uns daher im folgenden nur mit dem analytischen Charakteristikenverfahren befassen. Bezüglich ausführlicher Darstellungen der PLK-Methode und ihrer Modifikationen
sei auf die Literatur, z.B. *Nayfeh* (1973), verwiesen.

Zum Abschluß dieses Überblicks sei noch darauf hingewiesen, daß man bei gewissen Wellenausbreitungsvorgängen auch unter Beibehaltung der physikalischen Koordinaten – also ohne „Koordinatenstörung" – zu einer gleichmäßig gültigen Entwicklung kommen kann. Dies wurde von
Zierep und *Heynatz* (1965) mit einer bemerkenswerten Methode gezeigt. Diese Methode scheint
aber nicht so universell anwendbar zu sein wie die PLK-Methode und das analytische Charakteristiken·
verfahren.

20.3.   Durchrechnung am Beispiel der ebenen Wellenausbreitung

20.3.1. Richtungs- und Verträglichkeitsbedingungen als Ausgangsgleichungen

Wir wollen nun das analytische Charakteristikenverfahren auf das Kolbenproblem anwenden, das
wir im Abschnitt 20.1 mit der klassischen Störungsmethode (akustische Theorie) behandelt haben.
Das Problem wird durch die nichtlinearen Grundgleichungen (20.1) mit den Anfangs- und Randbedingungen (20.2a, b) beschrieben. In diesen Gleichungen stehen als unabhängige Variable wie ge-
wöhnlich die Zeit t und die Ortskoordinate x. Wir benötigen jetzt aber Ausgangsgleichungen mit
den charakteristischen Koordinaten ξ und η als Unabhängige.

Transformiert man das Gleichungssystem (20.1) auf neue Koordinaten ξ und η, und fordert man,
wie im Kapitel 5 gezeigt, daß im neuen Koordinatensystem die äußeren Ableitungen unbestimmt

---

[1]) Bezüglich der Verhältnisse bei mehr als 2 Unabhängigen sei auf Abschnitt 20.6 und die dort zitierte Arbeit von
Kluwick verwiesen.

sein sollen – genau dann sind ja die Koordinatenlinien ξ = const und η = const mit den Charakteristiken identisch – so erhält man einerseits die Richtungsbedingungen

$$-\frac{\xi_t}{\xi_x} = \left(\frac{dx}{dt}\right)_{\xi = \text{const}} = u - c \quad ;$$

$$-\frac{\eta_t}{\eta_x} = \left(\frac{dx}{dt}\right)_{\eta = \text{const}} = u + c \quad ,$$
(20.20)

andererseits die Verträglichkeitsbedingungen

$$u_\xi + \frac{2}{\kappa - 1} c_\xi = 0 \quad ; \qquad u_\eta - \frac{2}{\kappa - 1} c_\eta = 0 \quad .$$
(20.21)

In den Verträglichkeitsbedingungen, durch welche die Änderungen der beiden Zustandsgrößen längs der Charakteristiken miteinander verknüpft werden, scheinen bereits die charakteristischen Koordinaten wie erwünscht als unabhängige Variable auf; die Richtungsbedingungen müssen jedoch erst entsprechend umgeformt werden. Hierzu kann man verwenden, daß auf der Charakteristik ξ = const die Differentialbeziehungen dx = x_η dη und dt = t_η dη gelten, auf η = const die analogen Beziehungen dx = x_ξ dξ und dt = t_ξ dξ. Die Richtungsbedingungen (20.20) gehen damit über in die Gleichungen

$$x_\xi = (u + c) t_\xi \quad ; \qquad x_\eta = (u - c) t_\eta \quad .$$
(20.22)

Die Richtungsbedingungen sind übrigens physikalisch leicht zu interpretieren. Sie besagen nichts anderes, als daß sich die Störungen relativ zu dem mit der Strömungsgeschwindigkeit u bewegten Gas mit der Schallgeschwindigkeit c ausbreiten, und zwar je nach dem Vorzeichen vor c in positiver (+) oder negativer (–) x-Richtung.

Mit den partiellen Differentialgleichungssystemen (20.21) und (20.22) stehen die Ausgangsgleichungen in der für das analytische Charakteristikenverfahren geeigneten Form zur Verfügung.

20.3.2. Asymptotische Entwicklung der Richtungs- und Verträglichkeitsbedingungen

Eintragen der Störansätze (20.18) und (20.19) in die Richtungsbedingungen (20.22), und Ordnen nach gleichen Potenzen des Störparameters liefert eine Folge von Gleichungssystemen, von denen wir die ersten zwei anschreiben:

$$x_{0\xi} - t_{0\xi} = 0 \quad ; \qquad x_{0\eta} + t_{0\eta} = 0 \quad .$$
(20.23)

$$x_{1\xi} - t_{1\xi} = (u_1 + c_1) t_{0\xi} \quad ; \qquad x_{1\eta} + t_{1\eta} = (u_1 - c_1) t_{0\eta} \quad .$$
(20.24)

In gleicher Weise werden die Verträglichkeitsbedingungen (20.21) entwickelt. Die ersten zwei Störgleichungssysteme lauten:

$$u_{1\xi} + \frac{2}{\kappa - 1} c_{1\xi} = 0 \quad ; \qquad u_{1\eta} - \frac{2}{\kappa - 1} c_{1\eta} = 0 \quad .$$
(20.25)

$$u_{2\xi} + \frac{2}{\kappa - 1} c_{2\xi} = 0 \quad ; \qquad u_{2\eta} - \frac{2}{\kappa - 1} c_{2\eta} = 0 \quad .$$
(20.26)

Daß sich für die Störgrößen zweiter Ordnung (und offensichtlich auch für alle höheren Ordnungen) dieselben Gleichungssysteme wie in erster Ordnung ergeben, wird hier nicht weiter beachtet werden, weil es sich dabei speziell um eine Eigenheit ebener Wellen handelt, die für die allgemeine Methode bedeutungslos ist.

20.3.3. Lösungsschema

Wie gewohnt sind alle Störgleichungen linear und können schrittweise gelöst werden. Dabei ist allerdings darauf zu achten, daß in den Gleichungen für die Koordinatenstörungen t_1 und x_1 nicht nur die vorher zu bestimmenden t_0 und x_0, sondern auch die Zustandsgrößen u_1 und c_1 vorkommen. Umgekehrt können auch in den Störgleichungen für die Zustandsgrößen die physikalischen Koordinaten vorkommen; das macht sich in unserem Beispiel erst bei den Randbedingungen (s. die spätere Gl. (20.38)) bemerkbar, tritt aber unter anderem bei Zylinder- und Kugelwellen schon in den Differentialgleichungen auf. Bei der schrittweisen Lösung der Störgleichungen muß man daher in der Regel *abwechselnd* Gleichungssysteme für die physikalischen Koordinaten (entstanden aus den Richtungsbedingungen) und Gleichungssysteme für die Zustandsgrößen (entstanden aus den Verträglichkeitsbedingungen) lösen. Der Lösungsweg verläuft somit nach dem in Bild 20.2 durch Pfeile angedeuteten Schema.

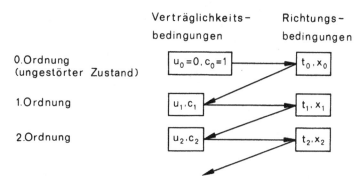

Bild 20.2. Schema der schrittweisen Lösung von Störgleichungen beim analytischen Charakteristikenverfahren

20.3.4. Die ungestörten Koordinaten t_0, x_0

Für das Gleichungssystem (20.23) läßt sich nach Elimination von x_0 bzw. t_0 und zweimaliger Integration die allgemeine Lösung leicht angeben. Sie enthält zwei freie Funktionen $K_0^+(\xi)$ und $K_0^-(\eta)$, und lautet:

$$t_0 = K_0^+(\xi) + K_0^-(\eta) \quad ; \qquad x_0 = K_0^+(\xi) - K_0^-(\eta) \quad . \tag{20.27}$$

Für $\eta = $ const ist dies die Parameterdarstellung von Geraden $x_0 = t_0 + $ const; für $\xi = $ const die Parameterdarstellung von Geraden $x_0 = -t_0 + $ const. Wir erkennen daraus einen wichtigen Zusammenhang: In einem x_0, t_0-Koordinatensystem sind die Charakteristiken, ebenso wie in der akustischen Theorie, Geraden, deren Neigung durch die Ruheschallgeschwindigkeit ($c_0 = 1$) gegeben ist; man vgl. hierzu Bild 20.3, linkes Bild. Daß die Funktionen $K_0^+(\xi)$ und $K_0^-(\eta)$ noch frei wählbar sind, bedeutet, daß man bei der Festlegung des Charakteristikennetzes in der x_0, t_0-Ebene noch gewisse Freiheiten hat. Als spezielle Lösung wird hauptsächlich die lineare Transformation

$$t_0 = \frac{1}{2}(\xi + \eta) \quad , \qquad x_0 = \frac{1}{2}(\xi - \eta) \tag{20.28}$$

verwendet. Die Umkehrung ergibt

$$\xi = t_0 + x_0 \quad , \qquad \eta = t_0 - x_0 \quad . \tag{20.29}$$

Wie ein Vergleich mit Gl. (20.10) zeigt, hängen bei dieser Festlegung die Größen t_0 und x_0 des analytischen Charakteristikenverfahrens von den charakteristischen Koordinaten ξ und η in genau derselben Weise ab, wie die Koordinaten t und x in der akustischen Theorie.

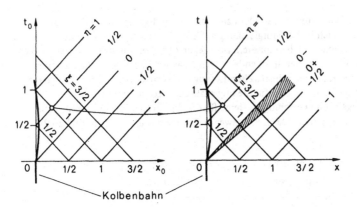

Bild 20.3. Charakteristikenebene und physikalische Ebene (Strömungsebene) mit den Charakteristiken ξ = const und η = const; ϵ = 0,2.

Es sei aber darauf hingewiesen, daß auch die Verwendung anderer spezieller Lösungen für t_0 und x_0 notwendig sein kann. Ein Beispiel wird uns bei der Behandlung der zentrierten Expansionswelle begegnen.

20.3.5. Rand- und Anfangsbedingungen

Die asymptotische Entwicklung der Rand- und Anfangsbedingungen wird erst jetzt vorgenommen, weil uns dabei die bereits vorhandenen Lösungen für t_0 und x_0 nützlich sein können.

Die Randbedingung (20.2b) muß vom physikalischen Koordinatensystem in das charakteristische Koordinatensystem übertragen werden. Das wird dadurch erschwert, daß t und x als Funktionen von ξ und η Teil der gesuchten Lösung sind. Die Gleichung der Kolbenbahn, die im physikalischen Koordinatensystem durch

$$x = \epsilon h(t) \tag{20.30}$$

gegeben ist, ist daher im charakteristischen Koordinatensystem nicht a priori bekannt.

Nun besteht aber zwischen t_0, x_0 einerseits und ξ, η andererseits gemäß Gl. (20.28) oder Gl. (20.29) ein linearer Zusammenhang. Es macht daher keinen Unterschied, ob wir die Größen ξ und η selbst oder deren Linearkombinationen t_0 und x_0 als charakteristische Koordinaten auffassen. Unter diesem Gesichtspunkt kann man für die Kolbenbahn in der Charakteristikenebene in Anlehnung an Gl. (20.30) den Ansatz

$$x_0 = \epsilon h_1(t_0) + \epsilon^2 h_2(t_0) + \ldots \tag{20.31}$$

machen, wobei die Funktionen $h_1, h_2, \ldots$, der jeweiligen Ordnung der Störungsrechnung entsprechend, schrittweise zu bestimmen sind.

Ersetzt man nun in Gl. (20.30) x durch $x_0 + \epsilon x_1(t_0, x_0) + \ldots$, t durch $t_0 + \epsilon t_1(t_0, x_0) + \ldots$, so folgt mit Gl. (20.31):

$$\epsilon h_1(t_0) + \epsilon^2 h_2(t_0) + \ldots + \epsilon x_1(t_0, \epsilon h_1 + \ldots) + \ldots = \epsilon h(t_0 + \epsilon t_1 + \ldots) \quad . \tag{20.32}$$

Unter den üblichen Voraussetzungen über Stetigkeit und Differenzierbarkeit können noch x_1 an der Stelle $x_0 = 0$ und h an der Stelle $t = t_0$ entwickelt werden. Die zu ϵ proportionalen Ausdrücke liefern dann

$$h_1(t_0) + x_1(t_0, 0) = h(t_0) \quad . \tag{20.33}$$

Ähnlich wie bei t_0 und x_0 werden sicherlich auch die allgemeinen Lösungen für t_1 und x_1 gewisse freie Funktionen enthalten, die man zu Vereinfachungen ausnützen kann. Wir können deshalb schon jetzt die Forderung

$$x_1(t_0, 0) = 0 \qquad\qquad (20.34)$$

aufstellen, die besagt, daß bei der Abbildung der Charakteristikenebene (x_0, t_0) auf die physikalische Ebene (x, t) die t_0-Achse $(x_0 = 0)$ in die t-Achse $(x = x_0 + \epsilon x_1 + \dots = 0)$ übergehen soll. Damit reduziert sich Gl. (20.33) auf

$$h_1(t_0) = h(t_0) \quad , \qquad\qquad (20.35)$$

so daß die Gleichungen der Kolbenbahn in der Charakteristikenebene und in der physikalischen Ebene in erster Näherung übereinstimmen.

Nach dieser Vorarbeit kann man die Randbedingung (20.2b) recht schnell auf charakteristische Koordinaten umschreiben. Dabei muß man sich aber davor hüten, u ebenso an der Stelle $t = t_0$ zu entwickeln, wie man dies mit h schon in Gl. (20.32) getan hat und auch hier wieder tun wird. Während nämlich h als Funktion von t gegeben ist, wird u im analytischen Charakteristikenverfahren als Funktion von ξ und η bzw. t_0 und x_0 aufgefaßt. Die Randbedingung lautet daher

$$u(t_0, x_0) = \epsilon h'(t) \qquad \text{auf } x_0 = \epsilon h_1(t_0) + \epsilon^2 h_2(t_0) + \dots \quad , \qquad (20.36)$$

oder

$$\epsilon u_1(t_0, \epsilon h_1 + \dots) + \epsilon^2 u_2(t_0, \epsilon h_1 + \dots) = \epsilon h'(t_0 + \epsilon t_1(t_0, \epsilon h_1 + \dots) + \dots) \quad . \qquad (20.37)$$

Nunmehr können u_1, u_2 und t_1 an der Stelle $x_0 = 0$, sowie h' an der Stelle $t = t_0$ entwickelt werden. Ordnen nach gleichen Potenzen von ϵ liefert schließlich die folgenden Randbedingungen für $u_1(t_0, x_0)$ und $u_2(t_0, x_0)$:

$$u_1(t_0, 0) = h'(t_0) \quad ;$$
$$u_2(t_0, 0) = t_1(t_0, 0)\, h''(t_0) - \left(\frac{\partial u_1}{\partial x_0}\right)_{x_0 = 0} h'(t_0) \quad . \qquad (20.38)$$

Wesentlich einfacher lassen sich die Anfangsbedingungen (20.2a) entwickeln. Da zur Zeit $t = 0$ für $x > 0$ keine Störungen vorhanden sind, also auch $t_1, t_2, \dots$ und $x_1, x_2, \dots$ verschwinden sollen, können wir die Anfangsbedingungen als

$$u_1(0, x_0) = c_1(0, x_0) = 0 \quad ,$$
$$u_2(0, x_0) = c_2(0, x_0) = 0 \qquad (\text{für } x_0 > 0) \qquad\qquad (20.39)$$

schreiben.

20.3.6. Die Zustandsstörungen erster Ordnung

Eliminiert man c_1 aus dem Gleichungssystem (20.25), so ergibt sich

$$\frac{\partial^2 u_1}{\partial \xi \partial \eta} = 0 \quad . \qquad\qquad (20.40a)$$

Die Gleichung können wir mit Gl. (20.27) in

$$\frac{\partial^2 u_1}{\partial t_0^2} - \frac{\partial^2 u_1}{\partial x_0^2} = 0 \qquad\qquad (20.40b)$$

überführen, wenn wir voraussetzen, daß $dK_0^+/d\xi \neq 0$ und $dK_0^-/d\eta \neq 0$, d. h., daß die Funktionaldeterminante

$$\begin{vmatrix} t_{0\xi} & t_{0\eta} \\ x_{0\xi} & x_{0\eta} \end{vmatrix}$$

nicht verschwindet. Das ist bekanntlich eine notwendige und hinreichende Bedingung dafür, daß die Funktionen $t_0(\xi, \eta)$ und $x_0(\xi, \eta)$ voneinander unabhängig sind; oder auch dafür, daß die Abbildung der ξ, η-Ebene auf die x_0, t_0-Ebene eindeutig umkehrbar ist. Diese Voraussetzung ist beispielsweise bei der speziellen Lösung (20.28) erfüllt, nicht jedoch bei der später für die zentrierte Expansionswelle verwendeten speziellen Lösung.

Mit Gl. (20.40b) erhält man hier ebenso wie in der akustischen Theorie, Gl. (20.8), die Wellengleichung, nur mit dem Unterschied, daß jetzt t_0 und x_0 anstelle von t und x als Unabhängige auftreten. Da auch die Rand- und Anfangsbedingungen für $u_1(t_0, x_0)$ in die entsprechenden Gln. (20.5a, b) der akustischen Theorie übergehen, wenn t_0 und x_0 durch t und x substituiert werden, können wir auch die frühere Lösung (20.11) hier direkt übernehmen:

$$\frac{2}{\kappa - 1} c_1 = u_1 = h'(\eta) \quad . \tag{20.41}$$

Als wichtiges Ergebnis dieser Überlegungen halten wir fest:

Wenn man für die ungestörten physikalischen Koordinaten t_0, x_0 die speziellen Lösungen (20.28) oder andere Lösungen, deren Funktionaldeterminante nicht verschwindet, verwendet, so erhält man die Zustandsgrößen in Abhängigkeit von den charakteristischen Koordinaten ξ, η in erster Näherung einfach dadurch, daß man in der akustischen Lösung t durch t_0 und x durch x_0 ersetzt.

Die Gültigkeit dieses Satzes ist keinesweges auf ebene Wellen beschränkt, sondern erstreckt sich in naheliegender Verallgemeinerung auch auf Zylinder- und Kugelwellen, auf Überschallströmungen, und auf Probleme mit mehr als zwei unabhängigen Variablen. Denn bei nicht-verschwindender Funktionaldeterminante können in den Ausgangsgleichungen die Ableitungen nach den physikalischen Koordinaten (t, x, y, ...) stets in erster Näherung durch die Ableitungen nach den entsprechenden ungestörten Koordinaten des analytischen Charakteristikenverfahrens ($t_0, x_0, y_0, ...$) ersetzt werden. Der Satz ist sehr nützlich, weil er es erlaubt, die große Zahl von speziellen Lösungen, die von der akustischen Theorie her bereits bekannt sind, in das analytische Charakteristikenverfahren einfach zu übertragen.

Wenn nun aber die Zustandsstörungen erster Ordnung beim analytischen Charakteristikenverfahren und bei der akustischen Theorie formal übereinstimmen, so kann der für die gleichmäßige Gültigkeit entscheidende Unterschied zwischen den beiden Verfahren nur von den Koordinatenstörungen $t_1, t_2, ..., x_1, x_2 ...$ herrühren. Damit wird eine von *Witham* (1952) aufgestellte Hypothese bestätigt, wonach die akustische Theorie eine gleichmäßig gültige Näherung liefert, wenn in ihr die „ungestörten" Charakteristiken durch die Charakteristiken des gestörten Feldes ersetzt werden.

20.3.7. Die Koordinatenstörungen erster Ordnung

Durch Elimination von t_1 oder x_1 aus den Richtungsbedingungen (20.24) und anschließende zweimalige Integration findet man:

$$\left. \begin{array}{c} 2\,t_1 \\ 2\,x_1 \end{array} \right\} = \int\limits_{\eta_a}^{\eta} (u_1 - c_1)\, t_{0\overline{\eta}}\, d\overline{\eta} \mp \int\limits_{\xi_a}^{\xi} (u_1 + c_1)\, t_{0\overline{\xi}}\, d\overline{\xi} + K_1^+(\xi) \pm K_1^-(\eta) \quad . \tag{20.42}$$

Diese allgemeine Lösung für die Koordinatenstörungen enthält zwei freie Funktionen $K_1^+(\xi)$ und $K_1^-(\eta)$. Die untere Integrationsgrenze η_a darf auch noch von ξ abhängen, ebenso ξ_a von η. Integrationsvariable sind durch Querstriche gekennzeichnet.

Bedingungen, welche die freien Funktionen zwingend festlegen würden, gibt es hier ebensowenig wie bei den ungestörten Koordinaten t_0 und x_0. Vielmehr kann hier dem Wunsch nach Vereinfachung der Rechnung und Übersichtlichkeit der Ergebnisse entsprochen werden. Bei Problemen mit Zentralsymmetrie kann allerdings die richtige Wahl der Integrationsfunktionen und Integrationsgrenzen für das Funktionieren der Methode entscheidend sein (vgl. Abschnitt 20.6).

Bei ebenen Wellen genügt es, die naheliegende Forderung aufzustellen, daß die Charakteristiken des gestörten Feldes bei gleichbleibender Numerierung an die Charakteristiken des ungestörten Feldes anschließen sollen. In der von uns mit Gl. (20.28) gewählten Numerierung stellt die Charakteristik $\eta = 0$ die Grenze zwischen gestörtem und ungestörtem Gebiet dar (vgl. Bild 20.3, linkes Bild), da ja der Kolben gemäß Gl. (20.2c) seine Bewegung zur Zeit $t = 0$ beginnen soll. In der allgemeinen Lösung (20.42) lassen wir daher die Integrationen über linkslaufende Charakteristiken an der unteren Grenze $\eta = 0$ beginnen und setzen $K_1^+(\xi) \equiv 0$. Weiters wollen wir die noch verbleibende freie Funktion $K_1^-(\eta)$ derart bestimmen, daß bei der Abbildung der Charakteristikenebene auf die physikalische Ebene die t_0-Achse ($x_0 = 0$) in die t-Achse ($x = 0$) übergeht. Damit erfüllen wir die schon vorweggenommene Bedingung (20.34) und erhalten aus (20.42)

$$K_1^-(\eta) = \int\limits_0^\eta [(u_1 - c_1)\, t_{0\overline{\eta}}]_{\overline{\xi} = \eta}\, d\overline{\eta} + \int\limits_{\xi_a}^\eta (u_1 + c_1)\, t_{0\overline{\xi}}\, d\overline{\xi} \quad , \qquad (20.43)$$

so daß sich schließlich die folgenden Gleichungen zur Berechnung der Koordinatenstörungen ergeben:

$$\left.\begin{array}{c} 2\,t_1 \\ 2\,x_1 \end{array}\right\} = \int\limits_0^\eta (u_1 - c_1)\, t_{0\overline{\eta}}\, d\overline{\eta} \pm \int\limits_0^\eta [(u_1 - c_1)\, t_{0\overline{\eta}}]_{\overline{\xi} = \eta}\, d\overline{\eta} \mp \int\limits_\eta^\xi (u_1 + c_1)\, t_{0\overline{\xi}}\, d\overline{\xi} \quad . \qquad (20.44)$$

Die Integrationen erstrecken sich über die in Bild 20.4 eingezeichneten Wege, wobei die Koordinaten des Aufpunktes, in dem t_1 und x_1 zu berechnen sind, mit ξ und η bezeichnet wurden, während $\overline{\xi}$ und $\overline{\eta}$ die Integrationsvariablen bedeuten.

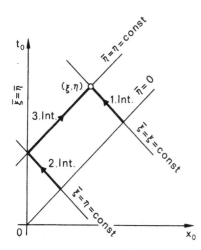

Bild 20.4

Integrationswege für die drei Integrale in Gl. (20.44)
zur Bestimmung der Koordinatenstörungen

Im Fall ebener Wellen lassen sich die Integrale in Gl. (20.44) leicht auswerten. Für die in den Integranden auftretenden Zustandsstörungen haben wir bereits die einfache Lösung (20.41) zur Verfügung, für die ebenfalls benötigten Ableitungen der ungestörten Koordinaten gilt mit der aus der akustischen Theorie übernommenen Charakteristikennumerierung nach Gl. (20.28) $t_{0\xi} = t_{0\eta} = 1/2$. Beachtet man noch beim Einsetzen der Integrationsgrenzen, daß $h(0) = 0$ ist (Kolbenbahn geht durch den Koordinatenursprung), so erhält man

$$t_1 = -\frac{\kappa + 1}{8} (\xi - \eta) \, h'(\eta) + \frac{3 - \kappa}{4} h(\eta) \quad ;$$

$$x_1 = +\frac{\kappa + 1}{8} (\xi - \eta) \, h'(\eta) \quad .$$

(20.45)

20.3.8. Die Zustandsstörungen zweiter Ordnung

Das Versagen der akustischen Theorie in großer Entfernung vom Kolben machte sich durch das Auftreten eines Säkularterms in der zweiten Ordnung bemerkbar. Vom analytischen Charakteristikenverfahren erwarten wir eine gleichmäßig gültige Lösung. Wir bestimmen deshalb die Zustandsstörungen zweiter Ordnung und überprüfen, ob Säkularterme auftreten.

Zunächst findet man aus den Verträglichkeitsbedingungen (20.26) unter Beachtung der Anfangsbedingung (20.39) die Lösung

$$\frac{2}{\kappa - 1} c_2 = u_2 = g_2(\eta) \quad .$$

(20.46)

Für die Funktion g_2 ergibt sich aus der Randbedingung (20.38) mit den Gln. (20.41) und (20.45) die Beziehung

$$g_2(t_0) = h(t_0) \left[h'(t_0) + \frac{3 - \kappa}{4} h''(t_0) \right] \quad ,$$

(20.47)

so daß wir für die Zustandsstörungen zweiter Ordnung die Gleichung

$$\frac{2}{\kappa - 1} c_2 = u_2 = h(\eta) \left[h'(\eta) + \frac{3 - \kappa}{4} h''(\eta) \right]$$

(20.48)

erhalten. Dieses Ergebnis ist frei von Säkulartermen.

20.3.9. Übergang zur physikalischen Ebene

Man ist nun in der Lage, die in der Charakteristikenebene bereits bekannte Lösung (20.41) für die Zustandsstörungen in die physikalische Ebene zu übertragen, indem man zu jedem Punkt (ξ, η) der Charakteristikenebene die physikalischen Koordinaten $t = t_0 + \epsilon t_1$ und $x = x_0 + \epsilon x_1$ berechnet (Bild 20.3). Die Ergebnisse sind allerdings — obwohl gleichmäßig gültig — oft noch nicht befriedigend. Wir werden darauf in den nächsten zwei Abschnitten zurückkommen. Hier wollen wir uns zunächst noch etwas mit den Charakteristiken beschäftigen.

Die Bilder der Charakteristiken $\xi = $ const und $\eta = $ const in der physikalischen Ebene sind in Parameterdarstellung durch $t = t_0(\xi, \eta) + \epsilon t_1(\xi, \eta)$, $x = x_0(\xi, \eta) + \epsilon x_1(\xi, \eta)$ gegeben, wobei man sich jeweils eine charakteristische Koordinate festgehalten denkt, während die andere als laufender Parameter variiert wird.

Da die Koordinatenstörungen nach Gl. (20.45) für das ebene Kolbenproblem, aber bei beliebiger Kolbenbahn, nur linear von ξ abhängen, werden die Charakteristiken $\eta = $ const in der physikalischen Ebene durch eine Schar von Geraden dargestellt. Sie sind jedoch nicht — wie in der akustischen Theorie — parallel zueinander. Beide Aussagen wären übrigens schon aus Gl. (20.41) abzulesen gewesen. Die Charakteristiken ξ = const sind in der x, t-Ebene im allgemeinen gekrümmt; nur für eine lineare Bahnfunktion h (t), d. h. für konstante Kolbengeschwindigkeit, werden auch sie zu Geraden.

Bei allgemeineren (nicht-ebenen) Problemen sind im allgemeinen beide Charakteristikenscharen gekrümmt (vgl. z. B. Übungsaufgabe 5).

20.4. Faltungsgebiete und Verdichtungsstöße

Bei der Abbildung der Charakteristikenebene auf die physikalische Ebene (Rücktransformation der Lösung) treten ziemlich oft insofern Schwierigkeiten auf, als die physikalische Ebene in gewissen Gebieten zwei- oder dreifach überdeckt wird. Für den Fall es Kolbens, der sich zur Zeit t = 0 plötzlich mit *von null verschiedener* Geschwindigkeit zu bewegen beginnt, ist dies aus Bild 20.3 leicht zu ersehen. In der Charakteristikenebene haben die Zustandsgrößen an der Charakteristik η = 0, die das gestörte vom ungestörten Gebiet trennt, eine Sprungstelle. Bei der Transformation auf die physikalische Ebene ergeben sich daher für diese Charakteristik zwei verschiedene Bilder, die einem rechtsseitigen Grenzwert ($\eta \to 0-$, ungestörte Charakteristik) und einem linksseitigen Grenzwert ($\eta \to 0+$, gestörte Charakteristik) entsprechen. In dem in Bild 20.3 schraffiert dargestellten Gebiet, das durch die Charakteristiken $\eta \to 0-$ und $\eta \to 0+$ begrenzt wird, ist die x, t-Ebene zweifach überdeckt: im unteren Blatt sind die Zustandsstörungen identisch null, im oberen Blatt ungleich null (Bild 20.5). Bei der Transformation faltet sich sozusagen die Charakteristikenebene über die physikalische Ebene; man spricht daher von einem *Faltungsgebiet*.

Faltungsgebiete, in denen die physikalische Ebene nicht nur zweifach, sondern dreifach überdeckt ist, treten beispielsweise in Kugelwellen auf (vgl. Übungsaufgabe 5). Ein für dreifach überdeckte Faltungsgebiete typischer Verlauf der Zustandsstörungen ist in Bild 20.6 dargestellt.

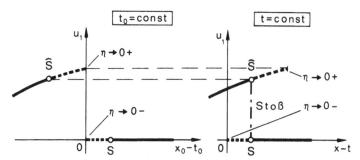

Bild 20.5. Die Zustandsstörungen im zweifach überdeckten Faltungsgebiet einer ebenen Welle

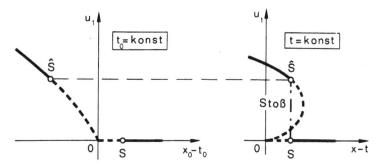

Bild 20.6. Die Zustandsstörungen im dreifach überdeckten Faltungsgebiet einer Kugelwelle

Die gefundene Lösung für die Zustandsstörungen ist in einem Faltungsgebiet nicht ohne weiteres brauchbar. Zur selben Zeit würden ja an ein und derselben Stelle zwei oder drei verschiedene Zustände herrschen! Nun geht das Entstehen eines Faltungsgebietes aber keineswegs auf eine Schwäche des analytischen Charakteristikenverfahrens zurück, auch eine exakte Lösung der nichtlinearen Ausgangsgleichungen (20.1) würde eine Faltung liefern. Faltungen sind uns tatsächlich schon bei der Behandlung verwandter nichtlinearer Probleme mit exakten Methoden begegnet (Abschnitt 12.1). Als Ursache für das Auftreten eines Faltungsgebietes ist daher nicht die Lösungsmethode anzusehen, sondern die Verwendung der Grundgleichungen in *Differential*form an einer Stelle, an der sich die abhängigen Variablen sprungartig, also unstetig und *nicht* differenzierbar, ändern.

Wir müssen daher die Faltung in geeigneter Weise durch eine Sprungstelle in den Zustandsgrößen, also einen *Verdichtungsstoß*, ersetzen. Dies wurde in den Bildern 20.5 und 20.6 bereits angedeutet. Die „richtige" Zustandsänderung verläuft entlang der ausgezogenen Linie mit einem Sprung entsprechend der strichpunktierten Strecke; der strichlierte Teil der Lösung wird weggelassen.

Für einen schwachen Stoß, der in Richtung der positiven x-Achse in ein ungestörtes Feld hineinläuft („Kopfwelle"), lautet die Sprungbedingung in erster Näherung (*Oswatitsch* 1976, S. 190):

$$u_1 = \frac{2}{\kappa - 1} c_1 \quad .\tag{20.49}$$

Diese Beziehung zwischen dem Sprung in der Strömungsgeschwindigkeit und dem Sprung in der Schallgeschwindigkeit ist im ganzen Faltungsgebiet (bei ebenen Wellen formal sogar im ganzen Feld) durch die Lösung der Verträglichkeitsbedingung erster Ordnung bereits erfüllt; vgl. Gl. (20.41). Das gleiche gilt für die Zustandsstörungen zweiter Ordnung[1].

Nicht bekannt sind jedoch die Sprunggrößen selbst. Sie ergeben sich erst, wenn der ebenfalls noch unbekannte Ort des Stoßes (in Abhängigkeit von der Zeit) bestimmt worden ist. Dabei wird man zweckmäßigerweise auch den Stoß zuerst in der Charakteristikenebene ermitteln und dann in die physikalische Ebene übertragen.

Bei der Berechnung des Stoßes — wie überhaupt bei allen Rechnungen innerhalb des Faltungsgebietes — ist es wichtig, sehr sorgfältig auf die Größenordnungen der charakteristischen Koordinaten zu achten. Fassen wir beispielsweise die rechtslaufende Kopfwelle ins Auge, die bei unserem Kolbenproblem entstehen kann. Wegen der kleinen Störungen unterscheidet sich die Laufgeschwindigkeit des Stoßes nur wenig von der Schallgeschwindigkeit, d.h., die Richtung der Stoßfront in der physikalischen Ebene und in der Charakteristikenebene weicht in jedem Punkt nur wenig von der Richtung der Charakteristik $\eta = 0$ (bzw. den Richtungen der Charakteristiken $\eta \to 0-$ und $\eta \to 0+$) ab. Die Stoßfront liegt daher in der Nähe der Charakteristik $\eta = 0$. Dies hat zur Folge, daß am Stoß (bzw. im Faltungsgebiet) die querlaufende charakteristische Koordinate (η) um eine Größenordnung kleiner als die längslaufende Koordinate (ξ) ist. Nun kann man in dem von uns gewählten dimensionslosen Koordinatensystem davon ausgehen, daß für einen rechtslaufenden Stoß $\eta = O(1)$ ist, weil diejenigen — und nur diejenigen — rechtslaufenden Schallwellen ($\eta = $ const) den Stoß noch einholen können, die vor der Richtungsumkehr des Kolbens (also vor Beendigung der Kompressionsphase) den Kolben verlassen haben. Wir müssen daher erwarten, daß $\xi = O(1/\epsilon)$ ist und führen dementsprechend im Faltungsgebiet eine neue charakteristische Koordinate

$$\tilde{\xi} = \epsilon \xi \tag{20.50}$$

derart ein, daß $\tilde{\xi}$ als $O(1)$ anzusehen ist.

---

[1] Höhere Näherungen sind in diesem Rahmen nicht mehr interessant, weil sich dann bereits die Anisentropie in den Zustandsänderungen bemerkbar macht.

Unter diesem Gesichtspunkt können wir die physikalischen Koordinaten *im Faltungsgebiet* auf Grund der früheren Ergebnisse (20.28) und (20.45) folgendermaßen darstellen:

$$t = t_0 + \epsilon t_1 = \frac{1}{2}\left(\frac{\tilde{\xi}}{\epsilon} + \eta\right) - \frac{\kappa + 1}{8}\,\tilde{\xi}h'(\eta) + O(\epsilon) \quad ;$$

$$x = x_0 + \epsilon x_1 = \frac{1}{2}\left(\frac{\tilde{\xi}}{\epsilon} - \eta\right) + \frac{\kappa + 1}{8}\,\tilde{\xi}h'(\eta) + O(\epsilon) \quad .$$

(20.51)

Man darf also im Faltungsgebiet, auch wenn man Ausdrücke der Größenordnung ϵ vernachlässigen will, t und x nicht einfach durch t_0 bzw. x_0 ersetzen, sondern muß gewisse „kumulative" Ausdrücke von t_1 und x_1 mitnehmen. Das ist aber, nachträglich betrachtet, nicht verwunderlich, denn ohne die Berücksichtigung der Koordinatenstörungen käme ja eine Faltung gar nicht zustande.

Nach diesen Vorbereitungen können wir nun darangehen, den Ort des Stoßes zu bestimmen. Wir wollen dabei nach zwei verschiedenen Methoden vorgehen und eine dritte Methode erwähnen.

a) Pfriemsche Formel. Eine aus der Theorie des Verdichtungsstoßes bekannte und nach Pfriem benannte Formel (s. z. B. *Oswatitsch* 1976, S. 190) besagt, daß die Laufgeschwindigkeit eines schwachen Stoßes gleich ist dem arithmetischen Mittel der Laufgeschwindigkeiten gleichgerichteter Schallwellen vor und hinter dem Stoß; dabei sind alle Laufgeschwindigkeiten auf ein raumfestes (nicht: teilchenfestes) Koordinatensystem bezogen (Bild 20.7). Für eine rechtslaufende Kopfwelle stellt sich die Pfriemsche Formel als

$$\frac{dx}{dt} = \frac{1 + [1 + \epsilon(u_1 + c_1)]}{2}$$

(20.52)

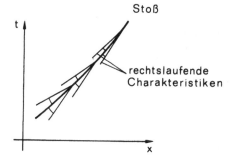

Bild 20.7
Bestimmung der Stoßfront aus der Pfriemschen Formel

dar, wobei hier mit x(t) der Ort des Stoßes gemeint ist. Für eine linkslaufende Kopfwelle wäre lediglich das Vorzeichen von c_1 umzukehren.

Mit $dx = x_{\tilde{\xi}}d\tilde{\xi} + x_\eta d\eta$ und $dt = t_{\tilde{\xi}}d\tilde{\xi} + t_\eta d\eta$ kann man Gl. (20.52) leicht in eine Gleichung für $d\tilde{\xi}/d\eta$, das ist die Neigung der Stoßfront in der Charakteristikenebene, überführen. Setzt man noch für x und t die Gln. (20.51) sowie für u_1 und c_1 die Gl. (20.41) ein, so folgt

$$\frac{d\tilde{\xi}}{d\eta} = \frac{8}{\kappa + 1} \cdot \frac{1 - \frac{\kappa + 1}{4}\,\tilde{\xi}h''(\eta)}{h'(\eta)} \quad .$$

(20.53)

Diese gewöhnliche Differentialgleichung läßt sich leicht lösen. Für einen Stoß, der zur Zeit t = 0 entsteht, haben wir die Randbedingung $\tilde{\xi} = 0$ bei $\eta = 0$ zu erfüllen. Als Lösung erhalten wir

$$\tilde{\xi} = \epsilon\,\xi = \frac{8}{\kappa + 1} \cdot \frac{h(\eta)}{h'^2(\eta)} \quad .$$

(20.54)

Dies ist die Gleichung der Stoßfront in der Charakteristikenebene.

b) Stromfunktion, Teilchenbahn. Bei der Faltung der Charakteristikenebene über der physikalischen Ebene falten sich die Teilchenbahnen (bzw. die Stromlinien im Falle einer stationären Strömung) natürlich mit (Bild 20.8). Wenn wir nun die Faltung durch einen Verdichtungsstoß, also eine Unstetigkeitsfläche für die Zustandsgrößen, ersetzen wollen, so darf die Teilchenbahn am Stoß zwar einen Knick aufweisen, muß aus Kontinuitätsgründen aber stetig (d. h. ohne Sprung) verlaufen. Das ist, wie man aus Bild 20.8 ersehen kann, dann und nur dann der Fall, wenn die Stoßfront durch die Schnittpunkte der beiden Äste jeder Teilchenbahn gelegt wird.

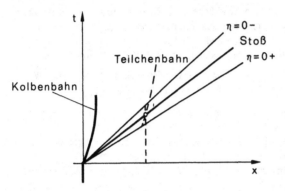

Bild 20.8

Bestimmung der Stoßfront aus den Teilchenbahnen

Auf den Teilchenbahnen ist die Stromfunktion ψ, die für eindimensionale, instationäre Strömung durch $\psi_t = \rho u$, $\psi_x = -\rho$ (mit ρ als Dichte) definiert ist, konstant. Nach dem oben Gesagten muß daher die Stromfunktion auf beiden Seiten des Stoßes (unmittelbar davor und unmittelbar dahinter) denselben Wert haben, sie darf also über den Stoß hinweg ihren Wert nicht ändern[1]). Das gleiche gilt natürlich auch für eine Störstromfunktion ψ_1, die man mit $\rho_0 = 1$ durch

$$\psi = -x + \epsilon \psi_1 + \dots \tag{20.55}$$

einführen kann, wobei sich die Relationen

$$\psi_{1t} = u_1 \quad , \qquad \psi_{1x} = -\frac{2}{\kappa - 1} c_1 \tag{20.56}$$

ergeben.

Besonders einfach wird die Stoßbedingung, wenn der Stoß in das noch ungestörte Medium läuft. Vor dem Stoß verschwindet dann die Störstromfunktion identisch, so daß sie auch unmittelbar hinter dem Stoß null werden muß; der Stoß ist in diesem Fall durch

$$\psi_1 = 0 \quad , \tag{20.57}$$

d. h. als geometrischer Ort verschwindender Störstromfunktion, bestimmt. Selbstverständlich stellt Gl. (20.57) nur dann eine nichttriviale Bedingung dar, wenn für ψ_1 die Störstromfunktion in dem *hinter* der Stoßfront liegenden Blatt der Faltung eingesetzt wird.

Zur Ermittlung der Störstromfunktion im Faltungsgebiet aus den dort bereits bekannten Störgrößen können wir $d\psi_1 = \psi_{1\tilde{\xi}} \, d\tilde{\xi} + \psi_{1\eta} \, d\eta$ schreiben und längs beliebiger Linien in der Charakteristikenebene integrieren. Für den Fall eines rechtslaufenden Stoßes wählen wir als Integrationswege die

---

[1]) Wenn man durch Addition einer willkürlichen Konstanten die Numerierung der Stromlinien hinter dem Stoß gegenüber jener vor dem Stoß ändert, weist die Stromfunktion am Stoß einen entlang des Stoßes konstanten Sprung auf. Von solchen Komplikationen soll hier abgesehen werden.

linkslaufenden Charakteristiken ξ = const und legen den Anfangspunkt der Integration in das ungestörte Gebiet, sagen wir bei $\eta = \eta_a < 0$. Mit den durch die Gl. (20.41) bereitgestellten Lösungen für u_1 und c_1, sowie mit den im Faltungsgebiet zu verwendenden Entwicklungen (20.51) folgt dann

$$\psi_1(\tilde{\xi}, \eta) = \int_{\eta_a}^{\eta} \psi_{1\eta} \, d\eta + \psi_1(\tilde{\xi}, \eta_a) = \int_{\eta_a}^{\eta} (\psi_{1t} t_\eta + \psi_{1x} x_\eta) \, d\eta =$$
$$= h(\eta) - \frac{\kappa + 1}{8} \tilde{\xi} h'^2(\eta) \quad . \tag{20.58}$$

Dabei wurde bereits berücksichtigt, daß wegen Gl. (20.2c) sowohl $h(\eta_a)$ als auch $h'(\eta_a)$ verschwinden.

Der letzte Summand in Gl. (20.58) stellt einen kumulativen Term dar, der im Faltungsgebiet wichtig ist, außerhalb davon jedoch wegen $\tilde{\xi} = \epsilon \xi$ und $\xi = O(1)$ vernachlässigt werden könnte. Die Stromfunktion verhält sich diesbezüglich ganz ähnlich wie die physikalischen Koordinaten, vgl. Gl. (20.51).

Setzt man Gl. (20.58) in die Stoßbedingung (20.57) ein, so folgt sofort die auch aus der Priemschen Formel gewonnene Gl. (20.54) für die Stoßfront in der Charakteristikenebene.

Der Vorteil bei der Berechnung der Stoßfront aus der Stromfunktion besteht darin, daß man nur Integrationen auszuführen hat, während man bei der Anwendung der Pfriemschen Formel eine gewöhnliche Differentialgleichung lösen muß.

c) Potentialfunktion. Ähnlich wie die Stromfunktion läßt sich bei isentroper (drehungsfreier) Strömung auch das Potential zur Bestimmung der Stoßfront verwenden. Man kann nämlich zeigen, daß auf einer Stoßfläche der Potentialsprung konstant sein muß. Bei geeigneter Wahl der Integrationskonstanten muß der Potentialsprung daher ebenso wie der Stromfunktionssprung auf der Stoßfläche verschwinden. Für Stöße, die in ungestörtes Gebiet laufen, folgt daraus, daß sie als Flächen verschwindenden Störpotentials bestimmt werden können (*Tsien* 1956, *Kluwick* und *Horvat* 1973, *Kluwick* 1974).

Nachdem mit Gl. (20.54) $\tilde{\xi}$ als Funktion von η auf der Stoßfront bekannt ist, kann das Gleichungssystem (20.51) als Parameterdarstellung der Stoßfront in der physikalischen Ebene (mit η als Parameter) aufgefaßt werden. Besonders einfach und dabei auch praktisch interessant ist es, das Abklingverhalten des Stoßes in sehr großer Entfernung vom Kolben zu untersuchen. Dazu stellen wir zunächst einmal an Hand von Gl. (20.54) fest, daß $\tilde{\xi}$ und damit die Entfernung des Stoßes vom Kolben über alle Grenzen wächst, wenn η gegen die Nullstelle η_n von h' geht; h selbst nimmt an dieser Stelle den Maximalwert h_{max} an. Man kann daher Gl. (20.54) durch

$$\tilde{\xi} = \frac{8}{\kappa + 1} \cdot \frac{h_{max}}{h'^2(\eta)} \qquad \text{(für } \eta \to \eta_n) \tag{20.59}$$

ersetzen. Mit dieser Beziehung läßt sich aber umgekehrt $h'(\eta)$ sofort als Funktion von $\tilde{\xi}$ ausdrücken, so daß man aus Gl. (20.41) den folgenden Ausdruck für die Störgröße u_1 unmittelbar hinter dem Stoß, gültig in sehr großer Entfernung vom Kolben, gewinnen kann:

$$u_1 = \left(\frac{8}{\kappa + 1} \frac{h_{max}}{\tilde{\xi}} \right)^{1/2} \qquad \text{(für } \tilde{\xi} \to \infty) \quad . \tag{20.60}$$

Ersetzt man noch $\tilde{\xi}$ gemäß Gl. (20.51) in erster Näherung durch $2\epsilon x$ oder $2\epsilon t$, so folgt schließlich

$$u = \epsilon u_1 + \ldots = \left(\frac{4}{\kappa + 1} \cdot \frac{\epsilon h_{max}}{x} \right)^{1/2} + \ldots \qquad \text{(für } x \to \infty) \quad , \tag{20.61}$$

wobei statt x auch t geschrieben werden kann. Dieses Ergebnis besagt, daß in großer Entfernung vom Kolben die Zustandsänderungen im Stoß proportional zur Wurzel aus dem Störparameter ϵ sind und umgekehrt proportional zur Wurzel aus der Entfernung bzw. Zeit abklingen.

Ergänzende Bemerkungen. Wir beschließen diesen Abschnitt mit einigen Bemerkungen zu den vorgenommenen Vereinfachungen.

Der Einfachheit halber haben wir uns auf die Ermittlung der Stoßfront in erster Ordnung beschränkt. Eine *zweite Näherung* läßt sich ohne grundsätzliche Schwierigkeiten durch Fortsetzung der Entwicklungen gewinnen, wobei es zweckmäßig ist, für die Gleichung der Stoßfront in der Charakteristikenebene einen Störansatz, etwa von der Form

$$\tilde{\xi} = \sigma_1(\eta) + \epsilon\,\sigma_2(\eta) + \ldots, \tag{20.62}$$

zu machen; für σ_1 ergibt sich natürlich wieder der Ausdruck auf der rechten Seite von Gl. (20.54). Allerdings benötigt man zur Bestimmung von σ_2 auch die Störkoordinaten t_2 und x_2. Zu beachten ist auch, daß die Pfriemsche Formel als Ausgangsgleichung für eine Berechnung des Stoßes in zweiter Näherung nicht mehr ausreichend genau ist (*Zierep* und *Heynatz* 1965), obwohl dies früher angenommen worden war. Eine auch in zweiter Ordnung genaue Modifikation der Pfriemschen Formel wurde von *van de Vooren* und *Dijkstra* (1970) angegeben. Verwendet man statt der Pfriemschen Formel die Stetigkeit der Stromfunktion (oder die Stetigkeit des Potentials), so erübrigen sich Modifikationen in der zweiten Ordnung, weil diese Bedingungen exakt sind.

Eine zweite Bemerkung betrifft Stöße, die in ein bereits *gestörtes* Gebiet hineinlaufen ($u_1 \neq 0$, $c_1 \neq 0$ vor dem Stoß). Bei solchen Stößen ergibt sich insofern eine Komplikation, als es nun nicht mehr genügt, den Stoß, so wie wir es bisher getan haben, allein im oberen Blatt der Faltung durch $\tilde{\xi} = \tilde{\xi}\,(\eta)$ festzulegen; vielmehr müssen auch die charakteristischen Koordinaten des Stoßes im unteren Blatt bestimmt werden, weil wir diese zur Ermittlung der Zustandsgrößen unmittelbar vor dem Stoß benötigen. Die erforderlichen Gleichungen für die zusätzlichen Unbekannten kann man aus der Überlegung gewinnen, daß es sich bei dem Punkt mit den charakteristischen Koordinaten $\tilde{\xi}$, η im oberen Blatt und dem Punkt mit den charakteristischen Koordinaten $\tilde{\xi}_*$, η_* im unteren Blatt um ein und denselben Punkt des Stoßes in der physikalischen Ebene handeln soll. Zwischen den charakteristischen Koordinaten des Stoßes im oberen Blatt und jenen im unteren Blatt müssen daher die Beziehungen

$$t(\tilde{\xi}, \eta) = t(\tilde{\xi}_*, \eta_*) \quad ; \qquad x(\tilde{\xi}, \eta) = x(\tilde{\xi}_*, \eta_*) \tag{20.63}$$

gelten. Für unser Beispiel der ebenen Wellenausbreitung erhalten wir durch Addition bzw. Subtraktion der beiden Gln. (20.51)

$$\tilde{\xi} = \tilde{\xi}_* \quad ; \qquad \eta - \frac{\kappa+1}{4}\tilde{\xi}\,h'(\eta) = \eta_* - \frac{\kappa+1}{4}\tilde{\xi}_*\,h'(\eta_*) \quad , \tag{20.64}$$

wobei die erste dieser beiden Beziehungen nicht nur speziell für unser Beispiel gilt, sondern die allgemeine Tatsache zum Ausdruck bringt, daß beim Durchtritt durch ein Faltungsgebiet die querlaufenden Charakteristiken ihre Richtung nur wenig ändern. Die Durchrechnung eines speziellen Beispiels sei dem Leser überlassen (Übungsaufgabe 3)!

Schließlich sei noch darauf hingewiesen, daß bei gewissen Problemen die Darstellung des Stoßes mit Hilfe eines Faltungsgebietes überhaupt fragwürdig ist. Hierher gehören beispielsweise Strömungen mit Abweichungen vom lokalen thermodynamischen Gleichgewicht (Relaxationsvorgänge), bei denen sich längs der Teilchenbahnen im stetigen Faltungsgebiet der Relaxationsparameter ändern würde, während sich hingegen über die Unstetigkeitsfläche eines sogenannten „gefrorenen" Verdichtungsstoßes hinweg keine Änderung des Relaxationsparameters ergeben darf. Überdies führt das analytische Charakteristikenverfahren nur dann zu Näherungen, die auch im Fernfeld derartiger Strömungen gültig sind, wenn – im Gegensatz zur formalen Entwicklung – auch gewisse nichtlineare Terme mitgenommen werden (*Romberg* 1970a). Die Ursache ist darin zu sehen, daß im Fernfeld von Strömungen mit Relaxation diffusive Effekte dominieren und die Strömung keinen Wellencharakter mehr hat (*Lick* 1970). Gleichmäßig gültige Lösungen lassen sich entweder mit der Methode der angepaßten asymptotischen Entwicklungen (*Blythe* 1969, *Romberg* 1970b) oder mit der Methode der mehrfachen Variablen (*Lick* 1969) finden.

20.5. Zentrierte Expansionswellen

Nehmen wir an, ein Kolben würde sich zur Zeit $t = 0$ aus der Ruhelage heraus plötzlich mit konstanter Geschwindigkeit in die dem Gas abgewandte Richtung zu bewegen beginnen. Im Gas entsteht dann eine sogenannte zentrierte Expansionswelle. Die Formeln des Abschnittes 20.3 lassen sich ohne weiteres auf diesen Fall anwenden, die Ergebnisse sind jedoch, wie Bild 20.9 zeigt, nicht ganz zufriedenstellend. Während sich nämlich bei plötzlich einsetzender *Kompression* die Charakteristiken überfalten, laufen sie bei plötzlich einsetzender *Expansion* auseinander, so daß zwischen den beiden Grenzlagen der Charakteristik $\eta = 0$ ein Gebiet frei bleibt, in welchem man überhaupt keine Lösung erhält.

Um diesen Mangel zu beheben, können wir versuchen, die „Lücke" mit einem Büschel zusätzlicher, rechtslaufender Charakteristiken zu überbrücken (*Schneider* 1963). Der Parameter η, der auf rechtslaufenden Charakteristiken konstant ist, möge im Büschel alle Werte von -1 bis 0 durchlaufen. Das gesamte Charakteristikenbüschel soll in der x_0, t_0-Ebene in eine einzige Gerade zusammenfallen, und zwar in jene Gerade, die auch das Bild der die Lücke begrenzenden Charakteristiken (früher $\eta = 0-$ und $\eta = 0+$ genannt) darstellt (Bild 20.10, linkes Bild). Den gewünschten Zusammenhang zwischen ξ, η einerseits und x_0, t_0 andererseits liefert die folgende spezielle Lösung der Richtungsbedingungen (20.23):

$$t_0 = \xi/2 \quad , \qquad x_0 = \xi/2 \qquad (\text{für } -1 \leqq \eta \leqq 0) \quad . \qquad (20.65)$$

Diese Beziehungen ersetzen im Bereich des Büschels die früheren Gln. (20.28). Man verzichtet also hier absichtlich auf eine eindeutig umkehrbare Abbildung der ξ, η-Ebene auf die x_0, t_0-Ebene. Die früheren Gln. (20.28) sollen allerdings nach wie vor im gestörten Feld hinter dem Büschel, d.h. für $\eta > 0$, gültig bleiben. Damit können auch alle im Abschnitt 20.3 gefundenen Ergebnisse für $\eta > 0$ unverändert übernommen werden. Im ungestörten Feld vor dem Büschel muß Gl. (20.28) etwas modifiziert werden, um eine stetige Numerierung der Charakteristiken bei $\eta = -1$ zu gewährleisten.

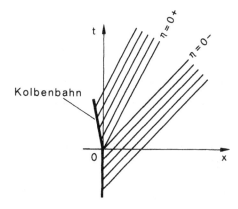

Bild 20.9

Expansionswelle, die von einem plötzlich in gleichbleibende Geschwindigkeit versetzten Kolben erzeugt wird: Ergebnis des analytischen Charakteristikenverfahrens, wenn in der x_0,t_0-Ebene das „akustische" Charakteristikennetz nach Gl. (20.28) verwendet wird (keine Bündelung)

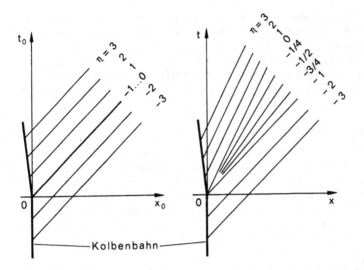

Bild 20.10. Die Charakteristiken einer zentrierten Expansionswelle in der x_0, t_0-Ebene und in der x, t-Ebene (physikalische Ebene)

Wir setzen

$$t_0 = \frac{1}{2}(\xi + \eta + 1) \quad ; \qquad x_0 = \frac{1}{2}(\xi - \eta - 1) \qquad \text{(für } \eta < -1) \quad , \qquad (20.66)$$

doch werden diese Beziehungen hier nicht weiter benötigt, weil es sich dabei in unserem Beispiel ohnehin nur um das ungestörte Gebiet handelt.

Um nun zu einer Lösung im Gebiet $-1 \leqq \eta \leqq 0$ (das ist das früher frei gebliebene Gebiet) zu kommen, gehen wir wieder von den Verträglichkeitsbedingungen (20.25) für die Zustandsstörungen aus. Sie haben die allgemeine Lösung

$$u_1 = f_1(\xi) + g_1(\eta) \quad ;$$

$$\frac{2}{\kappa - 1} c_1 = -f_1(\xi) + g_1(\eta) \quad . \tag{20.67}$$

Auf $\eta = -1$ müssen die Störungen verschwinden. Daraus folgt

$$f_1(\xi) \equiv 0 \qquad \text{und } g_1(-1) = 0 \quad . \tag{20.68}$$

Ferner muß für einen stetigen Übergang bei der letzten Charakteristik des Büschels, also bei $\eta = 0$, gesorgt werden. Da wir für $\eta > 0$ bereits die Lösung (20.41) kennen, erhalten wir die Bedingung

$$g_1(0) = h'(0+) \quad . \tag{20.69}$$

Der Verlauf von $g_1(\eta)$ zwischen den beiden Randwerten $g_1(-1)$ und $g_1(0)$ kann beliebig, insbesondere auch linear, angenommen werden. Damit ergibt sich

$$\frac{2}{\kappa - 1} c_1 = u_1 = (1 + \eta) h'(0+) \qquad \text{(für } -1 \leqq \eta \leqq 0) \quad . \tag{20.70}$$

Zur Berechnung der Koordinatenstörungen im Büschel können wir wieder die durch Integration der Richtungsbedingungen gewonnene Gl. (20.42) heranziehen, doch ist darauf zu achten, daß jetzt zufolge Gl. (20.65) $t_{0\eta} \equiv 0$ ist. Die freien Funktionen und die Integrationsgrenze ξ_a bestimmen wir so, daß die Koordinatenstörungen erstens am Rand des Störgebietes ($\eta = -1$) und im Koordinatenursprung ($t_0 = x_0 = 0$) verschwinden und sie zweitens an der Charakteristik $\eta = 0$ stetig in die früheren Lösungen (20.45) übergehen. Damit liefert die Integration

$$\left.\begin{array}{c} t_1 \\ x_1 \end{array}\right\} = \mp \frac{\kappa + 1}{8} \xi (1 + \eta)\, h'(0+) \qquad (\text{für } -1 \leqq \eta \leqq 0) \quad . \tag{20.71}$$

Mit $t = t_0 + \epsilon t_1$, $x = x_0 + \epsilon x_1$ ergibt sich in der physikalischen Ebene ein Büschel von Charakteristiken $\eta = $ const, die durch den Koordinatenursprung gehen (Bild 20.10, rechtes Bild). Man spricht deshalb von einer zentrierten Expansionswelle, in stationären Überschallströmungen auch von einer Prandtl-Meyer-Expansion. Für eine ebene Welle, die wir hier behandelt haben, sind die Charakteristiken des Büschels ebenso wie die anderen gleichlaufenden Charakteristiken gerade Linien.

Beim ebenen Problem kann die zentrierte Expansionswelle verhältnismäßig leicht auch auf andere Weise behandelt werden (*Van Dyke* 1975a, S. 112 ff.), die entsprechende achsensymmetrische oder zylindersymmetrische Strömung ist jedoch beträchtlich schwieriger zu berechnen. In diesem Fall bewährt sich die hier dargestellte Methode besonders (*Schneider* 1963).

20.6. Besonderheiten bei zentralsymmetrischen Problemen und Problemen mit mehr als zwei Unabhängigen

Das analytische Charakteristikenverfahren, das wir am Beispiel ebener Wellen vorgeführt haben, kann ohne methodisch wesentliche Änderungen auch auf *nicht-ebene* Vorgänge angewendet werden, sofern es sich um Probleme mit nur *zwei Unabhängigen* handelt. Von instationären Vorgängen sind hier zylindersymmetrische und kugelsymmetrische Wellen zu nennen, von stationären Vorgängen die achsensymmetrische Überschallströmung.

In der Durchführung der Rechnung muß man jedoch auf gewisse Besonderheiten achten, die mit der Zentralsymmetrie derartiger Probleme zusammenhängen. In der Nähe des Symmetriezentrums (Symmetrieachse bzw. Kugelmittelpunkt) werden nämlich die Zustandsgrößen sehr groß, woraus sich auch große Beiträge zu den Koordinatenstörungen nach Gl. (20.42) ergeben. Demgegenüber ist die ungestörte Radialkoordinate aber gerade dort sehr klein. Wenn nicht besondere Vorkehrungen getroffen werden, führt dies dazu, daß die Koordinatenstörungen im Verhältnis zu den ungestörten Koordinaten unzulässig groß werden; denn sowohl in der Entwicklung der Verträglichkeitsbedingungen, die bei zentralsymmetrischen Problemen die Radialkoordinate als Koeffizient enthalten, als auch in der Entwicklung der Randbedingungen kommt es darauf an, daß die Koordinatenstörungen klein gegen die ungestörten Koordinaten bleiben.

Man kann korrekte Größenordnungsverhältnisse in der Nähe des Störzentrums erzwingen, indem man die freien Funktionen in der allgemeinen Lösung für die Koordinatenstörungen derart festlegt, daß die Störung der *Radial*koordinate auf einer geeigneten Fläche in der Nähe des Symmetriezentrums (beispielsweise auf der Oberfläche des die Störungen hervorrufenden Körpers) *verschwindet* (*Schneider* 1963).

Für zylinder- und kugelsymmetrische Wellen erhält man auf diesem Weg aus Gl. (20.42), wenn x als Radialkoordinate aufgefaßt wird, die folgende Darstellung für die Störkoordinaten:

$$\left.\begin{array}{c} 2t_1 \\ 2x_1 \end{array}\right\} = \int\limits_0^\eta (u_1 - c_1)\, t_{0\overline{\eta}}\, d\overline{\eta} \pm \int\limits_0^\eta \left[(u_1 - c_1)\, t_{0\eta} \right]_{\xi\, =\, \xi_K(\eta)} d\overline{\eta} \mp \int\limits_{\xi_K(\eta)}^\xi (u_1 + c_1)\, t_{0\overline{\xi}}\, d\overline{\xi} \quad , \tag{20.72}$$

wobei unter $\xi = \xi_K(\eta)$ die Gleichung der Körperoberfläche in der Charakteristikenebene zu verstehen ist; sie ergibt sich in erster Näherung aus $x_0 = \epsilon h(t_0)$. Gl. (20.72) tritt bei zylinder- und kugelsymmetrischen Wellen an die Stelle der für ebene Wellen verwendeten Gl. (20.44). Die beiden Gleichungen unterscheiden sich im Integrationsweg des zweiten und des dritten Integrals.

Die oft recht mühsame Durchführung der Integrationen in Gl. (20.72) kann man sich wesentlich erleichtern, wenn man – wie das meistens der Fall ist – das Störpotential der akustischen Theorie bereits kennt. Näheres hierzu ist der Übungsaufgabe 6 zu entnehmen.

Eine wichtige, aber in unseren bisherigen Ausführungen ausgeklammerte Frage betrifft die Verallgemeinerung des analytischen Charakteristikenverfahrens auf *mehr als zwei unabhängige Variable* (dreidimensionale stationäre Strömungen, zwei- und dreidimensionale instationäre Strömungen). Grundsätzlich ist eine solche Verallgemeinerung durchaus möglich, wie schon von *Oswatitsch* (1962c, 1965b) gezeigt wurde. Eine wesentliche Schwierigkeit ergibt sich jedoch daraus, daß die charakteristischen Variablen bei mehr als zwei Unabhängigen nicht eindeutig festgelegt sind. Während bei zwei Unabhängigen durch jeden Punkt auch genau zwei charakteristische Linien gehen, gehen bei drei Unabhängigen durch jeden Punkt unendlich viele bicharakteristische Linien („Wellenstrahlen"), die das Mach-Konoid (oder Monge-Konoid) aufspannen. Erst nach Vorgabe einer Grundkurve sind auch die charakteristischen Flächen („Wellenfronten") bestimmt, und zwar als Einhüllende der Machschen Konoide, deren Spitzen auf der Grundkurve liegen (Bild 20.11); vgl. z. B. *Sauer* 1958, S. 156 ff.

In der Auswahl von drei bicharakteristischen Linienelementen (oder drei charakteristischen Flächenelementen) als Basis eines charakteristischen Koordinatensystems liegt daher eine gewisse Willkür. Die Ergebnisse des analytischen Charakteristikenverfahrens sind jedoch keineswegs unabhängig vom gewählten Koordinatensystem. Wie von *Kluwick* (1974) an einem speziellen Beispiel gezeigt wurde, dürfen die charakteristischen Variablen im allgemeinen *nicht* beliebig gewählt werden, wenn eine (auch im Fernfeld) gleichmäßig gültige Lösung erhalten werden soll. Eine „richtige" Wahl der charakteristischen Variablen ist daher für die erfolgreiche Anwendung des analytischen Charakteristikenverfahrens auf Probleme mit mehr als zwei Unabhängigen von entscheidender Bedeutung.

In speziellen Fällen können Symmetrieeigenschaften oder offensichtliche Analogien zu Strömungen mit nur zwei Unabhängigen gute Anhaltspunkte für eine „richtige" Wahl der charakteristischen Variablen geben. Einen Überblick über die auf diese Weise behandelten Probleme gibt der Über-

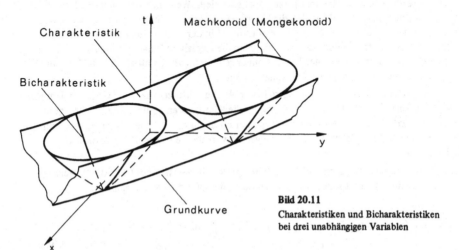

Bild 20.11
Charakteristiken und Bicharakteristiken
bei drei unabhängigen Variablen

sichtsartikel von *Leiter* (1971). Bei weniger übersichtlichen Strömungen wird man hingegen gerne von etwas umständlicheren, dafür aber allgemein gültigen Vorschriften zur Festlegung der Variablen Gebrauch machen. Hierzu kann eine von *Frohn* (1974) entwickelte Methode empfohlen werden. Die als stationär und isentrop (drehungsfrei) vorausgesetzte Strömung wird lokal in der Schmiegungsebene der Stromlinien betrachtet. In dieser Ebene wird die dreidimensionale Strömung von Gleichungen beschrieben, die formal den Gleichungen für achsensymmetrische Strömung entsprechen, wenn ein fiktiver, vom Strömungszustand abhängiger Achsabstand eingeführt wird. In Binormalenrichtung (senkrecht auf die Schmiegungsebene) gibt es keine Druck- und Geschwindigkeitsänderungen, d. h. die örtlichen Zustandsänderungen laufen in der Schmiegungsebene ab. Als unabhängige Variable im analytischen Charakteristikenverfahren werden daher jene zwei Bicharakteristiken, die in der Schmiegungsebene liegen, und die Binormale gewählt. Das hat zur Folge, daß in der Schmiegungsebene lokal das analytische Charakteristikenverfahren für achsensymmetrische Strömung angewendet werden kann. In der Binormalenrichtung wird keine Koordinatenstörung vorgenommen. Die Methode kann in naheliegender Weise auf instationäre Strömungen übertragen werden, wobei die Stromlinien durch die Teilchenbahnen zu ersetzen sind.

20.7. Zusammenfassung des Rechenganges beim analytischen Charakteristikenverfahren

Wenn bei Wellenausbreitungsvorgängen die klassischen Störungsmethoden (asymptotische Entwicklung mit Raum- und Zeitkoordinaten als Unabhängigen, „akustische Theorie") im räumlichen oder zeitlichen Fernfeld versagen, kann man versuchen, mit dem analytischen Charakteristikenverfahren zu einer gleichmäßig gültigen Lösung zu kommen. Dabei ist der folgende Rechengang zu empfehlen:

1. Charakteristische Koordinaten als unabhängige Variable einführen; bedeutet Ersatz des Grundgleichungssystems durch das äquivalente System von Richtungs- und Verträglichkeitsbedingungen.

2. Asymptotische Entwicklungen für Zustandsgrößen und physikalische Koordinaten (Raum- und Zeitkoordinaten) ansetzen.

3. Eintragen der Reihenansätze in die Richtungs- und Verträglichkeitsbedingungen sowie in die Rand- und Anfangsbedingungen; liefert Systeme von (meistens: linearen) Störgleichungen mit zugehörigen Rand- und Anfangsbedingungen.

4. Schrittweises Lösen der Störgleichungen, wobei mit den ungestörten physikalischen Koordinaten begonnen wird und dann die Störungen von Zustandsgrößen und physikalischen Koordinaten abwechselnd berechnet werden.

   Anmerkung: Wenn man die akustische Lösung bereits kennt und sich mit einer (gleichmäßig gültigen) ersten Näherung begnügen will, kann man sich die Entwicklung der Verträglichkeitsbedingungen ersparen. Man gewinnt dann die Zustandsstörungen einfach dadurch, daß man in der akustischen Lösung die physikalischen Koordinaten (t, x, . . .) durch die entsprechenden ungestörten Größen im analytischen Charakteristikenverfahren (t_0, x_0, . . .) ersetzt. Voraussetzung ist dabei, daß voneinander unabhängige Lösungen für t_0, x_0, . . . (in Abhängigkeit von den charakteristischen Koordinaten) gewählt werden (nicht-verschwindende Funktionaldeterminante).

5. Wenn Überfaltungen der Charakteristiken in der physikalischen Ebene auftreten, werden Verdichtungsstöße derart in das „Faltungsgebiet" gelegt, daß geeignete Stoßbedingungen (Pfriemsche Formel oder Stetigkeit des Potentials oder Stetigkeit der Stromfunktion) erfüllt sind.

6. Wenn ein Teilgebiet der physikalischen Ebene von Charakteristiken frei bleibt („Lücke"), wird eine „Bündelung" der Charakteristiken in diesem Gebiet vorgenommen. Das Charakteristikenbüschel beschreibt eine zentrierte Expansionswelle.

Übungsaufgaben

1. *Druckwellen in schwach kompressiblen Flüssigkeiten („Wasserschlag").* Isentrope Druck- und Dichteänderungen sind in einer kompressiblen Flüssigkeit durch $Dp/Dt = c^2 D\rho/Dt$ mit $c = (K\rho)^{-1/2}$ als Schallgeschwindigkeit und K als isentroper Kompressibilität miteinander verknüpft. Bei den meisten Flüssigkeiten ist K so klein (Wasser: $K = 5.10^{-5}$ bar^{-1}), daß eine Störungsrechnung für $K|p - p_0| \ll 1$ gerechtfertigt ist. Welche Änderungen sind in den Gleichungen des Kapitels 20 vorzunehmen, um das Ausbreiten ebener Verdichtungs- und Verdünnungswellen in der schwach kompressiblen Flüssigkeit zu beschreiben?

2. *Ebene Überschallströmung um ein dünnes Profil.* Die ebene Überschallströmung um ein dünnes Profil wurde in Abschnitt 14.1 mit klassischen Störungsmethoden behandelt. Man zeige, daß die daraus resultierende Lösung nicht gleichmäßig gültig ist und leite eine gleichmäßig gültige Lösung durch Anwendung des analytischen Charakteristikenverfahrens her. Weiters ist das Abklingverhalten des Stoßes in großer Entfernung vom Profil anzugeben.

3. *Einfluß der Kolbenbahn auf Entstehung und Ausbreitung von Verdichtungsstößen.* Die Kolbenbahn ist im Weg-Zeit-Diagramm durch $x = \epsilon h(t)$ gegeben.

   a) $h(t) = \begin{cases} 0 & \text{für} & t < 0 \quad ; \\ t^2 & \text{für} & 0 < t < 1 \quad ; \\ 2t - 1 & \text{für} & t > 1 \quad . \end{cases}$

   b) $h(t) = \begin{cases} 0 & \text{für} & t < 0 \quad ; \\ t^3 & \text{für} & 0 < t < 1 \quad ; \\ 3t - 2 & \text{für} & t > 1 \quad ; \end{cases}$

   c) $h(t) = \begin{cases} 0 & \text{für} & t < 0 \quad ; \\ 1 - \cos t & \text{für} & t > 0 \quad . \end{cases}$

   Man bestimme Ort und Zeit der Entstehung aller auftretenden Verdichtungsstöße, berechne den weiteren Verlauf der Stöße in den Fällen a) und b) und untersuche das asymptotische Verhalten der im Fall c) auftretenden Stöße für $t \to \infty$.

4. *Verdichtungsstöße als Flächen konstanten Potentialsprunges.* Für einen schrägen Verdichtungsstoß in einer stationären Überschallströmung muß die Tangentialkomponente der Strömungsgeschwindigkeit über den Stoß hinweg erhalten bleiben. Man zeige, daß aus dieser Bedingung die Konstanz des Potentialsprunges auf der Stoßfläche folgt, sofern überhaupt ein Geschwindigkeitspotential existiert.

5. *Kugelwelle.* Für eine schwache Kugelwelle, die von einer ruhenden instationären Massenquelle hervorgerufen wird, ist eine gleichmäßig gültige Lösung gesucht. Die Quellstärke möge für verschwindend kleine Zeiten proportional zum Quadrat der Zeit zunehmen, ihr weiterer Verlauf sei stetig, ansonsten beliebig. Man untersuche besonders das Faltungsgebiet und den Verdichtungsstoß.

6. *Zurückführung der Koordinatenstörungen auf akustisches Störpotential.* Die Zustandsstörungen errechnen sich aus dem Störpotential der akustischen Theorie zu $u_1 = \varphi_{x_0}$, $c_1 = -[(\kappa - 1)/2]\,\varphi_{t_0}$, wobei φ der Wellengleichung

   $$\varphi_{t_0 t_0} - \varphi_{x_0 x_0} - \frac{j}{x_0}\,\varphi_{x_0} = 0$$

   zu genügen hat (mit $j = 0, 1, 2$ für ebene, zylindersymmetrische und kugelsymmetrische Wellen). Man stelle die Integranden in Gl. (20.72) als Ableitungen gewisser, das akustische Störpotential enthaltende Ausdrücke nach den charakteristischen Variablen ξ bzw. η dar, indem man in die Wellengleichung die Identitäten

   $$(\xi - \eta)\,\varphi_{\xi\eta} = [(\xi - \eta)\,\varphi_\xi]_\eta + \varphi_\xi = [(\xi - \eta)\,\varphi_\eta]_\xi - \varphi_\eta$$

   einführt. Die Integrationen lassen sich dann sofort ausführen. Warum versagt der Kunstgriff bei kugelsymmetrischen Wellen (*Landahl, Ryhming* und *Lofgren* 1971)?

7. *Überschallströmung um einen Kegel.* Man bestimme den Öffnungswinkel und den Drucksprung für die Kopfwelle, die von einem schlanken Kreiskegel in einer stationären Überschallströmung hervorgerufen wird. (Kegelachse in Anströmrichtung.) Die akustische Lösung kann aus den Gln. (18.117) gewonnen werden.

8. *Achsensymmetrische Prandtl-Meyer-Expansion.* Man berechne die Machschen Linien (Charakteristiken), die in einer achsensymmetrischen Überschallströmung von einer konvexen Kante eines schlanken Rotationskörpers ausgehen. (Spezielles Beispiel: Kegel mit anschließendem Zylinder.)

21. Angepaßte asymptotische Entwicklungen

Der theoretischen Strömungslehre, die im vorigen Jahrhundert von Mathematikern und Physikern bereits zu einem großen Lehrgebäude entwickelt worden war, blieb bis zur Jahrhundertwende die Anerkennung durch die Ingenieure vor allem deshalb versagt, weil sie nicht imstande war, den Strömungwiderstand von Körpern in Flüssigkeiten oder Gasen mit kleiner Zähigkeit (schwacher innerer Reibung) annähernd richtig zu beschreiben. Die Navier-Stokes-Gleichungen als Grundgleichungen für die Strömung einer zähen Flüssigkeit gehen im Grenzfall sehr großer Reynoldsscher Zahl in die Euler-Gleichungen über, deren Lösungen für symmetrische (zirkulationslose, d. h. auftriebslose) Strömungen keinen Widerstand ergeben (d'Alembertsches Paradoxon). Der naheliegende Versuch, die Reibungseffekte durch eine (gewöhnliche) Störungsrechnung mit den Euler-Gleichungen als Ausgangsgleichungen zu erfassen, scheiterte vor allem daran, daß die Ordnung der Euler-Gleichungen niedriger ist als die Ordnung der Navier-Stokes-Gleichungen, so daß sich nicht alle Randbedingungen erfüllen lassen.

Der richtige Weg zur Beschreibung und Berechnung von Strömungen mit schwachen Reibungseffekten wurde von *Prandtl* (1904) aufgezeigt. Sein Konzept, das gesamte Strömungsfeld in zwei Gebiete, nämlich in ein äußeres, reibungsfreies Gebiet und in ein wandnahes, reibungsbehaftetes Gebiet (Grenzschicht), aufzuteilen, und die in den jeweiligen Gebieten geltenden Lösungen in geeigneter Weise aneinander anzupassen, lieferte nicht nur die Grundlage zu jenem wichtigen Gebiet der Strömungslehre, das wir heute als Grenzschichttheorie kennen, sondern gab, wenn auch erst Jahrzehnte später, den Anstoß zur Entwicklung einer neuen Störungsmethode, die unter dem Namen „matched asymptotic expansions" („angepaßte" oder „verknüpfte" asymptotische Entwicklungen) bekannt geworden ist. Diese Methode wurde in den letzten Jahren nicht nur auf eine Fülle von Strömungsproblemen erfolgreich angewendet, sondern erfreut sich auch außerhalb der Strömungslehre zunehmender Beliebtheit (*Nayfeh* 1973, S. 110 f.). Bemerkenswert ist, daß sich die den angepaßten asymptotischen Entwicklungen zugrunde liegende Idee bis in das 19. Jahrhundert zurückverfolgen läßt (*Laplace* 1805, *Maxwell* 1866). Bezüglich der späteren historischen Entwicklungen sei auf einen Übersichtsartikel von *Friedrichs* (1955) und auf den von *Van Dyke* (1975a, S. 77) gegebenen Überblick verwiesen.

Wir beginnen die Ausführungen zur Methode der angepaßten asymptotischen Entwicklungen mit einem einfachen Beispiel, welches die Vorgangsweise deutlich erkennen läßt und Vergleiche mit der exakten Lösung erlaubt. Das Beispiel wurde schon von *Prandtl* selbst zur Erläuterung der Grenzschichttheorie herangezogen, in der Darstellung folgen wir aber eher *Ashley* und *Landahl* (1965, S. 62–70).

21.1. Einführungsbeispiel: Gedämpfte Schwingung einer kleinen Masse

Problemstellung und exakte Lösung. Eine Masse m an einer Feder mit der Federkonstanten k befindet sich zur Zeit t = 0 in ihrer Ruhelage x = 0. Der Masse wird zur Zeit t = 0 plötzlich der Impuls I erteilt. Welche Bewegung führt die Masse aus, wenn die Dämpfung als linear (Dämpfungskonstante β) und die Masse als „klein" (in einem noch näher zu definierenden Sinn) angenommen wird?

Das gestellte Problem wird durch die lineare Schwingungsgleichung

$$m \frac{d^2 x}{dt^2} + \beta \frac{dx}{dt} + kx = 0 \qquad (21.1)$$

mit den Anfangsbedingungen

$$x(0) = 0 \quad ; \qquad (21.2a)$$

$$\left(\frac{dx}{dt}\right)_{x=0} = \frac{I}{m} \qquad (21.2b)$$

beschrieben. Wenn wir eine Störungsrechnung durchführen wollen, ist es zweckmäßig, zuerst dimensionslose Variable einzuführen. Wir ersetzen daher t durch (β/k) t und x durch (I/β) x und erhalten aus den Gln. (21.1), (21.2a) und (21.2b) für die nunmehr dimensionslosen Variablen x und t die Gleichungen

$$\epsilon \frac{d^2 x}{dt^2} + \frac{dx}{dt} + x = 0 \quad ; \tag{21.3}$$

$$x(0) = 0 \quad ; \tag{21.4a}$$

$$\left(\frac{dx}{dt}\right)_{t=0} = \frac{1}{\epsilon} \quad , \tag{21.4b}$$

wobei als einziger Parameter die dimensionslose Größe

$$\epsilon = m k/\beta^2 \tag{21.5}$$

auftritt. Diese Kennzahl ist proportional zur Masse m. Die Masse ist daher dann als „klein" anzusehen, wenn $\epsilon \ll 1$.

Die exakte Lösung der Differentialgleichung (21.3) mit den Anfangsbedingungen (21.4a) und (21.4b) läßt sich leicht finden. Sie lautet

$$x = (e^{\lambda_2 t} - e^{\lambda_1 t})/\sqrt{1 - 4\epsilon} \tag{21.6}$$

mit

$$\lambda_{1,2} = -\frac{1}{2\epsilon} (1 \pm \sqrt{1 - 4\epsilon}) \quad . \tag{21.7}$$

Mit diesem exakten Ergebnis können wir später die Näherungslösungen vergleichen, die wir nunmehr durch asymptotische Entwicklung für $\epsilon \to 0$ gewinnen wollen.

Entwicklung für $\epsilon \to 0$. Trägt man den wie üblich vorgenommenen Störansatz

$$x(t; \epsilon) = x_0(t) + \epsilon x_1(t) + \dots \tag{21.8}$$

in die Differentialgleichung (21.3) ein, so erhält man

$$\text{für } \epsilon^0: \quad \frac{dx_0}{dt} + x_0 = 0 \quad ; \tag{21.9}$$

$$\text{für } \epsilon^1: \quad \frac{dx_1}{dt} + x_1 = -\frac{d^2 x_0}{dt^2} \quad . \tag{21.10}$$

Gl. (21.9) hat die allgemeine Lösung

$$x_0 = A_0 e^{-t} \quad , \tag{21.11}$$

die nur eine einzige freie Konstante, nämlich A_0, enthält. Hiermit können keinesfalls beide Anfangsbedingungen erfüllt werden. Entsprechendes gilt auch für alle höheren Näherungen. Eine gewöhnliche asymptotische Entwicklung versagt daher bei diesem Beispiel, und zwar nicht nur für den Potenzansatz (21.8), sondern auch für jeden anderen asymptotischen Entwicklungsansatz!

Ein Vergleich der Störgleichungen (21.9) und (21.10) mit der Ausgangsgleichung (21.3) zeigt sofort: Das Versagen der gewöhnlichen asymptotischen Entwicklung ist darauf zurückzuführen, daß der Störparameter ϵ als Koeffizient vor der *höchsten* Ableitung in der Ausgangsgleichung steht. Beim Grenzübergang $\epsilon \to 0$ (bei festem x und t) reduziert sich daher die Ordnung der Differentialgleichung, nicht jedoch die Anzahl der Anfangsbedingungen. Verschwindet der Koeffizient vor der höchsten Ableitung einer Differentialgleichung, wenn $\epsilon \to 0$ geht, so stellt dies ein Warnsignal dar, das nicht übersehen werden sollte; klassische Störungsmethoden versagen in der Regel in solchen Fällen.

Koordinatenstreckung und neuerliche Entwicklung für $\epsilon \to 0$. Die Lösung (21.11) gibt zwar das Abklingen der Bewegung nach einiger Zeit näherungsweise richtig wieder, sie kann aber natürlich nicht als eine gültige Näherung für kleine Zeiten t angesehen werden, da sie ja nicht einmal die Anfangsbedingungen zur Zeit t = 0 erfüllt. Zu Beginn des Vorganges ändert sich die Bewegung wegen der kleinen Masse so rasch, daß sie mit dem von uns gewählten Zeitmaßstab gar nicht beschrieben werden kann. Dies zeigt sich unter anderem auch in der Anfangsbedingung (21.4b). Wenn wir den Beginn des Vorganges untersuchen wollen, müssen wir daher den Zeitmaßstab derart „dehnen" oder „strecken", daß die neue Zeitvariable im fraglichen Gebiet nicht mehr klein ist. Die Anfangsbedingung (21.4b) gibt den Hinweis, daß der „Anfahrvorgang" umso rascher erfolgt, je kleiner ϵ ist. *Die Koordinatenstreckung wird daher vom Störparameter ϵ abhängen.* Welcher Art diese Abhängigkeit zu sein hat, ist i. a. nicht a priori bekannt. Physikalische Anschauung und Intuition können zu Hilfe genommen werden; wenn alle Differentialgleichungen und die erforderlichen Nebenbedingungen erfüllt werden können, haben sich die Annahmen bewährt. Oder man setzt unbestimmte Streckungsfunktionen von ϵ an und bestimmt diese im Verlauf der Rechnung (vgl. Abschnitt 21.6).

Im vorliegenden Beispiel ist eine zu ϵ proportionale Streckung der Zeit geeignet. Wir führen daher die neue Zeitkoordinate

$$T = t/\epsilon \qquad\qquad (21.12)$$

ein, wodurch das Gleichungssystem (21.3) und (21.4a, b) in

$$\frac{d^2 x}{dT^2} + \frac{dx}{dT} + \epsilon x = 0 \quad ; \qquad\qquad (21.13)$$

$$x(0) = 0 \quad ; \qquad\qquad (21.14a)$$

$$\left(\frac{dx}{dT}\right)_{T=0} = 1 \qquad\qquad (21.14b)$$

übergeht.

Führt man nun mit T als unabhängiger Variabler eine Entwicklung nach dem Parameter ϵ durch, etwa in der Form

$$x(T; \epsilon) = X_0(T) + \epsilon X_1(T) + \dots \qquad\qquad (21.15)$$

so folgt

$$\text{für } \epsilon^0 : \quad \frac{d^2 X_0}{dT^2} + \frac{dX_0}{dT} = 0 \quad ; \qquad\qquad (21.16)$$

$$X_0(0) = 0 \quad ; \qquad\qquad (21.17a)$$

$$\left(\frac{dX_0}{dT}\right)_{T=0} = 1 \quad ; \qquad\qquad (21.17b)$$

$$\text{für } \epsilon^1 : \quad \frac{d^2 X_1}{dT^2} + \frac{dX_1}{dT} = -X_0 \quad ; \qquad\qquad (21.18)$$

$$X_1(0) = 0 \quad ; \qquad\qquad (21.19a)$$

$$\left(\frac{dX_1}{dT}\right)_{T=0} = 0 \quad . \qquad\qquad (21.19b)$$

Die Ordnung der Differentialgleichung ist bei dieser neuen Entwicklung unverändert geblieben, so daß wir auch alle Anfangsbedingungen erfüllen können. Die Lösung von Gl. (21.16), welche die Anfangsbedingungen (21.17a) und (21.17b) erfüllt, lautet

$$X_0 = 1 - e^{-T} \quad . \tag{21.20}$$

Sie ist offensichtlich ungültig für große Werte von T, weil für $T \to \infty$ die Variable X_0 nicht gegen null strebt, die Masse also nicht in ihre Gleichgewichtslage zurückkehren würde. Auch ohne Zuhilfenahme physikalischer Argumente zeigt sich bei der Bestimmung der höheren Näherungen, daß die erste Näherung nicht gleichmäßig gültig ist. Setzt man Gl. (21.20) in die Differentialgleichung (21.18) ein, so findet man mit den Anfangsbedingungen (21.19a) und (21.19b) die Lösung

$$X_1 = 2(1 - e^{-T}) - T(1 + e^{-T}) \quad . \tag{21.21}$$

Der zweite Summand wächst mit $T \to \infty$ über alle Grenzen und verstößt somit gegen die Voraussetzung, $O(1)$ zu sein (Säkularterm).

21.2. Äußere und innere Entwicklungen; primäre und sekundäre Entwicklungen

Wir sind damit an einer Schlüsselstelle auf dem Weg zu einer Lösung unseres Problems angelangt und wollen rückblickend das bisher Erreichte kurz zusammenfassen. Wir haben für $\epsilon \to 0$ zwei verschiedene asymptotische Entwicklungen durchgeführt, deren wesentlicher Unterschied darin zu sehen ist, daß einmal die Koordinate t, das andere mal die Koordinate $T = t/\epsilon$ bei der Entwicklung nach ϵ festgehalten wurde. Die Entwicklung bei festem T ist für $T = O(1)$ oder $t = O(\epsilon)$, also in der Nähe des Zeitnullpunktes, gültig; wir nennen daher die Koordinate T eine „innere" Koordinate und die bei festen inneren Koordinaten durchgeführte Entwicklung eine „innere" Entwicklung. Andererseits ist die Entwicklung bei festem t nur für $1/t = O(1)$, also nicht in der Nähe des Zeitnullpunktes gültig; t stellt daher eine „äußere" Koordinate dar, und die bei festen äußeren Koordinaten durchgeführte Entwicklung wird „äußere" Entwicklung genannt. Entsprechende Bezeichnungen werden auch für die aus den Entwicklungen erhaltenen Lösungen verwendet.

Äußere und innere Entwicklung sind, was die Durchführung der weiteren Rechnung betrifft, *nicht* gleichberechtigt. Während die innere Entwicklung direkt zu einer eindeutig bestimmten ersten Näherung führt (X_0), bleibt bei der äußeren Entwicklung noch die Konstante A_0 unbestimmt. Diese darf nicht aus den Anfangsbedingungen bestimmt werden, weil die äußere Entwicklung an der Stelle t = 0 ja gar nicht gültig ist. Erst durch „Anpassen" der äußeren Entwicklung an die innere Entwicklung kann A_0 festgelegt werden, womit wir uns im nächsten Abschnitt befassen werden. Hier ist jedoch festzuhalten, daß die innere Lösung, zumindest in erster Näherung, unabhängig von der äußeren Entwicklung ist. Bei anderen Problemen können die Verhältnisse aber gerade umgekehrt sein. Wenn wir die Bezeichnungen „innen" und „außen" in Übereinstimmung mit der physikalischen oder geometrischen Anschauung verwenden, die Hierarchie in der Reihenfolge der Entwicklungen jedoch zum Ausdruck bringen wollen, ist es daher nützlich, zwischen einer *primären* und einer *sekundären* Entwicklung zu unterscheiden. Wir nennen jene Entwicklung primär, die in erster Näherung zu einer von der anderen Entwicklung unabhängigen Lösung führt. In unserem Beispiel ist die innere Entwicklung die primäre Entwicklung.

21.3. Anpassungsvorschriften

21.3.1. Überlappungsbereich und Zwischenentwicklung

Um die freien Konstanten, die zunächst in der sekundären Entwicklung, bei höheren Näherungen aber auch in der primären Entwicklung auftreten können, zu bestimmen, müssen die beiden Entwicklungen in geeigneter Weise aneinander „angepaßt" werden („matching"). Eine strenge Behandlung des „Anpassens" erfordert einen mathematischen Aufwand, der das in diesem Buch zulässige Maß beträchtlich übersteigt; der hieran interessierte Leser sei vor allem auf die grundlegenden Arbeiten von *Fraenkel* (1969) und von *Eckhaus* (1969), aber auch auf einen Artikel von *Lagerstrom* und *Casten* (1972) verwiesen. Wir wollen hier eher Plausibilitätsargumente heranziehen, um Methoden zu systematischen Durchführung des Anpassens darzustellen und verständlich zu machen.

Hierzu gehen wir davon aus, daß es zwischen dem Gültigkeitsbereich der primären Entwicklung und dem Gültigkeitsbereich der sekundären Entwicklung einen „Überlappungsbereich" geben muß, in welchem die primäre und die sekundäre Lösung gegen dieselbe Funktion streben, wenn $\epsilon \to 0$ geht. Diese Forderung ist notwendig, wenn die beiden Entwicklungen eine glatte Funktion einschließlich ihrer Ableitungen in sinnvoller Weise approximieren sollen.

Der Überlappungsbereich hat weder in äußeren noch in inneren Koordinaten eine endliche und von null verschiedene Ausdehnung; er entspricht vielmehr einem endlichen Gebiet (Intervall) in neuen Koordinaten, deren Streckung *zwischen* jener der äußeren und jener der inneren Koordinaten liegt. Für unser Beispiel der linearen Schwingung mit kleiner Masse führen wir dementsprechend die neue Zeitkoordinate

$$\tilde{t} = t/\epsilon^\alpha \quad , \qquad 0 < \alpha < 1 \tag{21.22}$$

ein und fordern, daß in einem endlichen, ansonsten aber beliebigen $\tilde{t}$-Intervall (z. B. $\frac{1}{2} < \tilde{t} < 2$) die primäre Lösung (21.11) und die sekundäre Lösung (21.20) mit $\epsilon \to 0$ gegen dieselbe Funktion streben. Aus

$$x_0 = A_0 \exp(-\epsilon^\alpha \tilde{t}) = A_0 [1 + O(\epsilon^\alpha)] \tag{21.23}$$

und

$$X_0 = 1 - \exp(-\epsilon^{\alpha - 1} \tilde{t}) = 1 + O(1/\exp(\epsilon^{\alpha - 1})) \tag{21.24}$$

folgt durch Gleichsetzen der mit $\epsilon \to 0$ nicht verschwindenden Ausdrücke sofort

$$A_0 = 1 \quad . \tag{21.25}$$

Damit ist die sekundäre Lösung erster Ordnung eindeutig festgelegt.

Das Anpassen der höheren Näherungen kann in der gleichen Weise erfolgen, wobei der Grenzübergang $\epsilon \to 0$ (bei festem $\tilde{t}$) Schritt für Schritt zu wiederholen ist. Das bedeutet nichts anderes, als daß sowohl die primäre Lösung als auch die sekundäre Lösung bei festem $\tilde{t}$ nach Potenzen von ϵ entwickelt und entsprechende Ausdrücke einander gleichgesetzt werden. Nennt man aus naheliegenden Gründen eine Entwicklung, bei welcher Koordinaten festgehalten werden, deren Streckung zwischen jener der primären und jener der sekundären Entwicklung liegt, eine *Zwischenentwicklung*, so kann man die Vorschrift zum Anpassen der primären und sekundären Entwicklungen folgendermaßen formulieren:

Die Zwischenentwicklungen von primärer und sekundärer Entwicklung müssen übereinstimmen.

Ein Überlappungsgebiet und damit ein Anpassen ist nur möglich für eine Parameterentwicklung, die bezüglich der Koordinaten nicht gleichmäßig gültig ist, sowie für eine Koordinatenentwicklung, die bezüglich der anderen Koordinaten nicht gleichmäßig gültig ist. Man kann nicht zwei verschiedene Parameterentwicklungen (z. B. für große und kleine Machzahlen) oder zwei verschiedene Koordinatenentwicklungen (z. B. für $x \to 0$ und $x \to \infty$) im Sinn von asymptotischen Entwicklungen aneinander anpassen.

21.3.2. Asymptotische Anpassungsvorschrift nach Van Dyke

Man kann die etwas umständliche Zwischenentwicklung übergehen, wenn man die folgende, von *Van Dyke* angegebene, „asymptotische" Anpassungsvorschrift anwendet (*Van Dyke* 1975a):

Die primäre Entwicklung der sekundären Entwicklung muß mit der sekundären Entwicklung der primären Entwicklung übereinstimmen.

Formelmäßig läßt sich diese Vorschrift für eine mit f bezeichnete abhängige Variable als

$$[f_P^{(n)}]_S^{(m)} = [f_S^{(m)}]_P^{(n)} \quad ; \qquad n, m = 1, 2, 3, \ldots \tag{21.26}$$

darstellen, wobei die Indizes P und S die primäre bzw. sekundäre Entwicklung anzeigen und die hochgestellten Indizes (n) und (m) auf die Anzahl der (nicht-verschwindenden) Glieder hinweisen, bis zu welchen die jeweilige Entwicklung vorangetrieben wird.

Unseren Definitionen entsprechend muß damit begonnen werden, die eingliedrige sekundäre Entwicklung an die eingliedrige primäre Entwicklung anzupassen (n = m = 1). Daran anschließend ist die zweigliedrige primäre Entwicklung an die eingliedrige sekundäre Entwicklung anzupassen (n = 2, m = 1), um eventuelle Rückwirkungen der sekundären Entwicklung („Sekundäreffekte") zu erfassen. Es folgt die Anpassung für n = m = 2 usw. Die Anpassung geht daher *schrittweise* nach dem in Bild 21.1 dargestellten Schema vor sich. Wenngleich es Fälle gibt, in denen das Verfahren abgekürzt werden kann, so ist es doch empfehlenswert, sich stets an dieses Schema zu halten, um Schwierigkeiten oder gar Fehler bei der Anpassung zu vermeiden.

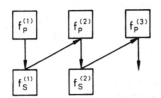

Bild 21.1

Schema zur schrittweisen Durchführung des Anpassens von sekundären und primären Entwicklungen

Die asymptotische Anpassung kann zu falschen Ergebnissen führen, wenn logarithmische Störterme auftreten und nicht in geeigneter Weise behandelt werden (*Fraenkel* 1969). Wie schon zum Begriff der asymptotischen Reihe ausgeführt wurde (Abschnitt 14.3), müssen Ausdrücke, die den Logarithmus des Störparameters enthalten, mit dem entsprechenden (die gleiche *Potenz* von ε aufweisenden) nicht-logarithmischen Term zu einem einzigen Reihenglied zusammengefaßt werden. Beispielsweise sind die Ausdrücke $\varepsilon \ln^2 \varepsilon$, $\varepsilon \ln \varepsilon$ und ε als ein einziges Reihenglied aufzufassen. Darauf ist bei der Anwendung der asymptotischen Anpassungsvorschrift zu achten (*Leppington* 1972). Allerdings können dabei grundsätzliche Schwierigkeiten auftreten, wie in Anschluß an Gl. (21.79) ausgeführt ist.

Wir wenden nun die Anpassungsvorschrift (21.26) auf das Beispiel der linearen Schwingung an und beginnen mit n = m = 1. Die eingliedrige primäre Entwicklung lautet nach Gl. (21.15) und Gl. (21.20) $x_P^{(1)} = 1 - \exp(-T)$. In diesem Ausdruck muß die sekundäre Koordinate $t = \varepsilon T$ eingeführt, anschließend bei festem t entwickelt und nach dem ersten Term abgebrochen werden:

$$1 - e^{-T} = 1 - e^{-t/\varepsilon} = 1 + \ldots ; \qquad [x_P^{(1)}]_S^{(1)} = 1 \quad . \tag{21.27}$$

Umgekehrt wird in die durch Gl. (21.11) gegebene, eingliedrige sekundäre Entwicklung $x_S^{(1)} = A_0 \exp(-t)$ die primäre Koordinate $T = t/\varepsilon$ eingeführt, dann bei festem T entwickelt und ebenfalls nach dem ersten Term abgebrochen:

$$A_0 e^{-t} = A_0 e^{-\varepsilon T} = A_0(1 + \ldots) \quad ; \qquad [x_S^{(1)}]_P^{(1)} = A_0 \quad . \tag{21.28}$$

Die Anpassungsvorschrift (21.26) liefert damit $A_0 = 1$ in Übereinstimmung mit dem aus der Zwischenentwicklung gefundenen Ergebnis (21.25).

Im zweiten Schritt setzen wir $n = 2$ und $m = 1$. Die zweigliedrige primäre Entwicklung $(X_0 + \epsilon X_1)$ wird bei fester sekundärer Koordinate entwickelt:

$$1 - e^{-T} + \epsilon [2(1 - e^{-T}) - T(1 + e^{-T})] = 1 - e^{-t/\epsilon} + \epsilon \left[2(1 - e^{-t/\epsilon}) - \frac{t}{\epsilon}(1 + e^{-t/\epsilon}) \right] =$$
$$= 1 - t + \ldots \quad ; \qquad [x_P^{(2)}]_S^{(1)} = 1 - t \quad . \tag{21.29}$$

Andererseits wird die eingliedrige sekundäre Entwicklung bei fester primärer Koordinate bis zu zwei Gliedern entwickelt.

$$A_0 e^{-t} = e^{-\epsilon T} = 1 - \epsilon T + \ldots \quad ; \qquad [x_S^{(1)}]_P^{(2)} = 1 - \epsilon T \quad . \tag{21.30}$$

Der Vergleich von Gl. (21.29) mit Gl. (21.30) zeigt, daß die Anpassungsvorschrift für $n = 2, m = 1$ bereits erfüllt ist. Wir hätten an dieser Stelle auch gar keine freie Konstante zur Verfügung gehabt!

Schließlich soll noch der zweite Term der sekundären Entwicklung (d.h. die zweite Näherung für nicht kleine Zeiten t) berechnet werden. Hierzu ist zunächst noch die allgemeine Lösung der Differential-gleichung (21.10) ausständig. Sie ergibt sich unter Verwendung der Gln. (21.11) und (21.25) zu

$$x_1 = (A_1 - t) e^{-t} \quad . \tag{21.31}$$

Die Konstante A_1 wird aus der Anpassungsvorschrift (21.26) mit $n = m = 2$ bestimmt. Es wird

$$[x_P^{(2)}]_S^{(2)} = 1 - t + 2\epsilon \quad ,$$
$$[x_S^{(2)}]_P^{(2)} = 1 + \epsilon(A_1 - T) \quad , \tag{21.32}$$

und die Anpassungsvorschrift liefert

$$A_1 = 2 \quad . \tag{21.33}$$

Damit ist auch der zweite Term der sekundären Entwicklung eindeutig festgelegt.

Wir fassen die bisher erzielten Ergebnisse zusammen, indem wir die äußere (sekundäre) und innere (primäre) Entwicklung bis einschließlich der Glieder 2. Ordnung anschreiben:

$$t^{-1} = O(1): \qquad x = x_0 + \epsilon x_1 + O(\epsilon^2) = [1 + \epsilon(2 - t)] e^{-t} + O(\epsilon^2) \quad ;$$
$$T = t/\epsilon = O(1): \quad x = X_0 + \epsilon X_1 + O(\epsilon^2) =$$
$$= 1 - e^{-T} + \epsilon [2(1 - e^{-T}) - T(1 + e^{-T})] + O(\epsilon^2) \quad . \tag{21.34}$$

In Bild 21.2 sind numerische Ergebnisse für $\epsilon = 0{,}1$ dargestellt. Die oben angegebenen Gültigkeits-bereiche der beiden Entwicklungen werden durch den Vergleich mit dem exakten Ergebnis (21.6) bestätigt.

21.4. Konstruktion gleichmäßig gültiger Lösungen

Nachdem die äußere und die innere Lösung mit der gewünschten Genauigkeit gefunden worden sind, kann das gestellte Problem als gelöst angesehen werden. Das Ergebnis hat aber noch einen Schönheitsfehler: Zwischen der äußeren und der inneren Lösung haben wir keine glatte Verbindung, und man weiß bei einer numerischen Auswertung nicht, an welcher Stelle man von der einen Lösung auf die andere Lösung übergehen soll. Diese Schwierigkeit läßt sich am besten beheben, indem man die beiden Entwicklungen zu einer *gleichmäßig gültigen Lösung* zusammenfügt. Dies ist möglich, weil sich die Gültigkeitsbereiche der beiden Entwicklungen im früher erläuterten Sinn überlappen.

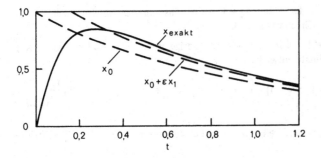

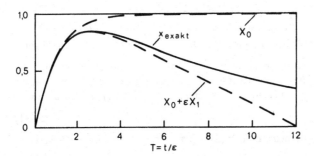

Bild 21.2

Ergebnisse der primären (inneren) und sekundären (äußeren) Entwicklungen (unteres bzw. oberes Bild) für die gedämpfte Schwingung mit kleiner Massenkennzahl ϵ; Vergleich mit exakter Lösung. ($\epsilon = 0{,}1$.)

Zur Konstruktion einer gleichmäßig gültigen Lösung kann man sich verschiedener Methoden bedienen. Die gleichmäßig gültige Lösung ist jedoch *nicht* eindeutig, so daß man bei der Anwendung verschiedener Methoden durchaus unterschiedliche Ergebnisse finden kann. Allen gleichmäßig gültigen Lösungen muß aber gemeinsam sein, daß sie im äußeren Gebiet zur äußeren Lösung, im inneren Gebiet zur inneren Lösung äquivalent sind. Im folgenden werden die beiden bekanntesten Methoden zur Konstruktion gleichmäßig gültiger Lösungen aus primären und sekundären Entwicklungen vorgestellt und auf das Beispiel der gedämpften Schwingung angewendet.

21.4.1. Additive Zusammensetzung

Man bildet die Summe aus primärer und sekundärer Entwicklung und subtrahiert davon den Ausdruck, der beiden Entwicklungen im Überlappungsgebiet gemeinsam ist:

$$f_+^{(n,m)} = f_P^{(n)} + f_S^{(m)} - [f_S^{(m)}]_P^{(n)} \quad . \tag{21.35}$$

Diese Rechenvorschrift läßt sich formal begründen, indem man die rechte Gleichungsseite einmal bei festen primären Koordinaten, das andere mal bei festen sekundären Koordinaten entwickelt. Es folgt unter Verwendung der Anpassungsvorschrift (21.26), die ja bereits erfüllt sein muß:

$$[f_+^{(n,m)}]_P^{(n)} = f_P^{(n)} + [f_S^{(m)}]_P^{(n)} + \text{T.h.O.} - [f_S^{(m)}]_P^{(n)} = f_P^{(n)} + \text{T.h.O.} \quad ; \tag{21.36}$$

$$[f_+^{(n,m)}]_S^{(m)} = [f_P^{(n)}]_S^{(m)} + \text{T.h.O.} + f_S^{(m)} - [f_P^{(n)}]_S^{(m)} = f_S^{(m)} + \text{T.h.O.} \quad . \tag{21.37}$$

Primäre und sekundäre Entwicklung werden also, wie erforderlich, bis auf Terme höherer Ordnung (T.h.O.) reproduziert.

Wenden wir die Regel (21.35) mit $n = m = 1$ auf unser Beispiel an, so erhalten wir

$$x_+^{(1,1)} = 1 - e^{-T} + e^{-t} - 1 = e^{-t} - e^{-t/\epsilon} \quad . \tag{21.38}$$

Dies ist eine gleichmäßig gültige Lösung 1. Ordnung.

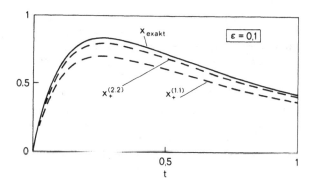

Bild 21.3

Durch additive Zusammensetzung gefundene, gleichmäßig gültige Lösungen für die gedämpfte Schwingung mit kleiner Massenkennzahl ϵ; Vergleich mit exakter Lösung.

Mit einer ähnlichen Rechnung findet man die folgende Lösung, die in zweiter Ordnung gleichmäßig gültig ist:

$$x_+^{(2,2)} = [1 + \epsilon(2-t)]\,e^{-t} - (1 + 2\epsilon + t)\,e^{-t/\epsilon} \quad . \tag{21.39}$$

Einen Vergleich mit der exakten Lösung zeigt Bild 21.3.

Mitunter sind auch Zusammensetzungen mit $m \neq n$ nützlich; der Fehler ist dann im äußeren Gebiet von anderer Größenordnung als im inneren Gebiet (vgl. Übungsaufgabe 2).

Die durch Zusammensetzung gefundenen Lösungen sind i. a. *keine* asymptotischen Entwicklungen in dem in Kapitel 14 definierten Sinn. Man darf sich daher auch nicht dazu verleiten lassen, diese gleichmäßig gültigen Lösungen durch Vernachlässigung von Ausdrücken, die klein gegen andere Ausdrücke sind, weiter vereinfachen zu wollen.

21.4.2. Multiplikative Zusammensetzung

Bei der multiplikativen Art der Zusammensetzung wird das Produkt aus primären und sekundären Entwicklungen gebildet und durch den „gemeinsamen Teil" dividiert:

$$f_x^{(n,m)} = \frac{f_P^{(n)}\, f_S^{(m)}}{[f_S^{(m)}]_P^{(n)}} \quad . \tag{21.40}$$

Auch diese Regel, die auf die gleiche Weise wie die additive Zusammensetzung zu begründen ist, wird oft verwendet.

21.4.3. Versagen der Zusammensetzungsregeln

Sowohl die multiplikative als auch die additive Zusammensetzung können in gewissen Fällen zu inkorrekten (d.h. nicht gleichmäßig gültigen) Ergebnissen führen. Auf eine Möglichkeit des Versagens und seine Ursachen wurde zuerst bei der multiplikativen Zusammensetzung mit den folgenden Argumenten hingewiesen (*Schneider* 1973).

Führt man auf beiden Seiten von Gl. (21.40) eine primäre Entwicklung aus, so folgt

$$[f_x^{(n,m)}]_P^{(n)} = \frac{f_P^{(n)} \cdot \{[f_S^{(m)}]_P^{(n)} + \text{T.h.O.}\}}{[f_S^{(m)}]_P^{(n)}} \quad . \tag{21.41}$$

Wenn nun der gemeinsame Teil der primären und sekundären Entwicklung, d.i. $[f_S^{(m)}]_P^{(n)}$, für alle möglichen Werte der unabhängigen Variablen von null verschieden ist, so können die Terme höherer Ordnung (T.h.O.) in Gl. (21.41), sofern sie überall endlich sind, weggelassen werden. Der gemeinsame Teil $[f_S^{(m)}]_P^{(n)}$ kürzt sich dann heraus, und man erhält die primäre Lösung. Wenn jedoch

$[f_S^{(m)}]_P^{(n)}$ für gewisse Werte der unabhängigen Variablen verschwindet, müssen die Terme höherer Ordnung in Gl. (21.41) beibehalten werden. In diesem Fall wird aus Gl. (21.41) das gewünschte Ergebnis, nämlich $f_P^{(n)}$, *nicht* erhalten. Hinzu kommt, daß die multiplikativ zusammengesetzte Lösung im allgemeinen über alle Grenzen anwächst, wenn der gemeinsame Teil gegen null strebt; denn um einen endlichen Quotienten zu ermöglichen, müßten die Terme höherer Ordnung in Gl. (21.41) für dieselben Werte der unabhängigen Variablen verschwinden wie $[f_S^{(m)}]_P^{(n)}$.

Die multiplikative Zusammensetzung darf also nicht angewendet werden, wenn der gemeinsame Teil der primären und sekundären Entwicklungen Nullstellen hat. Ein einfaches Beispiel hierzu ist die Strömung in der Nähe des Staupunktes eines dünnen Profils (Übungsaufgabe 9).

Bei der additiven Zusammensetzung tritt der gemeinsame Teil der Entwicklungen nicht im Nenner, sondern als Summand auf; sein Verschwinden bereitet daher in diesem Fall keinerlei Schwierigkeiten. Dennoch ist auch bei der Anwendung der Additionsregel Vorsicht angebracht. Wenn nämlich die Terme höherer Ordnung in Gl. (21.36) oder (21.37) für gewisse Werte der unabhängigen Variablen unendlich groß werden, ist ihre Vernachlässigung nicht mehr gerechtfertigt. In diesem Ausnahmefall ist daher nicht zu erwarten, daß sich aus der additiven Zusammensetzung eine gleichmäßig gültige Lösung ergibt.

Daß auch die additive Zusammensetzung versagen kann, wurde von *Potsch* (1976)[1] an dem folgenden Beispiel festgestellt (Übungsaufgabe 10). Für einen vertikalen, runden, laminaren Freistrahl, dessen Temperatur sich von der Umgebungstemperatur unterscheidet, lassen sich schwache hydrostatische Auftriebseffekte in einem inneren Gebiet durch die primäre Entwicklung

$$u = (1 + \eta)^{-2} + O(\epsilon)$$

beschreiben, während in einem äußeren Gebiet die sekundäre Entwicklung

$$u = \epsilon^{\frac{2}{3-2\,Pr}} [\eta_S^{-2} + C\,\eta_S^{1-2\,Pr} + o(1)] \quad , \qquad \eta_S = \epsilon^{\frac{1}{3-2\,Pr}} \eta$$

gültig ist. Dabei bedeutet u die achsiale Geschwindigkeitskomponente, die unabhängige Variable η ist proportional zu $(r/z)^2$ mit r als Radial- und z als Achsialkoordinate, ϵ ($\epsilon \ll 1$) ist proportional zu z^2 und charakterisiert die relative Bedeutung des Auftriebs für den gesamten Impulsstrom im Strahl, C steht für eine Konstante, und Pr ist die Prandtl-Zahl, für die $3/2 > Pr > 1/2$ vorausgesetzt ist.

Mit $[u_P^{(1)}]_S^{(1)} = \eta^{-2}$ folgt aus der additiven Zusammensetzung

$$u_+^{(1,1)} = (1 + \eta)^{-2} + C\,\epsilon\,\eta^{1-2\,Pr} \quad .$$

Diese zusammengesetzte Lösung wächst für $\eta \to 0$ (an der Strahlachse) über alle Grenzen, während die primäre Entwicklung den korrekten Wert 1 liefert.

21.5. Zusammenfassung des Rechenganges

Für ein singuläres Störproblem, das sich mit der Methode der angepaßten asymptotischen Entwicklungen lösen läßt, ist typisch, daß es zwei (oder mehrere) charakteristische Längen bzw. Zeiten enthält, die von verschiedener Größenordnung sind. (Nicht alle derartigen Probleme lassen sich jedoch mit dieser Methode lösen, wie sich an den Beispielen des Kapitels 22 noch zeigen wird.) Die Methode kann etwa in den folgenden Schritten durchgeführt werden.

1. Festlegung der äußeren Koordinaten: Die unabhängigen Variablen (Raum- und Zeitkoordinaten) werden ebenso wie die abhängigen Variablen mit charakteristischen Größen (Referenzgrößen) des „gesamten" Problems dimensionslos gemacht. Dabei wird auch der Störparameter ϵ ($\epsilon \ll 1$) festgelegt.

---

[1] Mündliche Mitteilung

2. *Äußere Entwicklung:* Asymptotische Entwicklung für $\epsilon \to 0$ bei festgehaltenen äußeren Koordinaten.

3. *Abgrenzung* des Gebietes, in welchem die äußere Entwicklung nicht gültig ist. Diese Abgrenzung hat nach Lage und Form (Nachbarschaft eines Punktes, einer Kurve oder einer Fläche) zu erfolgen.

4. Festlegung der *inneren Koordinaten:* Durch Multiplikation der äußeren Koordinaten mit geeigneten Funktionen von ϵ werden neue unabhängige Variable gebildet derart, daß sie im Ungültigkeitsgebiet der äußeren Entwicklung die Größenordnung 1 haben. (Dies bedeutet Verwendung der zweiten charakteristischen Länge bzw. Zeit als Referenzgröße.) Kann man die erforderliche Koordinatenstreckung nicht der physikalischen Anschauung entnehmen, so empfiehlt sich die Verwendung unbestimmter Ansätze.

5. *Innere Entwicklung:* Asymptotische Entwicklung für $\epsilon \to 0$ bei festgehaltenen inneren Koordinaten.

6. Identifikation der äußeren oder inneren Entwicklung als *primäre* Entwicklung, d. h. als diejenige Entwicklung, die in erster Näherung von der anderen Entwicklung – der *sekundären* Entwicklung – unabhängig ist.

7. *Anpassen* des ersten Terms der sekundären Entwicklung an den ersten Term der primären Entwicklung mit Hilfe einer Zwischenentwicklung oder unter Verwendung der asymptotischen Anpassungsvorschrift von *Van Dyke.* (Ersetzt Rand- oder Anfangsbedingungen, die von der inneren bzw. äußeren Entwicklung nicht erfüllt werden können, weil sie außerhalb des Gültigkeitsbereiches der jeweiligen Entwicklung liegen.)

8. *Höhere Näherungen:* Alternierendes Fortsetzen der primären und sekundären Entwicklungen entsprechend dem Schema des Bildes 21.1.

9. Konstruktion *gleichmäßig gültiger Lösungen,* vorzugsweise durch additive Zusammensetzung.

21.6. Anwendungsbeispiele

Von allen in diesem Buch genannten Methoden ist wahrscheinlich in den letzten zehn oder fünfzehn Jahren keine öfter und vielseitiger angewendet worden als die Methode der angepaßten asymptotischen Entwicklungen. Viele Aufgaben wurden mit dieser Methode erstmals einer Lösung zugänglich; eine Aufzählung auch nur von Beispielen verbietet sich mit Rücksicht auf die Fülle von Vorhandenem. Früher verstreut gewesenen Probleme ließen sich hiermit unter einem einheitlichen Gesichtspunkt sehen (*Tuck* 1975). Aber auch für manche schon vorhandene Theorie konnte besseres Verständnis gewonnen werden, wofür die Aerodynamik (*Germain* 1967) und die Aeroakustik (*Obermeier* und *Müller* 1967, *Möhring* u. a. 1969) als Beispiele genannt seien. Im folgenden werden zwei klassische Probleme der Strömungsmechanik, nämlich Strömungen bei sehr großen bzw. bei sehr kleinen Reynoldsschen Zahlen, behandelt. Dabei geht es keinesfalls darum, eine umfassende oder auch nur einigermaßen geschlossene Darstellung dieser Theorien zu geben, sondern lediglich darum, die Anwendung der Methode der angepaßten asymptotischen Entwicklungen zu erläutern. Wir halten uns dabei im wesentlichen, jedoch mit manchen Abänderungen im Detail, an die Vorgangsweise *Van Dykes* (1975a).

21.6.1. Strömungen bei großen Reynoldsschen Zahlen; Grenzschichttheorie

Problemstellung und Versagen der regulären Entwicklung. Wir betrachten die stationäre, inkompressible, ebene Strömung um einen zylindrischen Körper (Bild 21.4). Der Einfachheit halber nehmen wir an, daß die Oberfläche des Körpers (Wand) in dem von uns betrachteten Abschnitt eben sei. Dann können wir, wie aus der Abbildung ersichtlich, mit wandorientierten kartesischen

Koordinaten x, y arbeiten; sie seien mit einer charakteristischen Körperabmessung L dimensionslos gemacht. Als Grundgleichung verwenden wir die Wirbeltransportgleichung

$$\frac{\partial \psi}{\partial y} \frac{\partial \Delta \psi}{\partial x} - \frac{\partial \psi}{\partial x} \frac{\partial \Delta \psi}{\partial y} = \epsilon \, \Delta \Delta \psi \qquad (21.42)$$

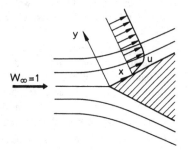

Bild 21.4
Grenzschichtströmung längs des ebenen Wandteils
eines zylindrischen Körpers

$W_\infty = 1$

für die dimensionslose Stromfunktion ψ. Dabei bedeutet $\epsilon = \mathrm{Re}^{-1} = (L W_\infty / \nu)^{-1}$ den Reziprokwert der Reynoldsschen Zahl, die aus der charakteristischen Körperabmessung L, der Anströmgeschwindigkeit W_∞ und der kinematischen Zähigkeit ν gebildet ist.

Als Randbedingung ist einerseits die Haftbedingung an der Wand,

$$\psi(x, 0) = 0 \quad , \qquad \psi_y(x, 0) = 0 \quad , \qquad\qquad (21.43)$$

zu erfüllen, andererseits eine Randbedingung im Unendlichen (Anströmbedingung), mit der wir uns hier aber gar nicht auseinandersetzen müssen.

Wir wollen das gestellte Problem durch asymptotische Entwicklung für große Reynoldssche Zahl, d.h. für $\epsilon \to 0$, vereinfachen. Dazu setzen wir zunächst für ψ eine Entwicklung mit unbestimmten Vergleichsfunktionen an:

$$\psi = \psi_0(x, y) + \lambda_1(\epsilon)\, \psi_1(x, y) + \dots \quad ; \qquad \lambda_1 \to 0 \text{ für } \epsilon \to 0 \quad . \qquad (21.44)$$

Mit diesem Ansatz geht die Wirbeltransportgleichung (21.42) in erster Näherung über in

$$\frac{\partial \psi_0}{\partial y} \frac{\partial \Delta \psi_0}{\partial x} - \frac{\partial \psi_0}{\partial x} \frac{\partial \Delta \psi_0}{\partial y} = 0 \quad . \qquad\qquad (21.45)$$

Diese Gleichung enthält keine von der Reibung herrührenden Ausdrücke mehr, was in Anbetracht der Voraussetzung großer Reynoldsscher Zahlen nicht überraschend sein sollte. Doch hat sich gerade durch den Wegfall der Reibungsterme die Ordnung der Differentialgleichung um eins erniedrigt, und dies bedeutet, wie wir schon wissen, ein wichtiges Warnsignal. Es muß damit gerechnet werden, daß man mit ψ_0 nicht alle Randbedingungen erfüllen kann.

Falls die Anströmung drehungsfrei ist, bleibt die reibungsfreie Strömung nach einem Wirbelsatz von Helmholtz drehungsfrei, so daß ψ_0 die Laplace-Gleichung

$$\Delta \psi_0 = 0 \qquad\qquad (21.46)$$

erfüllen muß. Somit sind die Potentialströmungen als spezielle Lösungen der Gl. (21.45) aufzufassen. Nun zeigt aber die Theorie der Potentialströmungen, daß sich zwar die Randbedingung im Unendlichen und die Randbedingung $\psi = 0$ an der Wand (Wand als Stromlinie) erfüllen lassen, nicht jedoch auch noch die Bedingung $\psi_y = 0$ an der Wand (Verschwinden der Tangentialkomponente der Geschwindigkeit und somit der Geschwindigkeit selbst).

Wir kommen damit zu dem Schluß, daß die Entwicklung (21.44) in der Nähe der Wand nicht gültig ist und dort durch eine andere Entwicklung ersetzt werden muß. Dies ist der Grundgedanke der Prandtlschen Grenzschichttheorie.

Äußere und innere Entwicklung erster Ordnung. Im Sinne der angepaßten asymptotischen Entwicklungen wird daher die Entwicklung (21.44), d.h. die bei festen x und y durchgeführte Entwicklung, als äußere Entwicklung aufgefaßt. Für die wandnahe Schicht (Grenzschicht) hingegen werden innere Koordinaten x, Y mit

$$Y = y/\sigma(\epsilon) \quad ;$$
$$\sigma \to 0 \text{ für } \epsilon \to 0 \tag{21.47}$$

definiert und eine innere Entwicklung von der Form

$$\psi = \Lambda_0(\epsilon) \Psi_0(x, Y) + \Lambda_1(\epsilon) \Psi_1(x, Y) + \ldots \quad ;$$
$$\Lambda_0, \Lambda_1/\Lambda_0, \ldots \to 0 \qquad \text{für } \epsilon \to 0 \tag{21.48}$$

angesetzt. Anders als bei der äußeren Entwicklung enthält bei der inneren Entwicklung schon der erste Term eine mit $\epsilon \to 0$ verschwindende Vergleichsfunktion Λ_0, weil die abhängige Variable im inneren Gebiet im allgemeinen eine andere Größenordnung als im äußeren Gebiet hat.

Während in den Lehrbüchern der Strömungsmechanik die erforderliche Koordinatenstreckung σ und die Vergleichsfunktion Λ_0 üblicherweise aus physikalischen Überlegungen ermittelt werden, soll hier auf solche Abschätzungen verzichtet und mehr formal vorgegangen werden. Dieser Weg ist immer dann zu empfehlen, wenn die Kenntnis und das Verständnis der physikalischen Vorgänge bei einem Problem noch unzureichend sind.

Trägt man den Ansatz (21.48) in die Wirbeltransportgleichung (21.42) ein, und läßt man alle Terme, die sicher klein gegen andere Terme sind, fort, so reduziert sich die Gleichung auf

$$\frac{\partial \Psi_0}{\partial Y} \cdot \frac{\partial^3 \Psi_0}{\partial x \partial Y^2} - \frac{\partial \Psi_0}{\partial x} \frac{\partial^3 \Psi_0}{\partial Y^3} = \frac{\epsilon}{\sigma \Lambda_0} \frac{\partial^4 \Psi_0}{\partial Y^4} \quad . \tag{21.49}$$

Was die Größenordnung des Koeffizienten $\epsilon/\sigma \Lambda_0$ für $\epsilon \to 0$ betrifft, so sind drei verschiedene Möglichkeiten in Erwägung zu ziehen. Würde $\epsilon/\sigma \Lambda_0 \to 0$ gehen, so bliebe auch in der inneren Entwicklung die höchste Ableitung nicht erhalten und es könnten nicht sämtliche Randbedingungen erfüllt werden. Würde umgekehrt $\epsilon/\sigma \Lambda_0 \to \infty$ gehen, so wäre in der inneren Entwicklung in erster Ordnung keiner von jenen Termen vertreten, die in der äußeren Entwicklung vorkommen. Das läßt erwarten, daß die beiden Entwicklungen nicht aneinander angepaßt werden könnten, und eine Durchrechnung mit der allgemeinen Lösung von $\partial^4 \Psi_0/\partial Y^4 = 0$ bestätigt diese Erwartung. Wenn aber null und unendlich als Grenzwerte auszuschließen sind, dann muß $\epsilon/\sigma \Lambda_0 = O(1)$ bleiben, wenn $\epsilon \to 0$ geht. Zieht man Konstanten, die $O(1)$ sind, in die unbestimmten Funktionen $\sigma(\epsilon)$ bzw. $\Lambda_0(\epsilon)$ hinein, so kann man

$$\epsilon/\sigma \Lambda_0 = 1 \tag{21.50}$$

setzen. Dies ist eine erste Bestimmungsgleichung für σ und Λ_0.

Die Differentialgleichung (21.49) kann einmal integriert werden. Man erhält

$$\frac{\partial^3 \Psi_0}{\partial Y^3} + \frac{\partial \Psi_0}{\partial x} \frac{\partial^2 \Psi_0}{\partial Y^2} - \frac{\partial \Psi_0}{\partial Y} \frac{\partial^2 \Psi_0}{\partial x \partial Y} = f(x) \tag{21.51}$$

mit $f(x)$ als einer Integrationsfunktion; sie muß durch Anpassen an die äußere Entwicklung bestimmt werden, denn aus den Randbedingungen

$$\Psi_0(x, 0) = \Psi_{0Y}(x, 0) = 0 \tag{21.52}$$

kann keine Aussage über $f(x)$ gemacht werden. Hier wird besonders deutlich, daß die innere Lösung Ψ_0 von der äußeren Lösung abhängt; die innere Entwicklung ist daher als sekundär, die äußere Entwicklung als primär im Anpassungsvorgang anzusehen.

Anpassung. Wir führen nun die Anpassung gemäß der Vorschrift (21.26) mit n = m = 1 durch. Entwickelt man den ersten Term der primären Entwicklung bei festen sekundären Variablen, so folgt

$$\psi_0(x, y) = \psi_0(x, \sigma Y) = \psi_0(x, 0) + \sigma Y \psi_{0y}(x, 0) + \dots \quad {}^1) \tag{21.53}$$

Hiervon hat man den ersten (nicht verschwindenden!) Term zu nehmen, der nicht notwendigerweise gleich $\psi_0(x, 0)$ sein muß. Wir schreiben daher

$$[\psi_P^{(1)}]_S^{(1)} = \begin{cases} \psi_0(x, 0) & \text{wenn } \psi_0(x, 0) \neq 0 \quad ; \\ \sigma Y \psi_{0y}(x, 0) & \text{wenn } \psi_0(x, 0) = 0 \quad . \end{cases} \tag{21.54}$$

Andererseits ist der erste Term der sekundären Entwicklung bei festen primären Koordinaten zu entwickeln. Dies liefert

$$[\psi_S^{(1)}]_P^{(1)} = \Lambda_0 [\Psi_0(x, y/\sigma)]_{\sigma \to 0} = \Lambda_0 [\Psi_0(x, Y)]_{Y \to \infty} \quad . \tag{21.55}$$

Verlangen wir nun, daß $[\psi_P^{(1)}]_S^{(1)} = [\psi_S^{(1)}]_P^{(1)}$ sein soll, so ist das wegen $\sigma \to 0$ und $\Lambda_0 \to 0$ nur möglich, wenn

$$\psi_0(x, 0) = 0 \quad . \tag{21.56}$$

Dies ist nichts anderes als die in der reibungsfreien Theorie übliche Randbedingung für die Potentialströmung. Weiters muß $\sigma = \Lambda_0$ sein, woraus sich mit der früheren Bedingung (21.50) die bisher unbestimmten Streckungs- bzw. Vergleichsfunktionen zu

$$\sigma = \Lambda_0 = \epsilon^{1/2} \tag{21.57}$$

ergeben. Dieses Ergebnis bringt zum Ausdruck, daß die Grenzschichtdicke von der Größenordnung $1/\sqrt{Re}$ ist. Schließlich bleibt als Anpassungsvorschrift noch die Bedingung

$$[\Psi_0(x, Y)]_{Y \to \infty} = Y \psi_{0y}(x, 0) \quad . \tag{21.58}$$

Sie stellt bei bereits bekannter äußerer Lösung ψ_0 eine „äußere Randbedingung" für die Stromfunktion $\Psi_0(x, Y)$ der Grenzschicht dar. Differenziert man noch nach Y, so erhält man die in der Grenzschichttheorie übliche Bedingung

$$\Psi_{0Y}(x, \infty) = \psi_{0y}(x, 0) \quad , \tag{21.59}$$

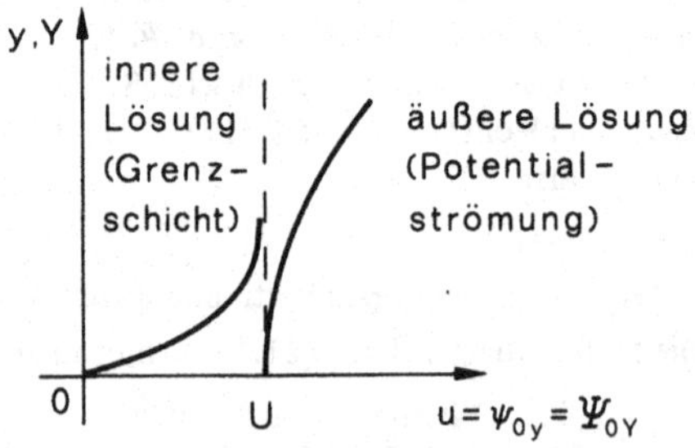

Bild 21.5

Anpassung der Grenzschichtströmung an die Potentialströmung

die sich physikalisch sehr schön interpretieren läßt: Die Tangentialgeschwindigkeit der reibungsbehafteten Grenzschichtströmung am „Außenrand" der Grenzschicht $(Y \to \infty)$ muß gleich sein der Tangentialgeschwindigkeit der reibungsfreien Potentialströmung an der Wand $(y \to 0)$; vgl. Bild 21.5.

---

[1] Diese Entwicklung setzt voraus, daß ψ_0 bei y = 0 die notwendigen Differenzierbarkeitsvoraussetzungen erfüllt. Wenn die Normalableitung der äußeren Strömungsgeschwindigkeit an der Wand singulär wird, wie es beispielsweise bei einem angestellten Kreiskegel in Überschallströmung der Fall ist, so erfordert dies eine Modifikation der asymptotischen Entwicklungen, vgl. *Bulakh* (1971).

Zusammen mit den beiden in Gl. (21.52) angeschriebenen Randbedingungen an der Wand steht damit die erforderliche Anzahl von Randbedingungen für Gl. (21.51) – eine Differentialgleichung 3. Ordnung – zur Verfügung. Zu bestimmen ist lediglich noch die Integrationsfunktion $f(x)$. Man erhält sie, wenn man in Gl. (21.51) $Y \to \infty$ gehen läßt und dabei die Anpassungsbedingung (21.58) verwendet. Wird das Ergebnis wiederum in Gl. (21.51) eingesetzt, so ergibt sich schließlich die sogenannte *Grenzschichtgleichung*

$$\Psi_{0YYY} + \Psi_{0x} \Psi_{0YY} - \Psi_{0Y} \Psi_{0xY} = - \psi_{0y}(x, 0) \, \psi_{0xy}(x, 0) \quad . \tag{21.60}$$

Die rechte Seite kann als $-UU'$ geschrieben werden, wenn mit $U(x)$ die Geschwindigkeit der Potentialströmung an der Wand bezeichnet wird; dieser Ausdruck entspricht nach der Bernoullischen Gleichung dem Druckgradienten an der Wand.

Zur Lösung der Gl. (21.60) oder ihr äquivalenter Gleichungen wurden in der Grenzschichttheorie zahlreiche Methoden entwickelt. Eine davon, nämlich die Methode der Ähnlichkeitslösungen, haben wir bereits in Abschnitt 10.3 kennengelernt.

Äußere (primäre) Entwicklung zweiter Ordnung. Im nächsten Schritt der Störungsrechnung ist der zweite Term der primären Entwicklung zu behandeln. Zunächst wird $\lambda_1(\epsilon)$ im Ansatz (21.44) derart bestimmt, daß eine Anpassung der zweigliedrigen Primärentwicklung an die eingliedrige Sekundärentwicklung möglich ist.

Eine asymptotische Entwicklung von Ψ_0 für $Y = \epsilon^{-1/2} y \to \infty$ muß mit dem durch Gl. (21.58) gegebenen Ausdruck beginnen. Es folgen ein von Y unabhängiger Term, der durch Lösen von Gl. (21.60) zu ermitteln ist und als $\Psi_0^*(x)$ bezeichnet sei, und schließlich exponentiell kleine Terme, weil die durch die innere Reibung hervorgerufene Wirbelstärke $|\Delta \psi|$ mit zunehmendem Wandabstand exponentiell abnehmen muß (*Chang* 1961). Wir können daher unter Verwendung früherer Resultate schreiben:

$$[\psi_S^{(1)}]_P^{(2)} = y \, \psi_{0y}(x, 0) + \epsilon^{1/2} \, \Psi_0^*(x) \quad . \tag{21.61}$$

Wegen des Koeffizienten $\epsilon^{1/2}$ beim zweiten Term ist ein Anpassen nur möglich, wenn in der zweigliedrigen Primärentwicklung, die in Gl. (21.44) angeschrieben ist,

$$\lambda_1 = \epsilon^{1/2} \tag{21.62}$$

gesetzt wird. Damit folgt

$$[\psi_P^{(2)}]_S^{(1)} = \epsilon^{1/2} \, [Y \, \psi_{0y}(x, 0) + \psi_1(x, 0)] \quad . \tag{21.63}$$

Die Ausdrücke (21.61) und (21.63) sind gleich, wenn

$$\psi_1(x, 0) = \Psi_0^*(x) \quad . \tag{21.64}$$

Diese Beziehung stellt bei bereits bekanntem Ψ_0^* eine Randbedingung für ψ_1, also für den zweiten Term der Stromfunktion in der Außenströmung dar. Wegen $\Psi_0^* \neq 0$ werden für die Stromfunktion der Außenströmung in zweiter Näherung an der Wand von null verschiedene Werte vorgeschrieben. Diese Rückwirkung der inneren (sekundären) Lösung auf die äußere (primäre) Lösung kann physikalisch als Verdrängungswirkung der Grenzschicht gedeutet werden.

Gl. (21.62) bringt in Gl. (21.44) die Tatsache zum Ausdruck, daß die Verdrängungswirkung der Grenzschicht in der Außenströmung zu Störungen Anlaß gibt, die von der Größenordnung $\epsilon^{1/2} = 1/\sqrt{Re}$ sind. Das ist, von der physikalischen Bedeutung ganz abgesehen, allein schon deshalb bemerkenswert, weil eine reguläre Entwicklung der Gl. (21.42) lediglich ganzzahlige Potenzen von ϵ erwarten ließe. Das Anpassen der primären Entwicklung an die sekundäre Entwicklung hat daher Störterme zur Folge, die wesentlich größer als die in der Differentialgleichung selbst auftretenden

Störterme sind. Ein solcher Rückkopplungseffekt tritt bei angepaßten asymptotischen Entwicklungen sehr oft auf. Es empfiehlt sich daher, schon bei der Aufstellung der Störansätze auf diese Möglichkeit zu achten.

Wegen $\lambda_1 = \epsilon^{1/2}$ ergibt sich beim Eintragen von Gl. (21.44) in die Ausgangsgleichung (21.42) für ψ_1 dieselbe Differentialgleichung wie für ψ_0, Gl. (21.45). Auch in zweiter Näherung ist die Außenströmung daher reibungsfrei. Ist die Anströmung drehungsfrei, so muß ψ_1 ebenso wie ψ_0 der Laplace-Gleichung genügen.

Die zweite Näherung für die Außenströmung ist damit, soweit es die Störungsrechnung betrifft, abgeschlossen.

Innere (sekundäre) Entwicklung zweiter Ordnung. In einem weiteren Schritt kann man die Gleichungen für den zweiten Term der inneren Entwicklung herleiten. Dies führt zu einer *Grenzschichttheorie zweiter Ordnung* (*Van Dyke* 1969, *Gersten* 1972). Die Durchrechnung verläuft ohne besondere Komplikationen, weshalb sie hier nicht weiter ausgeführt sei. Aber gerade bei der Entwicklung der Grenzschichttheorie zweiter und höherer Ordnung zeigte sich die Stärke der Methode der angepaßten asymptotischen Entwicklungen: Kontroversen, wie beispielsweise über die Frage, ob an einer ebenen Platte in einer Scherströmung ein Druckgradient entsteht, konnten durch routinemäßige Anwendung dieser Methode ohne weiteres geklärt werden (Übungsaufgabe 4).

21.6.2. Strömungen bei kleinen Reynoldsschen Zahlen

Problemstellung; Stokessches Paradoxon. Wie beim vorigen Beispiel gehen wir von der Wirbeltransportgleichung für die ebene, inkompressible Strömung aus, fassen aber jetzt den Grenzfall Re → 0 ins Auge. Trägt man in die Wirbeltransportgleichung

$$\Delta\Delta\psi = \mathrm{Re}\,(\psi_y\,\Delta\psi_x - \psi_x\,\Delta\psi_y) \tag{21.65}$$

den regulären Störansatz

$$\psi = \psi_0 + \mathrm{Re}\,\psi_1 + \ldots \tag{21.66}$$

ein, so erhält man in erster Näherung die biharmonische Gleichung

$$\Delta\Delta\psi_0 = 0 \quad , \tag{21.67}$$

die in diesem Zusammenhang auch oft nach Stokes benannt wird. Die physikalische Interpretation ist unmittelbar ersichtlich: Wegen der kleinen Reynoldsschen Zahl sind die Zähigkeitskräfte dominierend, die konvektiven Anteile zum Impulstransport jedoch vernachlässigbar; es handelt sich um sog. *schleichende Strömungen*.

Während mit der Stokesschen Theorie der schleichenden Strömungen bei der Umströmung endlicher Körper im unendlich ausgedehnten Raum gute Erfolge erzielt werden konnten, wofür die Stokessche Widerstandsformel für die Kugel als bekanntestes Beispiel genannt sei, lassen sich bei entsprechenden *ebenen* Problemen keine geeigneten Lösungen finden. Der Sachverhalt läßt sich am leichtesten an einem konkreten Beispiel, nämlich der symmetrischen Umströmung eines Kreiszylinders, erläutern (Bild 21.6).

Es ist naheliegend, mit Polarkoordinaten r, Θ zu arbeiten. Als charakteristische Körperabmessung L, mit welcher die Längenkoordinaten dimensionslos gemacht sind, wird zweckmäßigerweise der Zylinderradius gewählt. Die Zylinderfläche ist dann durch r = 1 gegeben. Die Randbedingung an der Körperoberfläche lautet daher

$$\psi_0(1, \Theta) = \psi_{0r}(1, \Theta) = 0 \quad . \tag{21.68}$$

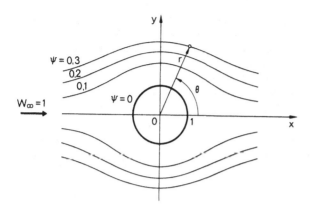

Bild 21.6
Ebene Strömung um einen Kreiszylinder bei kleiner Reynoldsscher Zahl;
Stromlinien ψ = const nach Gl. (21.79)
für Re = 1/100.

Hinzu kommt als weitere Randbedingung, daß für $r \to \infty$ stromauf vom Zylinder die ungestörte Parallelströmung herrschen soll. Sie ist für die mit der Anströmgeschwindigkeit dimensionslos gemachte Stromfunktion durch $\psi = y$, d. h.,

$$\psi_0(r, \Theta) = r \sin \Theta \qquad \text{für } r \to \infty \text{ (stromauf)} \quad , \tag{21.69}$$

gegeben.

Die Randbedingungen (21.68) und (21.69) legen den Separationsansatz

$$\psi_0 = f(r) \sin \Theta \tag{21.70}$$

nahe. Er führt die partielle Differentialgleichung (21.67) in die gewöhnliche Differentialgleichung

$$\left(\frac{d^2}{dr^2} + \frac{1}{r} \frac{d}{dr} - \frac{1}{r^2}\right)^2 f = 0 \tag{21.71}$$

über. Bestimmt man in ihrer allgemeinen Lösung

$$f = A r^3 + B r \ln r + C r + D r^{-1} \tag{21.72}$$

zwei der vier Integrationskonstanten derart, daß die Randbedingungen (21.68) am Körper erfüllt sind, so erhält man für ψ_0 das Zwischenergebnis

$$\psi_0 = [A r^3 + B r \ln r - (2 A + B/2) r + (A + B/2) r^{-1}] \sin \Theta \quad . \tag{21.73}$$

Für eine nicht-triviale Lösung muß zumindest eine der beiden Konstanten A und B von null verschieden sein. Dann wächst aber ψ_0 für $r \to \infty$ stärker als r an, so daß die Randbedingung im Unendlichen, Gl. (21.69), nicht mehr erfüllt werden kann. Wir stehen damit vor dem *Stokesschen Paradoxon*: Eine Lösung der Stokesschen Gleichung für die ebene Strömung um einen Kreiszylinder im unbegrenzten Raum existiert nicht. Die Aussage gilt nicht nur für den Kreiszylinder, sondern gleichermaßen für die ebene Strömung um jeden beliebigen geschlossenen Körper (*Birkhoff* 1960, S. 44).

Bei räumlichen Problemen (z. B. Kugelumströmung) ist übrigens das Versagen der Stokesschen Theorie nur aufgeschoben; in der zweiten Ordnung stößt man auf dieselben Schwierigkeiten wie bei ebener Strömung schon in der ersten Ordnung.

Lösung mit angepaßten asymptotischen Entwicklungen. Beim Grenzübergang Re $\to$ 0 (bei festem r, Θ) bleibt – anders als beim entsprechenden Grenzübergang Re $\to \infty$ – die Ordnung der Differentialgleichung erhalten. Die Ursache für das Versagen der Stokesschen Theorie ist daher von der mathematischen Seite her nicht so leicht zu durchschauen wie bei den früheren Beispielen. Aufschlußreich ist aber eine einfache physikalische Überlegung. Die Stokessche Gleichung geht aus der vollständigen Wirbeltransportgleichung durch Vernachlässigung der Konvektionsterme hervor. In sehr großer Entfernung vom umströmten Körper herrscht jedoch nahezu die ungestörte Parallelströmung, die Reibungsspannungen sind abgeklungen, und die Konvektionsterme spielen eine wesentliche Rolle. Die Stokessche Gleichung und ihre Lösungen sind daher für $r \to \infty$ ungültig, oder in anderen Worten: Die der Stokesschen Theorie zugrunde liegende asymptotische Entwicklung ist nicht gleichmäßig gültig, wobei das Ungültigkeitsgebiet durch die Umgebung des unendlich fernen Punktes gegeben ist.

Es sei aber darauf hingewiesen, daß keineswegs alle Entwicklungen nach kleinen Reynoldsschen Zahlen für $r \to \infty$ nicht-gleichmäßig gültig sind. Die von einer rotierenden Kugel erzeugte Strömung einer im Unendlichen *ruhenden* Flüssigkeit beispielsweise läßt sich ohne weiteres mit einer regulären Störungsrechnung für kleine Re behandeln, wie wir schon im Abschnitt 14.9 gesehen haben.

Mit der schleichenden Strömung um einen Zylinder haben wir wieder ein Störproblem mit zwei charakteristischen Längen von verschiedener Größenordnung vor uns: dem Zylinderradius einerseits, und einer aus dem Quotienten von kinematischer Zähigkeit ν und Anströmgeschwindigkeit W_∞ gebildeten „Reibungslänge" andererseits. Die zweite Länge ist um den Faktor Re^{-1} größer als die erste. Daraus folgt, daß die auf den Zylinderradius bezogene dimensionslose Radialkoordinate r als *innere* Koordinate aufzufassen ist, während sich für die *äußere* Koordinate R der Ansatz

$$R = Re \cdot r \qquad\qquad (21.74)$$

anbietet.

Im Sinn der angepaßten asymptotischen Entwicklungen stellt die Stokessche Theorie eine innere Entwicklung (festes r) dar. Da sie offensichtlich zu keiner von der äußeren Entwicklung (festes R) unabhängigen Lösung führt, müssen wir die Rechnung mit der äußeren Entwicklung als der primären Entwicklung beginnen.

Wegen der Randbedingung im Unendlichen beginnt die äußere Entwicklung mit einem Term, welcher der ungestörten Strömung $\psi = y = r \sin \Theta$ entspricht:

$$\psi = Re^{-1} R \sin \Theta + \dots \quad . \qquad\qquad (21.75)$$

Für die innere Entwicklung machen wir einen Störansatz mit unbestimmten Vergleichsfunktionen, wobei wir uns wie schon in Gl. (21.75) damit begnügen, lediglich den ersten Term anzuschreiben:

$$\psi = \delta_0(Re)\,\psi_0(r, \Theta) + \dots \quad ; \qquad\qquad (21.76)$$
$$\delta_0 \to 0 \qquad \text{für } Re \to 0 \quad .$$

Im Gegensatz zur regulären Entwicklung (21.66) enthält schon der erste Term in Gl. (21.76) einen vom Störparameter abhängigen Koeffizienten, der notwendig ist, um das Anpassen zu ermöglichen. Selbstverständlich kann bei dieser Entwicklung auch nicht erwartet werden, daß sie mit ganzzahligen Potenzen von Re fortschreitet.

Für die Funktion ψ_0 in der Entwicklung (21.76) folgt aus der Wirbeltransportgleichung (21.65) wieder die Stokessche Gleichung (21.67) mit den Randbedingungen (21.68), so daß sich auch die Lösung (21.73) wieder verwenden läßt. Diese innere Lösung kann zwar, wie wir gesehen haben, die Randbedingung für $r \to \infty$ nicht erfüllen, sie kann aber immerhin für $r \to \infty$ an die äußere Entwicklung angepaßt werden, wie wir sogleich zeigen wollen.

Schreibt man die innere (sekundäre) Lösung auf die äußere Koordinate R um und entwickelt man nach $Re \to 0$ bei festem R, so ergibt sich

$$[\psi_S^{(1)}]_P^{(1)} = \begin{cases} \delta_0 Re^{-3} AR^3 \sin \Theta & \text{wenn } A \neq 0 \quad ; \\ \delta_0 Re^{-1} \ln(Re^{-1}) BR \sin \Theta & \text{wenn } A = 0, B \neq 0 \quad . \end{cases} \qquad (21.77)$$

Andererseits ist $[\psi_P^{(1)}]_S^{(1)}$ unmittelbar durch den in Gl. (21.75) angeschriebenen Ausdruck gegeben. Die Anpassung erfordert daher

$$A = 0 \quad , \qquad B = 1 \quad , \qquad \delta_0 = 1/\ln(\mathrm{Re}^{-1}) \quad . \tag{21.78}$$

Hiermit erhält man schließlich für die Stromfunktion im inneren Gebiet, d.h. für $r = O(1)$, die Darstellung

$$\psi = \frac{1}{\ln(\mathrm{Re}^{-1})} \left(r \ln r - \frac{r}{2} + \frac{1}{2r} \right) \sin \Theta + \ldots \quad . \tag{21.79}$$

Der nächstfolgende Term ist von der Größenordnung $(1/\ln \mathrm{Re}^{-1})^2$, wie man durch Weiterführung der Entwicklung feststellt (*Kaplun* 1957, *Proudman* und *Pearson* 1957). Der realtive Fehler von Gl. (21.79) ist daher von der Größenordnung $1/\ln \mathrm{Re}^{-1}$, also auch bei sehr kleiner Reynoldsscher Zahl noch ziemlich groß (z.B. Re = 0,01; $1/\ln \mathrm{Re}^{-1} = 0,217$).

Selbstverständlich kann bei einer Entwicklung, die nach Potenzen von $1/\ln \mathrm{Re}^{-1}$ ansteigt, von der Regel, alle logarithmischen Ausdrücke mit gleicher Potenz des Störparameters zu einem einzigen Term zusammenzufassen, nicht Gebrauch gemacht werden. Glücklicherweise ist in diesem Fall dennoch die asymptotische Anpassungsvorschrift von *Van Dyke* korrekt, wenn gewisse „verbotene" Kombinationen für m und n in Gl. (21.26) vermieden werden (*Fraenkel* 1969). Allerdings zeigt dieses Beispiel auch sehr deutlich, daß die asymptotische Anpassungsvorschrift und die Anpassung durch Zwischenentwicklung mathematisch nicht äquivalent sind. Zur Anpassung mit Zwischenentwicklung werden nämlich erstaunlicherweise mehr Reihenglieder benötigt als zur entsprechenden asymptotischen Anpassung (vgl. Übungsaufgabe 5).

21.7. Alternative: Methode der gleichmäßig gültigen Differentialgleichungen

Das Versagen der Stokesschen Theorie bei ebener Strömung ist, wie wir schon erläutert haben, darauf zurückzuführen, daß die Konvektionsterme in der Wirbeltransportgleichung gegenüber den Reibungstermen vernachlässigt werden. Diese Näherung ist in sehr großer Entfernung vom umströmten Körper unbrauchbar. Nach *Oseen* (1927) läßt sich dieser Fehler beheben, wenn man bedenkt, daß gerade dort, wo die Konvektionsterme nicht mehr vernachlässigt werden dürfen, der Körper nur noch kleine Störungen der Parallelströmung $\psi = y$ hervorruft. Dort kann daher näherungsweise ψ_y (d.i. die dimensionslose x-Komponente der Strömungsgeschwindigkeit) durch den Anströmwert 1 ersetzt und $|\psi_x|$ (d.i. die dimensionslose y-Komponente der Strömungsgeschwindigkeit) als klein gegen 1 angenommen werden. Damit reduziert sich die Wirbeltransportgleichung (21.65) auf

$$\left(\Delta - \mathrm{Re}\, \frac{\partial}{\partial x} \right) \Delta \psi = 0 \quad . \tag{21.80}$$

Diese nach *Oseen* benannte Gleichung ist *gleichmäßig gültig*. Sie ist ebenso wie die (nicht gleichmäßig gültige) Stokessche Gleichung linear und bringt insofern gegenüber der nichtlinearen Wirbeltransportgleichung wesentliche Vereinfachungen mit sich. Das Auffinden von Lösungen der Oseenschen Gleichung für die Umströmung einfacher Körper erfordert aber dennoch einigen Aufwand, vor allem in Hinblick auf die Erfüllung der Randbedingungen an der Körperoberfläche. Eine Lösung für den Kreiszylinder wurde von *Lamb* (1945, S. 614–616) angegeben. Von seinem Ergebnis sei hier lediglich der Widerstandsbeiwert c_W wiedergegeben, der aus einer Integration der Reibungs- und Druckkräfte über die ganze Zylinderfläche erhalten wird:

$$c_W = \frac{4\pi}{\mathrm{Re}\,\ln(3{,}703/\mathrm{Re})} \quad . \tag{21.81}$$

Andererseits liefert eine Auswertung der Gl. (21.79), also der ersten Näherung nach der Methode der angepaßten Entwicklungen, für den Widerstandsbeiwert die Beziehung

$$c_W = \frac{4\pi}{Re \ln(1/Re)} \quad .$$
(21.82)

Für Reynoldssche Zahlen, die so klein sind, daß $\ln(1/Re) \gg 1$ ist, sind die beiden Ergebnisse äquivalent. Für mäßig kleine Reynoldssche Zahlen ist aber Gl. (21.81) viel genauer als Gl. (21.82). Erst in zweiter Ordnung wird mit der Methode der angepaßten asymptotischen Entwicklungen das Resultat von Oseen und Lamb erhalten, doch ist dabei der Rechenaufwand immer noch geringer als bei der Lösung der Oseenschen Gleichung (*Kaplun* 1957, *Proudman* und *Pearson* 1957).

Oseens Vorgangsweise zur Erzielung einer gleichmäßig gültigen Lösung läßt sich auch auf andere singuläre Störprobleme übertragen, falls die Ursache der nicht-gleichmäßigen Gültigkeit einer regulären Entwicklung von Approximationen in den Differentialgleichungen (und nicht von Approximationen in den Rand- oder Anfangsbedingungen) herrührt. Wir nennen diese Vorgangsweise die Methode der *gleichmäßig gültigen Differentialgleichungen* und empfehlen den folgenden, von *Van Dyke* (1975a) angegebenen Rechengang:

1. Identifizierung der Ausdrücke, deren Vernachlässigung in der regulären Entwicklung für die nicht-gleichmäßige Gültigkeit verantwortlich ist;
2. Möglichst weitgehende Vereinfachung dieser Ausdrücke unter Beibehaltung ihrer wesentlichen Eigenschaften im Gebiet der Nichtgleichmäßiggültigkeit;
3. Lösung der so erhaltenen gleichmäßig gültigen Differentialgleichungen.

Die Methode der gleichmäßig gültigen Differentialgleichungen ist zwar weniger systematisch und „rezeptmäßig" als die Methode der angepaßten asymptotischen Entwicklungen und wird daher verhältnismäßig selten verwendet. Sie kann aber bei Problemen, die mit anderen singulären Störungsmethoden nur sehr schwer zu behandeln sind, zu wesentlich besseren Resultaten führen (vgl. z. B. *Schneider* 1968b).

21.8. Verschiedene Komplikationen

Bei manchen Problemen reicht die Methode der angepaßten asymptotischen Entwicklungen in ihrer einfachsten, bisher ausschließlich verwendeten Form nicht aus, sondern bedarf gewisser Modifikationen oder Erweiterungen. Wir wollen im folgenden die am häufigsten auftretenden Komplikationen anführen und dabei in groben Zügen erläutern, wie man zur Behebung der Schwierigkeiten vorgehen kann. Bezüglich ausführlicherer Erörterungen der verschiedenen Fälle muß jeweils auf entsprechende Originalarbeiten verwiesen werden.

21.8.1. Störparameter im Exponenten

Der Störparameter tritt in den zu lösenden Gleichungen – also in den Ausgangsgleichungen für die Störungsrechnung – meistens als Faktor auf. Alle unsere bisherigen Anwendungsbeispiele waren von diesem Typus; vgl. die Gln. (21.3), (21.42) und (21.65) sowie die Übungsaufgaben 3, 4 und 5. Mitunter kommt jedoch ein sehr kleiner (oder sehr großer) Parameter im Argument einer Exponentialfunktion vor.

Ein bemerkenswertes Beispiel liefert die Theorie der thermischen Flammenausbreitung. In der Energiegleichung für das chemisch reagierende Gasgemisch ist die bei der Verbrennung frei werdende Energie zu berücksichtigen. Diese ist proportional zur Reaktionsgeschwindigkeit, die ihrerseits eine exponentielle Temperaturabhängigkeit von der Form $\exp(-E/RT)$ (mit E als Aktivierungsenergie, R als Gaskonstante und T als absolute Temperatur) aufweist. Für übliche Verbrennungsreaktionen ist E/RT sehr groß. Man kann daher mit T_e als einer Bezugstemperatur den Störparameter

$$\epsilon = RT_e/E \qquad (21.83)$$

bilden und versuchen, die Grundgleichungen durch asymptotische Entwicklung für $\epsilon \to 0$ so weit zu vereinfachen, daß sie einer geschlossenen Lösung zugänglich werden. *Bush* und *Fendell* (vgl. *Fendell* 1972) ist es auf diesem Weg gelungen, die ältere Theorie von *Zeldovich* und *Frank-Kamenetzki* (s. *Bartlmä* 1975) nicht nur auf ein mathematisch solides Fundament zu stellen, sondern darüber hinaus auch noch wesentlich zu verallgemeinern.

Mit Gl. (21.83) geht der oben genannte Exponentialausdruck in der Reaktionsgeschwindigkeit über in

$$e^{-E/RT} = e^{-1/\epsilon\vartheta} \quad , \qquad (21.84)$$

wobei $\vartheta = T/T_e$ als dimensionslose unabhängige Variable aufzufassen ist. Ein derartiger Ausdruck läßt sich für $\epsilon \to 0$ jedoch *nicht* in der bei asymptotischen Entwicklungen üblichen, oft nach Poincaré benannten Form $\delta(\epsilon) f(\vartheta)$ darstellen, wobei unter $\delta(\epsilon)$ eine Vergleichsfunktion und unter $f(\vartheta)$ eine vom *Störparameter freie* Funktion zu verstehen ist. Als Folge davon müssen die Ansätze für die asymptotische Entwicklung der abhängigen Variablen abweichend vom Üblichen insofern modifiziert werden, als auch Reihenglieder vom Typ $\delta(\epsilon) f(\vartheta) \exp(-1/\epsilon\vartheta)$ einbezogen werden. Noch allgemeiner werden die Ansätze, wenn man Reihenglieder in der Form $\delta(\epsilon) f(\vartheta; \epsilon)$ verwendet und vereinbart, daß $f(\vartheta; \epsilon)$ mit $\epsilon \to 0$ exponentiell verschwindet. Bezüglich der Durchführung der Rechnung sei auf die Originalarbeiten verwiesen (*Fendell* 1972).

Exponentiell kleine Ausdrücke können nicht nur als führende Terme einer Entwicklung auftreten und dadurch zu den oben beschriebenen Komplikationen Anlaß geben, sondern können auch als kleine Korrekturterme in einer zunächst nach Potenzen des Störparameters fortschreitenden Entwicklung in Erscheinung treten. So ergibt sich beispielsweise für den Reibungsbeiwert an einer porösen Rohrwand für große Absauge-Reynoldsszahl (Re $\to \infty$) eine Entwicklung von der Form (*Terrill* 1973):

$$-\frac{1}{2} \text{Re} + 1 + \frac{10}{\text{Re}} + \ldots + O(\text{Re}^{9/2} e^{-\text{Re}/4}) \quad .$$

Rein formal wäre der exponentiell kleine Term gegen alle algebraischen Glieder der Entwicklung zu vernachlässigen. Wie *Terrill* (1973) gezeigt hat, kann ein exponentiell kleiner Term für die praktische Auswertung dennoch wichtig sein, und zwar nicht nur in Hinblick auf die erzielte numerische Genauigkeit, sondern auch zur korrekten Vorhersage von zwei Lösungen anstelle einer einzigen Lösung sowie zur Vorhersage des Bereiches, in welchem keine Lösung existiert.

21.8.2. Mehr als 2 Schichten

Nicht immer findet man mit einer „äußeren" und einer „inneren" Schicht das Auslangen. Untersucht man beispielsweise das Ausbreiten kleiner Störungen in der Grenzschichtströmung an einer Wand, so wird man mit mindestens drei Schichten arbeiten (Bild 21.7): Einer „äußeren" Schicht, in welcher die ungestörte Grundströmung reibungs- und drehungsfrei ist; einer „mittleren" Schicht mit wesentlicher Scherung (drehungsbehaftet) als Folge der Reibungseinflüsse auf die *Grund*strömung, wobei die *Stör*strömung jedoch noch als reibungsfrei angesehen werden kann; und schließlich einer wandnahen „inneren" Schicht, in welcher die innere Reibung in der Flüssigkeit auch bei der Störströmung berücksichtigt werden muß, um die Haftbedingung an der Wand erfüllen zu können.

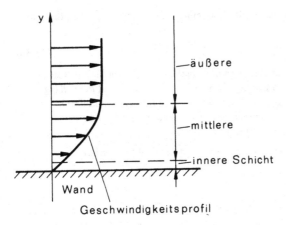

Bild 21.7

Aufteilung des Strömungsfeldes in verschiedene Schichten bei der Ausbreitung kleiner Störungen in einer Wandgrenzschicht

Auch nichtlineare Effekte, die davon herrühren, daß die Geschwindigkeitsstörungen örtlich nicht mehr als klein gegen die Strömungsgeschwindigkeit der Grundströmung angesehen werden können, machen sich zuerst in einer wandnahen „inneren" Schicht bemerkbar, weil ja die Grundströmungsgeschwindigkeit an der Wand verschwindend klein wird. Ähnlich verhält es sich mit instationären Effekten bei periodischen Störungen, deren Frequenz so klein ist, daß sich die Störungen in der ganzen Scherströmung mit Ausnahme einer wandnahen „inneren" Schicht quasistationär ausbreiten („lange Wellen").

Die Ausbreitung kleiner Störungen in grenzschichtartigen Scherströmungen hat vor allem für die Stabilitätstheorie der Grenzschichten (Umschlag laminar-turbulent) große Bedeutung. Dabei genügt es jedoch nicht, die Zähigkeit der Flüssigkeit nur in Wandnähe zu berücksichtigen; vielmehr spielen Reibungseffekte auch in der sogenannten „kritischen" Schicht, in welcher die Ausbreitungsgeschwindigkeit der kleinen Störungen und die Grundströmungsgeschwindigkeit gleich oder nahezu gleich groß sind, eine wesentliche Rolle (vgl. Übungsaufgabe 8).

Ein weiteres Anwendungsgebiet für die Ausbreitung von kleinen Störungen in Scherströmungen stellt die Wechselwirkung eines schiefen, schwachen Verdichtungsstoßes mit einer Grenzschicht dar. Das stationäre Problem wurde noch ohne formale Anwendung asymptotischer Entwicklungen von *Müller* (1953) und von *Lighthill* (1953b) gelöst. Bei der Behandlung des instationären Problems, das den stationären Fall als Grenzfall enthält, wurden angepaßte asymptotische Entwicklungen verwendet (*Schneider* 1974). Dabei zeigte sich, daß eine Anpassung aller Störgrößen die Einführung einer zusätzlichen Schicht („Übergangsschicht") zwischen Außenströmung und mittlerer Schicht erfordert. Insgesamt sind somit vier verschiedene Schichten zu unterscheiden.

Einen Überblick über Grenzschichtprobleme mit mehreren Schichten gibt *Stewartson* (1974).

Die Störungsrechnung verläuft bei mehreren Schichten im Prinzip genau so wie bei zwei Schichten. Für jede Schicht werden der Schichtdicke entsprechende Koordinatenstreckungen vorgenommen. Freie Konstanten oder Funktionen, die in den asymptotischen Entwicklungen für die einzelnen Schichten unbestimmt bleiben, werden durch Anpassen der Entwicklungen benachbarter Schichten festgelegt. Hierzu kann eine der früher besprochenen Anpassungsvorschriften verwendet werden. Nur in Ausnahmefällen ist es jedoch möglich, eine in allen Schichten gleichmäßig gültige Lösung zu konstruieren. Denn die hierzu angegebenen Regeln lassen sich nicht generell auf mehr als zwei Schichten übertragen.

21.8.3. Mehr als 1 Störparameter

Die gleichzeitige Entwicklung nach zwei (oder mehreren) Störparametern kann zwar gegenüber der einparametrigen Entwicklung eine wesentliche Vereinfachung der Gleichungen nach sich ziehen, doch muß dieser Vorteil oft mit zusätzlichen Schwierigkeiten methodischer Art erkauft werden. Schon bei den regulären Entwicklungen hatten wir auf die Problematik der Vertauschbarkeit bzw. Nicht-Vertauschbarkeit der Grenzübergänge hingewiesen (Kapitel 15). Diese Überlegungen sind in entsprechender Weise auch auf singuläre Entwicklungen anzuwenden.

Eine andere Schwierigkeit hängt mit der Frage zusammen, ob die Entwicklung nur nach einem der Störparameter singulär ist und sich bezüglich der anderen Störparameter regulär verhält, oder ob die Entwicklung zwei (oder mehrere) singuläre Störparameter enthält. Im ersten Fall erfordert die Durchrechnung zwar besondere Aufmerksamkeit im Hinblick auf die Festlegung der relativen Größenordnung der einzelnen Störterme, bereitet aber kaum grundsätzliche Schwierigkeiten. Nehmen wir an, wir hätten bezüglich des Störparameters ϵ_S primäre und sekundäre (äußere und innere) Entwicklungen durchzuführen, bezüglich des Störparameters ϵ_R jedoch liege eine reguläre (gleichmäßig gültige) Entwicklung vor. Die Grenzübergänge $\epsilon_S \to 0$ und $\epsilon_R \to 0$ seien vertauschbar. Wir werden dann eine Doppelentwicklung für die abhängige Größe f etwa folgendermaßen ansetzen:

Primäre Entwicklung:

$$f(x;\epsilon_S,\epsilon_R) = [f_{00}(x) + \gamma_1(\epsilon_R)\,f_{01}(x) + \gamma_2(\epsilon_R)\,f_{02}(x) + \ldots] +$$
$$+ \delta_1(\epsilon_S)\,[f_{10}(x) + \gamma_1(\epsilon_R)\,f_{11}(x) + \gamma_2(\epsilon_R)\,f_{12}(x) + \ldots] + \ldots \quad ; \tag{21.85}$$

Sekundäre Entwicklung:

$$f(x;\epsilon_S,\epsilon_R) = \Delta_0(\epsilon_S)\,[F_{00}(X) + \gamma_1(\epsilon_R)\,F_{01}(X) + \gamma_2(\epsilon_R)\,F_{02}(X) + \ldots] +$$
$$+ \Delta_1(\epsilon_S)\,[F_{10}(X) + \gamma_1(\epsilon_R)\,F_{11}(X) + \gamma_2(\epsilon_R)\,F_{12}(X) + \ldots] + \ldots \tag{21.86}$$

mit $X = x/\varphi(\epsilon_S)$.

Dabei steht x für die zu streckende Koordinate, die anderen Koordinaten wurden der einfacheren Schreibweise wegen weggelassen. Das Streckungsverhältnis $\varphi(\epsilon_S)$ sowie die Vergleichsfunktionen $\delta_i(\epsilon_S)$, $\Delta_i(\epsilon_S)$ und $\gamma_k(\epsilon_R)$ (i, k = 0, 1, 2, ...) können wie auch sonst entweder im Zuge der Rechnung bestimmt oder — bei genügenden Kenntnissen über das Verhalten der Lösung — a priori durch einen geeigneten Ansatz festgelegt werden. Das wechselseitige Anpassen der sekundären und primären Entwicklungen erfolgt dann wie bei einer einparametrigen Entwicklung, wobei jede der eckigen Klammern in den Gln. (21.85) und (21.86) jeweils *als 1 Term* im Sinn der Anpassungsvorschriften aufzufassen ist. Das schrittweise Vorgehen ist in Bild 21.8 schematisch dargestellt. Anwendungen derartiger Entwicklungen begegnen einem in der Fachliteratur der letzten Jahre recht oft (vgl. z. B. *Schneider* 1974 oder *Winkler* 1977).

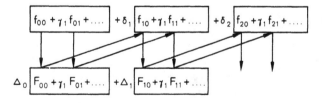

Bild 21.8. Schema zur schrittweisen Durchführung des Anpassens bei zweiparametrigen Entwicklungen (Entwicklung nach ϵ_R singulär, nach ϵ_R regulär; primäre Entwicklung f_{ik}, sekundäre Entwicklung F_{ik})

Für den Fall, daß beide Entwicklungen singulär sind, lassen sich ähnlich einfache, rezeptmäßige Richtlinien für die Durchführung der Rechnung nicht angeben, und auch die theoretischen Grundlagen hierzu sind noch wenig erforscht (*Darrozes* 1972). Trotzdem gibt es schon wichtige Anwendungen von zweiparametrigen singulären Entwicklungen, beispielsweise bei Grenzschichten mit starkem Ausblasen oder Absaugen (*Gersten* u. a. 1972, *Gersten* 1973). Auch das Auftreten von Kopplungsparametern (Ähnlichkeitsparametern) bei solchen Entwicklungen wurde in Einzelfällen schon untersucht (*Gersten* 1974).

21.8.4. Kombination mit anderen Methoden

Mitunter ist es notwendig oder günstig, die Methode der angepaßten asymptotischen Entwicklungen mit einer anderen singulären Störungsmethode zu kombinieren. So konnte etwa durch gleichzeitige Anwendung des analytischen Charakteristikenverfahrens und der angepaßten asymptotischen Entwicklungen des nichtlineare Verhalten von Wellen in viskoelastischen Stoffen geklärt werden (*Blake* 1973). Ähnliche Probleme treten bei der Wellenausbreitung in Gasen mit thermodynamischer Relaxation auf.

Ein Beispiel, bei dem sich die gleichzeitige Verwendung von analytischem Charakteristikenverfahren und angepaßten asymptotischen Entwicklungen in natürlicher Weise anbietet, liefert die Überschallströmung um einen längsangeströmten schlanken Körper (vgl. Übungsaufgabe 6). Gleichgültig, ob es sich um Unter- oder Überschallströmung handelt, sind bei der asymptotischen Entwicklung nach einem geeignet definierten „Schlankheitsparameter" (z. B. Verhältnis der maximalen Körperdicke zur Körperlänge) zunächst einmal zwei Gebiete zu unterscheiden: Ein den Körper umschließendes schlankes Gebiet, dessen Quer- und Längsabmessungen von der Größenordnung der entsprechenden Körperabmessungen sind (inneres Gebiet, räumliche Querschnittsströmung), und ein außerhalb davon liegendes Gebiet, in welchem sich der umströmte Körper nur noch durch seine Verdrängungswirkung bemerkbar macht (achsensymmetrische Strömung um äquivalenten Rotationskörper). Die Entwicklungen in den beiden Gebieten sind in üblicher Weise aneinander anzupassen. Handelt es sich speziell um eine Überschallströmung, so wissen wir aber schon, daß eine Entwicklung mit den physikalischen Koordinaten als unabhängigen Variablen nicht imstande ist, das Fernfeld und insbesondere eventuell auftretende Verdichtungsstöße richtig zu beschreiben. Hierzu bedarf es der Einführung charakteristischer Koordinaten wie in Kapitel 20. Auch bei anderen gasdynamischen Problemen hat es sich bewährt, die Methode der angepaßten asymptotischen Entwicklungen mit dem analytischen Charakteristikenverfahren zu kombinieren (*Crocco* 1972).

Als Alternative könnte man auch in Erwägung ziehen, die physikalischen Koordinaten beizubehalten und das Fernfeld durch geeignet gestreckte Koordinaten zu beschreiben, so daß man insgesamt drei Schichten mit angepaßten asymptotischen Entwicklungen hätte. Dieser Weg hat jedoch den schwerwiegenden Nachteil, daß die Gleichungen für das Fernfeld nichtlinear bleiben, während man bei Anwendung des analytischen Charakteristikenverfahrens nur lineare Gleichungen lösen muß.

21.8.5. Versagen der Methode der angepaßten asymptotischen Entwicklungen

Es ist wohl selbstverständlich, daß die Methode der angepaßten asymptotischen Entwicklungen — ebenso wie jede andere Methode — nicht als Allheilmittel zur Lösung singulärer Störprobleme verstanden werden darf. Daß aber die Methode auch bei Problemen versagen kann, die man auf den ersten Blick — vielleicht weil der Störparameter vor der höchsten Ableitung steht — sogar als „typisch" für die Lösung mit angepaßten Entwicklungen angesehen hätte, mag überraschend sein. Beispiele hierfür liefert jedoch schon die klassische Grenzschichttheorie.

Betrachten wir etwa die radiale Strömung einer zähen Flüssigkeit in einem divergenten Kanal mit ebenen Wänden (Bild 21.9). Für große Reynoldssche Zahl, die hier als $Re = Q/\nu$ (mit ν als kinematischer Zähigkeit und Q als Volumenstrom pro Breiten- und Winkeleinheit des Kanals) definiert ist, sollte die in Abschnitt 21.6.1 entwickelte Grenzschichttheorie anwendbar sein. Bezieht man die Stromfunktion auf Q, so schreibt sich mit $U = \psi_{0y}(x, 0) = 1/x$ die Grenzschichtgleichung (21.60) als

$$\Psi_{YYY} + \Psi_x \Psi_{YY} - \Psi_Y \Psi_{xY} = x^{-3} \quad , \tag{21.87}$$

wobei der Index 0 zur Vereinfachung der Schreibweise weggelassen wurde. Als Rand- und Anpassungsbedingungen sind zu erfüllen:

$$\Psi(x, 0) = \Psi_Y(x, 0) = 0 \quad ; \tag{21.88a}$$

$$\Psi_Y(x, \infty) = 1/x \quad . \tag{21.88b}$$

Mit dem einfachen Ähnlichkeitsansatz

$$\Psi = f(\eta) \quad , \qquad \eta = Y/x \quad , \tag{21.89}$$

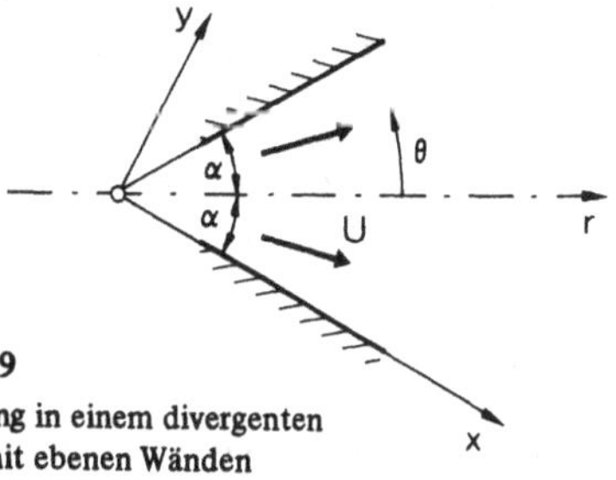

Bild 21.9

Strömung in einem divergenten Kanal mit ebenen Wänden

der rein radiales Strömen zum Ausdruck bringt, geht das Gleichungssystem über in

$$f''' + f'^2 - 1 = 0 \quad ; \tag{21.90}$$

$$f(0) = f'(0) = 0 \quad ; \tag{21.91a}$$

$$f'(\infty) = 1 \quad . \tag{21.91b}$$

Gl. (21.90) läßt sich einmal integrieren, woraus sich

$$f''^2 + \frac{2}{3} f'^3 - 2 f' + C = 0 \tag{21.92}$$

ergibt. Wegen Gl. (21.91b) hat $f'(\infty) = 1$ und $f''(\infty) = 0$ zu sein, so daß die Integrationskonstante C den Wert C = 4/3 annehmen muß. Damit läßt sich Gl. (21.92) in der Form

$$f''^2 + \frac{2}{3} (f' - 1)^2 (f' + 2) = 0 \tag{21.93}$$

schreiben. Der erste Ausdruck in Gl. (21.93) kann nicht negativ werden, so daß der zweite Summand, wenn die Gleichung erfüllt werden soll, nicht positiv sein darf. Dies ist nur für $f'(\eta) \leq -2$ möglich und steht daher in Widerspruch zur Bedingung (21.91b).

Wir haben somit festgestellt, daß die Methode der angepaßten asymptotischen Entwicklungen – jedenfalls in ihrer heute üblichen Form – für den Fall der radialen Strömung im *divergenten* Kanal zu einem unlösbaren Gleichungssystem führt. Beim *konvergenten* Kanal hingegen haben die Grenzschichtgleichungen erster Ordnung eine (eindeutige) Lösung, die sich, wie wir in Gl. (10.32), bereits gesehen haben, sogar in geschlossener Form darstellen läßt. Auch höhere Näherungen sind für den konvergenten Kanal in der üblichen Weise zu gewinnen (Übungsaufgabe 7); nur wenn man auch die exponentiell kleinen Terme erfassen will, sind einige zusätzliche Überlegungen erforderlich (*Bulakh* 1964).

Die physikalische Ursache für das Versagen der Methode der angepaßten asymptotischen Entwicklungen liegt in unserem speziellen Beispiel am Auftreten von Rückströmungen im divergenten Kanal. Über mögliche Strömungsformen bei rein radialer Strömung geben exakte Lösungen Auskunft (vgl. *Landau* und *Lifschitz* 1966, S. 90–95), nicht-radiale Strömungen sind für kleine Öffnungswinkel des Kanals untersucht worden (*Abramowitz* 1949).

Über die mathematischen Aspekte des Versagens der Methode der angepaßten asymptotischen Entwicklungen bei gewissen gewöhnlichen Differentialgleichungen findet man sehr lesenswerte Ausführungen in einem Buch von *Meyer* (1971, S. 98 f.). Schwierigkeiten bei der Anwendung der Methode lassen sich aber unter Umständen durch gewisse Kunstgriffe doch überwinden (*Cook* und *Eckhaus* 1973).

Übungsaufgaben

1. *Direkte Entwicklung eines exakten Ergebnisses.* Man bestätige das mit der Methode der angepaßten asymptotischen Entwicklungen gefundene Ergebnis (21.34) durch Entwicklung der exakten Lösung (21.6).

2. *Additive und multiplikative Zusammensetzung.* Man leite gleichmäßig gültige Lösungen für die gedämpfte Schwingung mit kleiner Massenkennzahl her
   a) durch additive Zusammensetzung für n = 2, m = 1;
   b) durch multiplikative Zusammensetzung für n = m = 1 und n = m = 2.

   Welche Größenordnung hat der Fehler?

3. *Friedrichssche Gleichung.* Die Gleichung

$$\epsilon \frac{d^2f}{dx^2} + \frac{df}{dx} = a$$

   mit den Randbedingungen f(0) = 0 und f(1) = 1 ist durch asymptotische Entwicklung für $\epsilon \to 0$ zu lösen. Die Anpassung ist
   a) durch Zwischenentwicklung
   b) mit der Van Dykeschen Anpassungsvorschrift

   vorzunehmen. Warum kommt für das innere Gebiet nur der eine Endpunkt des Intervalls $0 \leq x \leq 1$ und nicht auch der andere Endpunkt in Frage? Gesucht ist weiters eine gleichmäßig gültige Lösung.

4. *Grenzschicht an einer ebenen Platte in einer Scherströmung:* Man stelle die Grenzschichtgleichung 2. Ordnung und die Anpassungsbedingungen für den Fall einer ebenen Platte auf, wenn die Anströmung parallel zur Platte, aber mit einem linear von der Querkoordinate abhängigen Geschwindigkeitsbetrag ($U_\infty = U_0 - \omega y$, U_0 und ω konstant) erfolgt. Es ist weiters zu zeigen, daß an der Platte ein Druckgradient zweiter Ordnung auftritt; er fehlt im Fall einer drehungsfreien Anströmung ($\omega = 0$) (*Murray* 1961; vgl. auch *Ludford* und *Olunloyo* 1972).

5. *Anpassung durch Zwischenentwicklung für kleine Reynoldssche Zahl.* Man wiederhole die für die Zylinderumströmung bei kleiner Reynoldsscher Zahl durchgeführte Rechnung mit Hilfe von Zwischenentwicklungen. Die äußere Entwicklung muß hierzu bis zum zweiten Term einschließlich angesetzt werden. Welcher Differentialgleichung muß der zweite Term der äußeren Entwicklung genügen?

6. *Umströmung schlanker Körper; Äquivalenzsatz.* Gesucht ist die Potentialströmung um einen in x-Richtung angeströmten Körper, dessen Oberfläche durch eine Gleichung F (x, y/ε, z/ε) = 0 mit ε ≪ 1 (schlanker Körper) gegeben sei. Man zeige zunächst, daß die innere Entwicklung auf die Laplace-Gleichung für die Querschnittsebene führt und gebe (z. B. durch Quellbelegung der Kontur) eine formale Lösung an, welche die Randbedingung (tangentiale Strömung) an der Körperoberfläche erfüllt. Bildet man entsprechend der Van Dykeschen Anpassungsvorschrift die äußere Entwicklung der inneren Lösung, so zeigt sich, daß die äußere Lösung nur von x und r (r = $\sqrt{y^2 + z^2}$) abhängt, also der Strömung um einen äquivalenten Rotationskörper entspricht[1].

7. *Grenzschichttheorie zweiter Ordnung für konvergenten Kanal.* Um die Strömung einer zähen Flüssigkeit in einem konvergenten Kanal mit ebenen Wänden (Öffnungswinkel 2 α) zu beschreiben, schreibe man die Navier-Stokesschen Gleichungen in Polarkoordinaten und setze $v_{(\Theta)} \equiv 0$, $v_{(r)} = Qr^{-1} U (\Theta)$ (Q = const). Es ergibt sich die Differentialgleichung

$$\epsilon^2 (U'' + 4 U) + U^2 - 1 = 0 \qquad\qquad (\epsilon^2 = \nu/Q)$$

   mit den Randbedingungen U (α) = 0 und U' (0) = 0. Man entwickle für $\epsilon \to 0$, löse die Gleichungen für die erste und zweite Näherung und diskutiere die Ergebnisse (*Lösung: Bulakh* 1964).

---

[1] „Äquivalenzsatz" von *Oswatitsch* und *Keune*, Zeitschr. Flugwiss. 3 (1955), 29–46. Zur Herleitung mit der Methode der angepaßten Entwicklungen s. *Ashley* und *Landahl* (1965), S. 107–110.

8. *Hydrodynamische Stabilität.* Linearisiert man die Wirbeltransportgleichung für kleine Störungen einer stationären Parallelströmung zwischen ebenen, parallelen Platten, und setzt man für die Störstromfunktion harmonische Wellen gemäß $\psi = \phi(y) \exp[i\alpha(x - ct)]$ an, so erhält man für die Amplitudenfunktion $\phi(y)$ die Orr-Sommerfeld-Gleichung

$$(U - c)(\phi'' - \alpha^2\phi) - U''\phi = (i\alpha Re)^{-1}(\phi^{IV} - 2\alpha^2\phi'' + \alpha^4\phi)$$

mit $U = 1 - y^2$ und den Randbedingungen $\phi = \phi' = 0$ auf $y = \pm 1$. In der Nähe welcher Werte von y versagt die asymptotische Entwicklung $Re \to \infty$ bei festem y? Wie muß die y-Koordinate in der Nähe dieser Werte gestreckt werden, und welche Differentialgleichungen gelten dort in erster Näherung? Wie lauten die Anpassungsvorschriften?

9. *Versagen der multiplikativen Zusammensetzung.* Van Dyke (1975a, S. 62–68) erläutert die Methode der angepaßten asymptotischen Entwicklungen am Beispiel der Geschwindigkeitsverteilung an der Oberfläche eines elliptischen Profils (Dickenverhältnis = ϵ, Länge = 2) in inkompressibler Strömung. Erweitert man die Rechnung auf das Gebiet außerhalb des Profils, so erhält man für die Geschwindigkeitsverteilung auf der Symmetrieachse *vor* dem Profil (x < 0) die äußere (primäre) Entwicklung

$$(u/U)_P^{(2)} = 1 + \epsilon\left\{1 - [1 + (x^2 - 2x)^{-1}]^{1/2}\right\}$$

und die innere (sekundäre) Entwicklung

$$(u/U)_S^{(2)} = (1 + \epsilon)[1 - (1 - 2X)^{-1/2}] \quad , \qquad X = x/\epsilon^2 \quad .$$

An welchen Stellen x haben die nach der Multiplikationsregel zusammengesetzten Lösungen $(u/U)_x^{(2,1)}$ und $(u/U)_x^{(2,2)}$ Singularitäten? Sind die nach der Additionsregel zusammengesetzten Lösungen gleichmäßig gültig?

10. *Anisothermer Freistrahl im Schwerefeld.* Für hinreichend schwache Reibung kann der runde, laminare, vertikale Freistrahl im Schwerefeld durch die folgenden Grenzschichtgleichungen in Boussinesq-Näherung beschrieben werden:

$$\frac{\partial}{\partial z}(ru) + \frac{\partial}{\partial r}(rv) = 0 \quad ;$$

$$u\frac{\partial u}{\partial z} + v\frac{\partial u}{\partial r} = \frac{\nu}{r}\frac{\partial}{\partial r}\left(r\frac{\partial u}{\partial r}\right) + g\beta\vartheta \quad ;$$

$$u\frac{\partial\vartheta}{\partial z} + v\frac{\partial\vartheta}{\partial r} = \frac{\nu}{Pr\cdot r}\frac{\partial}{\partial r}\left(r\frac{\partial\vartheta}{\partial r}\right) \quad .$$

Dabei bedeuten u, v die Geschwindigkeitskomponenten in z, r-Richtung, ϑ die als klein vorausgesetzte Temperaturdifferenz gegenüber der Umgebung, ν die konstante kinematische Zähigkeit, Pr die konstante Prandtl-Zahl, g die Schwerebeschleunigung und β den thermischen Ausdehnungskoeffizienten. Als Randbedingungen sind Symmetriebedingungen auf der Achse (r = 0) und Abklingbedingungen für $r \to \infty$ vorzuschreiben. Man führe die dimensionslosen Variablen

$$\eta = \frac{3I_0}{32}\left(\frac{r}{\nu z}\right)^2 \quad , \qquad \epsilon = \frac{16(2Pr + 1)Q\nu\beta gz^2}{9I_0^2} \quad ,$$

$$\tilde{u} = \frac{4\nu z}{3I_0}u \quad , \qquad \tilde{v} = \sqrt{\frac{2}{3I_0}}zv \quad , \qquad \tilde{\vartheta} = \frac{4\nu z\vartheta}{(2Pr + 1)Q}$$

ein, wobei I_0 den Anfangsimpulsstrom (für $z \to 0$) und Q den konstanten Überschußwärmestrom im Strahl, bezogen auf den Einheitsazimutalwinkel, darstellt. Durch asymptotische Entwicklung für $\epsilon \to 0$ unter der Voraussetzung $\frac{3}{2} > Pr > \frac{1}{2}$ sind die im Abschnitt 21.4.3 zu diesem Problem angegebenen Gleichungen herzuleiten. Welche Lösung liefert die multiplikative Zusammensetzung? Warum ist sie (im Gegensatz zur additiven Zusammensetzung) gleichmäßig gültig, obwohl die Terme höherer Ordnung für $\eta \to 0$ unendlich groß werden?

22. Methode der mehrfachen Variablen und verwandte Methoden

Für Vorgänge, die sich als langsam veränderliche („modulierte") Schwingungen oder Wellen auffassen lassen, ist typisch, daß zwei charakteristische Zeiten von *unterschiedlicher Größenordnung* auftreten. Derartige Probleme lassen sich in der Regel nicht mit klassischen (regulären) Störungsmethoden behandeln, aber auch die Methode der angepaßten asymptotischen Entwicklungen vermag hier kaum etwas zu leisten (vgl. Übungsaufgabe 1). Mit der Methode der mehrfachen Variablen (in der englischsprachigen Literatur als „method of multiple scales" oder „two-variable expansion" bekannt) soll nun eine Störungsmethode vorgestellt werden, die diese Lücke schließt. Mit dieser Methode können darüber hinaus auch alle jene Probleme behandelt werden, die sich mit der Methode der angepaßten asymptotischen Entwicklungen lösen lassen; in solchen Fällen ist die letztgenannte Methode jedoch im allgemeinen einfacher anzuwenden.

22.1. Einführungsbeispiel: Schwach gedämpfte Schwingung

Um die Methode kennenzulernen, behandeln wir als ein einfaches Beispiel die Differentialgleichung eines linearen Schwingers mit schwacher Dämpfung. Macht man die Zeit durch Multiplikation mit der Eigenfrequenz $\omega = \sqrt{k/m}$ (Federkonstante k, Masse m, Dämpfungskonstante β) dimensionslos, und bezieht man die Geschwindigkeit auf die Anfangsgeschwindigkeit, so ist die Differentialgleichung[1]

$$\frac{d^2 y}{dt^2} + 2\epsilon \frac{dy}{dt} + y = 0 \quad , \qquad \epsilon = \frac{\beta}{2\sqrt{mk}} \quad , \tag{22.1}$$

mit der Anfangsbedingung

$$t = 0: \qquad y = 0 \quad , \qquad \frac{dy}{dt} = 1 \tag{22.2}$$

für $\epsilon \ll 1$ $(\epsilon \to 0)$ zu lösen.

Selbstverständlich sind wir bei dem vorliegenden einfachen Problem gar nicht auf die Verwendung einer Näherungsmethode angewiesen, weil sich die exakte Lösung

$$y = \frac{1}{\sqrt{1 - \epsilon^2}} \, e^{-\epsilon t} \sin\sqrt{1 - \epsilon^2} \, t \tag{22.3}$$

leicht finden läßt. Wir wollen hier die exakte Lösung jedoch nur als Hilfsmittel verwenden, das uns Anhaltspunkte über das Verhalten der Lösung für $\epsilon \to 0$ geben kann und eine Kontrolle der erhaltenen Näherungslösungen ermöglicht.

22.1.1. Reguläre Entwicklung; Säkularterm

Um eine Näherungslösung für kleine Werte von ϵ (ohne Verwendung der exakten Lösung) zu finden, kann man zunächst eine klassische asymptotische Entwicklung versuchen. Trägt man den Störansatz

$$y(t; \epsilon) = y_0(t) + \epsilon y_1(t) + \epsilon^2 y_2(t) + \dots \tag{22.4}$$

in die Gln. (22.1) und (22.2) ein, so erhält man in erster Näherung (für ϵ^0)

$$y_0'' + y_0 = 0 \quad , \qquad y_0(0) = 0 \quad , \qquad y_0'(0) = 1 \quad , \tag{22.5}$$

mit der Lösung

$$y_0 = \sin t \quad . \tag{22.6}$$

---

[1]) Wir bezeichnen hier die Auslenkung mit y und nicht wie früher mit x, weil x in der Folge als zweite Unabhängige benötigt wird.

Abgesehen davon, daß sie noch keine Dämpfung zeigt, könnte man diese erste Näherung vielleicht für durchaus brauchbar halten. Die zweite Näherung bringt jedoch die Schwäche des Verfahrens zum Vorschein. Man findet zunächst

$$y_1'' + y_1 = -2y_0' \quad , \qquad y_1(0) = y_1'(0) = 0 \quad . \tag{22.7}$$

Hieraus erhält man

$$y_1 = -t\sin t \quad , \tag{22.8}$$

so daß sich für die gesuchte Auslenkung y in zweiter Näherung der Ausdruck

$$y = (1 - \epsilon t + \dots)\sin t \tag{22.9}$$

ergibt. Dieses Ergebnis ist für sehr große Zeiten, nämlich für $1/t = O(\epsilon)$, offensichtlich unbrauchbar, weil der als klein vorausgesetzte Störterm $\epsilon y_1 = -\epsilon t\sin t$ für $t \to \infty$ über alle Grenzen wächst. Wir müssen daraus den Schluß ziehen, daß die klassische asymptotische Entwicklung wegen dieses *Säkularterms* versagt.

Der Schluß gilt allerdings nur für eine *direkte* Entwicklung der abhängigen Variablen nach dem Störparameter. Bei dem hier als Demonstrationsbeispiel gewählten linearen Problem läßt sich ja die Zeit t durch einen Exponentialsatz

$$y = A\, e^{i\omega t}$$

eliminieren, *bevor* entwickelt wird. Für die komplexe Frequenz erhält man die quadratische Gleichung

$$\omega^2 - 2\epsilon i\omega - 1 = 0 \quad ,$$

deren Wurzeln zu der schon angegebenen exakten Lösung (22.3) führen. Man kann aber natürlich die Wurzeln der quadratischen Gleichung auch näherungsweise durch Entwicklung nach ϵ bestimmen, ein Verfahren, auf das man vor allem bei Gleichungen höheren Grades zurückgreifen wird. Man erhält in zweiter Näherung

$$\omega_\pm = \pm 1 + \epsilon i \pm \dots \quad ,$$

so daß sich für y durch Superposition der beiden Lösungen und nach Bestimmung der Konstanten aus der Anfangsbedingung schließlich die Darstellung

$$y = -\frac{i}{2}(e^{i\omega_+ t} - e^{i\omega_- t}) = e^{-\epsilon t}\sin t + \dots$$

ergibt. Es tritt kein Säkularterm auf, was darauf zurückzuführen ist, daß die für die Entwicklung kritische Zeitvariable bereits vor der Entwicklung eliminiert werden konnte. Das ist im allgemeinen aber nur bei linearen Problemen möglich. Entsprechende nichtlineare Probleme erfordern, von Ausnahmen abgesehen, die Anwendung singulärer Störungsmethoden (vgl. Übungsaufgabe 4).

Ein Vergleich der Näherungslösung (22.9) mit der exakten Lösung (22.3) zeigt, daß der Säkularterm von der Entwicklung der Exponentialfunktion $e^{-\epsilon t}$ stammt. Da ϵ sehr klein ist, ändert sich dieser Teil der exakten Lösung nur sehr langsam mit der Zeit t, ein anderer Teil, und zwar $\sin\sqrt{1 - \epsilon^2}\, t$, ändert sich jedoch ziemlich rasch mit t. Insgesamt wird dadurch eine harmonische Schwingung mit langsam abnehmender Amplitude beschrieben. Für die Beobachtung der zeitlichen Änderungen dieses Vorganges sind daher zwei verschiedene Zeitmaßstäbe wesentlich, nämlich

1. die Kurzzeit-Variable t, die die Schwingungsdauer charakterisiert, und
2. die Langzeit-Variable

$$\tau = \epsilon t \quad , \tag{22.10}$$

die den zeitlichen Ablauf des Dämpfungsvorganges charakterisiert.

22.1.2. Gleichmäßig gültige erste Näherung

Der Grundgedanke der Methode der mehrfachen Variablen besteht nun darin, in den einzelnen Termen der Entwicklung eine gesonderte Abhängigkeit von *beiden* (oder, falls notwendig, auch von *mehreren*) Zeitvariablen anzunehmen. Die Entwicklung wird daher folgendermaßen angesetzt:

$$y(t; \epsilon) = y_0(t, \tau) + \epsilon y_1(t, \tau) + \epsilon^2 y_2(t, \tau) + \dots \quad . \tag{22.11}$$

Wenn man in die Ausgangsdifferentialgleichung einsetzt, muß beim Differenzieren auf die Verdopplung der unabhängigen Variablen geachtet werden; beispielsweise gilt

$$\frac{dy}{dt} = \left(\frac{\partial y_0}{\partial t} + \frac{\partial y_0}{\partial \tau}\frac{d\tau}{dt}\right) + \epsilon\left(\frac{\partial y_1}{\partial t} + \frac{\partial y_1}{\partial \tau}\frac{d\tau}{dt}\right) + \dots = \frac{\partial y_0}{\partial t} + \epsilon\left(\frac{\partial y_0}{\partial \tau} + \frac{\partial y_1}{\partial t}\right) + \dots \quad . \tag{22.12}$$

Man erhält deshalb aus der *gewöhnlichen* Differentialgleichung für die Größe y ein System von *partiellen* Differentialgleichungen für die Größen $y_0, y_1, y_2, \dots$. Das bedeutet jedoch *keine* Erschwerung der Rechnung, weil die so entstandenen partiellen Differentialgleichungen wegen ihrer speziellen Bauart mit den Methoden für gewöhnliche Differentialgleichungen behandelt werden können. Die partiellen Ableitungen haben lediglich zur Folge, daß statt freien Integrationskonstanten freie Integrationsfunktionen auftreten; diese zusätzliche Freiheit wird zur Vermeidung von Säkulartermen benötigt.

Im vorliegenden Beispiel ergeben sich in erster und zweiter Näherung (ϵ^0 bzw. ϵ^1) die folgenden Störgleichungen:

$$y_{0tt} + y_0 = 0 \quad ; \tag{22.13a}$$

$$y_0(0,0) = 0 \quad , \qquad y_{0t}(0,0) = 1 \quad . \tag{22.13b}$$

$$y_{1tt} + y_1 = -2(y_{0t} + y_{0t\tau}) \quad ; \tag{22.14a}$$

$$y_1(0,0) = 0 \quad , \qquad y_{1t}(0,0) = -y_{0\tau}(0,0) \quad . \tag{22.14b}$$

Die linken Seiten der Differentialgleichungen (22.13a) und (22.14a) enthalten keine Ableitungen nach τ, sondern nur Ableitungen nach t. Sie können daher wie die entsprechenden gewöhnlichen Differentialgleichungen gelöst werden. Für Gl. (22.13a) erhält man die allgemeine Lösung

$$y_0 = f_0(\tau) \sin t + g_0(\tau) \cos t \quad . \tag{22.15}$$

Aus der Anfangsbedingung (22.13b) folgen lediglich die Anfangswerte der Funktionen $f_0(\tau)$ und $g_0(\tau)$ zu

$$f_0(0) = 1 \quad , \qquad g_0(0) = 0 \quad ; \tag{22.16}$$

der weitere Verlauf der Integrationsfunktionen bleibt im Rahmen der Gleichungen erster Ordnung jedoch unbestimmt!

Diese Funktionen werden durch Betrachtung der Differentialgleichungen der *nächsten* Ordnung (hier: der zweiten Ordnung) bestimmt, wobei – ähnlich wie bei der PLK-Methode – die folgende Regel angewendet wird:

> Die freien Funktionen sind so zu bestimmen, daß die Lösungen in den höheren Ordnungen nicht stärker singulär werden als in der ersten Ordnung; Säkularterme sind dementsprechend zu eliminieren.

Um diese Regel anzuwenden ist es nicht unbedingt erforderlich, die Differentialgleichungen der nächsthöheren Näherung tatsächlich zu lösen; meist genügt eine „Betrachtung" der Differentialgleichungen, um die erforderlichen Schlüsse zu ziehen.

Setzen wir für unser Beispiel die Lösung erster Ordnung, dargestellt durch Gl. (22.15), in die Differentialgleichung für die zweite Näherung, das ist Gl. (22.14a), ein, so folgt

$$y_{1tt} + y_1 = 2 (g_0' + g_0) \sin t - 2 (f_0' + f_0) \cos t \quad . \tag{22.17}$$

Da $\cos t$ und $\sin t$ Lösungen der homogenen Differentialgleichung sind, würden durch „Resonanz-effekte" beide Ausdrücke auf der rechten Gleichungsseite Säkularterme verursachen, falls nicht durch geeignete Festlegung der Funktionen $f_0(\tau)$ und $g_0(\tau)$ diese Ausdrücke zum Verschwinden gebracht werden. Wir müssen daher fordern, daß

$$f_0' + f_0 = 0 \tag{22.18}$$

und

$$g_0' + g_0 = 0 \quad , \tag{22.19}$$

woraus zusammen mit den Anfangsbedingungen (22.16)

$$f_0 = e^{-\tau} \quad , \qquad g_0 \equiv 0 \tag{22.20}$$

folgt. Setzt man dies noch in Gl. (22.15) ein, so erhält man schließlich als eindeutige Lösung

$$y_0 = e^{-\tau} \sin t \qquad (\tau = \epsilon t) \quad . \tag{22.21}$$

Man überzeugt sich durch Vergleich mit der exakten Lösung (22.3) leicht, daß es sich bei Gl. (22.21) um eine gleichmäßig gültige, erste Näherung handelt. Dennoch ist das Verfahren noch nicht als vollkommen anzusehen, denn der nächste Schritt der Entwicklung bringt eine unerfreuliche Über-raschung.

22.1.3. Zweite Näherung; Frequenzverschiebung

Um eine zweite Näherung zu finden, wollen wir nun versuchen, y_1 zu berechnen. Da wir die rechte Seite von Gl. (22.17) zum Verschwinden gebracht haben, bleibt

$$y_{1tt} + y_1 = 0 \tag{22.22}$$

mit der allgemeinen Lösung

$$y_1 = f_1(\tau) \sin t + g_1(\tau) \cos t \quad . \tag{22.23}$$

Die Anfangsbedingung (22.14b) liefert

$$f_1(0) = 0 \quad , \qquad g_1(0) = 0 \quad . \tag{22.24}$$

Abgesehen von dieser Vorgabe der Anfangswerte bleiben die Funktionen $f_1(\tau)$ und $g_1(\tau)$ zunächst frei und müssen wieder aus einer Untersuchung der nächsten (also der dritten) Ordnung gewonnen werden.

Durch Weiterführung der Entwicklung und anschließendes Einsetzen schon bekannter Größen erhält man für $y_2(t, \tau)$ die partielle Differentialgleichung

$$y_{2tt} + y_2 = -y_{0\tau\tau} - 2 y_{1t\tau} - 2 y_{0\tau} - 2 y_{1t} =$$
$$= [2 (g_1' + g_1) + e^{-\tau}] \sin t - 2 (f_1' + f_1) \cos t \quad . \tag{22.25}$$

Die Resonanzterme auf der rechten Gleichungsseite müssen durch

$$f_1' + f_1 = 0 \quad , \tag{22.26}$$

$$g_1' + g_1 = -\frac{1}{2} e^{-\tau} \tag{22.27}$$

zum Verschwinden gebracht werden. Diese gewöhnlichen Differentialgleichungen lassen sich leicht lösen und liefern nach Berücksichtigung der Anfangsbedingungen (22.24)

$$f_1 \equiv 0 \quad , \qquad g_1 = -\frac{1}{2}\, \tau\, e^{-\tau} \quad . \tag{22.28}$$

Damit wird

$$y_1 = -\frac{1}{2}\, \tau\, e^{-\tau} \cos t \quad . \tag{22.29}$$

Zwar bleibt y_1 auch für sehr große τ beschränkt (es verschwindet sogar mit $\tau \to \infty$), doch das allein ist noch keine Garantie für eine gleichmäßig gültige Lösung. Denn worauf es bei der Entwicklung ankommt, ist der Quotient (die „relative Größenordnung") aufeinanderfolgender Terme. In unserem Beispiel zeigt sich nun mit

$$y = y_0 + \epsilon y_1 + \ldots = e^{-\tau} \left(\sin t - \frac{\epsilon}{2}\, \tau \cos t \right) + \ldots \quad , \tag{22.30}$$

daß für $\tau \to \infty$ wieder ein Säkularterm auftritt, obwohl die resonanzerzeugenden Terme in der Differentialgleichung eliminiert worden sind! Unsere „einfache" Zwei-Variablen-Entwicklung liefert uns zwar eine gleichmäßig gültige *erste* Näherung, die *zweite* Näherung ist jedoch für $1/\tau = O(\epsilon)$ d. h. $1/t = O(\epsilon^2)$, ungültig.

Einen Hinweis für die Ursache des Versagens gibt uns wieder die exakte Lösung (22.3). Dort erkennt man, daß sich mit fortschreitender Entwicklung nach ϵ die Frequenz der Schwingung ändert, während hingegen unsere Entwicklung keine Frequenzverschiebung zuläßt, weil sich ja in allen Ordnungen der Störungsrechnung stets die gleichen *homogenen* Differentialgleichungen ergeben; man vgl. etwa die Gln. (22.13a), (22.14a) und (22.25)!

Die beschriebene Schwäche der Zwei-Variablen-Entwicklung kann man durch zusätzliche Anwendung der Methode der Koordinatenstörung beheben. Statt der Kurzzeit-Variablen t wird eine neue unabhängige Veränderliche ξ eingeführt. Dementsprechend wird t als abhängige Veränderliche angesehen und folgendermaßen entwickelt[1]):

$$t = t_0(\xi) + \epsilon^2 t_2(\xi) + \epsilon^3 t_3(\xi) + \ldots \qquad \text{mit } t_0(\xi) = \xi \quad . \tag{22.31}$$

Der Ansatz bringt zum Ausdruck, daß die neue Unabhängige ξ in erster Näherung mit der Kurzzeit-Variablen t übereinstimmt. Weiters fällt auf, daß ein Term ϵt_1 weggelassen wurde. Ein solcher Term ist hier überflüssig, weil er bereits durch die Langzeit-Variable $\tau = \epsilon t$ erfaßt wird. (Dieses Argument macht aber auch deutlich, daß man die Koordinatenstörung gemäß Gl. (22.31) durch die schrittweise Einführung einer unbegrenzten Zahl neuer Zeitvariablen $t_0 = t$, $t_1 = \epsilon t$, $t_2 = \epsilon^2 t$, $t_3 = \epsilon^3 t$, ... ersetzen könnte. Wir kommen auf diese Variante der Methode der mehrfachen Variablen im Abschnitt 22.2 zurück.)

Die Ausgangsgleichungen (22.1) und (22.2) werden nun mit ξ und τ als unabhängigen Variablen entwickelt, d. h. im Störansatz (22.11) ist auf der rechten Gleichungsseite ξ statt t zu schreiben. Partielle Ableitungen nach t (bei festem τ) werden dabei gemäß

$$\frac{\partial}{\partial t} = \left(1 \Big/ \frac{dt}{d\xi} \right) \frac{\partial}{\partial \xi} = [1 - \epsilon^2 t_2'(\xi) + \ldots] \frac{\partial}{\partial \xi} \tag{22.32}$$

---

[1]) In der Literatur findet man meistens die umgekehrte Entwicklung, also ξ als Funktion von t, doch ist die hier gewählte Darstellung konsistent mit der früher behandelten Methode der Koordinatenstörung und außerdem bei Problemen von der Art des im übernächsten Abschnitt dargelegten Beispiels (Anwendung auf partielle Differentialgleichungen) besser geeignet.

umgeformt. Beim Einsetzen in die Ausgangsgleichungen zeigt sich, daß die früheren Gleichungen erster und zweiter Ordnung, nämlich die Gln. (22.13a, b) und (22.14a, b) sowie ihre Lösungen (22.21) und (22.23) mit (22.24) wiedergewonnen werden, wobei allerdings in diesen Gleichungen t durch ξ zu ersetzen ist. Erst in den Gleichungen für die dritte Ordnung zeigt sich der Unterschied zur früheren Rechnung; statt Gl. (22.25) erhält man

$$y_{2\xi\xi} + y_2 = -y_{0\tau\tau} - 2y_{1\xi\tau} - 2y_{0\tau} - 2y_{1\xi} + 2t_2'(\xi)\,y_{0\xi\xi} + t_2''(\xi)\,y_{0\xi} =$$
$$= A\sin\xi + B\cos\xi \tag{22.33}$$

mit

$$A = 2\,[g_1'(\tau) + g_1(\tau)] + [1 - 2t_2'(\xi)]\,e^{-\tau} \quad ;$$
$$B = -2\,[f_1'(\tau) + f_1(\tau)] + t_2''(\xi)\,e^{-\tau} \quad . \tag{22.34}$$

Um die Resonanzterme zu eliminieren, muß $A \equiv 0$ und $B \equiv 0$ sein. Die erste Bedingung kann nur erfüllt werden, wenn $t_2'(\xi) = C = \text{const}$. Damit reduzieren sich die beiden Bedingungen auf

$$g_1' + g_1 = \left(C - \frac{1}{2}\right)e^{-\tau} \quad ; \tag{22.35}$$

$$f_1' + f_1 = 0 \quad . \tag{22.36}$$

Eine Inhomogenität von der Form $e^{-\tau}$ in der Differentialgleichung erzeugt, wie wir schon gesehen haben, eine säkulare Partikulärlösung der Form $\tau\,e^{-\tau}$. Daher muß die rechte Seite von Gl. (22.35) zum Verschwinden gebracht werden, indem $C = 1/2$ gesetzt wird. Daraus folgt

$$t_2 = \frac{1}{2}\,\xi \tag{22.37}$$

und

$$t = \left(1 + \frac{1}{2}\epsilon^2 + \ldots\right)\xi \tag{22.38a}$$

bzw.

$$\xi = \left(1 - \frac{1}{2}\epsilon^2 + \ldots\right)t \quad , \tag{22.38b}$$

wobei eine Integrationskonstante so gewählt wurde, daß $\xi = 0$ für $t = 0$ (Übereinstimmung der Zeit-Nullpunkte).

Die homogenen Differentialgleichungen (22.35) und (22.36) mit den homogenen Anfangsbedingungen (22.24) haben nur noch die trivialen Lösungen

$$f_1 \equiv 0 \quad , \qquad g_1 \equiv 0 \quad . \tag{22.39}$$

so daß auch

$$y_1 \equiv 0 \quad . \tag{22.40}$$

Während also das additive Störglied y_1 identisch verschwindet, ergibt sich als wichtiges Nebenprodukt der Störungsrechnung zweiter Ordnung (mit Inspektion der Gleichungen dritter Ordnung zur Vermeidung von Säkulartermen) eine schwache Zeitverzerrung entsprechend Gl. (22.38a) oder Gl. (22.38b). Wie man am Endergebnis

$$y = e^{-\tau}\sin\xi + O(\epsilon^2) = e^{-\epsilon t}\sin\left[\left(1 - \frac{\epsilon^2}{2} + \ldots\right)t\right] + O(\epsilon^2) \tag{22.41}$$

erkennen kann, wird dadurch die Frequenzverschiebung als Folge der schwachen Dämpfung beschrieben.

22.2. Verallgemeinerungen und Zusammenfassung des Rechenganges

Die im vorigen Abschnitt an Hand eines einfachen Beispiels dargelegte Methode läßt sich auf verschiedene Weise verallgemeinern. Ein sehr allgemeiner Ansatz lautet für den Fall, daß eine Größe p als Funktion einer einzigen Unabhängigen t gesucht ist, folgendermaßen:

$$p = p_0(\xi, \tau_0) + \pi_1(\epsilon)\, p_1(\xi, \tau_0) + \pi_2(\epsilon)\, p_2(\xi, \tau_0) + \ldots \quad ;$$

$$t = t_0(\xi, \tau_0) + \delta_1(\epsilon)\, t_1(\xi, \tau_0) + \delta_2(\epsilon)\, t_2(\xi, \tau_0) + \ldots \quad ; \tag{22.42}$$

$$\tau_0 = \sigma(\epsilon)\, t_0 \quad .$$

Selbstverständlich kann ähnlich wie für t auch für die mit $\sigma(\epsilon)$ gestreckte Variable eine Verzerrung im Sinn der Koordinatenstörung angesetzt werden, was manchmal nützlich ist.

Bei partiellen Differentialgleichungen als Ausgangsgleichungen haben wir mit mindestens zwei unabhängigen Variablen, sagen wir t und x, zu rechnen. Analog zu Gl. (22.42) wird man ansetzen:

$$p = p_0(\xi, \eta, \tau_0) + \pi_1(\epsilon)\, p_1(\xi, \eta, \tau_0) + \ldots \quad ;$$

$$t = t_0(\xi, \eta, \tau_0) + \delta_1(\epsilon)\, t_1(\xi, \eta, \tau_0) + \ldots \quad ; \tag{22.43}$$

$$x = x_0(\xi, \eta, \tau_0) + \delta_1(\epsilon)\, x_1(\xi, \eta, \tau_0) + \ldots \quad ;$$

$$\tau_0 = \sigma(\epsilon)\, t_0 \quad .$$

In einer weiteren Verallgemeinerung könnte auch für die x-Koordinate eine zusätzliche, gestreckte Koordinate eingeführt werden.

Da bei den vorstehenden Entwicklungen mit nur zwei verschiedenen Maßstäben für die Variable t gearbeitet wird, werden wir diese Art der Entwicklung als Methode der *zweifachen* Variablen bezeichnen. Die Grundzüge dieser Methode wurden Anfang der Sechzigerjahre von verschiedenen Autoren etwa gleichzeitig dargelegt. Die anscheinend älteste Arbeit stammt von *Kuzmak* (1959).

In einer anderen Variante (*Sturrock* 1957) wird eine unbegrenzte Anzahl von Streckungen ein- und derselben Variablen verwendet (Methode der *vielfachen* Variablen). Die einzelnen Variablen werden von Schritt zu Schritt stärker gestreckt, auf eine Verzerrung (Koordinatenstörung) kann dabei in der Regel verzichtet werden. Ebenso wie die asymptotische Reihe selbst, wird natürlich auch die Folge der gestreckten Variablen nach einer endlichen Anzahl von Gliedern abgebrochen. Dabei muß darauf geachtet werden, daß die Anzahl der Reihenglieder der Vielfachheit der Variablen entspricht. Man wird hierfür also etwa ansetzen:

$$p = \sum_{i=0}^{n} \delta_i(\epsilon)\, p_i(t_0, t_1, \ldots, t_{n+1}) + o(\delta_n) \quad ; \tag{22.44}$$

$$t_i = \delta_i(\epsilon)\, t \quad .$$

Da die Durchrechnung wie bei zweifachen Variablen erfolgt, sei diesbezüglich lediglich auf die Übungsaufgabe 2 verwiesen.

Wir fassen nun den *Rechengang* zusammen.

1. Entweder:

   Einführung einer neuen unabhängigen Variablen durch Streckung mit einer geeigneten Funktion des Störparameters und – eventuell – gleichzeitige Verzerrung der ursprünglichen Unabhängigen im Sinn einer Koordinatenstörung;

oder:

Einführung einer Folge von neuen unabhängigen Variablen durch schrittweise zunehmende Streckung mit geeigneten Funktionen des Störparameters.

2. Ansätze asymptotischer Entwicklungen für alle abhängigen Größen, wobei angenommen wird, daß die einzelnen Reihenglieder Funktionen von allen nunmehr vorhandenen Unabhängigen sind. (Mehrfache unabhängige Variable!)

3. Eintragen der Störansätze in die Ausgangsgleichungen (Differentialgleichungen und Anfangs- bzw. Randbedingungen) und Ordnen nach gleichen Größenordnungen.

4. Schrittweise Lösung der erhaltenen Gleichungssysteme, wobei freie Integrationsfunktionen aus der Forderung bestimmt werden, daß höhere Näherungen nicht stärker singulär werden dürfen als die erste Näherung. (Verschwinden von Säkulartermen!)

22.3. Anwendung auf partielle Differentialgleichungen: Langsame Kompression eines Gases in einem Zylinder

In einem Zylinder, der von einem beweglichen Kolben abgeschlossen wird, befinde sich ein Gas (Bild 22.1). Das System sei zunächst in Ruhe. Zur Zeit $t = 0$ beginnt der Kolben plötzlich, sich auf einer vorgegebenen Bahn $x_K(t)$ mit der Geschwindigkeit $U(t) = x'_K(t)$ zu bewegen. Welchen Zustand (Druck p, Strömungsgeschwindigkeit u) nimmt das Gas in Abhängigkeit von Ort und Zeit an, wenn die Kolbengeschwindigkeit als sehr klein gegen die Schallgeschwindigkeit im Gas angesehen werden kann, der Kolbenhub jedoch von der Größenordnung der Zylinderlänge ist?

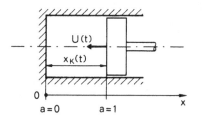

Bild 22.1

Kompression eines Gases in einem Zylinder

Durch die in der Thermodynamik übliche Idealisierung wird der Vorgang zum „quasistatischen" Prozeß, der so berechnet werden kann, als ob das Gas in jedem Moment im thermodynamischen Gleichgewicht sei. Der Druck im Gas wird dementsprechend als konstant angenommen („Druck-ausgleich"), die Strömungsgeschwindigkeit des Gases bleibt unberücksichtigt. Der wirkliche Prozeß ist natürlich wesentlich komplizierter. Wenn sich der Kolben in Bewegung setzt, breiten sich Zustandsstörungen in Form einer fortschreitenden Welle ins Innere des Gases hinein aus. Die Welle, die annähernd mit Schallgeschwindigkeit — also viel schneller als der Kolben — läuft, wird am Zylinderboden reflektiert, erreicht anschließend wieder den — inzwischen ein kleines Stückchen weiter gewanderten — Kolben, wird dort abermals reflektiert und so fort. Beim vorliegenden Problem geht es also auch darum, ob und in welcher Weise die quasistatische Zustandsänderung als mathematischer Grenzfall für kleine Kolben-Machzahlen angesehen werden darf, und wie man die quasistatische Näherung durch eine Störungsrechnung in systematischer Weise verbessern kann.

Es ist vorteilhaft, neben der Zeit t als Koordinate nicht die Ortskoordinate x, sondern die Lagrange-Koordinate (teilchenfeste Koordinate) a zu verwenden. Sie ist so gewählt, daß zur Zeit $t = 0$ für jedes Teilchen $a = x$ ist. Wir beziehen Druck und Strömungsgeschwindigkeit auf den Anfangsdruck bzw. eine charakteristische Kolbengeschwindigkeit (z. B. die maximale Kolbengeschwindigkeit U_{max}) und schreiben für diese dimensionslosen Größen p und u. Die Lagrange-Koordinate kann mit der x-Koordinate des Kolbens zur Zeit $t = 0$, das ist x_A, dimensionslos gemacht werden, die Zeit mit der für die Kolbenbewegung charakteristischen Zeit x_A/U_{max}.

Als Grundgleichungen in dimensionsloser Form können wir die Bewegungsgleichung

$$\frac{\partial p}{\partial a} + \epsilon^2 \kappa \frac{\partial u}{\partial t} = 0 \tag{22.45}$$

und die aus Kontinuitäts- und Isentropiebedingung entstandene nichtlineare Gleichung

$$\kappa \frac{\partial u}{\partial a} + p^{-2\alpha} \frac{\partial p}{\partial t} = 0 \tag{22.46}$$

verwenden. Dabei bedeutet κ den Isentropenexponenten und α steht für $\alpha = (\kappa + 1)/2\kappa$; der Parameter ϵ wurde als

$$\epsilon = U_{max}/c_A \ll 1 \tag{22.47}$$

eingeführt, wobei unter c_A die Schallgeschwindigkeit des Gases im Anfangs-(Ruhe-)Zustand zu verstehen ist.

Das partielle Differentialgleichungssystem (22.45) und (22.46) ist zu ergänzen durch die folgenden Randbedingungen am Zylinderboden bzw. am Kolben und eine Anfangsbedingung:

$$a = 0 \quad , \quad t > 0 \quad : \qquad u = 0 \quad ; \tag{22.48a}$$

$$a = 1 \quad , \quad t > 0 \quad : \qquad u = U(t) \quad ; \qquad\qquad . \tag{22.48b}$$

$$t = 0 \quad , \quad 0 \leqq a < 1 \quad : \qquad u = 0 \quad , \quad p = 1 \quad . \tag{22.49}$$

Wir können nun zuerst eine reguläre Entwicklung $p = p_0 + \epsilon^2 p_1 + \ldots, u = u_0 + \epsilon^2 u_1 + \ldots$ für $\epsilon \to 0$ versuchen. In erster Näherung erhalten wir hieraus (Übungsaufgabe 3a):

$$p_0 = p_0(t) = x_K^{-\kappa} \quad ; \tag{22.50}$$

$$u_0 = a\, U(t) \quad . \tag{22.51}$$

In Gl. (22.50) erkennt man die aus der Thermodynamik bekannte Gleichung der quasistatischen Adiabaten (Isentropen) wieder, denn x_K ist proportional zum Gasvolumen. Gl. (22.51) sagt eine lineare Geschwindigkeitsverteilung über der Lagrange-Koordinate in jedem Zeitpunkt voraus. Dieses Ergebnis widerspricht jedoch nur dann der Anfangsbedingung (22.49) nicht, wenn $U(0) = 0$ ist. Damit wird zunächst einmal der wichtige (wenngleich selbst aus einer Idealisierung herrührende) Grenzfall eines plötzlich mit endlicher Geschwindigkeit in Bewegung gesetzten Kolbens ausgeschlossen. In den zweiten und höheren Ordnungen wiederholt sich aber die Schwierigkeit mit der Anfangsbedingung (Übungsaufgabe 3b), so daß wir schrittweise $U'(0) = 0$, $U''(0) = 0$ usw. fordern müssen. Das steht aber im Widerspruch zu der Angabe, daß der Kolben zur Zeit $t = 0$ eine Bewegung beginnen soll. Die klassische (reguläre) Störungsrechnung versagt also, wobei die Ordnung, in der das Versagen offenkundig wird, von der Art des Bewegungsbeginns des Kolbens (Differenzierbarkeitseigenschaften von $U(t)$ für $t \to 0$) abhängt.

Die vorher erwähnten physikalischen Vorstellungen über den Vorgang der Wellenausbreitung im Zylinder machen deutlich, daß zwei verschiedene charakteristische Zeiten auftreten:

1. Die Zeit, in welcher sich der Kolbenabstand vom Zylinderboden wesentlich (d. h. von der Größenordnung des Abstandes selbst) verändert; diese Zeit ist von der Größenordnung x_A/U_{max} und wurde als Referenzgröße für die dimensionslose Zeitvariable t gewählt.

2. Die Zeit, die eine Schallwelle zum Zurücklegen der Entfernung Kolben-Zylinderboden braucht; diese Zeit ist von der Größenordnung x_A/c_A und ist somit um den Faktor ϵ kleiner als x_A/U_{max}. Hätten wir als Referenzzeit x_A/c_A statt x_A/U_{max} gewählt, so hätten wir den Vorgang statt mit der Langzeit-Variablen t mit einer Kurzzeit-Variablen τ,

$$\tau = t/\epsilon \tag{22.52}$$

zu beschreiben versucht. Mit einer regulären Entwicklung wären wir aber auch dann nicht zu einer gleichmäßig gültigen Lösung gekommen (Übungsaufgabe 3c).

Eine zweckmäßige Behandlung des vorliegenden Problems als Störproblem muß offenbar davon ausgehen, daß beide charakteristischen Zeiten gleichzeitig eine wesentliche Rolle spielen. Man wird daher erwarten, daß sich das Problem mit der Methode der zweifachen Variablen lösen läßt. Allerdings genügt es nicht, einfach t und τ als Unabhängige einzuführen; Säkularterme lassen sich auf diese Weise nicht eliminieren. Neben den zwei charakteristischen Zeiten spielen nämlich für die Wellenausbreitung auch noch die kumulativen Effekte, die aus kleinen Abweichungen der örtlichen Schallgeschwindigkeit von der Ruheschallgeschwindigkeit entstehen, eine wichtige Rolle.

Wir konnten im Kapitel 20 die kumulativen Effekte mit Hilfe des analytischen Charakteristikenverfahrens korrekt erfassen und werden uns daher auch hier dieser Methode bedienen. Dazu führen wir charakteristische Koordinaten ξ, η ein und ersetzen das Differentialgleichungssystem (22.45), (22.46) durch die Richtungsbedingungen

$$\frac{\partial a}{\partial \eta} + p^\alpha \frac{\partial \tau}{\partial \eta} = 0 \quad , \qquad \frac{\partial a}{\partial \xi} - p^\alpha \frac{\partial \tau}{\partial \xi} = 0 \quad , \tag{22.53}$$

und die Verträglichkeitsbedingungen

$$\frac{\partial p}{\partial \eta} - \epsilon \kappa \, p^\alpha \frac{\partial u}{\partial \eta} = 0 \quad , \qquad \frac{\partial p}{\partial \xi} + \epsilon \kappa \, p^\alpha \frac{\partial u}{\partial \xi} = 0 \quad . \tag{22.54}$$

Bei der nun folgenden Störungsrechnung werden ξ und η statt a und τ (der Kurzzeit- oder Wellenzeit-Variablen!) als unabhängige Variable verwendet. Dazu kommt noch entsprechend dem Prinzip der zweifachen Variablen eine Langzeit-Variable. Die Koordinaten a und τ werden ebenso wie die Zustandsgrößen p und u als abhängige Variable angesehen. Mit Rücksicht darauf, daß die Zeitstreckung durch ϵ gegeben ist und auch in den Grundgleichungen (22.53) und (22.54) lediglich ϵ vorkommt, kann man erwarten, daß die asymptotische Entwicklung nach ganzzahligen Potenzen von ϵ fortschreitet. Wir schreiben daher:

$$\left.\begin{aligned} p &= p_0(\xi, \eta, t_0) + \epsilon p_1(\xi, \eta, t_0) + \ldots \quad , \\ u &= u_0(\xi, \eta, t_0) + \epsilon u_1(\xi, \eta, t_0) + \ldots \quad ; \end{aligned}\right\} \tag{22.55}$$

$$\left.\begin{aligned} a &= a_0(\xi, \eta, t_0) + \epsilon a_1(\xi, \eta, t_0) + \ldots \quad , \\ \tau &= \tau_0(\xi, \eta, t_0) + \epsilon \tau_1(\xi, \eta, t_0) + \ldots \quad ; \end{aligned}\right\} \tag{22.56}$$

$$t_0 = \epsilon \tau_0 \quad . \tag{22.57}$$

Abgesehen davon, daß die Symbole für die Lang- und Kurzzeitvariablen vertauscht wurden, entspricht dieser Störansatz vollkommen dem allgemeinen Ansatz (22.43).

Die Durchführung der Entwicklung liefert zunächst aus den Verträglichkeitsbedingungen (22.54) für ϵ^0

$$\frac{\partial p_0}{\partial \xi} = \frac{\partial p_0}{\partial \eta} = 0 \quad , \tag{22.58}$$

so daß der Druck in erster Näherung nur von der Langzeitvariablen t_0 abhängt:

$$p_0 = p_0(t_0) \quad . \tag{22.59}$$

Die Funktion $p_0(t_0)$ wird erst später aus der Forderung nach dem Verschwinden von Säulartermen bestimmt.

Weiterhin folgt aus den Richtungsbedingungen (22.53) in erster Näherung

$$\frac{\partial a_0}{\partial \eta} + p_0^\alpha \frac{\partial \tau_0}{\partial \eta} = 0 \quad , \qquad\qquad \frac{\partial a_0}{\partial \xi} - p_0^\alpha \frac{\partial \tau_0}{\partial \xi} = 0 \quad . \tag{22.60}$$

Eine einfache spezielle Lösung ist

$$a_0 = \frac{1}{2}(\xi - \eta) \quad , \qquad\qquad \tau_0 = \frac{1}{2} p_0^{-\alpha}(\xi + \eta) \quad . \tag{22.61}$$

Diese Lösung für die „ungestörten" Koordinaten a_0 und τ_0 entspricht den beim analytischen Charakteristikenverfahren, Kapitel 20, verwendeten Relationen (20.28), enthält aber zusätzlich den langsam veränderlichen Druck p_0.

Für ϵ^1 liefern die Verträglichkeitsbedingungen

$$\frac{\partial p_1}{\partial \eta} - \kappa\, p_0^\alpha \frac{\partial u_0}{\partial \eta} = -\frac{1}{2} p_0^{-\alpha}\, p_0' \quad , \qquad\qquad \frac{\partial p_1}{\partial \xi} + \kappa\, p_0^\alpha \frac{\partial u_0}{\partial \xi} = -\frac{1}{2} p_0^{-\alpha}\, p_0' \quad , \tag{22.62}$$

und aus den Richtungsbedingungen folgt

$$\frac{\partial a_1}{\partial \eta} + p_0^\alpha \frac{\partial \tau_1}{\partial \eta} = -\frac{1}{2}\left(\alpha \frac{p_1}{p_0} + \tau_0 \frac{p_0'}{p_0}\right) \quad ,$$

$$\frac{\partial a_1}{\partial \xi} - p_0^\alpha \frac{\partial \tau_1}{\partial \xi} = +\frac{1}{2}\left(\alpha \frac{p_1}{p_0} + \tau_0 \frac{p_0'}{p_0}\right) \quad . \tag{22.63}$$

Beachtenswert an den Gln. (22.62) sind die inhomogenen Störterme, die proportional zur Ableitung von p_0 nach der Langzeitvariablen t_0 sind. Hierin liegt der Unterschied zu jenen Gleichungen, die man erhalten würde, wenn man in den Gleichungen für kleine Störungen eines *konstanten* Ruhezustandes (gewöhnliches analytisches Charakteristikenverfahren) einfach den konstanten Ruhedruck durch einen langsam veränderlichen Ruhedruck ersetzen würde.

Das Störgleichungssystem wird vervollständigt durch die aus den Gln. (22.48a, b) folgenden Randbedingungen

$$\eta = \xi > 0 \quad : \qquad\qquad u_0 = 0 \quad ; \tag{22.64a}$$

$$\eta = \xi - 2 > -1 \quad : \qquad\qquad u_0 = U(t_0) \tag{22.64b}$$

und der Anfangsbedingung

$$t_0 = 0, \quad \eta = -\xi \quad (0 \leqq \xi < 1): \qquad p_0 = 1, \qquad p_1 = 0 \quad ; \qquad \left.\begin{matrix} \\ \\ \end{matrix}\right\} \tag{22.65}$$
$$\qquad\qquad\qquad\qquad\qquad\qquad\qquad u_0 = 0 \quad .$$

Eine direkte Lösung des linearen inhomogenen Differentialgleichungssystems (22.62) mit den inhomogenen Randbedingungen (22.64a, b) und der homogenen Anfangsbedingung (22.65) ist etwas mühsam. Es ist vorteilhaft, das Problem zunächst einmal mittels einer geeigneten Substitution auf ein homogenes Differentialgleichungssystem mit homogenen Randbedingungen und inhomogener Anfangsbedingung umzuformen. Anschließend kann das gemischte Anfangs-Randwert-Problem mit zwei Rändern in üblicher Weise durch fortgesetzte Spiegelung der Anfangswerte auf ein reines Anfangswert-Problem zurückgeführt werden (vgl. Kapitel 4, Übungsaufgabe 5). Wir übergehen hier die Details und geben gleich das Ergebnis der Rechnung an (*G. H. Schneider* 1977):

$$2\, p_1 = \kappa\, U(0)\, p_0^\alpha(t_0)\, \{[\xi - 2\,k(\xi)] + [\eta - 2\,k(\eta)]\} -$$
$$\qquad - p_0^{-\alpha}(t_0)\, [p_0'(t_0) + \kappa\, U(t_0)\, p_0^{2\alpha}(t_0)]\, (\xi + \eta) \quad ; \tag{22.66a}$$

$$2\, u_0 = -U(0)\, \{[\xi - 2\,k(\xi)] - [\eta - 2\,k(\eta)]\} + U(t_0)\, (\xi - \eta) \quad . \tag{22.66b}$$

Dabei stehen $k(\xi)$ und $k(\eta)$ für
Stufenfunktionen, die durch

$\qquad k(s) = n$

$\qquad$ für $2n-1 < s < 2n+1$ $\qquad$ (22.67)

$\qquad (n = 0, 1, 2, \dots)$

definiert sind (Bild 22.2).

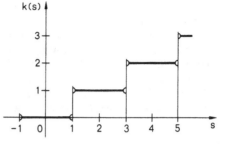

Bild 22.2. Die Stufenfunktion $k(s)$

Wir müssen nun untersuchen, ob in der Lösung (22.66a, b) Säkularterme auftreten und wie sie gegebenenfalls eliminiert werden können. Dazu stellen wir zunächst einmal fest, daß mit Rücksicht auf die Definition (22.67) sowohl $[\xi - 2k(\xi)]$ als auch $[\eta - 2k(\eta)]$ für beliebig große Werte von ξ bzw. η beschränkt und $O(1)$ bleiben. Das gleiche gilt für den Ausdruck $(\xi - \eta)$, den man nach Gl. (22.61) auch durch $2a_0$ ersetzen kann. Nicht $O(1)$ bleibt jedoch $(\xi + \eta)$, denn dieser Ausdruck ist gemäß Gl. (22.61) gleich $2\tau_0 p_0^\alpha$ und wächst daher mit $\tau_0 \to \infty$ über alle Grenzen. Um das Auftreten eines Säkularterms in p_1 zu vermeiden, muß deshalb der Koeffizient von $(\xi + \eta)$ in Gl. (22.66a) gleich null gesetzt werden:

$$p_0'(t_0) + \kappa\, U(t_0)\, p_0^{2\alpha}(t_0) = 0 \quad . \tag{22.68}$$

Ersetzt man $U(t_0)$ durch $x_K'(t_0)$, so kann Gl. (22.68) sofort integriert werden. Mit der Anfangsbedingung $p_0 = 1$ für $x_K = 1$ erhält man

$$p_0 = [x_K(t_0)]^{-\kappa} \quad , \tag{22.69}$$

also wieder die quasistatische Adiabate! Die quasistatische Zustandsänderung kann daher als das erste Glied einer singulären asymptotischen Entwicklung gedeutet werden; sie folgt bei dieser Betrachtungsweise aus der Forderung nach dem Verschwinden von Säkulartermen.

Nach Erfüllung der Bedingung (22.68) reduziert sich Gl. (22.66a) auf das folgende Ergebnis für die Druckstörung:

$$2\,p_1 = \kappa\, U(0)\, p_0^\alpha(t_0)\, [\xi - 2k(\xi) + \eta - 2k(\eta)] \quad . \tag{22.70}$$

Das Ergebnis (22.66b) für die Strömungsgeschwindigkeit u_0 bleibt unverändert.

Der Gl. (22.70) ist zu entnehmen, daß $p_1 \neq 0$ nur wenn $U(0) \neq 0$, d.h. wenn der Kolben mit von null verschiedener Geschwindigkeit plötzlich seine Bewegung beginnt. In diesem Fall ist der Druckkorrekturterm gegenüber der quasistatischen Adiabaten von der Größenordnung $O(\epsilon)$, anderfalls jedoch höchstens $O(\epsilon^2)$ und erst durch höhere Näherungen in der Entwicklung zu erfassen.

Um die Lösung zu vervollständigen, müssen noch die Koordinatenstörungen a_1 und τ_1 berechnet werden. Man geht dazu von den entwickelten Richtungsbedingungen (22.63) aus. Die Rechnung verläuft analog zum „gewöhnlichen" analytischen Charakteristikenverfahren (vgl. Abschnitt 20.3) und liefert (*G. H. Schneider* 1977):

$$a_1 = \frac{\kappa+1}{8}\, U(0)\, p_0^{\alpha-1}\left\{ \frac{1}{2}\,[1 + U(t_0)/U(0)]\,(\xi^2 - \eta^2) + [k(\xi) + 2k(\eta)]\,\eta - \right.$$

$$\left. - [k(\eta) + 2k(\xi)]\,\xi + [k(\xi) - k(\eta)]\,[1 + 2k(\xi) + 2k(\eta)] \right\} \quad ; \tag{22.71}$$

$$\tau_1 = \frac{\kappa+1}{8}\, U(0)\, p_0^{-1}\left\{ -[1 + U(t_0)/U(0)]\,(1 + \xi\eta) + k(\xi)\,(1 + \eta) + k(\eta)\,(1 + \xi) \right\} .$$

Eventuell auftretende Gebiete mehrdeutiger Lösungen (Faltungsgebiete) sind wieder durch Verdichtungsstöße zu ersetzen. Die in Abschnitt 20.4 beschriebenen Methoden zur Bestimmung der Stöße bleiben anwendbar. Es ist allerdings darauf zu achten, daß die Störgrößen jetzt zusätzlich von t_0 abhängen. Da die Stöße nachträglich, also erst nach Abschluß der eigentlichen Störungsrechnung, in die Faltungsgebiete eingepaßt werden, hat man in allen Lösungen die zusätzliche Variable t_0 mittels $t_0 = \epsilon \tau_0$ und Gl. (22.61) wieder durch die ursprünglichen charakteristischen Variablen ξ und η auszudrücken, bevor die Methoden zur Stoßberechnung angewendet werden. Auch hier sei bezüglich der Details wieder auf die Originalarbeit (*G. H. Schneider* 1977) verwiesen.

22.4. Mittelungsmethoden

Zur Lösung von Störproblemen mit zwei „Zeitmaßstäben" unterschiedlicher Größenordnung steht zwar mit dem Formalismus der mehrfachen Variablen eine systematische und leistungsfähige Methode zur Verfügung. Es besteht jedoch oft das Bedürfnis, den Aufwand an mehr oder weniger routinemäßiger Rechenarbeit zu reduzieren, auch wenn das auf Kosten der Systematik oder des Anwendungsbereiches der Methode geht. Eine Möglichkeit zur Verringerung des Rechenaufwandes besteht darin, die Untersuchung der jeweils nächsthöheren Ordnung bezüglich der Säkularterme zu umgehen. Dies gelingt mit sogenannten Mittelungsmethoden, von denen wir hier zwei interessante Vertreter kennenlernen werden. Die Anwendung derartiger Methoden ist vor allem dann einfach und empfehlenswert, wenn man sich mit einer ersten Näherung begnügen möchte.

22.4.1. Methode von Krylow und Bogoljubow

Wir kehren zurück zum Beispiel der schwach gedämpften, linearen Schwingung, die durch die Differentialgleichung

$$y'' + 2\epsilon y' + y = 0 \tag{22.72}$$

mit der Anfangsbedingung

$$y(0) = 0 \quad , \qquad y'(0) = 1 \tag{22.73}$$

beschrieben wird.

Der Grundgedanke der Mittelungsmethode besteht nun in folgender Überlegung. Für $\epsilon = 0$ wäre die allgemeine Lösung von (22.72) einfach $y = a \sin(t + \varphi)$ mit $a = $ const als Amplitude und $\varphi = $ const als Nullphasenwinkel. Für $\epsilon \neq 0$, aber $\epsilon \ll 1$ wird man nur kleine Abweichungen von der Lösung für $\epsilon = 0$ erwarten. Wenn man aber versucht, eine entsprechende Korrektur erst in der nächsten Ordnung anzubringen, dann erhält man, wie wir schon im Abschnitt 22.1 gesehen haben, keine gleichmäßig (d. h. für alle Zeiten) gültige Lösung. Folglich muß die Korrektur – obwohl in einem gewissen Sinn „klein" – schon in der ersten Ordnung angebracht werden. Das kann man nach *Krylow* und *Bogoljubow* (1947) so versuchen, daß man die *Form* der Lösung für $\epsilon = 0$ auch für $\epsilon \neq 0$ ($\epsilon \ll 1$) beibehält, aber die Amplitude a und den Nullphasenwinkel φ *„langsam" mit der Zeit t variieren läßt*. Wir setzen also an:

$$y = a(t) \sin \psi \qquad \text{mit } \psi = t + \varphi(t) \quad . \tag{22.74}$$

Damit ist zunächst aber noch gar nichts gesagt und auch gar nichts angenommen oder genähert worden, denn durch eine geeignete Wahl von $a(t)$ kann man jede beliebige Funktion $y(t)$ in der Form (22.74) darstellen.

Da der Ansatz (22.74) zwei unbestimmte Funktionen enthält, kann man auch zwei Bedingungen auferlegen. Eine erste Bedingung wird sich natürlich aus der Differentialgleichung (22.72) ergeben.

Als zweite Bedingung fordert man – dieser Kunstgriff ermöglicht später eine einfache Mittelung –, daß sich nicht nur die Auslenkung y selbst, sondern auch die Geschwindigkeit y' formal wie im Fall $\epsilon = 0$ darstellen läßt. Aus Gl. (22.74) folgt durch Differenzieren

$$y' = a' \sin \psi + a(1 + \varphi') \cos \psi \quad . \tag{22.75}$$

Für $\epsilon = 0$ wäre

$$y' = a \cos \psi \quad . \tag{22.76}$$

Um Gl. (22.75) in diese Relation auch für $\epsilon \neq 0$ überzuführen, muß

$$a' \sin \psi + a \varphi' \cos \psi = 0 \tag{22.77}$$

sein. Damit haben wir bereits eine Differentialgleichung für $a(t)$ und $\varphi(t)$ gewonnen. Nun setzen wir noch die Ansätze (22.74) und (22.76) in die Differentialgleichung (22.72) ein und erhalten als zweite Differentialgleichung für $a(t)$ und $\varphi(t)$ die Gleichung

$$a' \cos \psi - a \varphi' \sin \psi = -2 \epsilon a \cos \psi \quad . \tag{21.78}$$

Auflösung von (22.77) und (22.78) nach a' und φ' liefert

$$\begin{aligned} a' &= -2 \epsilon a \cos^2 \psi \quad , \\ \varphi' &= 2 \epsilon \sin \psi \cos \psi \quad . \end{aligned} \tag{22.79}$$

Damit haben wir die Ausgangsdifferentialgleichung zweiter Ordnung für $y(t)$ streng (noch ohne Näherungen oder Entwicklungen!) in ein System von zwei Differentialgleichungen erster Ordnung für $a(t)$ und $\varphi(t)$ übergeführt.

Aus dem Gleichungssystem (22.79) sind nun zwei wichtige Schlüsse zu ziehen:

1. Die rechten Seiten der Gleichungen haben bezüglich der Phase ψ die Periode 2π.

2. a' und φ' sind proportional zum kleinen Störparameter ϵ, so daß sich a und φ während einer Periode nur wenig ändern. Somit ist die Periode bezüglich der Phase ψ näherungsweise gleich der Periode bezüglich der Zeit t, also $T = 2\pi$.

Damit kann das System (22.79) entscheidend vereinfacht werden. Wir integrieren über das Zeitintervall $(t, t + T)$,

$$\frac{a(t + T) - a(t)}{T} = -\frac{2\epsilon}{T} \int_{t}^{t+T} a \cos^2 \psi \, dt \quad , \tag{22.80}$$

ziehen die Größe $a(t)$, die sich während der Periode T nur wenig ändert, vor das Integral und ersetzen auf der linken Gleichungsseite den Differenzenquotienten durch den Differentialquotienten:

$$a'(t) = -\frac{2\epsilon}{T} a(t) \int_{t}^{t+T} \cos^2 \psi \, dt + \ldots \quad . \tag{22.81}$$

Da $T = 2\pi$ die Periode darstellt und der Integrand die Zeit t nicht mehr explizit, sondern nur noch implizit in ψ enthält, kann die Integration über die Zeit durch eine Integration über die Phase ersetzt werden. Man erhält hieraus die folgende Gleichung für a' und auf analogem Weg auch eine Gleichung für φ':

$$a' = -2\epsilon a \cdot \frac{1}{2\pi} \int_0^{2\pi} \cos^2\psi \, d\psi + \dots \quad ;$$

$$\varphi' = 2\epsilon \cdot \frac{1}{2\pi} \int_0^{2\pi} \sin\psi \cos\psi \, d\psi + \dots \quad . \tag{22.82}$$

Ein Vergleich mit (22.79) zeigt, daß man die ersten Näherungen (22.82) aus den exakten Gln. (22.79) erhält, indem die rechten Seiten bezüglich der Zeit über eine *ganze* Periode gemittelt werden.

Die Auswertung der Integrale liefert für das erste Integral von Gl. (22.82) den Wert π, das zweite Integral ist null. Das Differentialgleichungssystem (22.82) reduziert sich damit auf

$$a' = -\epsilon a \quad , \qquad \varphi' = 0 \quad , \tag{22.83}$$

mit der Lösung

$$a = a_0 e^{-\epsilon t} \qquad (a_0 = \text{const})$$

$$\varphi = \varphi_0 = \text{const} \quad . \tag{22.84}$$

Setzt man dies noch in Gl. (22.74) ein und verwendet man die Anfangsbedingung (22.73), so folgt schließlich

$$y = e^{-\epsilon t} \sin t \tag{22.85}$$

in Übereinstimmung mit dem Ergebnis (22.21) der Methode der zweifachen Variablen.

Wir fassen nunmehr den *Rechengang* für die Methode von *Krylow* und *Bogoljubow* zusammen:

1. Man bestimmt die Lösung der Differentialgleichung(en) für $\epsilon = 0$.
2. Für $\epsilon \neq 0$ ($\epsilon \ll 1$) wird ein Lösungsansatz gemacht derart, daß die Gestalt der Lösung dieselbe ist wie im Sonderfall $\epsilon = 0$, die Integrationskonstanten jedoch durch unbestimmte Funktionen der unabhängigen Variablen ersetzt werden.
3. Man fordert, daß die erste und eventuell sogar weitere Ableitungen der gesuchten Größe von derselben Gestalt sind wie im Fall $\epsilon = 0$, wobei die Anzahl dieser zusätzlichen Forderungen sich aus der Anzahl der freien Funktionen, vermindert um die Anzahl der Differentialgleichungen, ergibt.
4. Man setzt in die Differentialgleichung(en) ein.
5. Man löst die aus 3. und 4. erhaltenen Gleichungen nach den Ableitungen der freien Funktionen auf und mittelt anschließend über eine Periode, wobei man voraussetzt, daß sich die freien Funktionen in einer Periode nur wenig ändern.
6. Integration der so erhaltenen „gemittelten" Differentialgleichungen für die freien Funktionen unter Verwendung eventueller Anfangs- und Randbedingungen liefert eine Näherungslösung des Problems.

Auch die Konstruktion höherer Näherungen ist möglich (*Bogoljubow* und *Mitropolski* 1965, *Bogoljubow* u. a. 1976). Wegen eines Vergleiches der Mittelungsmethode mit der Methode der zweifachen Variablen sei auf eine Arbeit von *Morrison* (1966) verwiesen.

Die Methode von *Krylow* und *Bogoljubow* ist hauptsächlich für gewöhnliche Differentialgleichungen entwickelt worden (vgl. Übungsaufgabe 4), doch wurden mit analogen Methoden auch schon partielle Differentialgleichungen untersucht, beispielsweise in der Arbeit von *Whitham* (1965a) über langsam veränderliche Wellenzüge. Allerdings wurde von *Whitham* selbst kurze Zeit später eine elegantere Methode zur Lösung solcher Wellenprobleme angegeben. Mit dieser Methode, die von Variationsprinzipien ausgeht, wollen wir uns daher im folgenden Abschnitt beschäftigen.

22.4.2. Variationsmethode von Whitham

Viele physikalische Probleme, natürlich auch manche Störungsprobleme, lassen sich als Variationsprobleme formulieren. Nehmen wir an, eine Größe u sei als Funktion von zwei Unabhängigen t und x gesucht. Ein Variationsproblem kann dann als

$$\delta \iint L(u, u_t, u_x)\, dt\, dx = 0 \tag{22.86}$$

geschrieben werden, womit zum Ausdruck gebracht wird, daß das Integral über die Lagrangesche Funktion L (die gegeben ist) zu einem Extremum (Minimum oder Maximum) gemacht werden soll.

Aus der Variationsrechnung ist bekannt, daß eine notwendige Bedingung für ein Extremum des Integrals in der Eulerschen Differentialgleichung

$$\frac{\delta L}{\delta u} = \frac{\partial L}{\partial u} - \frac{\partial}{\partial t}\left(\frac{\partial L}{\partial u_t}\right) - \frac{\partial}{\partial x}\left(\frac{\partial L}{\partial u_x}\right) = 0 \tag{22.87}$$

zu finden ist, wobei die linke Gleichungsseite als Variationsableitung (oder funktionale Ableitung) von L nach u bezeichnet wird. Jede Lösung des Variationsproblems (22.86) ist daher auch eine Lösung der Differentialgleichung (22.87).

Wählen wir als ein spezielles und einfaches Beispiel die Lagrangesche Funktion zu

$$L = u^2 - u_t^2 + u_x^2 \quad . \tag{22.88}$$

Als Eulersche Differentialgleichung erhält man in diesem Fall

$$u_{tt} - u_{xx} + u = 0 \quad , \tag{22.89}$$

also eine mit der Wellengleichung $u_{tt} - u_{xx} = 0$ verwandte, lineare partielle Differentialgleichung. Sie stellt einen Spezialfall der sogenannten Telegrafengleichung dar.

Für die Gl. (22.89) existieren Lösungen von der Form

$$u = a \cos\Theta \quad , \qquad \Theta = kx - \omega t \qquad (a, k, \omega = const) \quad , \tag{22.90}$$

die wir als fortschreitende periodische Wellen mit *gleichbleibender* Amplitude a, Wellenzahl k und Frequenz ω deuten können. Trägt man den Ansatz (22.90) in die Differentialgleichung (22.89) ein, so erhält man die Disperionsgleichung (vgl. Abschnitt 17.2)

$$k^2 - \omega^2 + 1 = 0 \quad , \tag{22.91}$$

woraus sich die Phasengeschwindigkeit ω/k und die Gruppengeschwindigkeit $d\omega/dk$ der Welle in Abhängigkeit von Wellenzahl oder Frequenz leicht bestimmen lassen. Soweit befinden wir uns auf längst bekannten Wegen zum Auffinden von Lösungen linearer Probleme, und auch bei nichtlinearen Problemen kann man, wie wir in Abschnitt 11.1 gesehen haben, durch Ansätze von der Form $u(t, x) = U(\Theta)$ fortschreitende Wellen gleichbleibender Form beschreiben.

Wir wollen jetzt aber etwas weiter gehen und *langsam veränderliche periodische* Wellen zu beschreiben versuchen, indem wir den Ansatz (22.90) zu

$$u = a(t, x) \cos\Theta \quad ,$$
$$\Theta_x = k(t, x) \quad , \qquad -\Theta_t = \omega(t, x) \tag{22.92}$$

verallgemeinern. Dabei wird angenommen, daß sich $a(t, x)$, $k(t, x)$ und $\omega(t, x)$ in einer Periode nur wenig ändern. Dann können a, k und ω als *lokale* Amplitude, Wellenzahl und Frequenz aufgefaßt werden.

Es stellt sich nun die Frage, wie sich die Änderungen von a, k und ω bei einem gegebenen Problem berechnen lassen. Hierzu gehen wir nach *Whitham* (1965b, 1967) vom Variationsproblem aus und mitteln die Lagrangesche Funktion L über eine Periode, um auf diese Weise die „gemittelte" Lagrangesche Funktion L zu erhalten:

$$L = \frac{1}{2\pi} \int_0^{2\pi} L(u, u_t, u_x)\, d\Theta \quad . \tag{22.93}$$

Wegen der geringen Änderung in einer Periode werden a, k und ω für diese Mittelung (aber nur hierfür!) als Konstante angesehen, und zwar sowohl bei der Ausführung der Integration als auch bei der vorhergehenden Bestimmung von u_t und u_x aus dem Ansatz (22.92). Statt Gl. (22.93) schreiben wir daher

$$L(a, k, \omega) = \frac{1}{2\pi} \int_0^{2\pi} L(a\cos\Theta, a\omega\sin\Theta, -ak\sin\Theta)\, d\Theta \tag{22.94}$$

und bestimmen die langsam veränderlichen Funktionen a, k und ω aus dem Variationsproblem für die gemittelte Lagrangesche Funktion:

$$\delta \iint L(a, k, \omega)\, dt\, dx = 0 \quad . \tag{22.95}$$

Dabei können k und ω nicht unabhängig voneinander variiert werden, weil sie wegen $k = \Theta_x$ und $\omega = -\Theta_t$ der Bedingung

$$\frac{\partial k}{\partial t} + \frac{\partial \omega}{\partial x} = 0 \tag{22.96}$$

genügen müssen. Das „gemittelte" Variationsproblem (22.95) hat daher zwei Abhängige, nämlich a und – wahlweise – k, ω oder Θ. Sehen wir vorübergehend Θ als zweite Abhängige an, so lauten die Eulerschen Gleichungen zum Variationsproblem (22.95):

$$\frac{\delta L}{\delta a} = \frac{\partial L}{\partial a} = 0 \quad ; \tag{22.97}$$

$$\frac{\delta L}{\delta \Theta} = -\frac{\partial}{\partial x}\left(\frac{\partial L}{\partial \Theta_x}\right) - \frac{\partial}{\partial t}\left(\frac{\partial L}{\partial \Theta_t}\right) = 0 \quad . \tag{22.98}$$

Kehrt man nun wieder zu k und ω anstelle von Θ_x und $-\Theta_t$ zurück, so ergibt sich schließlich das Gleichungssystem

$$\frac{\partial L}{\partial a} = 0 \quad , \tag{22.99}$$

$$\frac{\partial}{\partial t}\left(\frac{\partial L}{\partial \omega}\right) - \frac{\partial}{\partial x}\left(\frac{\partial L}{\partial k}\right) = 0 \quad , \tag{22.100}$$

das durch die Bedingung (22.96) zu einem System von drei Gleichungen für die drei abhängigen Größen a, k und ω zu vervollständigen ist. Gl. (22.99) stellt eine algebraische oder transzendente Gleichung (keine Differentialgleichung!) dar und ist daher als Dispersionsbeziehung aufzufassen.

Bei den beiden anderen Gleichungen handelt es sich um Differentialgleichungen, die als „Transport-gleichungen" für die Amplitude a bzw. die Wellenzahl k (oder Frequenz ω) gedeutet werden können.

Wenn wir nun wieder die lineare Differentialgleichung (22.89) als spezielles Beispiel betrachten, so haben wir die Mittelung nach Gl. (22.94) für die durch Gl. (22.88) gegebene Lagrangesche Funktion auszuführen. Es ergibt sich

$$ L = \frac{1}{2} a^2 (k^2 - \omega^2 + 1) \quad . \tag{22.101} $$

Hiermit erhält man aus Gl. (22.99) wieder Gl. (22.91), also für die langsam veränderlichen Wellen dieselbe Dispersionsrelation wie für die gleichbleibenden Wellen. Dieser einfache Zusammenhang ist allerdings nur für lineare Probleme typisch; die Dispersionsrelation enthält in diesem Fall die Amplitude nicht. (Bezüglich eines nichtlinearen Problems sei auf die Übungsaufgabe 5 verwiesen.) Schließlich liefert Gl. (22.100) die Differentialgleichung

$$ \frac{\partial}{\partial t} (\omega a^2) + \frac{\partial}{\partial x} (k\, a^2) = 0 \quad , \tag{22.102} $$

welche die Änderung der Wellenamplitude beschreibt, da Wellenzahl und Frequenz bereits durch die Dispersionsgleichung und die Gl. (22.96) festgelegt sind.

Wir stellen abschließend den allgemeinen *Rechengang* zusammen, wobei wir uns lediglich zur Vereinfachung der Darstellung auf eine abhängige und zwei unabhängige Variable beschränken.

1. Formulieren des Problems als Variationsproblem für die Lagrangesche Funktion $L(u, u_t, u_x, \ldots)$.

2. Aufsuchen von Lösungen vom Typ gleichbleibender periodischer Wellen durch Ansatz

  $u = U(\Theta)$ mit $\Theta = kx - \omega t$ $(k, \omega = \text{const})$.

Dabei sei $U(\Theta)$ eine periodische Funktion, deren Periode zu 2π normiert wird. Die Lösung enthält einen Parameter a, welcher einer Amplitude entspricht.

3. Bildung einer gemittelten Lagrangeschen Funktion für die gleichbleibende Welle durch

$$ L = \frac{1}{2\pi} \int\limits_0^{2\pi} L\, d\Theta \quad . $$

4. Darstellung einer langsam veränderlichen periodischen Wellen durch

  $u = U(\Theta)$ mit $k = \Theta_x$, $\omega = -\Theta_t$,

wobei jetzt k, ω und a nicht mehr als konstant anzusehen sind, sich in einer Periode aber nur wenig ändern sollen.

5. Die Änderung der langsam veränderlichen Funktionen k, ω und a ergibt sich aus dem Variationsproblem für die gemittelte Lagrangesche Funktion L, wobei die Relationen $k = \Theta_x$ und $\omega = -\Theta_t$ sowie die daraus folgende Gleichung $k_t + \omega_x = 0$ zu beachten sind.

Mit der Mittelungsmethode von Whitham lassen sich lineare und nichtlineare Probleme gleicherweise elegant und rationell behandeln. Die Methode ist aber natürlich nur anwendbar, wenn ein Variationsprinzip bekannt ist. Allgemeine Methoden zum Auffinden von Variationsprinzipien, etwa aus den Erhaltungssätzen, gibt es leider nicht, aber für viele physikalische Prozesse können Variationsprinzipien bereits der Literatur entnommen werden.

Wir haben in den Ausführungen dieses Abschnitts keine strenge Herleitung der Methode gebracht, sondern in Anlehnung an *Whitham* (1974a) die Vorgangsweise mit plausiblen Argumenten zu begründen versucht. Zur formalen Herleitung mittels Störungsmethoden (mehrfache Variable) sei auf *Whitham* (1970) verwiesen.

Übungsaufgaben

1. *Messung zeitlich veränderlichen Druckes.* Für die Höhe der Flüssigkeitssäule („Anzeige") eines U-Rohr-Mano-
   meters, das mit zeitlich veränderlichem Druck p (t) beaufschlagt wird, ergibt sich aus der Bewegungsgleichung
   der Meßflüssigkeit die Differentialgleichung

$$\epsilon^2 \frac{d^2z}{dt^2} + z = p(t) \quad , \qquad \epsilon = \frac{1}{T}\sqrt{\frac{L}{2g}} \quad ,$$

   mit der Anfangsbedingung z (0) = z' (0) = 0. Dabei ist die Zeitvariable t auf eine charakteristische Zeit T, in der
   sich p wesentlich ändert, bezogen, L bedeutet die Länge des Flüssigkeitsfadens im Rohr konstanten Querschnitts, und g die Schwerebeschleunigung. Die Messung ist umso genauer, je kleiner ϵ ist. Wie hängt die Anzeige z vom wahren Druckverlauf p (t) für $\epsilon \ll 1$ in erster (zweiter, dritter) Näherung ab? Bei welchem Rechenschritt scheitert der Versuch, das Problem mit der Methode der angepaßten asymptotischen Entwicklungen zu
   lösen?

2. *Methode der vielfachen Variablen.* Das in Abschnitt 22.1 mit der Methode der zweifachen Variablen behandelte
   Problem des schwach gedämpften, linearen Schwingers ist unter Verwendung vielfacher, aber unverzerrter
   Variabler zu lösen.

3. *Versagen der regulären Entwicklung zur Verbesserung der quasistatischen Näherung.* Versuchsweise ist eine
   reguläre Entwicklung für das Gleichungssystem (22.45) bis (22.49) durchzuführen.

   a) Man bestätige die Ergebnisse (22.50) und (22.51) für die erste Näherung.

   b) Man leite das Gleichungssystem für die zweite Näherung her und versuche es zu lösen. Welchen Bedingungen
      müßte die Kolbengeschwindigkeit genügen, damit die Anfangsbedingung erfüllt werden kann?

   c) Worin kommt das Versagen der regulären Entwicklung zum Ausdruck, wenn man mit $\tau = t/\epsilon$ an Stelle von
      t als unabhängiger Zeitvariabler rechnet?

4. *Schwingung mit schwachen Nichtlinearitäten.* Für die Lösung der Differentialgleichung $y'' + \omega^2 y + \epsilon f(y, y') = 0$
   mit $\epsilon \ll 1$ und beliebigem f ist eine gleichmäßig gültige erste Näherung

   a) mit der Methode von Krylow-Bogoljubow

   b) mit der Methode der zweifachen Variablen

   aufzustellen. Welches spezielle Ergebnis folgt für lineare Federcharakteristik und kubische Dämpfung? Warum
   klingt die Schwingungsamplitude in diesem Fall algebraisch und nicht exponentiell ab?

5. *Langsam veränderliche, nichtlineare periodische Wellen.* Die Lagrangesche Funktion eines Variationsproblems
   sei durch L = F (u) $- u_t^2 + u_x^2$ (mit differenzierbarer, ansonsten beliebiger Funktion F) gegeben. Wie lautet
   die Eulersche Differentialgleichung für u? Welche Lösungen ergeben sich für langsam veränderliche, periodische
   Wellen? Man kontrolliere, ob für den Spezialfall F (u) = u^2 die Ergebnisse des Abschnittes 22.4.2 wiedergewonnen werden.

Literaturhinweise zu Teil E

Einen umfassenden Überblick über singuläre Störungsmethoden, ihre Modifikationen und ihre Anwendungen in
verschiedenen Gebieten der Physik und Technik gibt *Nayfeh* (1973).

Kapitel 20: Zum analytischen Charakteristikenverfahren seien die Übersichtsartikel von *Oswatitsch* (1965a) und
Leiter (1971) genannt. Über die vielseitigen Anwendungen des Verfahrens in der Gasdynamik kann man sich im
zweibändigen Werk von *Oswatitsch* (1976, 1977) informieren.

Kapitel 21: Über Anwendungen der Methode der angepaßten asymptotischen Entwicklungen, besonders auf dem
Gebiet der Strömungsmechanik, wird man in erster Linie *Van Dyke* (1975a) zu Rate ziehen. *Cole* (1968) befaßt
sich auch mit einigen Anwendungen außerhalb der Strömungslehre und verwendet das Verfahren der Zwischenentwicklung zum Anpassen. *Eckhaus* (1973) betont die Grundlagen der Methode.

Kapitel 22: Die Methode der mehrfachen Variablen und ihre verschiedenen Varianten samt Anwendungsbeispielen werden von *Nayfeh* (1973) behandelt. *Cole* (1968) verwendet ausschließlich die Methode der zweifachen
Variablen. Zu den Mittelungsmethoden sei das klassische Werk von *Kryloff* und *Bogoliuboff* (1947) und das
neuere Buch von *Bogoljubow* und *Mitropolski* (1965) genannt. Mit den Anwendungen seiner Variationsmethode
auf Wellenprobleme beschäftigt sich *Whitham* (1974b) in den Kapiteln 14–16.

Flußdiagramm zur Lösung partieller Differentialgleichungen mit den behandelten Methoden

Das Diagramm ist nicht als Rechenvorschrift mit Erfolgsgarantie, sondern lediglich als allgemeine Richtlinie für Lösungsversuche zu verstehen; vorteilhafte Umstellungen und Abkürzungen sind in jedem Einzelfall der Geschicklichkeit des Bearbeiters überlassen. (Die Zahlen in eckigen Klammern verweisen auf die Buchkapitel.)

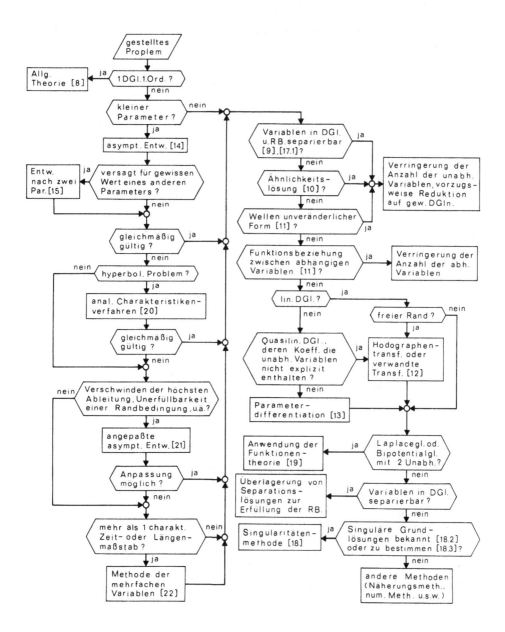

Literaturverzeichnis

Zahlen in eckigen Klammern geben an, auf welcher Seite die Literaturstelle zitiert wird.

Abramowitz, M. (1949): On backflow of a viscous fluid in a diverging channel. J. Math. Phys. **28**, 1–21. [225]

Abramowitz, M. and *Stegun, I. A.* (1965): Handbook of Mathematical Functions. Dover. [29, 41, 48, 57, 107, 110, 121, 167]

Ames, W. F. (1965, 1972): Nonlinear Paetial Differential Equations in Engineering. 2 Vols., Academic Press. [58]

Ames, W. F. (1967a): Nonlinear Partial Differential Equations – A Symposium on Methods of Solution, Academic Press. [20]

Ames, W. F. (1967b): Ad hoc exact techniques for nonlinear partial differential equations. Siehe *Ames* (1967a), S. 55–72. [58]

Arfken, G. (1970): Mathematical Methods for Physicists. 2nd Ed., Academic Press. [162, 174]

Ashley, H. and *Landahl, M.* (1965): Aerodynamics of Wings and Bodies. Addison-Wesley. [163, 201, 226]

Ballmann, J. (1967/69): Berechnung von Überschallströmungen um schlanke Körper mit Hilfe bewegter Singularitäten. Diss. T. H. Aachen, 1967. Auszugsweise: Acta Mechanica **8** (1969), 1–24. [129, 131]

Barenblatt, G. I. and *Zel'dovich, Ya. B.* (1972): Self-similar solutions as intermediate asymptotics. In: Annual Review of Fluid Mechanics, Vol. 4, pp. 285–312. [30]

Bartlmä, F. (1975): Gasdynamik der Verbrennung. Springer Wien. [221]

Becker, E. (1960): Eine einfache Verallgemeinerung der Rayleigh-Grenzschicht, Z. angew. Math. Phys. **11**, 146–152. [26]

Behrbohm, H. (1956): Einige Integraltransformationen zwischen ebenen und drehsymmetrischen Strömungen. Z. Flugwiss. **4**, 40–44. [52]

Bellmann, R. (1967): Methoden der Störungsrechnung in Mathematik, Physik und Technik. R. Oldenbourg. [84]

Bers, L. (1958): Mathematical Aspects of Subsonic and Transonic Gasdynamics. Wiley. [44, 58]

Betz, A. (1964): Konforme Abbildung. 2. Aufl., Springer Berlin. [170, 174]

Billing, H. (1949): Geradlinig bewegte Schallquellen. Z. angew. Math. Mech. **29**, 267–274. [129, 131]

Bird, R. B., Stewart, W. E. and *Lightfoot, E. N.* (1960): Transport Phenomena. Wiley. [36]

Birkhoff, G. (1960): Hydrodynamics – A Study in Logic, Facts and Similitude. Princeton Univ. Press. [30, 58, 61, 217]

Blake, J. R. and *Chwang, A. T.* (1974): Fundamental singularities of viscous flow. Part. I. The image systems in the vicinity of a stationary no-slip boundary. Part. II. Applications to slender body theory. J. Eng. Math. **8**, 23–29; 113–124. [134]

Blake, Th. R. (1973): Plane longitudinal waves of small amplitude in a nonlinear viscoelastic material. Acta Mechanica **17**, 211–226. [224]

Blasius, H. (1908): Grenzschichten in Flüssigkeiten mit kleiner Reibung. Math. Phys. **56**, 1–37. [34]

Bluman, G. W. and *Cole, J. D.* (1974): Similarity Methods of Differential Equations. Springer Berlin. [58]

Blythe, P. A. (1969): Non-linear wave propagation in a relaxing gas. J. Fluid Mech. **37**, 31–50. [195]

Böhme, G. (1975): Rotationssymmetrische Sekundärströmungen in nicht-Newtonschen Fluiden. Rheologica Acta **14**, 669–678. [75]

Bogoljubov, N. N., Mitropoliskii, Ju. A. and *Samoilenko, A. M.* (1976): Methods of Accelerated Covergence in Nonlinear Mechanics. Hindustan Publ. Comp., Springer Berlin. [242]

Bogoljubow, N. N. und *Mitropolski, J. A.* (1965): Asymptotische Methoden in der Theorie der nichtlinearen Schwingungen. Akademie-Verlag. [242, 246]

Bollheimer, L. and *Weissinger, J.* (1968): An application of the „PLK-method" to conformal mapping and thin airfoil theory. Z. Flugwiss. **16**, 6–12. [181]

Brinkmann, A. (1967): Die Berechnung stationärer ebener Grenzschichtströmungen nicht-Newtonscher Flüssigkeiten, für die das Ostwald-de Waelesche Reibungsgesetz gilt. Ing. Arch. **36**, 24–47. [36]

Bronstein, I. N. und *Semendjajew, K. A.* (1969): Taschenbuch der Mathematik. 9. Aufl., Verlag Harri Deutsch, Zürich und Frankfurt/M. [55, 66, 73, 101, 151]

Budak, B. M., Samarskii, A. A. and *Tikhonov, A. N.* (1964): A Collection of Problems on Mathematical Physics, Pergamon Press. [174]

Bulakh, B. M. (1964): On higher approximation in the boundary layer theory. Prikladnaja Matematika i Mekanika (PMM) **28**, 675–681. [225, 226]

Bulakh, B. M. (1971): On one type of interaction of the boundary layer and the outer (inviscid) stream at supersonic speeds. Prikladnaja Matematika i Mekanika (PMM) **35**, 582–587. [214]

Busemann, A. (1935): Gasströmung mit laminarer Grenzschicht entlang einer Platte. Z. angew. Math. Mech. **15**, 23–25. [40]

Cabannes, H. (Ed.) (1976): Padé Approximants Method and Its Applications to Mechanocs. Springer Berlin. [68]

Carrier, G. F., Krook, M. and *Pierson, C.* (1966): Functions of a Complex Variable. McGraw-Hill. [162, 174]

Chang, I. D. (1961): Navier-Stokes solutions at large distances from a finite body. J. Math. Mech, **10**, 811–876. [215]

Chester, W. (1964): Resonant oscillations in closed tubes. J. Fluid Mech. **18**, 44–64. [98]

Chester, W. (1968): Resonant oscillations of water waves. Proc. Roy. Soc. A **306**, 5–22. [98]

Christianowitsch, S. A. (1940): Gasströmung um Körper bei hohen Unterschallgeschwindigkeiten. (Russisch.) Arbeiten des Zentr. Aerod. Inst. No. 481. [49, 51]

Christianowitsch, S. A. und *Jurjew, I. M.* (1947): Die Umströmung eines Profils bei unterkritischer Strömungsgeschwindigkeit. (Russisch.) Prikladnaja Matematika i Mekanika (PMM) **11** (1947), 105–118. Engl. Übers.: NACA Techn. Memo. No. 1250 (1950). [49]

Chwang, A. T. and *Yao-Tsu Wu, T.* (1975): Hydrodynamics of low-Reynolds-number flow. Part. 2. Singularity method for Stokes flows. J. Fluid Mech. **67**, 787–815. [134]

Cogley, A. C. and *Vincenti, W. G.* (1969): Application to radiative acoustics of Whitham's method for the analysis of non-equilibrium wave phenomena. J. Fluid Mech. **39**, 641–666. *Cogley, A. C.:* The radiatively driven discrete acoustic wave. J. Fluid Mech. **39**, 667–694. [95]

Cole, J. D. (1951): On a quasilinear parabolic equation occuring in aerodynamics. Quart. Appl. Math. **9**, 225–236. [5]

Cole, J. D. (1968): Perturbation Methods in Applied Mathematics. Blaisdell. [84, 246]

Collins, W. D. (1970): Forced oscillations of systems governed by one-dimensional non-linear wave equations. Quart. J. Mech. Appl. Math. **24**, 129–153. [98]

Cook, L. P. and *Eckhaus, W.* (1973): Resonance in a boundary value problem of singular perturbation type. Studies Appl. Math. **52**, 129–139. [226]

Courant, R. und *Hilbert, D.* (1968): Methoden der Mathematischen Physik II. 2. Aufl., Heidelberger Taschenbücher, Springer Berlin. [15, 16, 18, 19, 21, 24, 58, 114, 174]

Craggs, J. W., Mangler, K. W. and *Zamir, M.* (1973): Some remarks on the behaviour of surface source distributions near the edge of a body. Aeron. Quart. **24**, 25–33. [149]

Crocco, L. (1932): Sulla transmissione del calore da una lamina piana a un fluido scorrente ad alta velocita. L'Aerotecnica **12**, 181–197. [40]

Crocco, L. (1972): Coordinate perturbation and multiple scale in gasdynamics. Phil. Trans. Roy. Soc. A **272**, 275–301, [224]

Darrozes, J. S. (1972): The method of "matched asymptotic expansions" applied to problems involving two singular perturbation parameters. Fluid Dynamic Transactions (Eds. *W. Fiszdon* et al.) Vol. 6, Part II, pp 119–129. Polish Scientific Publishers. [224]

Eckhaus, W. (1969): On the foundations of the method of matched asymptotic expansions, J. de Mécanique **8**, 265–300. [205]

Eckhaus, W. (1973): Matched Asymptotic Expansions and Singular Perturbations. North-Holland. [246]

Eninger, J. E. and *Vincenti, W. G.* (1973): Nonlinear resonant wave motion of a radiating gas. J. Fluid Mech. **60**, 161–186. [98]

Falkner, V. M. and *Skan, S. W.* (1931): Some approximate solutions of the boundary layer equations. Phil. Mag. **12**, 865–896. [34]

Fendell, F. E. (1972): Asymptotic analysis of premixed burning with large activation energy. J. Fluid Mech. **56**, 81–95. [221]

Ferrari, C. and *Tricomi, F. G.* (1968): Transonic Aerodynamics. Academic Press. [58]

Fraenkel, L. E. (1969): On the method of matched asymptotic expansions. Proc. Camb. Phil. Soc. **65**; Part I, 209–231; Part II, 233–261; Part III, 263–284. [205, 206, 219]

Frank, P. und *Mises, R.* (1961): Die Differential- und Integralgleichungen der Mechanik und Physik. Band II, Dover-Vieweg. [134]

Friedrichs, K. O. (1955): Asymptotic phenomena in mathematical physics. Bull. Amer. Math. Soc. **61**, 485–504. [201]

Frohn, A. (1974): An analytic characteristic method for steady three-dimensional isentropic flow. J. Fluid Mech. **63**, 81–96. [199]

Garabedian, P. R. (1956): Calculation of axially symmetric cavities and jets. Pacific J. Math. **6**, 611–684. [57]

Gaster, M. (1962): A note on the relation between temporally increasing and spatially increasing disturbances in hydrodynamic stability. J. Fluid Mech. **14**, 222–224. [94]

Geis, Th. (1956): Ähnliche dreidimensionale Grenzschichten. J. Rational Mech. Anal. **5**, 643–686. [35]

Geissler, W. (1972): Berechnung der Potentialströmung um rotationssymmetrische Rümpfe, Ringprofile und Triebwerkseinläufe. Z. Flugwiss. **20**, 457–462. [148]

Geissler, W. (1973) Berechnung der Potentialströmung um rotationssymmetrische Ringprofile. Z. Flugwiss. **21**, 16–21. [148]

Geller, W. (1972): Berechnung der Druckverteilung an Gitterprofilen in ebener inkompressibler Strömung mit Grenzschichtablösung im Bereich der Profilenden. Deutsche Luft- und Raumfahrt, Forschungsbericht 72–62, Porz-Wahn. [148]

Germain, P. (1954): Remarks on the theory of partial differential equations of mixed type and applications to the study of transonic flow. Comm. Pure Appl. Math. **7**, 117–143. [129]

Germain, P. (1967): Recent evolution in problems and methods in aerodynamics. J. Roy, Aeron. Soc. **71**, 673–691. [211]

Gersten, K. (1972): Grenzschichteffekte höherer Ordnung. Bericht Nr. 72/5 des Instituts für Strömungsmechanik der T. U. Braunschweig, S. 30–53. [216]

Gersten, K. (1973): Über die Lösungen der Grenzschichtgleichungen bei extrem starkem Ausblasen bzw. Absaugen. Z. angew. Math. Mech. **53**, T 99–101. [224]

Gersten, K. (1974): Wärme- und Stoffübertragung bei großen Prandtl- bzw. Schmidtzahlen. Wärme- und Stoffübertragung **7**, 65–70. [224]

Gersten, K., Gross, J. F. und *Börger, G. G.* (1972): Die Grenzschicht höherer Ordnung an der Staulinie eines schiebenden Zylinders mit starkem Absaugen oder Ausblasen. Z. Flugwiss. **20**, 330–341. [224]

Gluckman, M. J., Weinbaum, S. and *Pfeffer, R.* (1972): Axisymmetric slow viscous flow past an arbitrary convex body of revolution. J. Fluid Mech. **55**, 677–709. [134, 136]

Görtler, H. (1975): Dimensionsanalyse. Eine Theorie der physikalischen Dimensionen mit Anwendungen. Springer Berlin. [27]

Gopalsamy, K. and *Aggarwala, B. D.* (1972): Propagation of disturbances from randomly moving sources. Z. angew. Math. Mech. **52**, 31–35. [129]

Gretler, W. (1968): Eine indirekte Methode zur Berechnung der ebenen Unterschaltströmung. J. de Mécanique **7**, 83–96. [181]

Gretler, W. (1971): Anwendung direkter und indirekter Methoden in der Theorie der Unterschallströmungen. In; Übersichtsbeiträge zur Gasdynamik (Hrsg. *E. Leiter* und *J. Zierep*), S. 106–114, Springer Wien. [51, 58]

Guderley, K. G. (1957): Theorie schallnaher Strömungen. Springer Berlin. [58]

Gurevich, M. I. (1968): Aerodynamic effect of a train on a small body. Fluid Dynamics **3**, 63–66. [127]

Hansen, A. G. (1964): Similarity Analyses of Boundary Value Problems in Engineering. Prentice-Hall. [30, 31, 58]

Hansen, A. G. (1967): Generalized similarity analysis of partial differential equations. Siehe *Ames* (1967a), S. 1–17. [31, 32, 58]

Hartree, D. R. (1937): On an equation occuring in Falkner and Skan's approximate treatment of the equations of the boundary layer. Proc. Camb. Phil. Soc. **33**, Part II, 223–239. [34]

Hess, J. L. (1973): Analytic solutions for potential flow over a class of semi-infinite two-dimensional bodies having circular-arc noses. J. Fluid Mech. **60**, 225–239. [146]

Hess, J. L. and *Smith, A. M. O.* (1967): Calculation of potential flow about arbitrary bodies. Progress in Aeronautical Sciences (Ed. *D. Küchemann*), Vol. 8, pp. 1–138. Pergamon Press. [148, 174]

Hoffmann, G. H. (1974): Extension of perturbation series by computer: Symmetric subsonic potential flow past a circle J. de Mécanique 13, 433–447. [68]

Hopf, E. (1950): The partial differential equation $u_t + u\,u_x = \mu u_{xx}$. Comm. Pure Appl. Math. 3, 201–230. [5]

Iglisch, R. (1954): Elementarer Beweis für die Eindeutigkeit der Strömung in der laminaren Grenzschicht zur Potentialströmung $U = u_1 x^m$ mit $m \geqq 0$ bei Absaugen und Ausblasen. Z. angew. Math. Mech. 34, 441–443. [34]

Imai, I. (1969): Die funktionentheoretische Methode in Hydro- und Aerodynamik. Gastvorlesung an der T. H. Aachen. [158, 165, 171, 173]

Ionescu, D. G. (1971): Circle and cylinder theorems for slow viscous flow. J. de Mécanique 10, 345–355. [167]

Isaacson, E. de St Q. and *Isaacson, M. de St Q.* (1975): Dimensional Methods in Engineering and Physics. Edward Arnold. [27]

Jacob, K. (1969): Fortschritte bei der Berechnung der inkompressiblen Strömung um Tragflügelprofile. Methoden und Verfahren der mathematischen Physik. (Hrsg. *B. Brosowski* und *E. Martensen*) Band 2, S. 99–124. B. I.-Hochschulskripten Band 721/721a, Bibliographisches Institut Mannheim. [148, 174]

Jischke, M. C. (1970): Asymptotic description of radiating flow near stagnation point. AIAA Journal 8, 96–101. Comment by.*W. B. Olstad*, AIAA Journal 8, 1726–1727. Reply by Author: AIAA Journal 8, 1727–1728. [181]

Jischke, M. C. and *Baron, J. R.:* Application of the method of parametric differentiation to radiative gasdynamics. AIAA Journal 7, 1326–1335. [57]

Kahlert, W. (1948): Der Einfluß der Trägheitskräfte bei der hydrodynamischen Schmiermitteltheorie. Ing. Arch. 26, 321–342. [83]

Kampke, E. (1965): Differentialgleichungen – Lösungsmethoden und Lösungen. Band II, Partielle Differentialgleichungen erster Ordnung für eine gesuchte Funktion. 5. Aufl., Akademische Verlagsgesellschaft. [58]

Kaplun, S. (1957): Low Reynolds number flow past a circular cylinder. J. Math. Mech. 6, 595–603. [219, 220]

Keune, F. und *Burg, K.* (1975): Singularitätenverfahren der Strömungslehre. Braun. [174]

Klein, A. and *Mathew, J.* (1972): Incompressible potential flow solution for axisymmetric body-duct configurations. Z. Flugwiss. 20, 221–228. [148]

Kluwick, A. (1974): Gleichmäßig gültige Störtheorie und kumulative Effekte bei Wellenausbreitungsvorgängen. J. de Mécanique 13, 131–157. [181, 193, 198]

Kluwick, A. und *Horvat, M.* (1973): Stöße in drehungsfreien Strömungen. Z. angew. Math. Mech. 53, Sonderheft GAMM-Tagung, T 107–T 108. [193]

Koch, W. (1970): On the heat transfer from a finite plate a channel flow for vanishing Prandtl number. Z. angew. Math. Phys. 21, 910–918. [106]

Koch, W. (1971): On the transmission of sound waves through a blade row. J. Sound Vibration 18, 111–128. [106]

Koch, W. et al. (1970/71): Diffusion in shear flow past a semiinfinite flat plate. Part I: Heat transfer; Part II: Viscous effects. Acta Mechanica 10, 229–250, und 12, 99–120. [106]

Körner, H. (1972): Berechnung der potentialtheoretischen Strömung um Flügel-Rumpf-Kombinationen und Vergleich mit Messungen. Z. Flugwiss. 20, 351–368. [148]

Korn, G. A. and *Korn, T. M.* (1968): Mathematical Handbook for Scientists and Engineers. 2nd Ed., McGraw Hill. [41, 87, 96]

Korteweg, D. J. and *de Vries, G.* (1895): On the change of form of long waves advancing in a rectangular canal, and on a new type of long stationary waves. Phil. Mag. 39, 422–443. [40]

Kotschin, N. J., Kibel, I. A. und *Rose, N. W.* (1955): Theoretische Hydrosynamik, Band II. Akademie-Verlag. [49, 58]

Kraus, W. und *Sacher, P.* (1973): Das Panelverfahren zur Berechnung der Druckverteilung von Flugkörpern im Unterschallbereich, Z. Flugwiss. 21, 301–311. [148]

Kryloff, N. and *Bogoliuboff, N.* (1947): Introduction to Nonlinear Mechanics. (A free translation by *S. Lefschetz* of excerpts from two Russian monographs.) Princeton Univ. Press; Kraus Reprint, 1970. [240, 246]

Küssner, H. G. (1944): Lösungen der klassischen Wellengleichung für bewegte Quellen. Z. angew. Math. Mech. 24, 243–250. [129, 133]

Kuzmak, G. E. (1959): Asymptotic solutions of nonlinear second order differential equations with variable coefficients. Prikladnaja Matematika i Mekanika (PMM) **23**, 730–744. [234]

Lagerstrom, P. A. (1964): Laminar flow theory. In: Theory of Laminar Flows. High Speed Aerodynamics and Jet Propulsion, Vol. IV. (Ed. *F. K. Moore*), S. 20–285. Princeton Univ. Press. [134]

Lagerstrom, P. A. and *Casten, R. G.* (1972): Basic concepts underlying singular perturbation techniques. SIAM Review **14**, 63–120. [205]

Lamb, H. (1945): Hydrodynamics. 6th Ed., Dover. [113, 174, 219]

Lambert, B. (1967): Bestimmung des instationären Druckfeldes einer freifahrenden Luftschraube. Diss. T. H. Karlsruhe. [131]

Landahl, M., Ryhming, I. and *Lofgren, P.* (1971): Nonlinear effects on sonic boom intensity. Third Conf. on Sonic Boom Research (Ed. *I. R. Schwartz*), pp. 3–15, NASA, Washington D. C. [200]

Landau, L. D. (1965): On shock waves at large distances from the plane of their origin. Collected Papers of L. D. Landau, Pergamon Press. [180]

Landau, L. D. und *Lifschitz, E. M.* (1966): Hydrodynamik (Lehrbuch der Theoret. Physik, Band 6). Akademie-Verlag. [225]

Langhaar, H. L. (1951): Dimensional Analysis and Theory of Models. Wiley. [27]

Laplace, P. S. (1805): On the figure of a large drop of mercury, and the depression of mercury in a glass tube of a great diameter. Celestical Mechanics (transl. from French by N. Bowditch, Boston, 1839; Chelsea, N.Y., 1966) **4**, 971–1005. [201]

Leavitt, J. A. (1966): Methods and applications of power series. Mathematics of Computation **20**, 46–52. [68]

Leiter, E. (1971): Nichtlineare Ausbreitungsvorgänge – Das Entwicklungsverfahren von Oswatitsch und die bisher erzielten Lösungen. In: Übersichtsbeiträge zur Gasdynamik (Hrsg. *E. Leiter* und *J. Zierep*), Springer Wien. [181, 199, 246]

Leiter, E. (1975): Zur Unterschall-Überschall-Analogie. Z. angew. Math. Phys. **26**, 31–41. [127]

Leppington, F. G. (1972): On the radiation and scattering of short surface waves. Part 1; J. Fluid Mech. **56**, 101–119. [206]

Levine, L. E. (1972): Two-dimensional, unsteady, self-similar flows in gasdynamics. Z. angew. Math. Mech. **52**, 441–460. [58]

Libby, P. A. and *Liu, T. M.* (1967): Further solutions of the Falkner-Skan equation. AIAA Journal **5**, 1040–1042. [34]

Lick, W. (1967): Wave propagation in real gases. Advances in Appl. Mech., Vol. 10/1, pp. 1–72. Academic Press. [94, 95]

Lick, W. (1969): Two-variable expansions and singular perturbation problems. SIAM J. Appl. Math. **17**, 815–825.]195]

Lick, W. (1970): Nonlinear wave propagation in fluids. Annual Review of Fluid Mechanics. Vol. 2, pp. 113–136. [195]

Lighthill, M. J. (1949a): A technique for rendering approximate solutions to physical problems uniformly valid Phil. Mag. **40**, 1179–1201. [180]

Lighthill, M. J. (1949b): The shock strength in supersonic "conical dields." Phil. Mag. **40**, 1202–1223. [180]

Lighthill, M. J. (1953a): The hodograph transformation. In: Modern Developments in Fluid Dynamics, (Ed. *L. Horwarth*), Vol. I, Oxford Univ. Press. [58]

Lighthill, M. J. (1953b): On boundary layers and upstream influence. II. Supersonic flows without separation. Proc. Roy. Soc. A **217**, 468–507. [222]

Lighthill, M. J. (1957): The fundamental solution for small steady three-dimensional disturbances to a two-dimensional parallel shear flow. J. Fluid Mech. **3**, 113–144. [138, 139]

Lighthill, M. J. (1961): A technique for rendering approximate solutions to physical problems uniformly valid. Z. Flugwiss. **9**, 267–275. [181]

Lighthill, M. J. (1966): Einführung in die Theorie der Fourieranalysis und der verallgemeinerten Funktionen. Hochschultaschenbücher Band 139, Bibliographisches Institut, Mannheim. [102, 106]

Lin, C. C. (1954): On a perturbation theory based on the method of characteristics. J. Math. Phys. **33**, 117–134. [181]

Lowson, M. W. (1965): The sound field for singularities in motion. Proc. Roy. Soc. A **286**, 559–572. [129]

Ludford, G. S. S. and *Olunloyo, V. O. S.* (1972): The forces on a flat plate in a Couette flow. Z. angew. Math. Phys. **23**, 115–124. Further results concerning the forces on a flate plate in a Couette flow. Z. angew. Math. Phys. **23**, 729–744. [226]

Lyne, W. H. (1971): Unsteady viscous flow over a wavy wall. J. Fluid Mech. **50**, 33–48. [171]

Madelung, E. (1964): Die mathematischen Hilfsmittel des Physikers. 7. Aufl., Springer Berlin. [161, 162, 174]

Manwell, A. R. (1971): The Hodograph Equations. An Introduction to the Mathematical Theory of Plane Transonic Flow. Oliver and Boyd, Edinburgh. [58]

Martensen, E. (1959): Die Berechnung der Druckverteilung an dicken Gitterprofilen mit Hilfe von Fredholmschen Integralgleichungen zweiter Art. Mitteilungen aus dem Max-Planck-Insitut für Strömungsforschung und der Aerodynamischen Versuchsanstalt Göttingen, Nr. 23. [148]

Maxwell, J. C. (1866): On the viscosity or internal friction of air and other gases. Phil. Trans. Roy. Soc. **156**, 246–268. [201]

Meister, E. (1965): Zur Theorie der ebenen, instationären Unterschallströmung um ein schwingendes Profil im Kanal. Z. angew. Math. Phys. **16**, 770–780. [106]

Merbt, H. und *Billing, H.* (1949): Der Propeller als rotierende Schallquelle. Z. angew. Math. Mech. **29**, 301–311. [131]

Meschkowski, H. (1962): Hilbertsche Räume mit Kernfunktion. Springer Berlin. [161]

Meyer, R. E. (1971): Introduction to Mathematical Fluid Dynamics. Wiley. [144, 169, 226]

Milne-Thomson, L. M. (1968): Theoretical Hydrodynamics. 5th Ed., Macmillan. [157, 161, 162, 167, 168, 171, 173, 174]

Möhring, W. F., Müller, E.-A. und *Obermeier, F. F.* (1969): Schallerzeugung durch instationäre Strömung als singuläres Störungsproblem. Acustica **21**, 184–188. [211]

Molenbroek, P. (1890): Über einige Bewegungen eines Gases bei Annahme eines Geschwindigkeitspotentials. Arch. Math. Phys. II 9, 157–195. [46]

Morrison, J. A. (1966): Comparison of the modified method of averaging and the two variable expansion procedure. SIAM Review **8**, 66–85. [242]

Müller, E.-A. (1953): Theoretische Untersuchungen über die Wechselwirkung zwischen einer einfallenden kleinen Störung und der Grenzschicht bei schnell strömenden Gasen. Diss. Göttingen, 1953. Vgl. auch 50 Jahre Grenzschichtforschung (Hrsg. *H. Görtler* und *W. Tollmien*), Vieweg, 1955, S. 343–363. [222]

Müller, E.-A. und *Matschat, K.* (1962): Über das Auffinden von Ähnlichkeitslösungen partieller Differentialgleichungssysteme unter Benutzung von Transformationsgruppen, mit Anwendungen auf Probleme der Strömungsphysik. In: Miszellaneen der Angewandten Mechanik (Hrsg. *M. Schäfer*). S. 190–222. Akademie-Verlag. [30, 58]

Murray, J. D. (1961): The boundary layer on a flat plate in a stream with uniform shear. J. Fluid Mech. **11**, 309–316. [226]

Muschelischwili, N. I. (1965): Singuläre Integralgleichungen, Akademie-Verlag. [143]

Na, T. Y. and *Habib, I. S.* (1974): Solution of the natural convection problem by parameter differentiation. Int. J. Heat Mass Transfer **17**, 457–459. [54]

Nadir, S. (1971): An application of the method of dimensional perturbations to compressible flow. Z. angew. Math. Phys. **22**, 257–266. [57]

Narayana, C. L. and *Ramamoorthy, P.* (1972): Compressible boundary-layer equations solved by the method of parametric differentiation. AIAA Journal **10**, 1085–1086. [54]

Nath, G. (1973): Solution of nonlinear problems in Magnetofluid-dynamics and Non-Newtonian Fluid Mechanics through parametric differentiation. AIAA Journal **11**, 1429–1432. [54]

Nayfeh, A. H. (1973): Perturbation Methods. Wiley. [84, 175, 181, 201, 246]

Neményi, P. F. (1951): Recent developments in invers and semi-invers methods in the mechanics of continua. In: Advances in Applied Mechanics, Vol. II (Eds. *R. von Mises* und *Th. von Kármán*), pp. 123–151. Academic Press. [19]

Noble, B. (1958): Methods Based on the Wiener-Hopf Technique for the Solution of Partial Differential Equations. Pergamon Press. [106]

Nørstrud, H. (1973): The transonic aerofoil problem with embedded shocks. Aeron. Quart. **24**, 129–138. [55]

Obermeier, F. F. und *Müller, E.-A.* (1967): Berechnung der Schallfelder mittels der Methode der "Matched asymptotic expansions". Acustica **18**, 238–240. [211]

Oseen, C. W. (1927): Neuere Methoden und Ergebnisse in der Hydrodynamik. Akademische Verlagsgesellschaft.
[134, 219]

Oswatitsch, K. (1959): Physikalische Grundlagen der Strömungslehre. In: Handbuch der Physik (Hrsg.
S. *Flügge*), Bd. VIII/1, S. 1–124. Springer Berlin. [124]

Oswatitsch, K. (1962a): Über die Darstellung von Strömungen in der Umgebung ausgezeichneter Punkt. In:
Miszellaneen der Angewandten Mechanik (Hrsg. *M. Schäfer*), S. 223–231. Akademie Verlag. [67]

Oswatitsch, K. (1962b): Das Ausbreiten von Wellen endlicher Amplitude. Z. Flugwiss. **10**, 130–138. [181]

Oswatitsch, K. (1962c): Die Wellenausbreitung in der Ebene bei kleinen Störungen. Archivum Mechaniki
Stosowanej **14**, 621–637. [181, 198]

Oswatitsch, K. (1965a): Ausbreitungsprobleme. Z. angew. Math. Mech. **45**, 485–498. [181, 246]

Oswatitsch, K. (1965b): Analytische Berechnung von Charakteristikenflächen bei Strömungsvorgängen. Deutsche
Versuchsanstalt für Luft- und Raumfahrt, Forschungsbericht 65–62. [198]

Oswatitsch, K. (1969): Möglichkeiten und Grenzen der Linearisierung in der Strömungsmechanik. Jahrbuch der
DGLR, S. 11–17. [69]

Oswatitsch, K. (1976): Grundlagen der Gasdynamik. Springer Wien. [174, 176, 190, 191, 246]

Oswatitsch, K. (1977): Spezialgebiete der Gasdynamik. Springer Wien. [58, 82, 174, 246]

Pai, S. I. (1962): Magnetogasdynamics and Plasmadynamics. Springer Wien. [40]

Prandtl, L. (1904): Über Flüssigkeitsbewegungen bei sehr kleiner Reibung. Verhandlung III. Internat. Math.
Kongreß Heidelberg, 484–491; od. *L. Prandtl:* Gesammelte Abhandlungen, Band II, 575–584, Springer
Berlin, 1961. [201]

Proudman, I. and *Pearson, J. R. A.* (1957): Expansions at small Reynolds numbers for the flow past a sphere
and a circular cylinder. J. Fluid Mech. **2**, 237–262. [219, 220]

Ragaller, K. Schneider, W. R. and *Hermann, W.* (1971): A special transformation of the differential equations
describing blown arcs. Z. angew. Math. Phys. **22**, 920–931. [43]

Ringleb, K. (1940): Lösungen der Differentialgleichungen einer adiabatischen Strömung. Z. angew. Math. Mech.
20, 185–198. [52]

Romberg, G. (1970a): Über die Anwendbarkeit des analytischen Charakteristikenverfahrens bei Wellenaus-
breitungen in relaxierenden Gasen. Z. Flugwiss. **18**, 65–69. [195]

Romberg, G. (1970b): Bildung schwacher stationärer Stoßwellen in relaxierenden Gasgemischen. Z. angew. Math.
Phys. 145–156. [195]

Rothmann, H. (1972): Das Verhalten von Stromlinien in der Umgebung von Staupunkten stumpfer Körper.
Z. Flugwiss. **20**, 292–295. [154]

Rott, W. (1971): Laminare Strömung dilatanter Flüssigkeiten in der Nähe einer plötzlich in Bewegung gesetzten
Platte. Chem. Eng. Science **26**, 739–742. [36]

Rubbert, P. E. and *Landahl, M. T.* (1967a): Solution of nonlinear flow problems through parametric differentiation.
Physics of Fluids **10**, 831–835. [54, 58]

Rubbert, P. E. and *Landahl, M. T.* (1967b): Solution of the transonic airfoil problem through parametric
differentiation. AIAA Journal **5**, 470–479. [54, 56, 58]

Sauer, R. (1958): Anfangswertprobleme bei partiellen Differentialgleichungen. 2. Aufl., Springer Berlin.
[16, 19, 58, 151, 174, 198]

Sawatzki, O. (1970): Das Strömungsfeld um eine rotierende Kugel. Acta Mechanica **9**, 159–214. [75]

Schiffer, M. (1960): Analytical theory of subsonic and supersonic flows. In: Handbuch der Physik (Hrsg. *S. Flügge*),
Band IX, S. 56–92. Springer Berlin. [44, 48, 58]

Schlichting, H. (1965): Grenzschichttheorie. 5. Aufl., Braun. [25, 34, 53]

Schlichting, H. und *Truckenbrodt, E.* (1959/60): Aerodynamik des Flugzeuges. Band I, II. Springer Berlin.
[143, 144, 174]

Schneider, G. H. (1977): Kompression und Expansion eines Gases in einem Zylinder als Störungsproblem. Diss.
T. U. Wien. [238, 239, 240]

Schneider, W. (1963): Analytische Berechnung achsensymmetrischer Überschallströmungen mit Stößen. Diss.
T. H. Wien (1963) und DVL-Bericht Nr. 275, Porz-Wahn (1963). [195, 197]

Schneider, W. (1968a): Grundlagen der Strahlungsdynamik. Acta Mechanica **5**, 85–117. [112]

Schneider, W. (1968b): A uniformly valid solution for the hypersonic flow past blunted bodies. J. Fluid Mech.
31, 397–415 und J. Fluid Mech. **32**, 829. [220]

Schneider, W. (1973): A note on a breakdown of the multiplicative composition of inner and outer expansions. J. Fluid Mech. **59**, 785–789. [209]

Schneider, W. (1974): Upstream propagation of unsteady disturbances in supersonic boundary layers. J. Fluid Mech. **63**, 464–485. [222, 223]

Scholz, N. (1965): Aerodynamik der Schaufelgitter. Band I. Braun. [174]

Schwartz, L. W. (1974): Computer extension and analytic continuation of Stokes' expansion for gravity waves. J. Fluid Mech. **62**, 553–578. [68]

Sedov, L. I. (1959): Similarity and Dimensional Methods in Mechanics. Academic Press (Infosearch). [58]

Segel, L. A. (1961): Application of conformal mapping to vicous flow between moving circular cylinder. Quart. Appl. Math. **18**, 335–353. [171]

Siekmann, J. and *Schilling, U.* (1974): Calculation of the free oscillations of a liquid in axisymmetric motionless containers of arbitrary shape. Z. Flugwiss. **22**, 168–173. [148]

Sneddon, I. H. (1972): The Use of Integral Transforms. McGraw-Hill. [174]

Sobieczky, H. E. (1971): Exakte Lösungen der ebenen gasdynamischen Gleichungen in Schallnähe. Z. Flugwiss. **19**, 197–214. [50]

Sockel, H. (1970): Druckverteilung an Eisenbahnzügen beim Kreuzen. Z. angew. Math. Phys. **21**, 619–628. [127]

Sockel, H. (1971): Singuläre Lösungen der instationären, linearisierten, gasdynamischen Gleichung. Z. angew. Math. Mech. **51**, 371–376. [129, 130]

Stark, V. J. E. (1971): A generalized quadrature formula for Cauchy integrals. AIAA Journal **9**, 1854–1855. [141]

Stewartson, K. (1954): Further solutions of the Falkner-Skan equation. Proc. Camb. Phil. Soc. **50**, 454–465. [34]

Stewartson, K. (1974): Multistructured boundary layers on flat plates and related bodies. Advances in Appl. Mech., Vol. **14**, pp. 145–239. [222]

Stoker, J. J. (1957): Water Waves. Interscience. [38]

Sturrock, P. A. (1957): Nonlinear effects in electron plasmas. Proc. Roy. Soc. **A242**, 277–299. [234]

Tan, C. W. and *Di Biano, R.* (1972): A parametric study of Falkner-Skan problem with mass transfer. AIAA Journal **10**, 923–924. [54, 57]

Teipel, I. (1974): Kritische Bemerkungen zur Berechnung von Grenzschichtströmungen nicht-Newtonscher Medien. Z. angew. Math. Mech. **54**, Sonderheft GAMM-Tagung, T 161. [36]

Terrill, R. M. (1973): On some exponentially small terms arising in flow through a porous pipe. Quart. J. Mech. Appl. Math. **26**, 347–354. [221]

Thomas, R. H. and *Walters, K.* (1964): The motion of an elasticoviscous liquid due to a sphere rotating about its diameter. Quart. J. Mech. Appl. Math. **17**, 39–53. [74]

Tschaplygin, S. A. (1904): Über Gasstrahlen. NACA Techn. Memorandum No. 1063 (engl. Übers. 1944). [48]

Tsien, H. S. (1956): The Poincaré-Lighthill-Kuo method. In: Advances in Applied Mechanics, Vol. IV, pp. 281–349. Academic Press. [180, 193]

Tuck, E. O. (1975): Matching problems involving flow through small holes. Advances in Applied Mechanics, Vol. XV, pp. 89–158. Academic Press. [211]

Tychonoff, A. N. und *Samarski, A. A.* (1959): Differentialgleichungen der mathematischen Physik. VEB Deutscher Verlag der Wissenschaften. [139, 174]

Van de Vooren, A. I. and *Dijkstra, D.* (1970): On a improvement of the bisector rule for shock waves. Z. Flugwiss. **18**, 476–479. [194]

Van de Vooren, A. I. and *Zandbergen, P. J.* (1963): Noise field of a rotating propeller in forward flight. AIAA Journal **1**, 1518–1526. [131]

Van Dyke, M. (1969): Higher-order boundary-layer theory. Annual Review of Fluid Mechanics, Vol. 1, pp. 265–292. [216]

Van Dyke, M. (1970): Extension of Goldstein's series for the Oseen drag of a sphere. J. Fluid Mech. **44**, 365–372. [68]

Van Dyke, M. (1975a): Perturbation Methods in Fluid Mechanics. Annotated Ed., Parabolic Press. [84, 197, 201, 206, 211, 220, 227, 246]

Van Dyke, M. (1975b): Computer extension of perturbation series in fluid mechanics. SIAM J. Appl. Math. **28**, 720–734. [68]

Van Tuyl, A. H. (1971): Use of Padé fractions in the calculation of blunt body flows. AIAA Journal 9, 1431–1433. [68]

Van Tuyl, A. G. (1973): Calculation of nozzle flows using Padé fractions. AIAA Journal 11, 537–541. [68]

Vincenti, W. G. and *Kruger, C. H.* (1965): Introduction to Physical Gasdynamics. Wiley. [112]

Weinstein, A. (1953): Generalized axially symmetric potential theory. Bull. Am. Math. Soc. 59, 20–38. [52]

Weinstein, A. (1954): The singular solutions and the Cauchy problem for generalized Tricomi equations. Comm. Pure Appl. Math. 7, 105–116. [129]

Weissinger, J. (1963): Theorie des Tragflügels bei stationärer Bewegung in reibungslosen, inkompressiblen Medien. In: Handbuch der Physik (Hrsg. *S. Flügge*), Band VIII/2, S. 385–437. Springer Berlin. [143, 174]

Weissinger, J. (1970/72): Linearisierte Profiltheorie bei ungleichförmiger Anströmung. Teil I: Unendlich dünne Profile (Wirbel und Wirbelbelegung); Acta Mechanica 10 (1970), 207–228. Teil II: Schlanke Profile; Acta Mechanica 13 (1972), 133–154. [138, 139]

Whitham, G. B. (1952): The flow pattern of a supersonic projectile. Comm. Pure Appl. Math. 5, 301–348. [186]

Whitham, G. B. (1959): Some comments on wave propagation and shock wave structure with application to magnetohydrodynamics. Comm. Pure Appl. Math. 12, 113–158. [95]

Whitham, G. B. (1965a): Nonlinear dispersive waves. Proc. Roy. Soc. A 283, 238–261. [242]

Whitham, G. B. (1965b): A general approach to linear and non-linear dispersive waves using a Lagrangian. J. Fluid Mech. 22, 273–283. [243]

Whitham, G. B. (1967): Non-linear dispersion of water waves. J. Fluid Mech. 27, 399–412. [243]

Whitham, G. B. (1970): Two-timing, variational principles and waves. J. Fluid Mech. 44, 373–395. [245]

Whitham, G. B. (1974a): Dispersive waves and variational principles. In: Nonlinear Waves (Eds. *S. Leibovich* and *A. R. Seebass*), pp. 139–169. Cornell Univ. Press. [245]

Whitham, G. B. (1974b): Linear and Nonlinear Waves. Wiley. [246]

Wieghardt, K. (1974): Theoretische Strömungslehre. 2. Aufl. Teubner Studienbücher. [120]

Winkler, W. (1977): Stromaufwärts laufende Wellen in überkritisch strömendem Wasser. Diss. T. U. Wien. [223]

Witter, G. (1974): Analysis bewegter Singularitäten. Z. angew. Math. Mech. 54, Sonderheft GAMM-Tagung, T 163–T 164. [129]

Yih, C.-S. (1961): Ideal Fluid flow. In: Handbook of Fluid Dynamics (Hrsg. *V. L. Streeter*), S. 4–50. McGraw-Hill. [111, 167, 173]

Zierep, J. (1972): Ähnlichkeitsgesetze und Modellregeln der Strömungslehre. Braun. [27, 82]

Zierep, J. (1976): Theoretische Gasdynamik. 3. Aufl., Braun. [56, 82, 150, 174]

Zierep, J. und *Heynatz, J. T.* (1965): Ein analytisches Verfahren zur Berechnung der nichtlinearen Wellenausbreitung. Z. angew. Math. Mech. 45, 37–46. [181, 194]

Sachwortverzeichnis

Abbildung, konforme 49, 168
Abhängigkeitsgebiet 9, 149
Ableitung, äußere 13
–, funktionale 243
–, innere 13
Absteigemethode 155
Adiabate, quasistatische 236, 239
Ähnlichkeitsgesetz 82
–, schallnahes 82
Ähnlichkeitslösungen 26
–, Methoden 30
– der Grenzschicht-Gleichungen 31
–, Rechengang 35
Ähnlichkeitsparameter 82, 224
–, schallnaher 82
Amplitude, lokale 243
Anfangsbedingungen 1, 6
Anfangs-Randwert-Problem 9, 17
Anfangswertproblem 6, 17, 22
–, sachgemäßes 30
Anpassen asymptotischer Entwicklungen 204
Anpassungsvorschriften 204, 206, 219
Äquivalenzsatz 226
Äquivalenz von Differentialgleichungs-Systemen und Einzeldifferential-gleichungen 2
Ausbreitungsgeschwindigkeit von Wellen 8, 91
Ausdruck s. Term
Ausgleichsströmung 6, 12
Ausstrahlungsbedingung 11
Ausstrahlungsproblem 10, 17

Belegungsdichte 122, 139, 142, 154
Belegungsfunktion s. Belegungsdichte
Beltrami-Gleichungen 19, 50
Bessel-Funktionen 106
Bestimmtheitsgebiet 9
Bewegungsgleichung 2, 13, 16, 176, 236
Bicharakteristik 198
Bipotentialgleichung 5, 134
s. auch Gleichung, biharmonische
Blasiussche Formeln 162
Blasiussche Gleichung 53
Boussinesq-Näherung 227
Buckingham-Theorem 27
Burgers-Gleichung 4, 5

Cauchy-Riemannsche Differentialgleichungen 50, 156
Cauchyscher Hauptwert 141, 147
Cauchysche Integralformel 160, 163, 164, 173
Cauchyscher Integralsatz 159
Charakteristiken 8, 13, 150, 177, 189
– als Kurven unbestimmter äußerer Ableitungen 13
– als unabhängige Variable 180
– bei Differentialgleichungen erster Ordnung 21

– bei mehr als 2 Unabhängigen 16, 198
– eines Systems von Differentialgleichungen 16
– komplexe 158, 181
– von nichtlinearen Differentialgleichungen 16
Charakteristikenbüschel 195, 197
Charakteristikenebene 185, 188
Charakteristikenverfahren, analytisches 175, 181
– für zentralsymmetrische Probleme 197
– für mehr als 2 Unabhängige 198
– Rechengang 199
– und mehrfache Variable 237
Chernyi's Differentialgleichung 76
Christianowitsch-Transformation 48
cn-Welle 40

d'Alembertsches Paradoxon 201
Dämpfung 92
–, räumliche oder zeitliche 94
Darcysches Gesetz 111
Differentialgleichung, charakteristische 23
–, partielle, allgemein 1, 4, 247
(Lösungswege)
– –, elliptische 3, 18
– –, erster Ordnung 20
– –, gemischter Typ 17, 129
– –, hyperbolische 16, 17, 18, 149, 181
– –, lineare 3, 85
– – mit konstanten Koeffizienten 85
– –, nichtlineare 3, 20
– –, parabolische 16, 17, 18
– –, quasilineare 3, 18
Differentialoperatoren in krummlinigen Koordinaten 73
Differentiation nach Paramter 85, 86
s. auch Parameter-Differentiation
Diffusionsgleichung 4
Dimensionsanalyse 27
Dipol, ebener 117, 125, 154, 167
– in Parallelströmung 119
–, räumlicher 125
Dipolbelegung 148, 154
Dipolmoment 118
Diracsche δ-Funktion 105, 136, 176
–, Fourier-Darstellung 139
Dispersion 89
Dispersionsgleichung 243, 244
Distribution s. Funktion, verallgemeinerte
Drehungsfreiheit 1, 42
Druckausgleich im Rohr 12

Effekt, kummulativer 179, 237
Eigenwertproblem 96
Einflußgebiet 8
Einzelwelle 10, 41
Energiegleichung 16

Entwicklung, angepaßte asymptotische 201, 210
 (Rechengang)
–, asymptotische 59, 65, 75 (Rechengang)
–, äußere 204
– der Randbedingungen 62
–, innere 204
– nach Bessel- und Legendre-Funktionen 106
– nach mehr als einem Paramter 77, 223
– nach trigonometrischen Funktionen 98
–, primäre 204
–, sekundäre 204
Entwicklungsparameter 61
Eulersche Bewegungsgleichung, s. Bewegungsgleichung
Eulersche Formeln 100
Eulersche Transformation 111
Expansionswelle, zentrierte 195, 197

Falkner-Skan-Gleichung 34, 52
Faltung 44, 189, 200
Flächen, charakteristische 198
Flammenausbreitung 220
Flüssigkeit, nicht-Newtonsche 36, 41
Flutwelle 38
Fourier-Integral 102
– -Koeffizienten 100
– -Komponenten 102
– -Reihe 98
– -Transformation 102
Fouriersches Theorem 91
Freistrahl, laminarer, anisothermer 210, 227
–, turbulenter 36
Frequenz 89
–, komplexe 94
–, lokale 243
Frequenzverschiebung 231, 234
Friedrichssche Gleichung 226
Funktion, analytische 156, 168
–, komplexe 155
–, mehrdeutige 160, 169
–, verallgemeinerte 102, 151
Funktionentheorie 155
Funktionsbeziehung zwischen Variablen 38

Galilei-Transformation 133, 134
Geschwindigkeitsebene 42
Geschwindigkeitspotential 2, 12, 59
–, Gleichung für das 17
–, komplexes 156, 158, 173
Gleichung, biharmonische (s. auch Bipotential-
 gleichungen) 158, 173, 216
–, gasdynamische 42
–, schallnahe 4, 82
Grenzlinie 44, 52
Grenzschicht 212
–, Ähnlichkeitslösungen 31
– am Keil 34
– an ebener Platte 2, 34, 41, 226
– im divergenten Kanal 225
– im konvergenten Kanal 34, 226
– in nicht-Newtonscher Flüssigkeit 36
– in Staupunktnähe 34, 75
–, kompressibel 38, 41
– mit Absaugen und Ausblasen 57, 221, 224
– mit Wärmeübergang 41

Grenzschichtgleichung 215
Grenzschichttheorie 211
–, zweiter Ordnung 216, 266
Grenzübergänge, nicht vertauschbare 80
–, vertauschbare 77, 78, 79
Größenordnung 63
–, relative 77
Grundlösungen 114, 126, 128, 129
–, Gewinnung von 135
Gruppengeschwindigkeit 89, 112
Gültigkeit, gleichmäßige 68
–, nicht gleichmäßige 68, 76, 175
Gültigkeitsbereich, Abgrenzung 83

Hadamardsche Theorie 151
Haftbedingung 1
Heavisidesche Sprungfunktion 105, 176
Helmholtz-Gleichung 4, 95
Hodographenebene 42
Hodographentransformation 41
Hopfsche Transformation 5

Instabilität tangentialer Unstetigkeiten 112
Integralgleichung, singuläre 143
Integraltransformation 52
Integration über Parameter 85, 86
Integrationswege im Komplexen 161
Integro-Differentialgleichung 57
Isentropiebeziehung 13, 236

Joukowskische Abbildung 169, 173, 174

Kanal-Anlaufströmung 98
Kantenumströmung 52, 157
Kapillarwellen 112
Kármánsche Wirbelstraße 120
Keil 35
–, leicht abgestumpft 76
Klein-Gordon-Gleichung 4, 135, 136
Kolbenproblem 9, 181, 235
Kompression, langsame 235
Kontinuitätsbedingung 1, 13, 16, 176, 236
Konvergenz 73
– -Verbesserung 110
Koordinaten, äußere 204
–, charakteristische 181, 184, 237
–, elliptische 87
–, innere 204
Koordinatenentwicklung 66
Koordinatenstörung 175, 179, 186, 197, 200,
 232, 239
Koordinatenstreckung 80, 203, 213
Kopfwelle 190
Kopplungsparameter 77, 80, 224
Korteweg-de-Vries-Gleichung 4, 40
Kreisfrequenz s. Frequenz
Kreistheorem 168
Kugel, beschleunigt bewegt 113
–, rotierend 69, 112
Kugelfunktionen 107
Kugeltheorem 168
Kugelwelle s. Wellen
Kurzzeit-Variable 229, 232, 236
Kutta-Joukowski-Bedingung 144, 148, 165, 169
Kutta-Joukowskischer Satz 163

Lagrangesche Differentialgleichung 21
Lagrangesche Funktion 243
– –, gemittelte 244
Lagrangesche Koordinaten 23
Landausche Symbole 63
Langzeit-Variable 229, 236
Laplace-Gleichung 2, 3, 4, 79, 114, 156, 158, 212
– –, allgemeine Lösung 12
– –, in Polarkoordinaten 5, 114
– –, Singularitäten 125
Laplace-Operator 2, 4
Laurentsche Reihe 160
Legendre-Funktion 107
– -Polynome 107
– -Potential 45, 51, 52
– -Transformation 45
Linearisierung 59, 69, 175
Linearisierungstransformation 41
Logarithmus eines Entwicklungs(Stör-)parameters
   66, 206, 219
Lorentz-Transformation 131, 133
Lösung, akustische 180, 186
–, gleichmäßig gültige 207
–, spezieller Form 36

Mach-Kegel 127, 150
– -Konoid 198
– -Linien 8, 15, 150
– -Winkel 16
– -Zahl 17, 18
Massenquelle s. Quelle
Mehrdeutigkeit s. Funktion, mehrdeutige
Methode der gleichmäßig gültigen Differential-
   gleichungen 219
–, dimensionsanalytische 30, 35
–, direkte 18
–, exakte 20
–, funktionentheoretische 155
–, gruppentheoretische 30
–, indirekte 18
– von Krylow und Bogoljubow 240, 242
   (Rechengang)
–, vgl. auch die jeweiligen Begriffe!
Mittelungsmethode 240
Molenbroek-Transformation 46
Monge-Konoid s. Mach Konoid
Multipol 119, 157

Navier-Stokes-Gleichung 70
– – –, exakte Lösung 24
Nichtlinearität, schwache 175, 246

Oseensche Gleichung 219
Oseensche Näherung 134
Ordnungssymbole 63
Orr-Sommerfeld-Gleichung 227

Padé-Brüche 68
Panel-Verfahren 148
Parameter-Differentiation 52, 54
Parameter, künstlicher 56
Partikulärlösungen 50
Pfriemsche Formel 191, 194
Phasengeschwindigkeit 89, 112

PLK-Methode 180
Poincaré-Entwicklung 65, 221
Poincaré-Lighthill-Kuo-Methode s. PLK-Methode
Poissonsche Differentialgleichung 154
Poissonsche Integralformeln 161
Pol 161, 162
Potential 2
–, komplexes s. Geschwindigkeitspotential
Potentialgleichung 2, 4
Potentialströmung, durch Flügelgitter 169
– mit freier Oberfläche 171
– über Stufe 173
– um angestellte und gewölbte Platten 142, 146,
   163
– um beliebige Körper 145
– um ebene Platte 145, 168
– um Ellipsoid 112
– um elliptisches Profil 76, 86, 226
– um Halbkörper 117, 154
– um Kreiszylinder 5, 111, 157, 162, 167
– um Parabelbogen-Zweieck 141
– um Parabelprofil 112, 123, 124
– um Rotationsparaboloid 154
– um schlanke Körper 139, 155, 173
Potentialtheorie, verallgemeinerte achsialsymmetrische 52
Potentialwirbel s. Wirbel
Potenzreihe 61
Prandtlsche Transformation 126
Prinzip der geringsten Entartung 81
Prandtl-Meyer-Expansion 197
– – –, achsensymmetrische 200
Probleme, inverse 18
Produktansatz 24. 32
Profile, affine 60, 82
–, angestellte 68
–, dünne 61, 78, 80
Punkt, singulärer 157, 161
π-Theorem 27

Quadrupol 119
Quellbelegung 122, 139, 148, 150
Quelldichte 122, 140, 153
Quelle, außerhalb eines Kreiszylinders 173
–, bewegte 129, 154, 155
–, eben (zylindersymmetrisch)-stationäre
   127, 154, 155
–, ebene 114, 125, 157
–, in Parallelströmung 116, 117
–, instationäre 10, 127
–, kompressible 51
–, kugelsymmetrisch-instationäre 11, 12,
   128, 154
–, nahe einer Kante 173
–, räumliche 125, 154
– zwischen ebenen Wänden 166
Quellstärke 11, 115

Randbedingungen 1, 5
Randwertproblem 5, 17, 54, 140
– mit freiem Rand 6, 19
–, sachgemäßes 30
Rayleigh-Problem 26
Rheograph 48, 52

Reihe, asymptotische 65
– für Besselfunktion 76
–, programmgesteuerte Fortsetzung 68
–, unendliche 67
Relaxationsvorgänge 194
Residuensatz 161, 162
Residuum 160
Resonanz 96, 231, 233
Richtungsbedingung 14, 181, 237
Ringleb-Lösung 52
Ringwirbel 148
Rohranlaufströmung 113
Rotationskörper, äquivalenter 224, 226

Säkularterm 179, 180, 181, 188, 204, 228,
    230, 232, 233, 237
Sattelpunktmethode 162
Schallgeschwindigkeit 42, 60, 200
Schaufelgitter 169, 173
Scheibe, rotierende 26
Scherströmung 137, 226
Schichtenströmung 92
Schmierungstheorie, hydrodynamische 83
Schnittlinie 159, 163
Schwarz-Christoffelsche Abbildung 170
Schwerewellen 93
– im ʳeichten Wasser 83
Schwingung, einer kleinen Masse 201
–, langsam veränderliche 228
– mit schwachen Nichtlinearitäten 246
–, schwach gedämpfte 228, 240
Sekundäreffekte 206
Sekundärströmung 69, 74
Senke 115
Separation der Variablen
– – –, lineare Probleme 48, 86, 88, 90, 99, 111
– – –, nichtlineare Probleme 23, 30
Sickerströmung 111
Signalgeschwindigkeit 92
Singularitäten 113, 125
–, bewegte 129, 132
–, dipol- und wirbelartige 129, 138
– für Scherströmung 137
– für Strömungen mit Reibung 134, 136
–, Gewinnung von 135
–, quellartige 125, 128, 132, 135, 136, 137
Singularitätenmethode 113, 158
–, Rechengang 154
Solitärwelle 40
Spiegelungsmethode 12, 166, 172, 238
Stabilitätsprobleme 94, 222, 227
Staupunktströmung 24, 34
Stirlingsche Formel 66, 75
Stokessche Gleichung s. Bipotentialgleichung u.
    Gleichung, biharmonische
Stokessche Lösung 73
Stokessches Paradoxon 216
Stokessches Problem 26
Störparameter 61
– im Exponenten 220
Störpotential 61, 139
–, reduziertes 82
Störterme, logarithmische s. Logarithmus
Störungen, kleine 61

Störungsmethoden 59, 175
Störungsprobleme, reguläre 59, 68
–, singuläre 68, 175
Stoß, Stoßfront, Stoßwelle s. Verdichtungsstoß
Strahlungsgasdynamik 57
Stromfunktion 2
Strömung, bei großer Reynoldsscher Zahl 211
– bei kleiner Reynoldsscher Zahl 216, 226
– beschleunigungslose 21
– im Kanal 36
–, schallnahe 50, 52, 55, 80
–, schleichende 72, 165, 173, 216
–, schwach kompressible 78
Summenansatz 24
Superposition von Lösungen 43, 54, 85, 100,
    116, 166

Taylorsche Reihe 161
Telegrafengleichung 243
Term, kumulativer 191, 193
Theorie, akustische 180
Thermometerproblem 40
Tragflügeltheorie 19, 143
Transportgleichung 244
Transformationsmethoden 41
ʳransformationsformeln 42
ʳrennlinie s. Schnittlinie
Trennung der Veränderlichen s. Separation der
    Variablen
Tricomi-Gleichung 4, 17, 18, 52, 129
Tschaplygin-Transformation 48, 49
– -Variable 48
– -Gleichung 51

Überlagerung s. Superposition
Überlappungsbereich asymptotischer Entwick-
    lungen 204
Überschallströmung 16
–, achsensymmetrische 149
– um dünnes Porfil 12, 178, 200
– um kegeligen Körper 36, 200, 214
– um stumpfe Körper 6, 19
Unstetigkeiten, in der Körperoberfläche 146, 149
–, schwache 9
–, starke 9
–, tangentiale 112, 124
Unterschallströmung 48
– achsensymmetrische 149
U-Rohr-Manometer 245

Variable, freie 30, 32, 35
–, komplexe 156
–, mehrfache 228, 234 (Rechengang)
–, vielfache 234, 246
–, zweifache 234
Variationsableitung 243
Variationsmethode von Whitham 243, 245
    (Rechengang)
Variationsproblem 243
–, gemitteltes 244
Verbrennung 220
Verdichtungsstoß 44, 189, 200
–, Abklingen 193
–, zweite Näherung 194

Verdrängungswirkung 215, 224
Vergleichsfunktionen 63, 65
–, unbestimmte 71, 212, 218
Vergleichsströmung, inkompressible 50
Verträglichkeitsbedingung 14, 16, 182, 237
Verzweigungslinie 45
Verzweigungspunkt 160, 164
Verzweigungsschnitt 160, 162

Wand, plötzlich in Bewegung gesetzt 26, 36, 103
–, schwingend 92
–, wärmeisoliert 40
Wärmeleitungsgleichung 4, 18
Wärmeübergang 41, 108, 113
Wasserschlag 200
Wechselwirkung Stoß-Grenzschicht 222
Weg-Zeit-Diagramm 7
Wellen, Ausbreitungsproblem 181, 199
–, ebene 76, 176, 181, 200
–, einfache 10
–, harmonische 89, 227
– in schwach kompressiblen Flüssigkeiten 200
– in strahlendem Gas 112
– in viskoelastischen Stoffen 224
– in Zylinder 236
–, kugelsymmetrische 197, 200
–, langsam veränderliche 228, 243, 246
– mit Relaxation 224
–, stehende 96, 113
–, transversale 41
–, unveränderlicher Form 8, 36
–, zentrierte 195, 197
–, zylindersymmetrische 12, 197, 200
Wellenfront 15, 177, 181, 198
Wellengeschwindigkeit 91

Wellengleichung 4, 7, 13, 95, 132, 177
–, allgemeine Lösung 7
– für räumliche Strömung 11, 95, 131, 132, 133
–, höherer Ordnung 94
–, inhomogen 155, 179
Wellenoperatoren, lineare 94
Wellenstrahl 197
Wellenzahl 89
– komplexe 92
– lokale 243
Whithamsche Näherungsmethode 95
Widerstand 201
– eines Kreiszylinders 219
Wiener-Hopf-Methode 106
Wirbel 51, 114, 118, 125, 157
Wirbelbelegung 122, 142, 146, 148
–, Diskretisierung 148
Wirbeldichte 145
Wirbelquelle 51
Wirbelreihe 120
Wirbelring 126
Wirbelstärke 215
Wirbeltransportgleichung 3, 212, 216

Zeit, retardierte 10
Zirkulation 6, 116, 125, 143, 168
Zugbegegnung 127
Zusammensetzung asymptotischer Entwicklungen
    208, 209, 226, 227
Zustandsänderung, quasistatische 235, 239, 246
Zweipunkt-Randwertproblem 54
Zwischenentwicklung 204, 226
Zylinderfunktion 107
Zylinderwelle 12, 128

Hansjörg Dirschmid, Wolfgang Kummer und Manfred Schweda

Einführung in die mathematischen Methoden der Theoretischen Physik

1976. VII, 212 Seiten mit 37 Abbildungen. DIN C 5. Kartoniert
ISBN 3 528 03319 3

Inhalt: Mathematische Grundlagen — Partielle Differentialgleichungen der Physik — Lösungsansätze für partielle Differentialgleichungen — Rand und Eigenwertaufgaben — Singuläre Differentialgleichungen — Spezielle Funktionen — Verallgemeinerte Funktionen — Die Methode der Greenschen Funktionen für partielle Differentialgleichungen — Anhang.

Eines der grundlegenden fachdidaktischen Probleme des Physikstudiums an der Universität ist die harmonische Verbindung der von Fachmathematikern präsentierten Grundlagen mit den Anwendungen mathematischer Methoden der Physik, insbesondere in der Theoretischen Physik. Um eine derartige Verbindung herzustellen, geht das Buch möglichst von einer physikalischen Problemstellung aus und erläutert daran die mathematische Entwicklung. Erklärungen und Beweise werden nur soweit gebracht, wie sie zum Verständnis notwendig sind. Trotzdem wird die mathematische Exaktheit in jedem Falle gewahrt.

» vieweg

Aus dem Programm
Angewandte Mathematik

Grundlegende Lehrbücher:

Mathematik für Physiker, von K. Weltner

Mathematik für Naturwissenschaftler, von H.-D. Försterling

Einführung in die höhere Mathematik, von H. Dallmann
und K.-H. Elster

Infinitesimalrechnung, von K.-B. Gundlach

**Mathematische Methoden der Strömungsmechanik,
von W. Schneider**

Zur Ergänzung:

Einführung in die mathematischen Methoden der
Theoretischen Physik, von H. Dirschmid, W. Kummer
und M. Schweda

Führer durch die Strömungslehre, von L. Prandtl,
K. Oswatitsch und K. Wieghardt

Strömungsmechanik, von E. Leiter nach Vorlesungen von
K. Oswatitsch

Einführung in die Strömungsmechanik, von K. Gersten

Handbücher:

Höhere Mathematik griffbereit, von M. Ja. Wygodski

Vieweg